Paul Ferdinand Siegert
Die Geschichte der E-Mail

Technik | Körper | Gesellschaft

Band 1

Editorial

Moderne Gesellschaften sind nur zu begreifen, wenn **Technik** und **Körper** konzeptuell einbezogen werden. Erst in diesen Materialitäten haben Handlungen einen festen Ort, gewinnen soziale Praktiken und Interaktionen an Dauer und Ausdehnung.

Techniken und Körper hingegen ohne gesellschaftliche Praktiken zu beschreiben – seien es diejenigen des experimentellen Herstellens, des instrumentellen Handelns oder des spielerischen Umgangs –, bedeutete den Verzicht auf das sozialtheoretische Erbe von Marx bis Plessner und von Mead bis Foucault sowie den Verlust der kritischen Distanz zu Strategien der Kontrolle und Strukturen der Macht.

Die biowissenschaftliche Technisierung des Körpers und die Computer-, Nano- und Netzrevolutionen des Technischen führen diese beiden materiellen Dimensionen des Sozialen nunmehr so eng zusammen, dass Körper und Technik als »sozio-organisch-technische« Hybrid-Konstellationen analysierbar werden. Damit gewinnt aber auch die Frage nach der modernen Gesellschaft an Kompliziertheit: die Grenzen des Sozialen ziehen sich quer durch die Trias Mensch – Tier – Maschine und müssen neu vermessen werden.

Die Reihe **Technik | Körper | Gesellschaft** stellt Studien vor, die sich dieser Frage nach den neuen Grenzziehungen und Interaktionsgeflechten des Sozialen annähern. Sie machen dabei den technischen Wandel und die Wirkung hybrider Konstellationen, die Prozesse der Innovation und die Inszenierung der Beziehungen zwischen Technik und Gesellschaft und/oder Körper und Gesellschaft zum Thema und denken soziale Praktiken und die Materialitäten von Techniken und Körpern konsequent zusammen.

Die Herausgeber die Reihe sind **Gesa Lindemann**, Professorin für Soziologie an der Universität Oldenburg, und **Werner Rammert**, Professor für Soziologie und Sprecher des interdisziplinären Zentrums für Technik und Gesellschaft an der TU Berlin.

Paul Ferdinand Siegert (Dr. phil.) lehrt im Fach Kulturinformatik an der Leuphana Universität Lüneburg. Seine Arbeitsschwerpunkte sind Techniksoziologie und -geschichte.

Paul Ferdinand Siegert

Die Geschichte der E-Mail

Erfolg und Krise eines Massenmediums

[transcript]

Dissertation an der Leuphana Universität Lüneburg

Gefördert durch die Universitätsgesellschaft Lüneburg e.V.

Bibliografische Information der Deutschen Bibliothek
Die Deutsche Bibliothek verzeichnet diese Publikation in der Deutschen Nationalbibliografie; detaillierte bibliografische Daten sind im Internet über http://dnb.ddb.de abrufbar.

Umschlaggestaltung: Kordula Röckenhaus, Bielefeld
Lektorat & Satz: Paul Ferdinand Siegert
Druck: Majuskel Medienproduktion GmbH, Wetzlar
ISBN 978-3-89942-896-4

Gedruckt auf alterungsbeständigem Papier mit chlorfrei gebleichtem Zellstoff.

Besuchen Sie uns im Internet: *http://www.transcript-verlag.de*

Bitte fordern Sie unser Gesamtverzeichnis und andere Broschüren an unter: *info@transcript-verlag.de*

Inhalt

Die Geschichte der E-Mail

Erfolg und Krise eines Massenmediums

Einleitung

Paul E. Ceruzzi hat seine „Kleine Geschichte der EDV" mit der Bemerkung beginnen lassen, dass Computer zwar zum Lösen komplexer mathematischer Probleme erfunden worden seien, im Informationszeitalter jedoch nur noch selten dafür verwendet würden (Ceruzzi 2003: 22). Heute dienen die programmierbaren Rechner im Alltag überwiegend als Schreibmaschine, als Bildbearbeitungswerkzeug, MP3-Player oder, vernetzt, als Informations- und Kommunikationsmedium.

Besonders die Kommunikation per E-Mail ist für viele bei beruflichen und privaten Kontakten bereits zur Normalität geworden. Der E-Mail-Dienst wächst seit Mitte der 70er Jahre ununterbrochen. Nach einer Untersuchung von Verisign ist der Internetverkehr zwischen 2002 und 2003 um 51% gestiegen, der E-Mail-Verkehr im gleichen Zeitraum dagegen um 245% (CZ 12.1.2004). Die Zahl der täglich versendeten Nachrichten wurde 2004 auf 22 Milliarden geschätzt und soll 2006 ca. 84 Milliarden betragen.[1]

Um so erstaunlicher ist es, dass die Anfänge und die Entstehung eines so populären Dienstes bisher kaum untersucht wurden. Die Allgegenwart von E-Mail geht mit einer bemerkenswerten Unsichtbarkeit in der Technikgeschichte einher. Eine Geschichte der E-Mail liegt bislang nicht vor. Die zahlreichen historischen Darstellungen zu Themen der Datenverarbeitung widmen sich nur knapp und mit den immer gleichen Anekdoten seiner Entstehung. Dabei ist es durchaus lohnenswert, sich anzusehen, wie sich eine Kommunikationstechnik, die heute täglich von Millionen von Menschen milliardenfach verwendet wird, so erfolgreich entwickeln

1 Laut einer Studie der IDC „Worldwide Email Usage", zit. nach http://www.frutilla.de/news/news.php?prno=1141834717/ 10.05.2006

konnte. Die Geschichte der E-Mail zeigt die Bedingungen, unter denen ein solcher Dienst entstehen kann und auch die Ursachen für die Krise, in der E-Mail derzeit steckt. Der Versuch, diese Geschichte nachzuzeichnen, soll hier unternommen werden. Dabei werde ich durchgehend den Begriff *E-Mail,* bzw. nur Mail, verwenden, obwohl sein Gebrauch erst seit Anfang der 90er Jahre üblich ist (siehe S.238).

Als kulturwissenschaftliche Untersuchung versucht die vorliegende Studie, zwischen drei Ebenen zu vermitteln. Als erste Ebene und theoretische Basis sollen die Ansätze der aktuellen Techniksoziologie dienen. Darauf aufbauend, werden mit eingehender Kenntnis der technischen Vorgänge und Standards als zweite Ebene, die historischen Quellen ausgewählt, bewertet und dargestellt. Ausgehend von der These, dass Sachtechnik immer ein Amalgam sozialer, kultureller und technischer Umstände ist, das gleichzeitig wieder auf diese zurückwirkt, werden die historischen Prozesse nachgezeichnet, durch die sich bestimmte Umstände zum hybriden Netz E-Mail verflochten haben.

Im ersten Kapitel der Untersuchung wird der Begriff der Technik techniksoziologisch problematisiert und als doppelte Disposition zwischen Sachtechnik und Tat-Sache vorgestellt. Daran schließen sich Überlegungen zu Technikgeneseprozessen an, die in den aktuellen systemischen Modellen soziotechnischer Netzwerke münden.

Im darauf folgenden Kapitel wird auf dieser Grundlage eine Methode erarbeitet, um den Hybridisierungsprozess historisch beschreiben zu können. Dabei werden allgemeine Überlegungen die Formen der historischen Veränderungen aus der Perspektive einer Netztheorie herausarbeiten.

Nach dieser theoretischen Fundierung steht das Kapitel „Vom Gerät zum Medium“ unter der Fragestellung, wie sich aus den frühen Rechenanlagen zum Lösen komplexer mathematischer Probleme ein Kommunikationsmedium hat entwickeln können. Dabei werden die sozialen, technischen und diskursiven Ausweitungen eines immer stärker wachsenden und sich verfilzenden Netzes beschrieben. Die zeitgenössischen Veröffentlichungen, insbesondere die „Request for Comments“, geben einen guten Einblick in die Genese computergestützter Kommunikation, dessen Gebrauch und den damit einhergehenden Leitbildern. Am Ende der Entwicklung steht die Redefinition der Rechenmaschine als Informations- und Kommunikationsmedium.

Das folgende Kapitel beschäftigt sich dann mit dem E-Mail Dienst im Internet, also der asynchronen schriftlichen und computergestützten Kommunikation, im engeren Sinne. Angefangen mit den frühen Formen des Nachrichtenaustauschs innerhalb der Mainframes der Time-Sharing-Systeme, über den Boom von E-Mail-Software Ende der 70er Jahre bis hin zur Etablierung des SMTP-Standards, werden die oft langwierigen und schmerzlichen Aushandlungsprozesse zwischen den Akteuren rekonstruiert. Dafür war die Mailingliste der MsgGroup, die zwischen Juni 1971 und Juni 1986 bestand, als Quelle äußerst aufschlussreich. In diesen E-Mails wird die enge Kopplung des Standards an seinen sozialen Kontext deutlich, die den großen Erfolg des Dienstes erst ermöglichte. Eben dieser Erfolg veränderte jedoch die Rahmenbedingungen derartig, dass der Dienst heute, durch neue ökonomische und juristische Anforderungen überfordert sowie durch Spam- und Phishing-Attacken bedroht, in die Krise geraten ist.

Diese gesamte Entwicklung, während der sich das soziotechnische Netz der computergestützten Kommunikation spann und sich E-Mail als Kulturhybrid herausbildete, wird im letzten Kapitel noch einmal in der Gesamtschau zusammenfassend dargestellt.

Sozialtheorie und Technikgenese

Die Schwierigkeiten einer soziologischen Beschreibung von Technik spiegeln sich in der Etablierung der Techniksoziologie wider. Daher sollen zunächst Hinweise auf die grundlegenden historischen, theoretischen und methodischen Probleme der Soziologie bei der Analyse technischer Artefakte gegeben, sowie deren Versuch dargestellt werden, die Ausgrenzung des Technischen mit deterministischen Konzepten der frühen Technikfolgenabschätzung zu überwinden (1).

Im Anschluss daran (2) werden verschiedene Herangehensweisen an das Phänomen Technik vorgestellt, die sich in zwei Hauptströmungen unterteilen lassen. Die Perspektive von Seiten des Artefakts (2.1) wird der Sichtweise der Nutzer (2.2) gegenübergestellt. Beide Richtungen können fruchtbare Hinweise auf eine sinnvolle Beschreibung von Technik und ihrer Entwicklung geben.

Wie die Vielzahl der Ansätze, die methodischen Probleme und thematischen Verengungen der Technikfolgenabschätzung zeigen werden, wurde eine Umorientierung der Forschung auf die Innovations*prozesse* erforderlich. Die Technikgeneseforschung (3) beschrieb nun die Bedingungen der Entstehung von Technik nicht mehr aus einer Eigenlogik heraus, sondern stellte sie als ein komplexes Geflecht von Beziehungen, Verhältnissen und Orientierungen dar.

Eine Symmetrisierung von Akteuren und Objekten in diesem Geflecht versuchen Autoren wie Bruno Latour, die zum Abschluss dieses Kapitels vorgestellt werden sollen (4).

1 Technik als Problem

Das Problem der Soziologie[1] und der Geschichtswissenschaft[2] mit der Technik ist bereits an vielerlei Stellen beschrieben und beklagt worden. Die Gründergeneration der Soziologie (Weber, Durkheim, Simmel) hatte versucht, sich durch eine strikte Trennung zwischen dem Programm der Soziologie (ohne Sachen) und dem der Natur- und Ingenieurwissenschaften (ohne Menschen) von den etablierten Wissenschaften abzugrenzen, und damit ihren Gegenstandsbereich auf interpersonales Handeln und die sich daraus ergebenden sozialen Beziehungen verengt. Technik wurde als *Non-Social Object* oder *Blinder Fleck* der Soziologie (Joerges) ausgeblendet.

Auch eine systematische Technikgeschichtsschreibung fand bis in die 60er Jahre hinein kaum statt. Für die einstige Leitwissenschaft war Technik kein angemessener Gegenstand. Als erste begannen Ingenieure und Techniker die „Heldengeschichten" herausragender Erfinderpersönlichkeiten als Geschichte eines ewigen Fortschritts nachzuerzählen. Für Walter Ganzhorn und Wolfgang Walter war „die geschichtliche Entwicklung der Datenverarbeitung" noch 1975 ausschließlich den „Großtaten technischen Erfindergeistes" zu verdanken.

„Erkenntnis und Fortschritt sind Männern zu verdanken, die – ihrer Zeit oft weit voraus – nicht selten Rückschläge und Spott ihrer Zeitgenossen ertragen mussten. Es waren Pioniere, die ihren Ideen unter größten persönlichen Opfern zum Durchbruch zu verhelfen suchten." (Ganzhorn/Walter 1975: 4)

Entsprechend unsystematisch wurde hier betrieben, was sich in den USA und Frankreich langsam zu einem eigenen Wissenschaftszweig entwikkelte.

Diese theoretische Ausblendung der Technik oder eine naive Sichtweise auf sie waren in der Bundesrepublik der 50er und 60er Jahre des wirtschaftlichen Booms noch unproblematisch. Zwar gab es im Rahmen einer Technokratiedebatte Befürchtungen, dass die immer stärker wahrgenommenen Sachzwänge über politische und gesellschaftliche Entscheidungen dominieren könnten (vgl. Degele 2002: 9), eine breite kritische Einstellung gegenüber neuen Technologien hatte dies jedoch noch nicht zur Folge.

---

1 Vgl. dazu Schulz-Schaeffer 2000; Rammert 2000; Rammert 1998; Joerges 1996: 15-32. Einen umfassenden Überblick über die Entwicklung der Techniksoziologie aus kulturwissenschaftlicher Sicht bietet Beck 1997

2 Vgl. dazu Lévy 1994; Troitzsch/Wohlauf 1980

Erst gegen Ende der 60er Jahre, unter dem Eindruck der atomaren Bedrohung des Kalten Krieges und der zunehmenden Sensibilisierung der Menschen für die Zerstörung der Umwelt, erlebte der Technikbegriff einen Wandel. Die eutrophen Technikbilder der Wirtschaftswunderjahre traten zurück und Technik wurde zunehmend mit Krisen und Zerstörung konnotiert. Auch gegenüber der Einführung von Computertechnologien in Betrieben, Verwaltungen und der Polizei entstand zunehmend eine kritische Haltung (vgl. Lindner/Wohak/Zeltwanger 1984: 187ff.). Personaldatensysteme offenbarten Qualifikationslücken von Angestellten, Unbescholtene gingen ins elektronische Schleppnetz der Sicherheitsbehörden. Es wuchs das Bewusstsein, dass Informations- und Kommunikationstechnologien ebenso wie die Atom- und Verkehrspolitik nach einer Abschätzung ihrer Risiken und Folgen verlangten.

Technik konnte wissenschaftlich nicht länger entproblematisiert bleiben, denn die „Exkommunikation“ (Linde) der Technik aus der Soziologie konnte nur mit einem deterministischen Konzept aufrecht erhalten werden, als

> „zwei *zu* unterschiedlichen Zeiten und *für* unterschiedliche Zeiten formulierte kognitive Programme kulturell synchronisiert wurden: einerseits die ingenieurtechnischen und ordnungspolitischen Entwicklungs- und ‚Vollständigkeitsversprechen‘, andererseits die ethische oder moralische Einbindung subjektiven Handelns. Die ‚ordentliche Trennung‘ dieser gleichzeitig wirksamen Programme, konnte sozial und kulturell nur gehalten werden durch die These, das technische Faktum habe ‚sein Eigenleben‘, ‚seine Eigendynamik‘ und müsse deshalb als non-social object gelten.“ (Faßler 1992b: 33f.)

Diese Polarität übernahm die frühe Technikfolgenabschätzung, die sich auf den amerikanischen Soziologen William F. Ogburn berief. Ogburn hatte bereits 1922 in einer Studie die sozialen Effekte von Technik untersucht und in seiner „Hypothesis of Cultural Lag“ die Kulturelemente Technik und Gesellschaft gegenübergestellt, deren Gleichgewicht bei einer inkongruenten Entwicklung gestört werde. Technische Innovationen erzwingen nach Ogburn dabei ein Nachziehen der Gesellschaft, die sich mit ihren Werten, Einstellungen und Verhaltensweisen jeweils der neuen Situation anpassen muss. Der soziale Wandel konnte mit diesem Ansatz eng auf den technischen Fortschritt bezogen werden, bedeutete aber eine starke *technikdeterministische* Sichtweise, in der eine innovativ fortschreitende Technik Anpassungshandlungen der Gesellschaft erzwingt. Mit Günter Ropohl (1988: 136) lassen sich darin zwei Zwangslagen erkennen: Einen *genetischen Determinismus* auf Seiten der Technik, der Fortschritt gleichsam inhärent ist, sowie als Kehrseite einen *konsequenti-*

ellen Determinismus, bei dem sich die gesellschaftlichen Strukturen der jeweiligen Technik anzupassen haben.

Die Technik als einzig fortschrittliches Element zu konstruieren, das der Gesellschaft lediglich eine passive Rolle zuweist, ist jedoch kaum haltbar. Technischer Fortschritt erscheint hier als voraussetzungslos und der gesellschaftliche Wandel einzig technikinduziert. Politische oder kulturelle Orientierungen, als Ursachen für eine sich verändernde Gesellschaft, werden dabei ausgeblendet. Nina Degele (2002: 15f.) weist auf die Schwierigkeit hin, zu bestimmen, wann sich die Kultur dem technischen Fortschritt angepasst habe und fragt, ob sich diese beiden Phänomene überhaupt als Dichotomie vergleichend gegenüberstellen lassen.

Die Gegenüberstellung von zwei getrennten Welten konnte jedoch sehr gut politisch instrumentalisiert werden, da aus ihnen starke operationalisierbare Sachzwangargumente abzuleiten waren. In dem Maße, in dem technische Neuerungen sich in einem immer schnelleren Tempo vollzogen, an Komplexität zunahmen und zu Krisenerscheinungen führten, verschob sich die Aufmerksamkeit der Öffentlichkeit auf die gesellschaftlichen Auswirkungen von Technik. Diese Verschiebung des Interesses erzeugte Erwartungen an die Politik, technische Innovationen zum einen zu fördern, um durch noch mehr Technik wirtschaftliche oder ökologische Krisen zu bewältigen, gleichzeitig aber deren Folgen abzuschätzen und zu steuern. Mit dem Versuch, Innovationen bewusst zu lenken, ging eine zunehmende Politisierung der Technikentwicklung einher. Technology-Assessment (TA) sollte hier als Instrument der Früherkennung und als Mittel der Politikberatung Abhilfe schaffen.[3]

Die Untersuchungen der Technikfolgenabschätzung mündeten rasch in das

> „Eingeständnis, daß moderne Technologie in ihrer Komplexität und Verwobenheit in Lebenswelt und gesellschaftliche Strukturen nur in interdisziplinärer Zusammenarbeit mit Historikern, Sozialwissenschaftlern, Ökonomen und Politikwissenschaftlern angemessen interpretiert werden kann." (Beck 1997: 186)

Der durch die TA gestiegene Bedarf an wissenschaftlicher Expertise dynamisierte die Forschungslandschaft und zwang zu interdisziplinären Kooperationen. Diese Neuausrichtung verlangte auch eine methodische Umorientierung (vgl. Dierkes/Knie 1997: 8f.). Deterministische Auffas-

3 In Washington wurde bereits 1972 das Office of Technology Assessment (OTA) etabliert, um die Technikfolgen von Großprojekten zu untersuchen. In der Bundesrepublik wurde erst 1985 die Enquete-Kommission des Bundestages zur Technikbewertung und später das Büro für Technikfolgenabschätzung im Bundestag (TAB) ins Leben gerufen.

sungen, nach denen Technik ausschließlich ein Produkt ökonomischer und/oder naturwissenschaftlicher Logiken sei, wurden zu Gunsten der Formel „Technik als sozialer Prozess" (Weingart 1989) aufgegeben. Es setzte eine sozialwissenschaftliche Diskussion ein, die in der ersten Hälfte der 80er Jahre ihren Höhepunkt erreichte. Technik war zu einem *Social Object* geworden.

Die Erkenntnis, dass technische Entwicklungen stark von sozialen Kontextfaktoren abhängig sind, führte zu der Idee, Innovationsprozesse umgekehrt, jetzt über soziale Prozesse, steuern zu können. Diese Steuerung sollte mit Hilfe von *Leitbildern*, ein Begriff der seit Mitte der 80er Jahre diskutiert wurde, erreicht werden[4]. Leitbilder beschreiben projektive Gebilde eines kollektiven Bewusstseins der Entwickler und Nutzer. Indem sie durch eine Leitfunktion gemeinsame Projektionen und Voradaptionen ermöglichen und durch ihre Bildfunktion als Aktivator und Motivator dienen, sind sie in der Lage, synchronisierend und stabilisierend im Innovationsprozess zu wirken (vgl. Dierkes/Marz/Hoffmann 1992: 41ff.).

Die intensiven Forschungen auf dem Gebiet der Technikfolgenabschätzung und -bewertung zeigten jedoch immer deutlicher die theoretischen Defizite, die Rammert (2000: 23ff.) als drei Dilemmata dargestellt hat:

- Zuerst ein *zeitliches Dilemma,* in dem sich jede Folgenabschätzung befindet. Entweder findet sie zu früh statt, wenn die möglichen Folgen noch gar nicht absehbar sind, oder zu spät, wenn die Entwicklung nicht mehr umkehrbar ist.
- Ein *sachliches Dilemma* ergibt sich aus der Komplexität der Untersuchung. Ist sie umfassend und stellt möglichst viele unterschiedliche Folgen, Wechselwirkungen und Interferenzen verschiedener Disziplinen dar, wird sie politisch nicht mehr operationalisierbar. Beschränkt sich die Studie auf ein handhabbares Set von Faktoren, nehmen ihre ‚Blinden Flecken' zu.

4 Die Veröffentlichung von Dierkes/Hoffmann/Marz „Leitbild und Technik. Zur Entstehung und Steuerung technischer Innovationen" (1992) die im Berliner Wissenschaftszentrum für Sozialforschung (WZB) entstand, war der Auslöser für eine Reihe wissenschaftlicher Aktivitäten, die die Bedingungen der Entwicklung von Technik mit dem Modell des Leitbildes analysierten. Überblicke über den Forschungsstand der historischen Leitbildforschung finden sich in Hellige 1996a und aus der Sicht der Technikfolgeabschätzung in Schinzel/Parpart 1996b. Weitere Ergebnisse der Forschergruppe am WZB sind in Dierkes 1997 zu finden.

– Schließlich ein *soziales Dilemma*, das sich aus den unterschiedlichen Zuschreibungen und Interpretationen von Folgen und Wirkungen ergibt. TA verlangt notwendigerweise immer nach einem normativen Gerüst, das jedoch eine gewisse temporäre und kulturelle Gültigkeit hat (vgl. Grunwald 2000). Rammert kommt daher zu dem Schluss:

„Nur wenn man voraussetzt, daß sich Techniken linear und aus einer inneren Logik heraus entwickeln, lassen sich technische Fortschritte voraussagen. Um dann noch die erwarteten Technikfolgen abschätzen zu können, muß unterstellt werden, daß die Folgen in einem fest fixierten, möglichst kausalen Verhältnis zur Technik stehen." (Rammert 2000: 26)

Damit verbirgt sich auch hinter der TA wieder ein deterministisches Modell. Noch etwas hatte die TA deutlich gemacht: Die Unkenntnis über den Prozess der Innovation selbst. Daraus leitete sich die Forderung nach einer Technikgeneseforschung ab, die die Technologiefolgenabschätzung unterstützen sollte.

„Denn erst, wenn wir über die soziale Dynamik technischer Entwicklungen aufgeklärt sind, können wir daraus Hinweise für ihre soziale Steuerung gewinnen." (Rammert 1990: 335)

So begann man sich intensiver um die Bedingungen der Entstehung von Technik einerseits – wobei der Geneseprozess in den Vordergrund gestellt wurde – und um den Gebrauch von Technik andererseits zu kümmern, während sich gleichzeitig die Forschung zunehmend aus dem politischen Umfeld zurückzog (vgl. Schinzel 1996: 77ff., Knie, 1990: 91ff., Biervert/Monse 1990). Zwei Stränge sind hier von Bedeutung: die in Zusammenarbeit mit historischen Fachdisziplinen entwickelte *Technikgeneseforschung* und zweitens die Bemühungen der Soziologie, Technik als relevante Kategorie im *Alltagshandeln* einzuführen.

2 Dimensionen einer Sozialtheorie der Technik

Nachdem Technik nun als soziales Objekt akzeptiert war, bildeten sich zwei theoretische Perspektiven heraus, die unterschiedliche Dimensionen des Technischen untersuchten. Zum einen sachtheoretische Ansätze, die die Nutzungs*bedingungen* herausstellen. In ihnen erscheint Technik und Technologie als wirkungsmächtiges Konstrukt, das sich zum Beispiel in Sachzwängen ausdrückt. Dem wird die Nutzerperspektive gegenübergestellt, die sich, unter dem Blickwinkel von Technik als Tat-Sache, auf dessen *Möglichkeiten* konzentriert.[5] Beide Richtungen haben Erkenntnisse hervorgebracht, die für eine Betrachtung der Computertechnik fruchtbar zu machen sind.

2.1 Sachtheoretische Ansätze

2.1.1 Soziologie der Sachverhältnisse

Die lange Exkommunikation der Technik aus der Soziologie kritisierten in den 70er Jahren verschiedene Autoren wie Linde, Joerges, Rammert u.a. Hans Linde postulierte die „Sachdominanz in Sozialstrukturen" (1972) und leitete einen Perspektivwechsel von dem in der Soziologie gängigen Fokus auf soziale *Beziehungen* hin zu einer Konzentration auf die sozialen *Verhältnisse* ein. Aufgegriffen wurde dieses Konzept von Bernward Joerges mit seinem Entwurf einer „Soziologie der Sachverhältnisse" (1979). Beide hatten ihren Arbeitsschwerpunkt in der Stadtsoziologie, die ohne die Einbeziehung der Dingwelt nur äußerst unbefriedigende Ergebnisse liefern konnte.

Linde fand bei Weber eine verhältnisorientierte Nebenlinie in der Argumentation, in der die institutionelle Funktion von Sachen und Artefakten betont wurde.[6] Der Aufbau zweckrationaler Ordnungen (in Fabriken, Rechtssystemen etc.) führt nach Weber zu einem massenhaften Sich-Verhalten-Müssen im „stählernen Gehäuse". Technik, als Ausdruck dieses Rationalitätstyps, bestimmt damit soziales Handeln. Wegen der Ambivalenz zwischen Beziehungs- und Verhältnisorientierung und des wenig spezifischen Technikbegriffs im Weberschen Modell zog Linde Émile Durkheim hinzu, der den Gegenstandsbereich der Soziologie nicht ausgehend von individuellem, sinnhaftem Handeln, sondern von den „kristallisierten Arten gesellschaftlichen Handelns" (Durkheim 1976: 111f.) her untersuchte. Dieses soziale Phänomen sei an äußerlich verbindlicher Macht, an Widerständen und Sanktionen zu erkennen. Machtstrukturen werden also entpersonalisiert und in „Gussformen" gebracht, so dass sich die Akteure zweierlei Welten gegenüberstehen sehen: Der objektiven Welt existierender materieller Sachverhalte und der ebenfalls objektiven

5 Die Technik/Nutzer-Relation findet sich in der Literatur unter verschiedenen Bezeichnungen, Perspektiven und Schwerpunktsetzungen. So zum Beispiel bei Degele (2002) als Sachzwänge/Optionen, bei Schulz-Schaeffer (2000) als Vergegenständlichung/Enactment bzw. Ressourcen/Routinen und bei Rammert (2000) als sachtheoretische/kulturalistische Ansätze oder bei Beck (1997) als Sachtheorie und Tat-Sachen.

6 Vgl. Beck 1997: 201; auch Joerges 1996: 134f. Im Original Weber 1988b: 471f.

Welt sozialer Normen und Verhaltensregulative (vgl. Beck 1997: 204). Damit wurde es möglich, eine Parallele zwischen technischen Artefakten und sozialen Normensystemen zu ziehen, da von beiden ein struktureller Zwang des Handelns auf den Einzelnen ausgeht.

Unter dieser Perspektive können Artefakt und Norm methodisch gleichbehandelt werden. Das verhältnisorientierte Konzept Durkheims ermöglichte Linde schließlich eine Analyse der Sachverhältnisse und damit die Einbeziehung von Technik und Technologien als soziale Objekte.

Neben Durkheim konnte sich Linde auch auf die Argumentationen von Karl Marx stützen, der gezeigt hatte, dass „Kapital nicht nur eine Sache ist, sondern ein durch Sachen vermitteltes gesellschaftliches Verhältnis von Personen.“ (Marx 1980: 793) Wenn gesellschaftliche Verhältnisse durch Sachen (Produktionsmittel) vermittelt werden, so kommen diesen gesellschaftsstruktur-determinierende Funktionen zu. Unter diesem Blickwinkel bildete die Ökonomie die zugleich treibende und beschränkende Kraft der gesellschaftlichen Entwicklung. Ein Primat, das lange in vielen techniksoziologischen Betrachtungen beibehalten wurde, obwohl damit lediglich „der technische durch einen ökonomischen Determinismus eingetauscht“ wurde (Rammert 2000: 53). Gerade die Geschichte der neuen Informationstechniken macht deutlich, dass Innovationen meist dort auftauchten, wo eben nicht wirtschaftlich gedacht und gehandelt wurde. Sowohl das Internet als technische Infrastruktur, als auch die wichtigsten Dienste E-Mail und das WWW entstanden nicht in einem kommerziellem Umfeld.

Mit dem Rückgriff auf Durkheim und Marx rückte also die Relevanz von Sachen für den Aufbau und die Stabilisierung gesellschaftlicher Strukturen und sozialen Handelns in den Fokus soziologischer Aufmerksamkeit. Lindes Programm konnte damit die „Exkommunikation“ der Sachen aus der Soziologie zwar überwinden, betonte aber andererseits einseitig ein starkes Regelungspotential der Artefakte für das menschliche Handeln.

In den *sachtheoretischen Ansätzen*, die sich auf dieses Modell von Linde beziehen, wird davon ausgegangen, dass Technik einen starken, relativ stabilen, normativen Charakter besitzt, der auf eine doppelte Disposition zurückzuführen ist.

2.1.2 Die doppelte Disposition der Technik

Artefakte wirken in den sachtheoretischen Ansätzen stets in einem doppelten Sinne bestimmend. Auf der einen Seite werden Handlungsmuster objektiviert und in Technik „gegossen“, auf der anderen Seite schreibt sich der Konstruktion immer auch ein Modell der erwarteten Anschluss-

Abbildung 1: Die doppelte Disposition des Artefakts

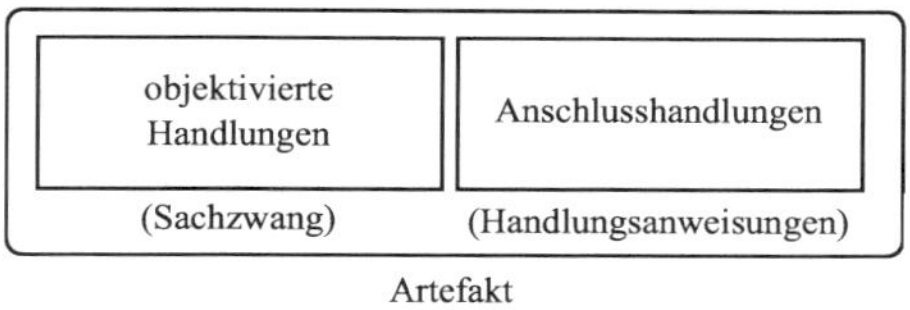

leistungen ein. Geschieht letzteres nicht, wird Technik bestenfalls sinnlos oder kann, zum Beispiel in Form von Fehlbedienungen und Unfällen, zur Gefahr für den Nutzer werden oder zum Nicht-Funktionieren des Artefakts führen. Eine Ampel, als objektivierte Handlung eines Verkehrspolizisten, würde ohne allgemeine Kenntnis der Straßenverkehrsordnung nie ihre intendierte Funktion erfüllen können. Wichtig ist daher nicht nur, dass die Ampel zuverlässig die Zeichen des Verkehrspolizisten substituiert, sondern ebenso, dass sich die erforderlichen Anschlussleistungen etablieren lassen. Die Installation von Computern in deutschen Schulen („Schulen ans Netz") reicht alleine nicht aus, um die damit intendierten gesellschaftlichen Rationalitätsziele zu erreichen. Ohne eine gleichzeitig vermittelte Medienkompetenz der Lehrenden werden diese Investitionen sinnlos. Neben der technischen bedarf es immer auch einer sozialen Innovation. Gleiches stellte Britta Schinzel für die Softwareindustrie fest.

> „Mit solchen und anderen Untersuchungsergebnissen setzt sich mehr und mehr die Erkenntnis durch, daß die Effizienz der Produktion nicht allein von der Entwicklung der Technik als Werkzeug abhängt, sondern vielmehr vor allem auch von der Art und Weise des Einsatzes dieser Technik, d.h. von der Art der Einführung, der Schulung und Handhabung der Gesamtorganisation." (Schinzel 1996: 85)

Umgekehrt genügt es bei der Analyse von Technik nicht, diese nur als Werkzeug zu betrachten, das in seinem Gebrauch lediglich eingebaute Handlungen realisiert. Die materielle Seite der Objekte mit ihren Bedingungen bleibt natürlich bestehen. Es wäre nicht von Erfolg gekrönt, sich bei der Ampel wegen der Verkehrsregelung zu beschweren.[7]

Neben diesen negativen Implikationen sind gleichzeitig positive Effekte zu beobachten. Technologische Objekte können benutzt werden, gerade weil ihre Funktionen im „stählernen Gehäuse" verborgen sind, denn sie können eben durch ihre Schließung eine Entlastungsfunktion ausüben.

7 Der konsequentielle Determinismus wird hier, anders als bei Ogburn, zu einer bereits durch das Artefakt erzeugten Anpassung der sozialen Umgebung.

Nur so ist es überhaupt möglich, einzelne Artefakte zu komplexen Systemen zu verbinden. Der Taschenrechner kann eben ohne das Verständnis seines gerätetechnischen Aufbaus genutzt werden. Und selbst wenn dieser Aufbau durchschaut werden würde, bestände er aus vielen weiteren Blackboxes wie Prozessor, Display, Akku etc. Diese Entlastung ist um so bedeutsamer, je größer das technische System ist.

Die *starke Version des sachtheoretischen Ansatzes,* wie sie Bernward Joerges mit seiner „realistischen Techniksoziologie" unter dem Schlagwort „*Technische Normen sind soziale Normen*" vertritt, betont besonders diese Entlastungseffekte bzw. das handlungsnormierende Potential von Technik, indem er davon ausgeht, dass

> „im historischen Verlauf [...] moderne Gesellschaften große Teile ihrer Sozialstruktur in maschinentechnische Strukturen [verlegen], die mehr oder weniger erfolgreich versiegelt, dem Alltagsbewusstsein der Bürger entzogen werden. Sozialstruktur wird externalisiert." (Joerges 1996a: 120)

Mit der Objektivierung von Handlungen (zum Beispiel dem Wurzelziehen) in Technik (Taschenrechner/Software) findet sowohl eine Trivialisierung statt (der Rechenvorgang ist nicht mehr an die kognitive Leistung beim Ausführen einzelner Rechenschritte gebunden, sondern beschränkt sich auf das Drücken der entsprechenden Tasten), als auch gleichzeitig eine Professionalisierung (nur ein Ingenieur/Informatiker hat entsprechende Kenntnisse und Fähigkeiten, den Vorgang zu durchschauen und zu gestalten). Für Ingo Schulz-Schaeffer beruht Technisierung daher

> „auf der Ausdifferenzierung jeweils zweier Handlungsfelder, eines spezifischen Expertentums und eines dazu komplementären Laientums, die dergestalt sozial aufeinander bezogen sind, daß bestimmte Akteure einen großen Teil des Aufwandes der Bereitstellung gesicherter Ereigniszusammenhänge übernehmen und damit anderen Akteuren die Möglichkeit eröffnen, diese mit vergleichsweise geringem Aufwand [...] als Ressourcen nutzen zu können." (Schulz-Schaeffer 2000: 19, 191f.)

Die Experten gehen den Laien also stets voraus. Ebenso hatte schon Peter Weingart zwischen alltäglichen Verwendungszusammenhängen, in denen ein laienhaftes Verwendungswissen an individuelle Verwendungsweisen angepasst wird, und professionalisierten Verwendungszusammenhängen differenziert (Weingart 1988: 148f.).

Gegen diese starke sachtheoretische These ist von verschiedener Seite Kritik geübt worden. Bettina Heintz (1993: 241) weist darauf hin, dass technische Normen keinesfalls unbedingt die Funktion eines Geräts bestimmen, wie Joerges argumentiert. Allenfalls beschreiben sie, wie sich das Gerät verhalten *soll*. Joerges vermischt hier die zwei analytischen Betrachtungsebenen der Beschreibung der Physis und die der Funktionalität.

Gegen die Entlastungsthese führt Stefan Beck drei Kritikpunkte ins Feld (vgl. Beck 1997: 209): Zunächst wird den Handlungsformen ein zu einfaches Stimulus-Response-Modell unterstellt, das eine reflexhafte und korrekte Bedienung der Technik nahelegt. Dann werden die Bedingungen, unter denen sich Akteure Technik aneignen und verwenden, ignoriert. Ein Taschenrechner wird zum Beispiel von Schülern manchmal auch als Schreibgerät verwendet, indem zum Beispiel die Zahl 1353 auf den Kopf gestellt das Wort „Esel" ergibt. Aus der Maschinenperspektive der starken Sachtheorie können jedoch nur formalisierte und intendierte Handlungen untersucht werden. Letztlich unterstellt dies eine „Automatisierung des Sozialen", in dem Handeln als „Abrufen vorprogrammierter, in den technischen Spezifikationen der Geräte zugelassener Optionen" erscheint (vgl. Beck 1997: 208).

> „[...] Maschinen und Geräte arbeiten in diesem Modell erstens dekontextierte, zweckrationale Teilhandlungen automatisiert ab und definieren zweitens auch ihren Nutzungs-Kontext, indem sie die Handlungsoptionen der Nutzer formalisieren, seine Ziele lenken, seine Kalküle beherrschen und sein Handeln in Zeit und Raum strukturieren. Der Maschine steht unter dieser Perspektive letztlich ein Maschinenmensch gegenüber, der in einer vorab nach ingenieurtechnischen Kriterien definierten Situation ‚handelt'." (Beck 1997: 210)

Um diesen theoretischen Kurzschluss zwischen Nutzer und Artefakt zu vermeiden, betont die abgeschwächte Version des sachtheoretischen Ansatzes zwar noch die Dominanz der Technik über das Handeln, hebt aber ebenso die unterschiedlichen sozialen Verwendungszusammenhänge, unter denen Technik integriert und verwendet wird, hervor.

2.1.3 Strukturwirksamkeit

Ingo Schulz-Schaeffer (2000: 364ff.) hat in seinem Konzept von Ressourcen und Routinen die Strukturwirksamkeit von Technik ausgearbeitet. Unter *Ressourcen* versteht er dabei gesicherte Ereigniszusammenhänge, das heißt die Einrichtung von Abläufen auf Basis gesicherter Regeln. Unter *Routinen* ist dagegen der Umgang mit gesicherten Ereigniszusammenhängen gemeint, also die Einrichtung der Handlungsanweisungen. Beide sind für die Verselbständigung von Technik verantwortlich, indem sie sich gegenseitig ermöglichen. Schulz-Schaeffer begreift die doppelte Disposition als einen zweifachen Strukturierungsprozess.

Mit der Etablierung neuer Technologien kommt es oftmals zu Strukturveränderungen, die nicht intendiert waren. Sproull/Kiesler (1991) beschreiben in ihrer Untersuchung über die Auswirkungen von E-Mail in Betrieben, wie sich soziale Veränderungen durch neue Kommunikationstechnologien vollziehen. Die Autoren betonen dabei die nicht geplanten *Second-Level System Effects* nach der Einführung technischer Innovationen. Während sich die „Early Adopters" bei ihren Investitionen ausschließlich auf die Primäreffekte wie Rationalisierung oder Kostenersparnis konzentrieren, werden nicht selten die Sekundäreffekte für die sozialen Systeme viel bedeutsamer und initiieren wesentliche Veränderungen innerhalb der Firmen, Organisationen oder Gruppen.

„Important technologies have deviation-amplifying effects. Small changes cause other changes, build up deviation, and cause the system to diverge permanently from its initial state." (Sproull/Kiesler 1991: 2)

Sproull/Kiesler führen diese Sekundäreffekte in ihrer Studie auf die Veränderung von (Kommunikations-)Beziehungen zurück. Wenn eine Technik die Beziehungen der Akteure untereinander verändert (z.B. wer wen kennt und wer mit wem umgeht), verschieben sich die Aufmerksamkeiten, ändern sich Zeitanteile, die Menschen für bestimmte Dinge investieren, und damit das gesamte soziale Netz. Ein relativ kleiner Unterschied in den Kommunikationsbeziehungen kann zum Beispiel durch die Einführung von E-Mail verstärkt werden („deviation amplification") und führt zu weitreichenden sozialen Effekten. Diese nichtintendierten Sekundäreffekte werden zwar als unvorhersehbar und unplanbar beschrieben, rühren jedoch keinesfalls aus dem freien Willen der Nutzer. Vielmehr wird auch hier das sachtheoretische Modell zu Grunde gelegt, das die Folgen als technikinduziert unterstellt. Kleine Veränderungen im (Kommunikations-)System bewirken Strukturveränderungen, in denen sich die Nutzer neu verhalten. Damit haben Sproull/Kiesler die These von bewusst objektivierten Handlungen in Artefakten um nichtintendierte, aber unter Umständen sehr wirkungsmächtige objektivierte Handlungen erweitert.

Beide Seiten der doppelten Disposition sind jetzt verändert: Die „externalisierte Sozialstruktur" im „stählernen Gehäuse" ist um nicht intendierte Sekundäreffekte auf Strukturebene und das Nachziehen der Gesellschaft um gesteuerte Anpassungshandlungen bereichert.

2.2 Technik als Tat-Sachen: Nutzungsmöglichkeiten

Problematisch an den sachtheoretischen Ansätzen ist die Ausblendung der Handlungs*optionen* selbstbewusster Nutzer. Wurde Technik bisher als doppelt dispositioniert und „stahlhartes Gehäuse" beschrieben, machte die Einführung des Nutzers in die Diskussion unter dem neuen Beobachtungsbereich „Technik im Alltag" (Joerges 1988) einen Paradigmenwechsel erforderlich. Die Betrachtung der Kontingenz sozialen Handelns gegenüber Technik verschob die asymmetrische Relation des sachtheoretischen Ansatzes zu einer symmetrischen Beziehung zwischen Technik und Nutzer.

„Technik greift [...] ebenso tief in den Alltag der Menschen in der Moderne ein, wie diese mit ihren Praxen in technologische Systeme eingreifen – und so aktiv in sie eingebunden sind: Technik stellt eine allgegenwärtige Bedingung des Alltagslebens in der Moderne dar, die kulturelle Ordnungen und Gewohnheiten in vielfacher Weise prägt und durch sie geprägt wird." (Beck 1997: 10)

Diese Realisation der Technik in der Praxis kann auf sehr unterschiedliche Weise erfolgen. Erfolgt sie routiniert, wird Technik zu einem Faktor sozialkulturellen Kontingenzmanagements, indem es das Handeln stabilisiert. Umgekehrt kann ein kreativer Umgang auch die These von der Destabilisierung der Technik durch Handeln unterstützen.

Wie wir gesehen haben, erforderte die zweite Seite der doppelten Disposition der Sachtechnik die erfolgreiche Implementation von Anschlusshandlungen. Der Produzent einer Sache ist daher gezwungen, die Gebrauchsweisen der Nutzer zu antizipieren, um das Anschlussverhalten normieren zu können. Umgekehrt muss der Nutzer die an ihn gestellten Anforderungen deutend verstehen. Er tritt also mit dem Produzenten über das Artefakt in einen Dialog, indem er versucht, die vorgegebenen Strukturen im Handeln zu reproduzieren. Gewendet für eine Technikgeschichte bedeutet das, dass im Gebrauch Rückkopplungsprozesse stattfinden, die angesichts von multiplen Objektpotentialen, das Handeln mit Technik als teilvariabel oder kontingent[8] auf beiden Seiten, Produzent und Nutzer, voraussetzen.

8 Dies korrespondiert mit Luhmanns Definition des Begriffs Kontingenz: „Kontingent ist etwas, was weder notwendig ist noch unmöglich ist; was also so, wie es ist (war, sein wird), sein kann, aber auch anders möglich ist. Der Begriff [...] bezeichnet Gegenstände im Horizont möglicher Abwandlungen. Er setzt die gegebene Welt voraus, bezeichnet also nicht das Mögliche überhaupt, sondern das, was von der Realität aus gesehen anders möglich ist." (Luhmann 1987: 152)

Hier setzt eine kulturtheoretische Perspektive an. Wenn Handeln mit Technik deutungsabhängig ist, können Artefakte stets auch sachfremd eingesetzt werden. Das heißt, dass die Handlungen der Nutzer erst einmal unvorhersagbar sind. Das Spektrum der in einem kreativen Prozess realisierten Gebrauchsweisen ist breit, aber nicht beliebig und abhängig von verschiedenen Faktoren.

2.2.1 Sachtechnische Stabilisierung des Handelns

Die Bereitstellung konkreter materieller Potentiale durch die Artefakte, die durch Handlungsoptionen genutzt werden können, hat Stefan Beck *Kon-Texte* genannt. Dazu gehören die Anschlusshandlungen der Sachtechnik, mit denen die unmittelbar in die Artefakte eingelassenen Objektpotentiale (Affordances) realisiert werden. Dabei unterscheidet er zusätzlich zwischen *sozial-mediierten* (Affordances, die nur in sozialer Kooperation realisiert werden können) und *technologisch-mediierten* Objektpotentialen (Affordances, deren Realisation des Einsatzes weiterer Technik bedarf). Kommunikationstechniken haben notwendigerweise sozial mediierte Potentiale, deren Realisierung Kommunikation überhaupt erst ausmacht. Nicht nur Ego muss anrufen, Alter muss auch abheben, wenn es klingelt. Um eine SMS oder eine E-Mail zu verschicken, benötige ich jedoch nicht nur einen Kommunikationspartner, der das Kommunikationsangebot auch aufnimmt, sondern zusätzlich eine ganze Reihe funktionierender technischer Artefakte (Internet, Mail-Server etc.) und Normen (SMTP, TCP/IP etc.). Die potentiellen Möglichkeiten der Artefakte können nur unter Bezugnahme auf solche Technologien realisiert werden.

Ingo Schulz-Schaeffer führt als Beispiel einen Beamten an, den man trotz Überschreitung der Öffnungszeit zu überreden versucht, noch ein Formular auszuhändigen, während man bei einer Parkuhr, die unerbittlich sofort nach Anbruch einer neuen Stunde die Gebühr erhöht, klaglos bezahlt. Er kommt zu der These, dass Sachtechnik ihre Stabilität dadurch erreicht, das sie die soziale Kontingenz im scheinbar neutralen technischen Ablauf der Funktionalität versteckt. Technik entproblematisiert die Handlungen und liefert so Sachzwangargumente (vgl. Schulz-Schaeffer 2000: 311).

Technik wird jedoch nicht immer einfach nach inhärenten Mustern benutzt. Ihr Einsatz ist jedesmal ein „soziales Experiment“ (Heintz 1993: 246), das unvorhergesehene Kopplungs- und Interaktionseffekte hervorbringen kann. Das Ausnutzen der Objektpotentiale kann dann eine Destabilisierung der Technik bedeuten. Die Folgen sind zum Beispiel die alltäglichen kleinen und unbedeutenden ganz normalen „Unfälle“. Kommt es zu schwerwiegenden Fehlinterpretationen und Katastrophen, wird von

„menschlichem Versagen" gesprochen. Damit ist das Versagen gemeint, die intendierten Handlungen nicht ausgeführt oder nicht verstanden zu haben.

Ein Computer mit einer Textverarbeitungssoftware kann als Schreibmaschine genutzt werden, aber eben nicht genau wie eine Schreibmaschine. Der Einsatz von TippEx oder Zeilenumbrüchen nach jeder Zeile ist äußerst unpassend. Um dieses zu vermeiden, bedarf es, um die Stabilität der Verwendungskontexte dennoch zu gewährleisten, eines komplexen *Kontingenzmanagements*. Dazu zählt die Etablierung legitimer Ordnungen und Gebrauchsweisen durch Anleitungen, Gebrauchsanweisungen oder Nutzungsbedingungen, die zusätzlich durch moralische, juristische oder finanzielle Sanktionen (z. B. der Verlust der Garantieleistung bei Zuwiderhandlung) geahndet werden können.

2.2.2 Semantische Stabilisierung des Handelns

Von den „harten" Kon-Texten grenzt Beck die weichen, diskursiven (kulturellen, historischen etc.) Bezüge auf sprachliche und nicht-sprachliche Diskurssysteme der *Ko-Texte* ab (vgl. Beck 1997: 294ff. und 341ff.). „Weich", weil politische oder symbolische Kämpfe in weniger formalen Ordnungs- und Regelungssystemen ausgefochten werden. Parallele und konkurrierende Diskurse sind dabei jederzeit wahrscheinlich und selten unumstritten. Sie werden jeweils in konkreten Situationen vom Handelnden bestätigt, verworfen oder modifiziert und so aktualisiert. Die Netiquette ist solch ein Versuch, durch allgemeine Verhaltensregeln ein Bezugssystem für die E-Mail-Kommunikation zu etablieren (vgl. auch S. 256). Im Mittelpunkt des Bezugsrahmens stehen hier nicht die Artefakte, sondern die kollektiven moralischen Bezüge der Akteure.

Auf der Ebene der inneren Repräsentation wurde unter Rückgriff auf die Ansätze der Cognitive Science das Konzept der *Mental Models* entwickelt. Der Nutzer wird hier zum zentralen handelnden Element, indem er im Akt des Gebrauchs ein kognitives Modell der Artefakte erzeugt. Dieses Modell muss nicht komplett, korrekt oder konsistent sein. Kaum ein Anwender wäre in der Lage, ein korrektes und konsistentes Modell eines Computers zu entwerfen. Das mentale Modell muss lediglich angemessene Vorstellungen der zentralen Funktionen bereitstellen und die wesentlichen Wirkungen des Artefakts abbilden. Nicht die exakte Repräsentation, sondern eine gebrauchstaugliche Vorstellung sichert den Umgang mit der Technik. Schlechtes Produktdesign, das die Bildung nutzungsadäquater innerer Modelle verhindert, führt zu Nutzungsfehlern und -zusammenbrüchen. Technik muss, wie oben bereits gezeigt, auch verstanden werden. Erst durch *erkennbare* Objektpotentiale kann eine erfolgreiche Kommunikation zwischen Produzent und Nutzer und damit auch eine erfolgreiche Kooperation von Mensch und Maschine etabliert werden (vgl. Beck 1997: 235f.). Ein *inkompetentes* Verhalten führt nach Habermas zu einem „Scheitern an der Realität“, ein abweichendes Verhalten zu Sanktionen (Habermas 1969: 63).

Im Zirkel von Zielsetzung, tätiger Handlung, Verhalten des Artefakts, Interpretation der neu entstandenen Situation, Vergleich mit der ursprünglichen Intention und erneuter Zieldefinition entstehen Gebrauchswissen und Gebrauchsweisen aus einer Reihe von Trial-And-Error-Situationen (vgl. Beck 1997: 237). Mental Models sind somit das Ergebnis von Rückkopplungsprozessen, die zwischen Gebrauchsweisen und Gebrauchswissen ständig alternieren.

2.2.3 Vorbewusste Stabilisierung des Handelns

Neben der Abhängigkeit der Praxen von technischen Determinanten, legitimen Ordnungen und innerer Repräsentation ist die Situations*wahrnehmung*, die Dispositionen der Akteure und ihre Fähig- und Fertigkeiten selbst durch diese Kontexte kulturell geformt. Daher erweitern einige Theorien ihr Konzept, indem sie stillschweigendes Wissen mit stillschweigender Rationalität und Intentionalität einbeziehen.

In Umkehrung zu Webers sinnhaft zweckrationalem Handeln, bestimmt so Anthony Giddens (1992) die Routine als Grundelement des Handelns, welches die sozialen Strukturen stabilisiert. Die Reproduktion dieser Strukturen im Alltag findet nicht bewusst statt. Praktisches Bewusstsein ist nicht unbedingt diskursiv und die Akteure müssen nicht in der Lage sein, ihr Handeln zu erklären. Das bedeutet nicht, dass routinierte Tätigkeiten in gedankenlosem Ausführen von technischen oder kulturellen Programmen bestehen, sich dahinter also wieder ein deterministisches Modell verbirgt. Im Gegenteil wird Routine von Giddens als ein kontinuierlicher rekursiver Prozess des Verfeinerns verstanden. Strukturen, Normen oder Regulative werden vom Handelnden nicht einfach ausgeführt, sondern im Handeln stets aktualisiert. Die Wirklichkeit muss in einem kreativen Prozess ständig rekonstruiert werden. Diese Argumentation impliziert nicht nur ein neues Verständnis von Handlungsrationalität, sondern auch eine neue Intentionalität. Technisches Handeln kann damit stattfinden, ohne dass die Situation völlig durchschaut werden muss und die Folgen klar sein müssen. Die Intentionalität verlagert Giddens in den Handlungsprozess selbst (vgl. Beck 1997: 331 f.).

Ähnlich hat sich Pierre Bourdieu (1991) gegen einen naiven Strukturalismus gewandt, der Handeln nur negativ, als Ausführen eines Programms, beschreibt. Wird die Routine bei Giddens noch auf der Handlungsebene angesiedelt, verlegt sie Bourdieu mit dem Begriff des *Habitus* als „eine die Praxis strukturierende Struktur“ mit der dauerhaft Dispositionen erzeugt werden, in die Gesellschaft.

Dieser Habitus wird durch ökonomische Grundlagen der jeweiligen Gesellschaftsformation in der Sozialisation klassenstrukturell erzeugt und damit zur verinnerlichten Gesellschaftsstruktur (vgl. Bourdieu 1979: 183). Diese wirkt selbst wiederum als eine Struktur, die unbewusst Praxisformen und Repräsentationen anleitet. Die habituell strukturierten Praxisformen sind also objektiv geregelt, ohne dass sie eine gehorsame Erfüllung von Regeln wären. Das heißt, auch Bourdieu geht von einem Regelkreis zwischen Struktur und Praxis aus.

Beck hat kritisiert, dass der Habitus nach Bourdieu nur formal (als strukturierende Struktur) definiert wird, ohne zu benennen, was diese Black-Box enthält (kulturelles Wissen, Konzepte, Methoden). Ebenso ist unklar, wie neue Situationen mit altem Wissen bewältigt werden, nach welcher Logik also situationsunspezifische Dispositionen auf konkrete situative Handlungsprobleme angewandt werden (vgl. Beck 1997: 324).

Neben der aktiven Rolle der Nutzer betonen diese Modelle die Verwendung von Technik als konstruktiven und rekursiven Prozess, der bei neuen oder widerständigen Artefakten sowohl kognitive Leistungen wie auch tatkräftiges Handeln erfordert. Die dabei erzeugten Gebrauchsweisen können sich als Routinen und Ressourcen verdichten und sich dem Bewusstsein entziehen. Indem eine Handlungsnotwendigkeit beim Gebrauch von Technik bestimmt wurde, ist der Nutzer als aktives und kreatives Element in die Relation von Technik und Nutzer eingesetzt.

Bei der Beschäftigung mit Technik lassen sich zusammenfassend zwei Blickwinkel unterscheiden. Die Perspektive der „realistischen Techniksoziologie“ hebt die Objektivierung von Handlungsprogrammen in Artefakten hervor. Diese Einschreibungen erzeugen Anschlusszwänge für die Nutzer. Das bedeutet nicht, dass dies immer intentional geschieht, wie Sproull/Kiesler anhand der 2nd Level Effects gezeigt haben. Als Gewinn stellt sich dagegen ein Entlastungseffekt ein, der große komplexe Technologien erst ermöglicht. Diese Entlastung findet sowohl auf technischer (komplexe Black-Boxes werden kombiniert), wie auch auf kognitiver Ebene statt (Trivialisierung/Professionalisierung).

Der gegenläufige Blickwinkel aus der Perspektive des Nutzers betont die Handlungsoptionen. Um mit Technik trotz Kontingenz umgehen zu können, bedarf es der Stabilisierung des Handelns, die auf unterschiedlichsten Ebenen stattfindet. Juristische und moralische Vorgaben schaffen legitime Ordnungen und damit Orientierungskomplexe. Handlungen können sich aber auch vollständig als Routine aus dem Bewusstsein in das „Körpergedächtnis" verlagern oder auf der Gesellschaftsebene als Habitus herausbilden.

Aus der kulturtheoretischen Perspektive Werner Rammerts sind Artefakte ebenfalls gleichzeitig physikalische und symbolische Gegenstände (vgl. Rammert 2000: 33) und so erst Garant sozialer Stabilität. Eine technikgeschichtliche Untersuchung muss also sowohl nach den Entwürfen von Anschlussleistungen auf Seiten der Entwickler und der Emergenz nicht intendierter Zwangslagen fragen, wie auch nach der Stabilisierung der Technik durch eine kulturelle und diskursive Einbettung.

3 Technikgenese

Die Dilemmata der Technikfolgenabschätzung hatten die Notwendigkeit deutlich gemacht, die Betrachtungen auf die *Entstehung* von Technik zu lenken. Dieses Desiderats hat sich die Technikgeneseforschung angenommen, die nun die Bedingungen untersucht, unter denen technische Innovationen und Durchsetzungsprozesse stattfinden. Sie versucht, die bewussten und unbewussten Handlungsfilter aufzudecken und die Korridore zu benennen, in denen sich technische Innovation vollziehen kann. Der Analyserahmen einer Untersuchung über die Genese von Technik muss daher sowohl die objektiven sachtechnischen Rahmenbedingungen (Nutzung des vorhandenen Maschinenparks, Budgets, technisch zu realisierende Funktionalität etc.), als auch die diskursive Ordnung (Anknüpfen an Konstruktionstraditionen und -stile, Leitbilder, spezifische Organisationskulturen, die großen Einfluss auf Grundannahmen, Strategien und Entscheidungen haben) berücksichtigen (vgl. Dierkes 1990: 316f.). Technikentstehung wird so als Bündel komplexer sozialer Aushandlungsprozesse sichtbar, das sich durch vielfältige inner- und außertechnische Orientierungen in bestimmten Korridoren entwickelt. Sozialevolutionäre Modelle erweitern diese Sicht, indem sie Technikgenese als alternierende Phasenverläufe mit Öffnungs- und Schließungsprozessen oder als rekursive Beziehungen beschreiben.

3.1 Filter und Entwicklungskorridore in Innovationsprozessen

Technische Innovation ist keineswegs nur die Folge zweckrationaler Entscheidungen oder innertechnischer Zwangslagen. Der Innovationsprozess ist stets eingebunden in ein konkretes soziales Umfeld, das Anschlusshandlungen an betriebliche Mittel, wissenschaftliche Auffassungen oder handwerkliche Routinen einfordert. Andererseits kann sie sich nicht völlig unabhängig von den innertechnischen Gegebenheiten entwickeln. Installierte Maschinenparks setzen den Rahmen für neue Produkte, existierende Normen sind nur gegen große Widerstände zu missachten und müssen dann besonders legitimiert sein.

Frühe Technikgeneseuntersuchungen gingen davon aus, „daß die Auswahl technischer Konzepte und deren konstruktive Ausgestaltung bereits in einem sehr frühen Stadium erfolgt und dieser ‚Prägeprozess' in späteren Phasen nicht mehr oder nur noch rudimentär zurückgeschrieben werden kann." (Dierkes/Knie 1997: 8) Donald W. Davies zum Beispiel, einer der Vordenker heutiger Computernetzwerke, wies auf die Prägekraft früher Entscheidungen hin.

> „Communication networks are resistant to technical advances because new equipment must be able to interwork with all the existing equipment. Therefore the assumptions made in the first designs may determine the form of the network for a long time." (Davies 1966: 29)

Die Annahme einer sehr frühen Festlegung der Technik im *Closure-Konzept* ist problematisch (vgl. Weyer 1997: 130). Durch sie wird jede Möglichkeit der Gestaltung von Technik weitgehend ausgeschlossen und behauptet letztlich einen neuen genetischen Technikdeterminismus. Dass Technologien im Gegenteil zu Beginn sehr offen sein können, belegen viele Untersuchungen, wie sie unter anderen Werner Rammert am Beispiel des Telefons vorgenommen hat.[9]

3.1.1 Der „Stand der Technik"

Technische Entwicklungen sind heute in der Regel mit großem finanziellen Aufwand verbunden und durch erhebliche Unsicherheit gekennzeichnet. Daher finden sie überwiegend im institutionalisierten Rahmen von Forschungs- und Entwicklungsabteilungen statt.[10] Unterstellte das Closure-Konzept noch eine Art Eigenlogik der Technik nach einem kurzen Akt der Innovation, werden hier die Ingenieure und Techniker wieder zu

9 In der frühen Phase der Telefonentwicklung konkurrierten verschiedene Nutzungsszenarien miteinander. Neben dem heutigen Gebrauch als Medium des Wechselgesprächs standen Alternativen als einseitiges Informationsmedium (heute noch verwirklicht in den Ansagediensten) und als Broadcastmedium zur Übertragung von Konzertaufführungen zur Disposition (vgl. Rammert 1990: 341).

10 Die starken Veränderungen dieser Rahmenbedingungen, in denen Innovationen stattfanden, hat Thomas P. Hughes (1991) für die USA beschrieben.

handelnden Personen. Dies jedoch in negativem Sinne, indem sie sich beschränken. Um die Mechanismen zu verstehen, die das breite Spektrum von Möglichkeiten im Geneseprozess schließlich auf ein dominantes Design reduzieren, wurden die Orientierungen bzw. Zwänge der herrschenden technischen Praxis untersucht.

In diesem Zusammenhang hat Andreas Knie Konstruktions*stile* beschrieben, bei denen es sich um erprobte organisationsspezifische Routinen und Lösungsrezepte handelt. Daneben existieren Konstruktions*traditionen* als handlungsleitende Wahrnehmungsfilter. Darunter ist die Ausrichtung der Ingenieure an bereits existierenden Problemlösungsmustern und Paradigmen zu verstehen. Durch die Anbindung der Entwicklungsprozesse an erprobte Lösungsmethoden und verbreitete Paradigmen wird versucht, die Gefahr des Scheiterns einer Innovation zu verringern. Anhand der Automobilindustrie und der Erfindung des Dieselmotors hat Knie (1990; 1994) sein Modell ausgebaut und gezeigt, wie stark der Druck auf die Ingenieure ist, sich an den herrschenden „‚Stand der Technik‘ als ein von der Zunft gemeinsam genutztes und gepflegtes Reservoire an Erfahrungen, Kenntnissen, Arbeitsweisen und Konstruktionsprinzipien“ (Knie 1990: 95) zu halten. Eine Abweichung von diesen anerkannten Regeln gefährdet die Durchsetzung der Innovation nicht nur, weil der technische Erfolg unsicher würde und die Gefahr teurer Fehlinvestitionen bestünde, sondern auch, weil sie von den Fachtraditionalisten abgelehnt werden würde. Neue Erfindungen haben nur dann Erfolg, wenn sie zumindest teilweise an die Grundprinzipien der herrschenden Praxen anknüpfen können oder einflussreiche Fürsprecher finden. Diese Wahrnehmungsfilter definieren die Korridore, in denen sich Neuerungen entwickeln können. Der *Stand der Technik* ist damit „kognitiver Bezugspunkt für den Technikgeneseprozess“ (Knie 1990: 97).

Ähnlich argumentierte Dierkes, als er neben dem technischen Handeln das organisations*kulturelle* Perzeptions- und Selektionsverhalten bei der Technikentwicklung untersuchte. Organisationskultur wird von ihm als ein kollektives Sinnsystem verstanden, das seinen Ausdruck in gemeinsam geteilten „Werten, Normen, Symbolen und Symboldeutungen, Handlungs- und Entscheidungsmustern, Kommunikationen und Diskursen“ (Dierkes 1990: 318) findet und das das stillschweigend vorausgesetzte Handlungswissen, wie das „richtige“ Denken und Wahrnehmen, bestimmt. Dabei werden zwei optionsreduzierende Mechanismen wirksam. Bei der *Informationsfilterung* wird „kulturkonforme Information [...] als relevant aufgenommen, während konträre Signale eher übersehen oder als irrelevant bewertet werden“, und gleichzeitig werden *Problemlösungsmuster* verinnerlicht und unreflektiert als Routinen weitergeführt.

Problematisch ist dabei die Rückbindung der Ingenieure bzw. Institutionen auf sich selbst, die Knie als „Gefahr eines ‚Technological Fix'" (Knie 1994: 45) bezeichnet. Der Blick, der durch eine alte Technik geprägt wird, sperrt sich gegen Neues und schließt Innovationen aus dem Diskurs aus. Das bedeutet, dass in stabilen sozialen Gruppen wie Unternehmen „revolutionäre" Entwicklungen kaum noch möglich sind. In der Massenproduktion, in der eine fehlerhafte Entwicklung die millionenfache Reproduktion des Fehlers und damit immense Kosten bedeutet, ist diese Rückbindung unerlässlich. „Ein neuer Motor kann nur ein besserer älterer Motor sein", zitiert Knie einen Entwicklungschef der Automobilindustrie. Dies gilt für jede etablierte Technik, die starke Strukturen ausgebildet hat. Auch für die Softwareentwicklung.

Es stellt sich dann aber die Frage, wie es heute überhaupt noch zu Innovationen kommen kann. Radikal neue Ideen entstehen vor allem in zwei Ausnahmesituationen: Entweder werden sie von Aussenseitern entwickelt, die nicht auf den herrschenden Stand der Technik festgelegt sind, oder sie entstehen in Krisenzeiten, wenn die Wahrnehmungsfilter und Lösungsroutinen stark in Frage gestellt werden. Dagegen entstehen inkrementelle Entwicklungen – der bessere ältere Motor – nach Knie durch eine partielle Aufhebung der sozialen Schließung. Der aktuelle Stand der Technik wird geöffnet, indem seine „eliminierende Kraft partiell neutralisiert" und so die Möglichkeiten für eine eigene Definitionsmacht geschaffen wird. Um mit Neuem erfolgreich zu sein, ist es also von großer Bedeutung, Strukturen zu etablieren, die in der Lage sind, diesen herrschenden Stand der Technik aufzubrechen, um dann die Neuerungen in die Realtechnik einschreiben und stabilisieren zu können. Knie konnte dies am Beispiel der Entwicklung des Diesel- und Wankelmotors demonstrieren (Knie 1994: 52f.).

Hat sich eine neue Technik erst einmal erfolgreich durchgesetzt, modifiziert sie den Stand der Technik und wird selbst als solcher anerkannt. Als überbetriebliche Regelungen wie Normen und Standards, durch Vermittlung in Lehrbüchern oder durch die faktische Omnipräsenz seiner Artefakte erlangt er dann die entsprechende Definitionsmacht. So kann ein Unternehmen die Anforderungen an die Funktionstüchtigkeit (technisch), die Kalkulierbarkeit der Kosten (ökonomisch) und die Sicherung der in- und externen Anschlussfähigkeit (sozial) gewährleisten.

Die doppelte Disposition hat gezeigt, dass Technik nicht für sich, sondern nur im Geflecht seiner sozialen und technischen Eingebundenheit stabil ist. Diese Einbindung wird durch zahlreiche einschränkende Faktoren während der Innovationsphase erreicht. Bestehende Produktionsanlagen, Fertigkeiten des Personals und Erfahrungs- und Wissensbestände, Autoritäten und Lehrbücher machen Neuerungen, die nicht an dieses Geflecht anschließen können, oft unmöglich. Diese Trägheit der Strukturen hat Hughes als *Momentum bezeichnet.*

3.1.2 Leitbilder

Um das Momentum der Technik zu überwinden, müssen Innovationen, wie gezeigt worden ist, besonders motiviert werden. Neben den Entwicklungen von Außenseitern, die nicht in dieser Trägheit gefangen sind, oder Krisensituationen, können gemeinsame Visionen das Motivationspotential bereitstellen. Die Hoffnung, sich diese sozialen und kulturellen Orientierungen zunutze machen zu können, um mittels *Leitbildern* wie z. B. dem „papierlosen Büro" oder der „Datenautobahn" technische Entwicklungen so zu beeinflussen, dass ungewollte Folgen schon im Entstehungsprozess erkannt und korrigiert werden können, wird heute weitgehend bestritten. Die Vorstellungs- und Orientierungskomplexe haben sich als zu unbestimmbar herausgestellt, als das man in sie steuernd eingreifen könnte. Die Weiterführung des Leitbildbegriffs durch Hellige, Klischewski und andere ging so mit einer Aufgabe dieser Steuerungshoffnung einher. Man erkannte, dass Leitbilder meist erst *nach* bzw. *mit* der Schaffung neuer Techniken entstehen und diese dann begleiten. Nicht zuletzt die Vielzahl von Differenzierungen[11] machte die „theoretisch-methodische Überforderung des Leitbildansatzes" deutlich (Hellige 1996: 25). Dass Leitbilder jedoch als Modell für eine historische Rekonstruktion fruchtbar zu machen sind, haben zahlreiche Detailanalysen[12] gezeigt. Später wird dies am Beispiel der Netzvisionen weiter ausgeführt (S. 115ff.).

3.1.3 Technische Normen und Standards

Da Technik in zunehmendem Maße zusammengesetzt ist, das heißt wiederum aus anderen technischen Elementen besteht oder nur vernetzt mit anderer Technik funktioniert, ist die Stabilität der einzelnen Elemente von großer Wichtigkeit. Blieben sie in ihrer Offenheit erhalten, würden

11 Begriffe wie Leitbilddichte und -prägung, Leitbildfamilien (Dierkes, Hoffmann, Marz, 1992), Leitbildketten, -konkurrenzen und -überschüsse (Hellige, 1996), Leitbildzyklus, Gegenleitbilder (Klischewski, 1996) etc. sind nur einige der verhandelten Themen.

12 Im Bereich der Informations- und Kommunikationstechnologie haben unter anderen Hellige (1992, 1993, 1996) und Klischewski (1996) verschiedene Untersuchungen zu Leitbildern bei der Computervernetzung, Jeanette Hoffmann (1996) über Texteditoren/-automaten, Dierkes/Hoffmann/Marz (1992) über Mobiltelefone und Schreibmaschinen oder Canzler/Helmers/Hoffmann (1997) über das Leitbild der Datenautobahn vorgelegt.

sie ständig den Erfolg des Ganzen gefährden und komplexe Technologien verhindern. So ist die Elektroindustrie auf die Festlegung von Spannung und Wechselfrequenz des Stroms angewiesen. Wären diese Parameter nicht eindeutig fixiert worden, könnte heute kein Toaster, keine Glühbirne und kein Computer zuverlässig funktionieren. Diese Beschränkung auf einen schmalen Korridor des Möglichen drückt sich in technischen Standards und Normen aus und ist auch bei der Entwicklung von Kommunikationsdiensten wie E-Mail eine notwendige Voraussetzung gewesen.

Joerges (1996: 127ff.) definiert technische Normen als „im weiteren Sinn [...] alle jene Verhaltensvorschriften, die auf naturwissenschaftlich gerechtfertigte Messgrößen und/oder formalwissenschaftlich gerechtfertigte Prozeduren (Algorithmen) rekurrieren". Dabei unterscheidet er zwischen drei Arten technischer Normen:

- *Technische Handlungsnormen* regeln menschliches Verhalten gegenüber Artefakten.
- *Gerätetechnische Normen* sind technische Normen im engeren Sinn und beschreiben, wie Artefakte funktionieren sollen.
- *Grenzwerte* beschreiben, „welche Beeinträchtigungen der natürlichen und körperlichen Umwelt durch Maschinen und technische Anlagen hingenommen werden sollen."[13]

Normen und Standards spiegeln also die doppelte Disposition der Technik wieder. Wie wir später ausführlich sehen werden, hat sich die Normierung der elektronischen Post auf allen drei Ebenen abgespielt. Technische Handlungsnormen, die hier einfach *Normen* genannt werden sollen, sind in den Header von E-Mails eingeflossen. Gerätetechnische Normen, die ich als *Standards* bezeichnen möchte, sind die objektivierten Handlungen, die den Austausch der Daten ermöglichen. Grenzwerte für die private Nutzung von E-Mail in Betrieben oder Regelungen gegen die Belästigung durch Spam sind bereits oder werden definiert. Grenzwerte bilden jedoch keine eigene Kategorie. Sie sind entweder Normen, wenn sie die Handlungen beschränken wollen (z.B. die Höchstgeschwindigkeit auf Landstraßen) oder Standards, wenn sie die objektive Qualität eines Artefaktes definieren („3-Liter Auto").

Bei der ersten Betrachtung der beiden Begriffe zeigt sich, dass Normen und Standards als weitgehend identisch angesehen und im allgemeinen

13 Joerges weist darauf hin, dass die Zuordnung zu diesen Kategorien keinesfalls immer eindeutig ist. (Joerges 1996: 129)

Sprachgebrauch auch kaum gegeneinander abgegrenzt werden. Folgende Gemeinsamkeiten finden sich in den Definitionen beider Begriffe:[14]

- Normen und Standards sind stets legitimiert. Das kann durch Autorität geschehen oder durch Konsens der Beteiligten.
- Sie sind öffentlich, was nicht bedeuten muss, dass sie explizit oder schriftlich sein müssen. Für soziale Normen ist das selbstverständlich, gilt aber manchmal auch für technische Normen. So basieren Industriestandards, wie der erweiterte ASCII-Zeichensatz des IBM PCs, auf einer faktischen Übermacht der Implementationen, nicht auf einer expliziten Vorschrift.
- Sie haben eine Funktion, die für bestimmte Akteure nützlich ist. Um die Funktion erfüllen zu können, müssen sie ein gewisses Maß an Ordnung und Konsistenz aufweisen und weitgehend statisch sein. In sich widersprüchliche oder ständig wechselnde Richtlinien würden ihre Aufgabe nicht erfüllen können.
- Dabei müssen sie typisch, möglichst allgemeingültig und übertragbar sein. Ein Standard muss sich immer auf mehrere (mögliche) Artefakte beziehen, sonst würde er sich in einer technischen Beschreibung erschöpfen.

Die Unterschiede zwischen den Begriffen sind gering. Während sich Standards im Sprachgebrauch meist auf technische Richtlinien und somit auf Qualitäten beziehen, ist der Begriff der Norm, als Rechts- oder Verhaltensnorm, in den Sozialwissenschaften anzutreffen und bezieht sich dort auf Werte. Dass diese Unterscheidung sehr unscharf ist, zeigen Beispiele wie der Name des „Deutschen Instituts für Normung“ (DIN) oder die Rede von „Verhaltensstandards“.

Fruchtbarer ist die Beobachtung, dass die Begriffe Norm und Standard die gleichen zwei Seiten der doppelten Disposition zeigen, wie wir sie bei der Technik kennengelernt haben. Sie *sind* aus sachtechnischer Perspektive *Technik* und erzeugen wie die Artefakte Zwangslagen. Während Standards die gerätetechnischen Qualitäten definieren, die eingehalten werden müssen, bestimmen die Normen die notwendigen Anschlusshandlungen, die zu befolgen sind. Und sie gehören zusammen. Standards ohne Verhaltensappell würden nicht funktionieren. „Technische Normen sind“ also, wie Joerges festgestellt hat, immer auch „soziale Normen“. Ebenso haben umgekehrt soziale Normen immer auch eine objektive Seite.

14 Hier soll von „lebenden“ Standards und Normen gesprochen werden, das heißt Richtlinien, die auch als solche funktionieren, indem sie nennenswert befolgt werden. Nur die Proklamation einer Vorschrift soll hier nicht ausreichen.

Abbildung 2: Norm und Standard

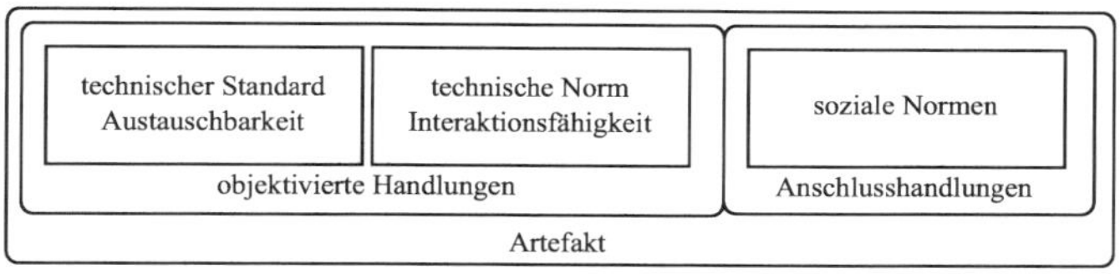

Joerges stellt sich weiter die Frage, ob technische und soziale Normen nicht sogar zusammenfallen mit dem

„Vorschlag, gerätetechnische Normen als Verhaltensvorschriften zu interpretieren für das, was Geräte selbst tun, wie sie sich zu verhalten haben, ziemlich unabhängig von aktuellen menschlichen Eingriffen. Eine Bahnhofsuhr gehorcht in ihrem normalen Ablauf weder den Eingriffen der Passanten, die sie ablesen, noch den Eingriffen ihrer Hersteller oder Installateure. Man kann mit einem gewissen Recht sagen: Sie geht von selbst." (Joerges 1996: 132)

An dieser Stelle schließt sich die Frage an, ob Artefakte nicht ebenfalls als Akteure oder Handlungssubjekte zu beschreiben sind, wie es sozialkonstruktivistisch orientierte Technikforschung nahelegt (siehe S. 53). Joerges verneint dies. Für ihn sind technische Gebilde externalisierte soziale Strukturen und keine Homunculi. „Technische Normen sind" für ihn „auf Dauer gestellte Verhaltensanweisungen an Geräte mit Legitimationshintergrund." (1996: 133)

Im Hinblick auf zusammengesetzte komplexe Artefakte werden Standards zusätzlich weiter mit dem Begriff der Kompatibilität differenziert. So unterscheidet Hess (1993: 18f.) zwischen einer physikalischen und einer kommunikativen Ebene von Kompatibilität:

- Die *Austauschbarkeit* von Komponenten (Videokassetten, Schallplatten, Disketten etc.) und
- die *Interaktion- und Kommunikationsfähigkeit* von Komponenten (GMS-, UTMS-Unterstützung etc.).

Daraus ergibt sich eine Erweiterung des sachtechnischen Modells (Abb. 2). Die objektivierten Handlungen der Sachtechnik teilen sich in technische Standards, die die physikalischen Qualitäten und in Normen, die das Verhalten, also die Anschlusshandlungen der Artefakte beschreiben.

Die soziale Schließung durch solche Normen ist, wie Werner Rammert deutlich gemacht hat, keinesfalls die Verwirklichung des „one best way".

„Mit sozialer Schließung wird die Stabilisierung einer Artefaktkonstruktion bezeichnet, indem die Kontroverse um die Alternativen abgeschlossen wird, nicht weil eine objektiv beste Lösung des technischen Problems gefunden wurde, sondern weil in den Augen der relevanten sozialen Gruppen kein Handlungsbedarf mehr bestand.“ (Rammert 2000: 56)

Auch das Deutsche Institut für Normung definiert dies ähnlich. Gemäß DIN EN 45 020 sind technische Regeln Festlegungen, die von einer für das entsprechende Gebiet relevanten Gruppe von Fachleuten als Wiedergabe des Stands der Technik *angesehen werden*. Dazu gehören im Engeren die Normen, welche definiert sind als ein

„Dokument, das mit Konsens erstellt und von einer anerkannten Institution angenommen wurde und das für die allgemeine und wiederkehrende Anwendung Regeln, Leitlinien oder Merkmale für Tätigkeiten oder deren Ergebnisse festlegt, wobei ein optimaler Ordnungsgrad in einem gegebenen Zusammenhang angestrebt wird“.

In einer Anmerkung heißt es weiter:

„Normen sollten auf den gesicherten Ergebnissen von Wissenschaft, Technik und Erfahrung basieren und auf die Förderung optimaler Vorteile für die Gesellschaft abzielen“. (zit. nach Bresemann 1995: 16)

In der ebenfalls genormten Definition der Norm in DIN 820 heißt es:

„Normung ist die planmäßige, durch die interessierten Kreise gemeinschaftlich durchgeführte Vereinheitlichung von materiellen und immateriellen Gegenständen zum Nutzen der Allgemeinheit.“ (zit. nach Mai 1988: 118f.)

Die zahlreichen Sozialbezüge in diesen Definitionen zeigen abermals, dass technische Normen keinesfalls eine innertechnische Angelegenheit sind. Erst wenn sie im *Konsens* zwischen den Akteuren entstehen, werden sie legitim. Die Akteure sollen *anerkannt* sein, um u.a. *Leitlinien* zu formulieren. Die *gesicherten Ergebnisse* – ebenfalls ein Akt des Aushandelns – sollen zum Nutzen der *Gesellschaft* niedergelegt werden. Normen werden also nicht nur aus Gründen konsensualer kognitiver Ökonomie definiert, sondern als das Verfügbarmachen technischen Wissens in Form eines öffentlichen Guts.

Normen und Standards stehen damit in einer Reihe von Verweiszusammenhängen über die innertechnischen Zusammenhänge hinaus. „Handlungsorientierungen, institutionelle Regelungen und kulturelle Symboliken“ (Joerges 1996: 130) kommen in ihnen zum Tragen. Der E-Mail

Standard bezieht sich nicht nur in seiner Form auf den Brief als Orientierungsmuster, sondern ebenfalls auf all seine historischen Bezüge und Konventionen. So hat Manfred Mai neben dem Aspekt der kulturellen Prägung durch den *Übereinkunftscharakter* und dem *Rationalisierungsaspekt* noch die *Überlieferung* und damit Sicherung handwerklichen und kulturellen Wissens hervorgehoben.

Schmidt/Werle haben komplexe technische Systeme untersucht und dort Standards und Normen in ihrer Funktion als Stabilisatoren von technischen Systemarchitekturen beschrieben. Sie sind soziale Koordinierungsmuster strategisch handelnder Akteure, die einen „Korridor" schaffen, der die weitere technische Entwicklung strukturiert (Schmidt/Werle 1994: 96).

„Im Zuge der Entwicklung komplexerer technischer Systeme werden Standards dann nicht mehr nur auf die Kopplung/Schnittstelle zweier Komponenten, sondern gleichzeitig auch auf ein Gesamtsystem von Standards bezogen, innerhalb dessen sie einen von diesem spezifizierten Platz einnehmen. Durch diese Einbettung in ein architektonisches Modell gelingt es, den in den rein relationalen Eigenschaften von Standards ausgeblendeten Gesamtzusammenhang konsistent zu halten. Damit wirkt die Standardarchitektur auf die Standards selbst wieder zurück." (Schmidt/Werle 1994: 107f.)

Die Autoren haben ein Modell mit vier Facetten kognitiver Konzeption von Technik entworfen. Technik als *singuläre Einheit* (z.B. ein Gefäß); als *architektonisches System,* bestehend aus Komponenten und ihren Relationen zueinander (eine Schraube und der zugehörige Schraubendreher); Technik als *spezifizierbare Relation von Einheiten*, als Relationierung von Komponenten (Regalsystem) und schließlich als *architektonisches System von spezifizierbaren Relationen*. Damit wird die Relation der Relation interessant (vgl. Schmidt/Werle 1994: 115). Ein Beispiel für ein System von Relationen ist das Open Systems Interconnection (OSI) Referenzmodell, welches nicht eine konkrete Technik beschreibt, sondern lediglich Schnittstellen zwischen abstrakten Protokollschichten (spezifizierbare Relation von Einheiten), die zudem in ein Gesamtsystem eingebunden sind (architektonisches System von spezifizierbaren Relationen).

„Die Koordination der Entwicklung großer technischer Systeme wird also auf eine höhere Abstraktionsebene gehoben: Denn nun werden nicht mehr nur Optionen für Techniken danach ausgewählt, inwieweit sie festgelegten Standards entsprechen, sondern nun werden Optionen für Standards auch danach bewertet, inwieweit sie sich in das umfassende Referenzsystem integrieren lassen." (Schmidt/Werle 1994: 112)

Ein solches architektonisches System von spezifizierbaren Relationen war eine der großen Leistungen, die die Entwicklung der Kommunikationssysteme hervorgebracht hat. Erst durch diese Definition des Gesamtsystems, der Relationen der Relationen, verwirklicht im Konzept der Layer, konnte eine herstellerübergreifende Interoperabilität verwirklicht werden (siehe S. 161ff.).

3.2 Alternierende und rekursive Beziehungen

3.2.1 Phasenmodelle

Die Relationierung von Technik im Laufe ihrer Entwicklung, die in Standards und Normen geschlossen wird, ist das Ergebnis sozialer Aushandlungsprozesse, in denen die Verhältnisse zwischen Artefakt, Nutzer und Hersteller justiert werden. Diese Prozesse sind in Phasenmodellen mit verschiedenen Akzentuierungen beschrieben worden.

Hellige (1996b) unterscheidet zur Beschreibung der Leitbilder im Time-Sharing-Lebenszyklus die aufeinander folgenden Phasen Kognition (wissenschaftliche Forschung), Invention (technische Konzeptionierung), Innovation (technisch-wirtschaftliche Realisierung) und Diffusion (Aneignung und Verbreitung der Technik). Brian Winston stellte in seiner Untersuchung der modernen Kommunikationstechniken (1998) die technologischen Leistungen der wissenschaftlichen Kompetenz in der social sphere gegenüber. Wissenschaft ist in diesen Konzepten die treibende Kraft, indem sie ihre Erkenntnisse in die Technologie transformiert.

Erklärten Winston und Hellige die Entstehung von Technik aus der Forschung, nehmen die Konsum-Studien einen entgegengesetzten Blickwinkel ein. Erneut spiegelt sich die Janusköpfigkeit der Technik in entgegengesetzten Denkmodellen wider. Hier wird die Entwicklung von Gebrauchsgegenständen anhand ihres Konsums durch die Nutzer beschrieben. Diese durchlaufen nach Orvar Löfgren (1990: 15) Warenphasen, die von ihrer eigenen kulturellen Logik bestimmt sind und unterschiedlichen Legitimationsordnungen unterliegen. Zu Beginn steht die *Innovation*, die von einer Vielzahl von Utopien auf Seiten der Nutzer begleitet wird („happy experimentation"). In der Phase der *Routinisierung und Trivialisierung* entwickelt sich das Umgangswissen der Verbraucher. Die *Gebrauchsphase* ist dann gekennzeichnet durch die kulturelle Alterung der Artefakte (z.B. bei Mode), bis schließlich in einer letzten Phase ein *Redefinitionsprozess* stattfinden kann, der die Dinge kulturell wiederverwendet (z.B. als Antiquitäten).

Beide Sichtweisen geraten in die Gefahr, den Innovationsprozess einseitig – ob technik- oder sozialdeterministisch – zu erklären. Die gegenseitige Befruchtung von Produktion und Praxis lässt sich in diesen linear ausgerichteten Modellen nicht abbilden. Bei immer komplexer werdenden Technologien wird die enge Verzahnung zwischen Produzenten, Konsumenten, technischen Standards und Institutionen heute jedoch immer wichtiger.

3.2.2 Leitbildzyklen

Die Leitbildforschung hatte wechselnde Orientierungen während des Entstehungsprozesses komplexer Technologien auf gleicher Ebene beobachtet und sie als Leitbildwechsel oder Leitbildzyklen beschrieben. Klischewski (1996) hat gezeigt, wie *technische* Orientierungen zu Beginn im Vordergrund stehen. Sie garantieren die Kompatibilität mit den Produktionsbedingungen, der Fachdisziplin und der Institution, in der die Innovation stattfindet. Denn spätestens mit der Einführung eines Produkts auf dem Markt müssen bestimmte Parameter – zum Beispiel durch Standardisierung – als nicht mehr verhandelbar gesetzt werden. Wird die neue Technik dann für einen größeren Kreis verfügbar, muss sich das Leitbild von einem technikzentrierten zu einem anwenderzentrierten wandeln, das jetzt die Bedürfnisse der Nutzer betont. Erst eine technische Neuerung lässt das Pendel wieder zurückschwingen. Die Einführung des neuen Mobilfunkstandards UMTS, der sich vornehmlich am Machbaren ausgerichtet und nur wenig überzeugende Nutzungsszenarien zu bieten hatte, ist dafür ein gutes Beispiel. Der Geneseprozess durchläuft nach Klischewski also alternierende Phasen unterschiedlicher Orientierung, in denen das Artefakt abwechselnd seine Relationen aktualisiert. Auch hier blieben jedoch die beiden Seiten der technischen Disposition merkwürdig getrennt.

3.2.3 Hersteller-Anwender-Beziehungen

Die „Technikgenese im Kontext von Hersteller-Anwender-Beziehungen“ untersuchten Asdonk, Bredweg und Kowol (1990) in einer Studie und nahmen dabei die Kritik an den linearen Phasenmodellen auf. Ausgehend von der Beobachtung, dass „Technikentwicklung in steigendem Maße in systemisch vernetzten Zusammenhängen geschieht“, stellen sie fest, dass „Technikgenese und Technikanwendung [...] sich nicht mehr nach gewohntem Muster eindeutig phasieren und strikt getrennten Teilprozessen zuordnen" (Asdonk/Bredweg/Kowol 1990: 121) lassen. In bestimmten Branchen sei eine immer engere Kopplung von Entstehungs- und Anwendungshandlungen zu beobachten. Die Beziehungen zwischen Herstellern und Anwendern werden unter den Bedingungen sich verkürzender Innovationszyklen zur Reduktion von Unsicherheit und Komplexität bei der Produktion immer wichtiger. Denn die Innovationsimpulse kommen zunehmend von den Anwendern selbst, statt aus den unternehmenseigenen Forschungs- und Entwicklungsabteilungen.

Neben hierarchischen Beziehungen (Anwenderdominanz oder Herstellerdominanz), die in der Regel nur inkrementelle Entwicklungen hervorbringen, beschreiben sie am Beispiel des Werkzeugmaschinenbaus einen sehr erfolgreichen symmetrischen Typus von Hersteller-Anwender-Beziehung, in dem die Entwicklungen kooperativ erfolgen. Der Betrieb des Kunden wird dabei zum Experimentallabor in dem die Neuerungen unter realen Bedingungen getestet werden können. Die Autoren thematisieren mit der symmetrischen Hersteller-Anwender-Beziehung Technikgenese als Prozess des Aushandelns verschiedener und vor allem gleichberechtigter Akteure. Innovationen können damit sowohl durch einen *Demand Pull* als auch durch einen *Technological Push* erklärt werden.

Der Vertrieb fehlerhafter und ungenügend getesteter Software ist ein Beispiel für den Typ der Herstellerdominanz. Zwar wird auch hier der Rechner bzw. Server des Kunden zum Experimentierfeld, ohne jedoch durch Kooperation an den Hersteller gekoppelt zu sein. Die Etablierung von symmetrischen Hersteller-Anwender-Beziehungen ist bei einmaligen technischen Anlagen sehr viel einfacher zu realisieren als bei der Produktion für einen dispersen Kundenkreis. Aufgrund des gewählten Beispiels der Autoren (Maschinenbau) bleibt die Erklärungsmächtigkeit der Studie beschränkt. Es bleibt jedoch festzuhalten, dass eine enge Rückkopplung des Entwicklungsprozesses an die Anwenderschaft sehr erfolgreich sein kann, weil es die Akzeptanz erhöht und Fehlentwicklungen deutlich macht, bevor großer Schaden entstanden ist.

In der Softwareentwicklung versucht der Ansatz des *eXtreme Programming* (XP) Verfahren zu finden, die auf solche symmetrischen Beziehungen aufbauen (Lippert/Roock/Wolf 2002). Durch den Verzicht auf „große Entwürfe" wird stattdessen eine direkte Umsetzung der Anforderungen auf dem einfachsten Weg angestrebt. Durch ständige Rückkopplung – ein zentrales Element von XP – können kleine und mittlere Projekte sehr effizient gelöst werden. Aber auch diese Methode kann das Problem für die Massenproduktion nicht lösen.

In größerem Umfang versucht dies die *Open-Source*-Bewegung, indem sie zumindest die Rückkopplung der Anwender etabliert, die gleichzeitig Programmierer sind. Hierfür war die Entwicklung des E-Mail Dienstes, wie später gezeigt wird, eines der historischen Vorbilder.

3.2.4 Technological Dramas

Es besteht eine lange Tradition, die versucht hat, die politischen Einschreibungen in Technik aufzudecken. So wollte Langdon Winner mit seiner Frage „Do Artifacts Have Politics?“ (1980) zeigen, dass die Netzwerkbildung im Technikgeneseprozess nicht nur technisch inspiriert ist, sondern vor allem auch eine starke politische Dimension besitzt. In seinem bekannten Beispiel des Umbaus von New York zwischen 1920 und 1970 durch Robert Moses beschrieb er die architektonische Festschreibung von Klassenschranken. Die Durchfahrthöhe von Brücken wurde dabei so niedrig gewählt, dass die Busse, auf die die unerwünschten ärmeren Bevölkerungsschichten angewiesen waren, nicht mehr passieren und somit aus dem Stadtpark „Jones Beach“ ausgeschlossen werden konnten. Die Implementation von politischem Willen in Sachtechnik (Durchfahrthöhe) machte ein Verbot gar nicht mehr nötig. Es wird also versucht, soziale Konflikte, wie es die „Grundlagen des Marketing“ in einer etwas naiven Sicht empfehlen, zu entproblematisieren, indem man sie in Technik einschreibt.

> „So erweist sich die Durchsetzung vieler Entscheidungen von Mensch zu Mensch als schwierig. Wird dagegen die Computer-Autorität eingeschaltet, d.h. die Durchsetzungsanforderung so weit neutralisiert, daß z.B. ‚der Computer‘ eine bestimmte Lösung erzwingt, zerfallen die Widerstände, und es entwickelt sich eine Tendenz zur Anpassung an die Computeranforderungen.“ (Tietz: 1976: S. 793 zit. nach: Wöhe 2002: 225f.)

Bryan Pfaffenberger begreift dagegen den politischen Gehalt von Technik nicht als direkt implementiert, sondern als strukturell erzeugt. Die politischen Werte, die während des Innovationsprozesses in der Technik verankert werden, müssen nicht dieselben sein, wie die der Verlautbarungen und Dokumente. Pfaffenberger meint die Qualitäten, die aus der Struktur und sozialen Anordnung entstehen, und in den Maschinen, Geräten, Prozessen und Systemen eingebettet sind.

Nicht allein durch die Entwickler, sondern in der Relation von Entwickler und Nutzer entsteht nach Pfaffenberger das politische Potential der Artefakte. Die Positionen der Akteure sind als Ergebnis sozialer Relationen steten Veränderungen unterworfen. Technische Entwicklungen bringen immer Gewinner und Verlierer hervor. Damit wendet er sich gegen die starke Sachtheorie Winners, die zu einseitig den Zwangscharakter von Technik hervorhob, und kann die *sozialen* und *kulturellen* Herrschaftspraxen in seine Analyse mit einbeziehen.

Pfaffenberger betont, dass erst die diskursive Stabilisierung und symbolische Legitimation von Technik die politischen Implikationen der Ingenieure verwirklichen kann. Andererseits müssen ebenso die widerständigen Gebrauchsweisen der Nutzer diskursiv eingebunden werden. Die Etablierung politischer Macht in Technik und der Widerstand gegen diese Macht durch *Counterstatements* hat er in einem ideal-typischen Modell als *Technological Drama* beschrieben, das er als „specifically technological form of political discourse“ (Pfaffenberger 1992: 282) begreift. Dafür entwarf er ein dreistufiges Modell, das aus den Phasen *Technological Regularization*, *Technological Adjustment* und *Technological Reconstitution* besteht.

Die politischen Werte entstehen dabei in der Rückkopplung zwischen sozialer und technischer Sphäre.

„In technological regularization, a design constituency creates, appropriates, or modifies a technological artifact, activity, or system that is capable of signifying and coercively implementing a constructed vision of a stratified society, one in which power, wealth, and prestige is differentially allocated. This social vision arises reciprocally and recursively in interaction with the technological design process.“ (Pfaffenberger 1992: 291)

So spiegelte beispielsweise die Master-Slave-Architektur des frühen Luftraumüberwachungssystems SAGE die Befehls- und Gehorsamsstrukturen des Militärs in seiner Netzwerkkonzeption wieder. Ohne eine bewusste Umsetzung der Herrschafts- in technische Strukturen, emergierte ein Netz aus der institutionellen Kultur des Militärs, das darin legitimiert und funktionell war (vgl. S. 93ff.). Pfaffenberger legt Wert darauf, dass es immer diese diskursive Einbettung ist, die die Objektpotentiale erst verwirklicht. Winners Frage beantwortete er daher anders als Winner selbst:

„The answer, I would like to suggest, is clearly no, and for the following reason: It is by no means sufficient merely to project the artifact into the fabricated social context. […] the artifact must be discursively regulated by surrounding it with symbolic media that mystify and therefore constitute the political aims. […] The artifact embodies political intentions, but these intentions do not come to life in the absence of ritual.“ (Pfaffenberger 1992: 294)

Jedes Artefakt prägt vielgestaltige *Affordances* aus. Darunter versteht Pfaffenberger wahrnehmbare Eigenschaften einer Technik, die „vorschlagen“, wie sie zu verwenden sei (vgl. auch S. 27). Das hat zur Folge, dass die Technik in unterschiedlichen Kontexten anders wahrgenommen und gebraucht wird. Neben dem Artefakt müssen also zusätzlich soziale Kontexte und symbolische Ordnungen etabliert werden, um eine adäquate Interpretation sicherzustellen. Erst mit einer solchen Legitimation kann technischer Zwang zur Autorität werden. Unter anderen nennt er folgende Typen von Regulationsstrategien:

- *Exclusion*: Ausschluss bestimmter Personengruppen von den Artefakten und sozialen Kontexten, indem ihr Gebrauch an bestimmte soziale oder kulturelle Kriterien geknüpft wird (Kleiderordnungen in Spielbanken und Opern).
- *Deflection*: Eine Technologie bietet Kompensationsgüter an, die von bestimmten anderen Umständen ablenken sollen (On-Line-Banking mit einhergehender Einschränkung des Services am Schalter).
- *Differential Incorporation*: Technologie wird so strukturiert, dass Gruppen verschiedener sozialer Schichten derart in ihr eingeschrieben sind, das ihr sozialer Status gespiegelt und verstärkt wird (SAGE-System).
- *Standardization*: Standardisierungen, mit denen die Anpassung des Artefakts an die spezifische Situation negiert und stattdessen die Anpassung der Praxen an das Artefakt erzwungen wird.
- *Delegation*: Technische Details werden so gestaltet, dass sie bestimmte Formen des Gebrauchs erzwingen (Warntöne im Auto, die den Nutzer zum Anlegen des Gurts auffordern, Fotokopierer, die sich nach einer Zeit in den Ursprungsmodus zurücksetzen).

Akteure, die durch Innovationen von einer Verschlechterung ihres Status, von Zumutungen oder Ausschlussmechanismen betroffen sind, versuchen sich die Technik kreativ oder gar subversiv anzueignen, indem sie die Unbestimmtheiten und Lücken in der Regulation ausnutzen.

„The nature of regularization is that it creates areas of inconsistency, ambiguity, interpretive flexibility, and outright contradiction. [...] the more some people try to project regularization into social life, the more the people affected by regularization resist it by trying to arrange their immediate situations (and/or express their feelings and conceptions) by exploiting the indeterminacies in the situation, or by generating such indeterminacies, or by reinterpreting or redefining the rules or relationships.“ (Pfaffenberger 1992: 297)

Dieser Widerstand kann unterschiedliche Taktiken verfolgen. Indem versucht wird, Gegenkontexte zu etablieren (*Countersignification*), soll der Statusverlust neutralisiert oder umgekehrt werden. Ausgeschlossene Gruppen können versuchen, in den Besitz der Artefakte zu kommen (*Counterappropriation)* oder technische Sicherungen oder Sperren zu überwinden (*Counterdelegation*). Diese Maßnahmen müssen jedoch wiederum gegen die Regulationsbemühungen der Systemarchitekten legitimiert werden. Die Verlierer einer Technologie versuchen also, den Diskurs zu verändern, indem sie zum Beispiel gegen das Anlegen des Gurts im Auto mit allgemeinen Freiheitsrechten argumentieren oder die Entwickler des Personal Computers in einer Zeit der Großrechner mit der „Demokratisierung" der Computertechnik. Eine erfolgreiche Umkehr technischer Implikationen (*Antisignification*) bedeutet die Etablierung neuer, den Bedürfnissen angepasster Technik (*Counterartifacts*) bzw. die Reintegration von Modifikationen in die technologischen Regulationsstrategien.

Betonte Winner die sachtechnische Seite der doppelten Disposition der Technik, den Zwangscharakter von Artefakten, beschreibt Pfaffenberger vor allem die soziale Seite einer im Alltag benutzten Technik, also von Tat-Sachen.

3.2.5 Innovationsnetzwerke

Dass die sachtechnische wie soziale Einbettung einer neu entstehenden Technik parallel erfolgt, mit einer Ausweitung des Kreises der Akteure einhergeht und sich somit in verschiedenen Konstellationen vollzieht, hat Johannes Weyer mit einem differenzierten Phasenmodell gezeigt, das den bisher herausgearbeiteten Anforderungen für eine Analyse von Innovationsprozessen Rechnung tragen kann. Er hat vorgeschlagen, „Technikgenese als einen mehrstufigen Prozess der sozialen Konstruktion von Technik zu begreifen, welcher von wechselnden Akteurskonstellationen getragen wird." (Weyer 1997: 129) Entscheidend dabei sei, ob es den Technikkonstrukteuren gelingt, soziale Netzwerke zu etablieren und zu stabilisieren. Die Theorie der Innovationsnetzwerke (Stückmann 2000; Rammert 2000:157ff.; Kowol 1998; Weyer/Kirchner/Riedl/Schmidt 1997a) bezieht sich auf den Begriff der „reflexiven Modernisierung" (Giddens 1995).

> „Innovationsnetzwerke sind zeitlich begrenzte, locker durch Interaktion gekoppelte soziale Gebilde, die sich rund um eine Technologie über Verhandlungs- und Vertrauensbeziehungen zwischen verschiedenen Akteuren aus Forschung, Industrie und Politik herausbilden, um die wachsenden Unsicherheiten zu reduzieren." (Rammert 2000: 176)

Die Stärke dieses Modells liegt nicht so sehr in seiner Unterscheidung in *Entstehung*, *Stabilisierung* und *Durchsetzung*, sondern darin, dass Weyer die Prozesse innerhalb der einzelnen Phasen genau untersuchte. Sein Modell zeigt, dass die Motive, Ziele und Nutzungsvisionen der Akteure in jedem Abschnitt der Entwicklung, der so durch seine spezifische Leistung charakterisiert ist, neu verhandelt und stabilisiert werden müssen. Der Übergang zu einer nächsten Phase erfordert dann einen erneuten Öffnungsprozess.

In der *Entstehungsphase* wird der Kern der technischen Innovation, seine „Identität" begründet, die über die verschiedenen konkreten Ausprägungen hinweg ihre Gültigkeit behält. Dieser *soziotechnische Kern* enthält sowohl eine technisch-instrumentelle als auch eine soziale Konfiguration (doppelte Disposition). Während dieser Kern unverändert bleibt, dienen die antizipierten Nutzungsszenarien der Mobilisierung der beteiligten Akteure, sind sehr instabil und ändern sich oft in späteren Phasen.

In der *Stabilisierungsphase* muss es gelingen, ein soziales Netzwerk aufzubauen, das genügend Dynamik erzeugt, um über alle Hemmnisse der Entwicklung hinweg einen Prototypen zu erzeugen.

> „Soziale Netzwerke entstehen durch die Kopplung der Handlungsprogramme heterogener Akteure, die trotz unterschiedlicher Orientierungen ein gemeinsames Interesse, z. B. an der Durchführung eines innovativen Technikprojekts, entwickeln." (Weyer 1997: 136)

War die Entstehungsphase noch von informellen Kontakten und diffusen Akteurskonstellationen geprägt, treten nun zunehmend verhandlungsfähige Akteure auf. Durch das Hinzutreten von Gruppen aus anderen sozialen Sphären findet eine Loslösung der Entwicklung aus dem ursprünglichen Kontext und damit eine Rekombination der Komponenten statt. Der soziotechnische Kern bleibt dabei unverändert. Leitbilder können an dieser Stelle sehr wirkungsmächtig werden, während die „Erfinder" in der Regel an Bedeutung verlieren.[15]

Die operationale und soziale Schließung des so entstandenen Netzwerks erfüllt sowohl die Funktion, Unsicherheit zu reduzieren (Konzentration auf das Wesentliche, um die Konstruktion eines funktionsfähigen Prototyps zu ermöglichen), als auch eine Verringerung der informationalen Offenheit (um die Entwicklung vor Interessen Dritter oder Nachfolgeproblemen zu schützen). Nach Weyer ist für die Stabilisierung entscheidend, ob es gelingt, ein System wechselseitigen Ressourcen-Austauschs zu etablieren und aufrecht zu erhalten.

15 Eine Bestätigung lässt sich z.B. in Knies Untersuchungen zu der Entwicklung von Motoren finden: „Obwohl sich Diesels trickreiche Absicherungspolitik von Wankels Strategie so deutlich unterschied, teilten doch beide ‚Erfinder' gleichermaßen das Schicksal, vom Gang der Entwicklungsarbeiten immer stärker ausgeschlossen zu werden." (Knie 1997: 56)

„Aufgrund der Abstimmungs- und Kompromißerfordernisse, die sich in Verhandlungsnetzwerken notwendigerweise ergeben, entfalten soziale Netzwerke mit der Zeit ihre eigene Logik, die bestimmte Anschlußoperationen wahrscheinlicher macht als andere. [...] Diese von den jeweiligen Netzwerken produzierten Anschlußzwänge schränken den Spielraum möglicher Alternativen [...] ein, indem sie die Aktivitäten der Beteiligten auf Ziele richten, die mit der Logik des Netzwerks vereinbar sind." (Weyer 1997: 138f.)

Dieses soziale Netzwerk bringt schließlich einen Prototyp hervor, der eine mögliche Option aus dem Potential des soziotechnischen Kerns darstellt.

Damit ist der Zyklus jedoch noch nicht abgeschlossen. In der *Durchsetzungsphase* heißt es, Märkte für das Produkt zu finden oder zu schaffen, was wiederum eine Rekombination von technisch-apparativen und sozialen Komponenten bedeutet. Dies kann entweder dadurch geschehen, dass sich der Kreis der Akteure um die Kunden erweitert und damit Nutzerinteressen an Gewicht gewinnen, oder indem völlig neue soziale Netzwerke die alten verdrängen.

Tabelle 1: Phasen der Technikgenese (nach Weyer 1997: 133)

Phase	**Entstehung**	**Stabilisierung**	**Durchsetzung**
Akteure	unstrukturiert	enge Netzwerke	weite Netzwerke
Mechanismus	informelle Kommunik.	soziale Schließung	soziale Schließung
Leistung	soziotechn. Kern	Prototyp	dominantes Design, Dekontextualisierung

Im Laufe dieser Entwicklung weiten sich die Akteursgruppen aus. Aus der kleinen Gruppe oder dem einzelnen Erfinder wird zunächst ein Netz aus Fabrikanten und Zulieferern und später zusätzlich aus Nutzern und Dienstleistern. Diese Erweiterung verlangt in jeder Phase neue und andere Aushandlungsleistungen. Damit sich diese Netzwerke bilden und ausweiten können, ist es unbedingt notwendig, dass die Akteure, die sich zu Beginn noch informell und unkoordiniert verhalten konnten, zunehmend verpflichtungs- und strategiefähig werden.

Von diesen wechselnden Akteurskonstellationen müssen in den einzelnen Phasen spezifische Leistungen erbracht werden, die

„a) aneinander anknüpfen, ohne deterministisch aufeinander zu folgen, und b) ein Schlüsselproblem bewältigen müssen, nämlich die Erzeugung kontextfrei funktionierender technischer Artefakte bzw. sozio-technischer Systeme, die genutzt und rekombiniert werden können, ohne daß die soziale Erzeugungslogik – stets von Neuem nachvollzogen werden muß." (Weyer 1997: 132)

Ausgehend von der Definition des soziotechnischen Kerns kann nach den Leistungen der einzelnen Phasen verhandet werden. Letztendlich bleibt jedoch die Frage offen, wie der soziotechnische Kern entsteht, wo die Innovation ihre Wurzeln hat. Ist dieser Kern nicht selbst das Produkt eines Prozesses, müsste also als Emergenz aus einem Phasenverlauf beschrieben werden?

Ein weiteres Problem in Weyers Modell besteht in der Phasierung der Prozesse. Das Modell unterstellt einen klaren Beginn und ein relativ klares Ende eines Zyklus. Damit ist entscheidend, auf welcher Ebene die Analyse ansetzt. Waren zum Beispiel die Time-Sharing-Systeme erste experimentelle Stadien innerhalb einer Geschichte der „Erfindung des Internet" (Entstehungsphase), oder werden sie als ein eigener vollständiger Zyklus betrachtet? Letztlich läuft das Problem wieder auf die Definition des soziotechnischen Kerns hinaus, der weniger über die Technik, als vielmehr über das Interesse des Beobachters sagt. Die Definition des Kerns bestimmt die Analyseebene bzw. umgekehrt. Sie setzt den Rahmen für eine ex post konstruierte Technik, wobei auffällt, dass die

„erarbeiteten Aussagen über Entstehungs- und Verlaufsformen technischer Entwicklungen [...] in erheblichem Maße davon bestimmt [sind], welcher Techniktyp untersucht wird." (Dierkes/Knie 1997:10)

Mit seinem Modell gelingt es Weyer jedoch, die Akteure und ihre Interessen zu beschreiben, zu zeigen, wie ihre Ziele im Geneseprozess ausgehandelt, variiert und sozial geschlossen werden und dabei soziale Netze entstehen. Innerhalb dieses Modells kann dann nach den Verschiebungen der Ziele, der Entstehung von Hybridobjekten und der Emergenz neuer Qualitäten gefragt werden.

4 Technik als Systeme und Netze

Wie im vorangegangenen Teil gezeigt, ist der Technikgeneseprozess verbunden mit einer sich steigernden Komplexität und Netzwerkbildung. Diese strukturbildenden Prozesse der Technikgenese sind der zentrale Gegenstand von Untersuchungen zu *soziotechnischen Systemen.* Die enge Vernetzung betrifft dabei die menschlichen Akteure im gleichen Maße wie die technischen Artefakte. Im Laufe der Entwicklung werden die Technologien immer komplexer. Sie ermöglichen, bedingen oder begrenzen sich gegenseitig und ihre Beziehungen zu Produzenten, Zulieferern, Normungsgremien und Kunden werden immer engmaschiger. Dieser Befund führt die *Actor-Network-Modelle* dazu, unter dem Postulat einer symmetrischen Betrachtungsweise die Unterscheidung von menschlichen und nicht-menschlichen Akteuren in einem soziotechnischen System für die Analyse ganz aufzugeben.

Für die Dynamik und Stabilisierung dieser Netzwerke ist eine Rückkopplung zwischen technischer Leistung und kulturellem Entwurf, wie wir bei Pfaffenberger und Weyer gesehen haben, enorm wichtig. Das eröffnet die Perspektive, soziotechnische Systeme nicht nur unter dem Aspekt ihrer Leistungs-, sondern auch ihrer Kulturmacht zu betrachten (vgl. Sachs 1994: 305).

4.1 Soziotechnische Systeme

Als fruchtbar haben sich die Untersuchungen von Technikgeneseprozessen großer Infrastruktursysteme (*Socio Technical Systems*)[16] erwiesen, wie sie unter anderem von Thomas P. Hughes (1983) und Langdon Winner (1985) vorgelegt wurden.[17] Bei ihnen standen nicht die Determinanten von Artefakten oder Institutionen im Vordergrund sondern die sozialen Technikgenese- und Durchsetzungs*prozesse* und deren Stabilisierung. Damit verschiebt sich der Fokus von der Frage, welche sozialen Handlungen in den Artefakten versiegelt wurden (Sachtheorie) hin zu der Frage, wie Akteure und Artefakte miteinander vernetzt werden, sich aufeinander beziehen und eine stabile Ordnung erzeugen, ohne umgekehrt einen reinen Sozialkonstruktivismus zu behaupten.

In seinen Studien zu Edison und der Elektrifizierung Amerikas konnte Hughes zeigen, dass es nicht in erster Linie die Erfindung der Glühlampe war, die Edisons Leistung ausmachte, sondern die Etablierung eines dicht verwobenen, aufeinander abgestimmten Netzes von Normen, Verfahrensweisen, Installationen und Akteuren. Die Leistung der Erfinder ist also nicht so sehr die Erfindung eines technischen Geräts, sondern

16 Zur Begriffsgeschichte der Socio Technical Systems siehe Schulz-Schaeffer 2000: 94ff.

17 In Deutschland begann die sozialwissenschaftlich inspirierte historische Forschung daraufhin, sogenannte „große technische Systeme“ (GTS) zu untersuchen (Mayntz/Hughes 1988, Braun/Joerges 1994). Dabei ging es um die Frage, wie große technische Infrastruktursysteme als Ergebnis gesellschaftlicher Prozesse zu verstehen sind. Dieser Ansatz wird heute als gescheitert angesehen (vgl. Schulz-Schaeffer 2000: 98f.), da zu viele verschiedene Theorieansätze (vgl. Weingart 1989a) kein konsistentes Konzept großtechnischer Systeme entwickeln konnten. Allein die Frage, wie groß ein System sein müsse, um als GTS zu gelten (vgl. Joerges 1996: 145 und 172), konnte nicht befriedigend beantwortet werden.

die Schaffung eines kohärenten Systems; Hughes spricht von einem „nahtlosen Gewebe“. Das bedeutet auch, dass der Fortschritt einer Technik nicht entlang eines Pfades, zum Beispiel der Modellreihe eines Artefaktes oder einer Abfolge von Softwareversionen verläuft, sondern auf einer breiten technischen, sozialen und kulturellen Front. Die treibende Kraft ist nach Hughes dabei der *System Builder*, dessen Leistungen über die reine Ingenieurstätigkeit hinausgehen muss. Soziotechnische Systeme leisten mehr als die einfache Generierung von Anschlussleistungen. Die einzelnen auf ein Artefakt bezogenen Verhaltensweisen werden in eine Struktur eingebettet und mit ihr bewusst verwoben.

Wichtig wird damit die Beobachtung der *strukturellen* Phänomene in einem zunehmend institutionell, organisatorisch und technisch sich verselbständigenden Netzwerk. Die Verflechtung von Artefakten, Institutionen und Akteuren wirkt sowohl als Filter, indem es bestimmte Anschlusshandlungen befördert und andere ausschließt, als auch als Stabilisator, indem es träge gegenüber Veränderungen wird. Hughes (1987: 76) bezeichnet dies mit dem Begriff „Momentum“.

4.2 Actor-Network-Modelle

Die Sachtechnik versuchte zu zeigen, wie soziale Handlungen in Artefakten externalisiert und versiegelt werden. Mit den soziotechnischen Systemen ist der Blick auf die Netzwerke gerichtet worden, die Großtechnologien ermöglichen und stabil etablieren können. Die *Actor Network Theory* (ANT) radikalisiert die im vorangegangenen Abschnitt skizzierten Ideen, indem sie nicht mehr versucht zu zeigen, wie ein mächtiger System Builder ein technisch perfekt ineinandergreifendes Netz etabliert (Hughes) oder unter politischen Zielen aufbaut (Winner), sondern das Netz selbst zum Thema macht.

Actor-Netzwerk-Modelle[18] versuchen ebenfalls der Frage nachzugehen, wie soziotechnische Systeme als Ergebnis von Aushandlungsprozessen verschiedener Akteure stabil und doch veränderbar etabliert werden können. Neu ist dabei, dass menschliche und nicht-menschliche Akteure analytisch gesehen den gleichen Status bekommen. Indem die ANT das Netz betont, geht sie von einer Nicht-Differenzierbarkeit der beiden Sphären Technik und Soziales aus (generalisiertes Symmetrieprinzip),

18 Hauptvertreter dieser Richtung sind Bruno Latour und Michel Callon. Weiterentwickelt wurde das Modell u.a. von John Law und Karin Knorr Cetina.

während die klassischen realistischen Techniksoziologien an der Trennung von Subjekt und Objekt festhalten.[19]

„In einer solchen Perspektive sind Strukturen nicht nur in den Handlungen der Individuen oder deren kognitiven Konzepten vorhanden. Sie existieren auch und vor allem in den Netzwerken, in denen heterogene Materialien arrangiert sind und als sozialer Kitt wirken." (Degele 2002: 127)

Bruno Latour (1998: 31ff.) hat am Beispiel eines Schützen versucht, die Problematik zu zeigen. Zugespitzt stellt er die Frage: Erschießt die Waffe das Gegenüber (objektivistisch) oder der Schütze (subjektivistisch). Für Latour ist es das System Mensch-Waffe, das erst in der Kombination eine besondere Qualität erzeugt. Weder das eine noch das andere allein ist in der Lage, diese Qualität hervorzubringen, sondern nur das Netzwerk, in dem materielle und nicht-materielle Akteure gemeinsam in einem stabilisierten Prozess handeln. Für die Beschreibung des Netzes und seiner Qualitäten ist es zunächst unerheblich, ob sie aus Kombinationen von technischem Gerät, sozialen Gruppen oder Hybridwesen wie dem Schützen bestehen. Es wird ein Netzwerk angenommen, in dem unterschiedliche Akteure erfolgreiche Verbindungen eingehen, um einen weitgehend veränderungsresistenten sozialen Kontext für alle Handlungen zu schaffen. Erst das Netzwerk aus Ampel, Straßenverkehrsordnung und pflichtbewussten Fahrern und Fußgängern kann einen stabilen und störungsfreien Verkehrsfluss ermöglichen. Stabilisiert wird es durch ein gemeinsames Handlungsprogramm, das mit der Installation des Netzwerkes verbunden wurde.

Diesen Programmen können Antiprogramme entgegenstehen, die sich aus gegenläufigen Intentionen anderer Akteure oder aus physikalischen Umständen ergeben. Für die ANT sind Artefakte gleichberechtigt gegenüber menschlichen Akteuren. Beide sind aktiv im Netzwerk. Daher spricht die ANT auch nicht von technischen oder sozialen Akteuren, sondern unterschiedslos von *Aktanten*. Die treibende Kraft ist weder allein das Soziale, noch sind es allein die Artefakte. Vielmehr verändert sich jedes Element in Bezug auf die Veränderungen der anderen und wirkt umgekehrt auf sie zurück.

„Technik, Natur und Gesellschaft werden einander nicht wechselseitig als Explanans und Explanandum zugeordnet, sondern als koevolutionäres Resultat angesehen." (Schulz-Schaeffer 2000: 105)

19 An diesem „generalisierten Symmetrieprinzip" entzündet sich die schärfste Kritik an der ANT. Zur Diskussion siehe die Veröffentlichung „Können Maschinen handeln?" (Rammert/Schulz-Schaeffer 2002)

Nicht die Elemente, sondern die Prozesse des Verwebens stehen im Vordergrund der Aufmerksamkeit. Innerhalb dieser Prozesse emergieren neue Qualitäten aus den gegenseitigen *Übersetzungen* der Elemente. Das heißt, die Konstituierung und Relationierung der einzelnen Aktanten sind ein Resultat von wechselseitigen Umformungsprozessen. Übersetzungen sind also „Einwirkungen mit Rückwirkungen" (Schulz-Schaeffer 2000: 120).

> „Aussagen über Einwirkungen von Aktanten auf andere Aktanten sind gleichsam Momentaufnahmen im Prozess des Netzwerkbildens. Denn im nächsten Augenblick können solche Übersetzungen bereits in einer Weise auf diesen Aktanten zurückgewirkt haben, dass er nicht mehr derselbe ist." (Schulz-Schaeffer 2000: 119)

Die Stabilisierung des Netzwerkes entspricht einer sozialen Schließung; in Latours Terminologie *Blackboxing*. Über verschiedene Transformationsschritte hinweg wird ein kohärentes Verhalten erzeugt, das für eine bestimmte Zeit stabil ist. Es entsteht eine Blackbox, die durch *Konvergenz* (die Aktanten verhalten sich erwartungsgemäß) und *Irreversibilität* (sie sind in ihrem Verhalten und ihren Beziehungen zueinander stabil, ja setzen gegenläufigen Übersetzungsanforderungen sogar Widerstand entgegen) gekennzeichnet ist. Historische Prozesse sind dann Prozesse des Öffnens und Schließens von Blackboxes. Eine historische Analyse einer etablierten Technik hat also die Aufgabe das Netz, das Ineinandergreifen von menschlichen und nicht-menschlichen Aktanten, die sich parallel beeinflussen und bedingen, zu untersuchen.

5 Zusammenfassung

Technik überhaupt als Gegenstand von Interesse in der Soziologie eingeführt zu haben war die Leistung der frühen technikdeterministischen Ansätze. Die Sachtheorie begriff Technik als objektivierte Handlungen und etablierte Anschlusszwänge zugleich. Diese beiden Seiten einer doppelten Disposition von Technik bringen jedoch nicht nur Sachzwänge, sondern ebenso Entlastungsmomente mit. Spezialisten können Geräte zur Verfügung stellen, die sich Laien ohne tiefere Kenntnis ihrer Bauart sinnvoll zu Nutze machen können.

Der Umgang mit den Artefakten wird zwar durch Vorschriften und Gebrauchsanleitungen in Bahnen gelenkt, bleibt jedoch immer kontingent. Um sinnvoll verwendet werden zu können, muss Technik aber auch verstanden werden. Der Nutzer muss ein kognitives Modell entwickeln, das die für ihn wesentlichen Funktionen reproduzierbar abbildet. Dieser

Umgang kann sich schließlich – als Routinehandeln oder strukturell in der Gesellschaft verankert – dem Bewusstsein ganz entziehen.

Die deterministischen Ansätze gehen von einer technikinduzierten Entwicklung und einer frühen Schließung im Innovationsprozess aus, wobei soziale und kulturelle Faktoren weitgehend ausgeblendet bleiben. Sie unterstellen das Entstehen von Technik eigenlogisch in einer dekontextualisierten Sphäre.

Die mit den deterministischen Ansätzen stark zusammenhängende frühe Technikfolgenabschätzung machte deutlich, wie wenig über die Innovationsprozesse überhaupt bekannt war. Die in der Folge entstandene Technikgeneseforschung arbeitete zunächst zahlreiche Wahrnehmungsfilter (wie den Stand der Technik) heraus, die implizit während der Entwicklung der Artefakte wirken. Explizit wird der Prozess durch Standards und Normen stabilisiert. Die Technikgeneseforschung hat damit gezeigt, dass Technik in hohem Maße sozial und kulturell bestimmt ist.

Den Verlauf von Innovationen mit Hilfe von linearen Phasenmodellen zu beschreiben erwies sich als problematisch. Immer deutlicher wurde dagegen, dass Technikentwicklung in rückgekoppelten sozialen Prozessen stattfindet, in denen sich Netze bilden und eine Zeit lang stabilisieren. Genau diese Netze und ihre Entstehung macht die Theorie der soziotechnischen Systeme zum ihrem Thema. Sie fragt nicht mehr nur nach den sozialen Aushandlungsprozessen zwischen den Ingenieuren oder den Herstellern und Nutzern. Sie zeigt die Entstehung eng verwobener und hochgradig interdependenter Netze von persönlichen, institutionellen und technischen Beziehungen. Technikgenese findet somit nicht entlang eines eigenlogischen Pfades, sondern auf einer breiten soziotechnischen Front statt, wobei auch nicht intendierte Qualitäten emergieren können.

Netz • Technik • Geschichte

Als man begann, Computer miteinander zu vernetzen, folgten die Dienste, die auf diesem Netz betrieben wurden – FTP und Telnet – zunächst noch linearen Paradigmen. Es machte den Erfolg des WWW aus, dass es als einer der ersten Dienste inhaltlich der Netzidee folgte. Unter dem Schlagwort *Social Software* findet seit Mitte 2000 nach der technischen (Netzinfrastruktur) und der inhaltlichen (Hypertexte), jetzt eine weitere Vernetzung statt, die durch eine soziale Öffnung gekennzeichnet ist. Das Internet wird zum Initiator sozialer Netze.[1] E-Mail ist in dieser Abfolge das Phänomen eines Zwischenstadiums, welches den technisch Verantwortlichen erstmals die Macht kommunikativer Geflechte vor Augen geführt hat.

Diese Entwicklungen haben gleichzeitig die Theorie verändert. Auch in der Medienwissenschaft und der Soziologie vollzog sich ein Wandel von linearen zu Netzmodellen. Stefan Weber bemerkt dazu:

„Das klassische Vokabular der Medien- und Kommunikationswissenschaft etwa erscheint dringend revisionsbedürftig: linear-kausale Modelle von Sender zu Empfänger, von Kommunikator zu Rezipient oder auch von Produzent zu Konsument (wenn auch mit eingebauten Feedback-Kanälen) von Prakke bis zu Maletzke werden durch Modelle ‚elektronisch mediatisierter Gemeinschaftskommunikation' ersetzt, in denen eine Menge von so genannten ‚Beteiligten'

1 Beginnend mit Foren, Blogs und Wikis, haben sich heute öffentliche Fotoalben wie fickr.com oder Bookmarkpools wie del.icio.us entwickelt. Letztere verzichten auf ein klassisches bibliothekarisches Vorgehen und lassen sich die Klassifikationssysteme dynamisch selber bilden. Zentrale Knoten entstehen hier dadurch, dass viele Nutzer für sich die Entscheidung treffen, ihr Bild bzw. Bookmark mit derselben Auszeichnung (Tag) zu versehen.

(etwa Chatter, Mailinglisten-Diskutanten) im Verein mit ‚organisierenden Beteiligten‘ (etwa Provider, Listowner) Aussagen zirkulär (und eben nicht mehr linear) herstellt.“ (Weber 2001: 16)

Ich möchte mich daher hier zunächst dem Versuch Webers „die Beschreibung vom Netz als Medium, als Form, als System, als Umwelt, als Lebenswelt, als Diskurs, als Dialog, als Dispositiv, als Feld etc. durch die Beschreibung vom Netz als ‚Netz‘ mit allen heuristischen Konsequenzen“ (Weber 2001: 16) anschließen, um das Modell dann empirisch am Beispiel der Emergenz des E-Mail-Dienstes zu prüfen.[2]

Im vorangegangenen Kapitel sind die soziologischen Sichtweisen von Technik dargelegt worden. Für eine Geschichte der E-Mail stellt sich nun die Frage, wie ein Instrumentarium historischer Beschreibung modelliert werden kann, dass nicht hinter diese Erkenntnisse zurückfällt. Daher soll die Techniksoziologie zunächst noch einmal in Hinblick darauf betrachtet werden, wie sie für eine Geschichte der E-Mail fruchtbar gemacht werden kann (1). Innerhalb der Theorien zu soziotechnischen Systemen ist das Prädikat *soziotechnisch* viel diskutiert worden, während der Systembegriff blass blieb. Es wird deshalb vorgeschlagen, E-Mail als hybrides Objekt zu begreifen, dass durch eine Analyse seines soziotechnischen *Netzes* präzise beschrieben werden kann. Für diesen Analyserahmen wird zunächst die Form des Netzes (1.2) und dann, für die Fragen des Wandels, die Bewegungen im Netz (1.3), allgemein bestimmt. So kann abschließend das Netz als Analyseinstrument für die historische Rekonstruktion von Technik vorgestellt werden (2).

1 Verflechten und Verfilzen

Der Computer als Kommunikationsmittel soll hier als emergent aus einem soziotechnischen Netz vorgestellt werden; als Produkt von Veränderungen, die aus sehr unterschiedlichen Ursachen herrühren. Eine eindimensionale Darstellung der Entwicklung, wie sie in zahllosen Erfinder- oder Technikbiografien nachgezeichnet wird, soll so vermieden werden. Denn die alleinige Beobachtung der Auswirkungen individuellen Handelns, die die große Erfinderpersönlichkeit herausstellt, greift ebenso zu kurz, wie solche, die eine Eigenlogik der Technik behaupten. Es wird ein hybrides Netz von technischen und gesellschaftlichen Phänomenen betrachtet werden, das den menschlichen Wunsch nach Kommunikation

2 Eine kurze Aufstellung der verschiedenen Netztheorien, Nachbardiskurse und Metaphern findet sich bei Weber (2001: 61ff.). Eine ausführliche Darstellung sozialer Netzwerke hat Weyer (2000) zusammengetragen.

ebenso berücksichtigt, wie die materielle Seite der Artefakte. Die Theorien soziotechnischer Systeme versuchen dem Rechnung zu tragen. Doch das planmäßige Verflechten sozialer Akteure und technischer Parameter, wie sie dort dem *System Builder* angelastet werden[3], ist in der konkreten historischen Praxis nur selten nachzuvollziehen.

- Wie bei vielen anderen Techniken auch haben während der Entwicklung des E-Mail Dienstes eine Vielzahl wechselnder Akteure den Prozess der Vernetzung und Hybridisierung vorangetrieben. Eine Engführung auf nur einen System Builder würde den Akteuren nicht gerecht werden können.
- Außerdem wird die Wirkung technischer Artefakte in diesem Theoriekonzept weitgehend vernachlässigt. So ist es zum Beispiel schwierig, darin die Beteiligung des SMTP-Protokolls an der gegenwärtigen Spam-Flut zu würdigen.
- Das planmäßige Verweben des soziotechnischen Netzes entpuppt sich in der Rekonstruktion als abhängig von vielerlei Faktoren, die außerhalb der Einflusssphäre eines oder vieler System Builders liegen. Die postulierte planvolle Verflechtung der Elemente zeigt sich als ein wenig planvolles Verfilzen der Aktanten.
- Letztlich haben die Studien zu soziotechnischen Systemen zwar ausführlich die Bildung technisch-sozialer Strukturen beschrieben, wenig aber über die Systeme gesagt, mit denen sie sich betitelten.

Die Leistung dieses Modells war die Anerkennung der Strukturbildung zwischen technischen und sozialen Komponenten im Prozess der Technikentwicklung und der mit ihr entstehenden Trägheit. Dabei wurde herausgestellt, dass sich diese Entwicklungen entlang einer breiten Front vollziehen, also einfache kausale Erklärungsmodelle nicht genügen. Eine Beschreibung muss in der Lage sein, die Gleichzeitigkeit einer Vielzahl von Bewegungen zu berücksichtigen. Im Folgenden wird daher vorgeschlagen, den System- durch einen Netzbegriff zu ersetzen. Dabei sind natürlich die Vernetzungs*prozesse* und Verschiebungen der Beziehungen zwischen den Elementen von Interesse. In diesem Zusammenhang sind die Untersuchungen der Actor-Network-Theory interessant, in denen mit dem Begriff der *Hybridisierung* versucht wird, die Bewegungen innerhalb des Netzes als gegenseitige Relationierungen zu beschreiben.

In der soziologischen Netzwerkanalyse ist die Exkommunikation der Technik noch weitgehend aktiv. Veränderungen werden dort ausschließlich durch individuelles Handeln erklärt (Jansen 1999: 12). In Anlehnung

3 Typisch sind auch die Zuschreibungen in Kombitationen von Visionär und Techniker, wie bei Babbage/Clement, Zuse/Schreyer, Wozniac/Jobs u.a.

an Alan Turings Gedankenexperiment der Blackbox kann jedoch von einer funktionalen Äquivalenz menschlicher und technischer Handlungsbestandteile ausgegangen und beide im selben Netz angesiedelt werden.[4] Mensch und Maschine sind in der Lage, gegenseitig bestimmte Teilfunktionen des anderen zu übernehmen. Daher soll ebenfalls der Begriff der Aktanten, als soziale oder technische Träger von Skripten, übernommen werden (vgl. auch Rohpol 1995: 192f.).

Außerdem ist es hilfreich im Zusammenhang einer Technikgeschichte, das Verhältnis von Technik und Gesellschaft näher zu betrachten. In das sich daraus ergebende Schema aus zwei Wirkungsrichtungen (T->G und G->T) lassen sich viele der techniksoziologischen Ansätze einordnen. Je nachdem, worauf sich die Aufmerksamkeit richtet, wird die Wirkung der Gesellschaft auf die Technikentwicklung oder umgekehrt, mal als stabilisierend, mal als destabilisierend, beschrieben.

Abbildung 1: Beziehungen zwischen Technik und Gesellschaft

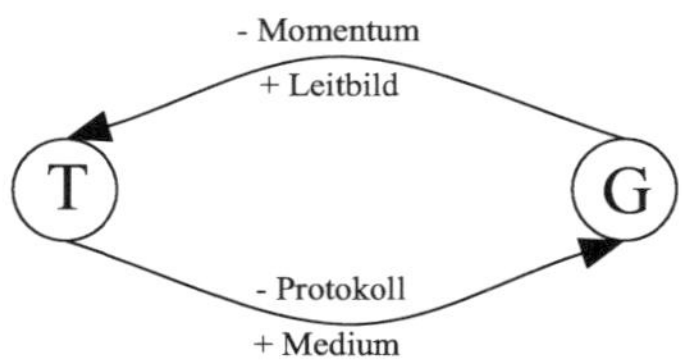

Zweifellos verändert die Gesellschaft fortlaufend ihre Technik. Leitbilder und technische Diskurse versuchen, Fortschritt zu initiieren, während gleichzeitig andere gesellschaftliche Faktoren, wie der „Stand der Technik", technische Normen, das investierte Kapital oder die Ausbildungsinstitutionen, diese Impulse bremsen, um den Mehrwert stabiler Beziehungen abschöpfen zu können.

Umgekehrt verändert Technik die Gesellschaft, in der sie wirkt. Zahlreiche Untersuchungen befassen sich mit den Auswirkungen von E-Mail auf die Arbeitsbeziehungen in Unternehmen. Technik ist niemals neutral, sondern ermöglicht oder verhindert Handlungen und rahmt unsere Wahrnehmung. Sie ist nach Marshall McLuhans Diktum von 1965 selbst Botschaft („*the medium is the message*"). Sie greift aktiv in das Verhalten der Individuen ein. Stabilisierend kann sie durch ihre Strukturbildung wirken, indem zum Beispiel die massenhafte Implementation einer Software den Status Quo zementiert.

4 Mensch und Maschine sind, wenn nur Eingangs- und Ausgangsdaten einer Blackbox zu beobachten sind, nicht zwangsläufig unterscheidbar (vgl. A.M. Turing: 1956: S. 2099-2123).

Martin Heidegger hat versucht, diese beiden Seiten zusammen zu denken. Für ihn ist Technik nicht Mittel zum Erreichen eines Zwecks, sondern – umgekehrt sozusagen – Technik ist Zweck, das heißt, eine Weise, sich zur Natur zu verhalten und damit ein Herstellen von Welt (am deutlichsten in der Sprache); eine Weise des „Entbergens" (Heidegger 1950), denn sie ist „mitbestimmend im Erkennen" (Heidegger 1962: 16). Technik und Gesellschaft bilden sich gegenseitig. Sie sind also in hohem Maße in einer Weise aufeinander bezogen, dass sie sich sowohl gegenseitig stabilisieren, als auch wenn nötig verändern können. Für die hier versuchte Alternative einer historischen Beschreibung stellen sich folgende Fragen:

- Zum einen ist nach der *Form* des Netzes zu fragen, seinen stabilen Knoten, seinen wirkungsmächtigen Verbindungen und Wirkungsrichtungen. Wie später am konkreten Beispiel gezeigt wird, lassen sich manche emergente Phänomene der Netzkommunikation nur über die Form und Struktur des Netzes erklären.
- Die stärker historisch ausgerichtete Fragestellung ist die nach der *Bewegung* des Netzes. Welche Auslöser und Formen der Bewegung sind im Netz der technischen Innovation E-Mail zu beobachten und welche offenen und verdeckten Ein- und Umschreibungen von Handlungsprogrammen und Gegenprogrammen veränderten das Netz dauerhaft?

1.1 Netz und System

Der engen Interdependenz von Technik und Gesellschaft hat die Soziologie Rechnung getragen, indem sie Technik als sozialen Tatbestand schließlich akzeptierte. In der Systemtheorie Luhmanns ist sie erneut ausgeschlossen und gehört lediglich zur Umwelt der Gesellschaft (Japp 1998). Ein Netzkonzept ist bei Luhmann nicht ausgearbeitet. Betrachtet werden ausschließlich operational geschlossene, selbstreferenzielle Sozialsysteme, die sich dadurch definieren, dass sie durch einen binären Code eine Differenz zwischen sich und ihrer Umwelt bilden. Für Systemtheoretiker Luhmannscher Provenienz bestehen daher nur zwei Möglichkeiten, Techniksoziologie zu betreiben:

- Sachtechnik wird in der Umwelt sozialer Systeme beobachtet. „Hier interessiert […], inwiefern Technik als kausale Simplifikation und als Medium sozialer Differenzierung wirksam wird" oder
- zu untersuchen, wie Technik als Medium oder Maschine Kommunikation unterstützt (Degele 2002:143).

Diese Systemtheorie asymmetrisiert das Verhältnis von System und Umwelt, indem es sich auf das System zurückzieht. Ein Zusammenspiel verschiedener Systeme kann und will sie nicht thematisieren, da sie strukturelle Kopplung nur als das Verhältnis *eines* betrachteten Systems zu seiner Umwelt beschreibt. Kämper/Schmidt haben dennoch versucht, „interorganisationale Netzwerke mit Mitteln der soziologischen Systemtheorie“ zu analysieren (2000: 211). Dabei sind für die Autoren Netzwerke Kopplungen von Systemen.

„Netzwerke entstehen, wenn Mitglieder unterschiedlicher Organisationen in Interaktionen Entscheidungen vorbereiten und damit Strukturänderungen in den beteiligten Organisationen möglich werden lassen. Sobald sich die Organisationen auf diesen Mechanismus dauerhaft verlassen, kann von einer strukturellen Kopplung der jeweiligen Organisationssysteme gesprochen werden.“ (Kämper/Schmidt 2000: 235)

Netze bilden sich also durch Interaktionen zwischen Organisationen. Die Personen, als Träger der Interaktion, verändern dann die strukturelle Kopplung ihres eigenen Systems. Im Gegensatz zu Luhmann machen sie den Vorschlag, dass „Organisationen aufgrund ihrer Eigenschaft als handelsfähige Kollektive“ in der Lage sind, „‚ihre‘ strukturellen Kopplungen mit anderen Organisationen zu formen, bis zu einem bestimmten Grad können sie über die (Form der) strukturellen Kopplung entscheiden.“ (Kämper/Schmidt 2000: 228f.) Die „Spezifik der strukturellen Kopplung von Organisationen“ sind „Programme, die die Organisation auf ihre Umwelt verweisen, also die System-Umwelt-Differenz transzendieren, ohne sie operativ überschreiten zu können.“ (Kämper/Schmidt 2000: 229)

Im Begriff der Person liegt hier die Problematik. Als Element des Systems (Organisation) kann sie das System intern verändern, so dass sich dessen strukturelle Kopplung verändert. Als Element der Interaktion mit Vertretern von anderen Organisationen (Systemen) kann sie die Kooperation initiieren. Diese Gleichzeitigkeit als Element von zwei Sphären bilden die Netze als Knoten ab. Netze erscheinen hier als Strukturen, die sich über Systeme legen.

Theoriebedingt bleibt die Beobachtung Luhmannscher Systemtheorie immer auf die Beschreibung *eines* selbstreferenziellen Systems beschränkt und ist damit kaum in der Lage, die Komplexität soziotechnischer Phänomene zu beschreiben.

„Die üblichen Relationstypen – ‚ökonomisches System‘, ‚politisches System‘ usw. – liegen auf einer Abstraktionshöhe wahrhaft deutschen Formats (auch wenn ein Amerikaner damit angefangen hat). Und da in Wirklichkeit jeder konkrete Mensch in alle Subsysteme involviert ist, würde er empirisch die schöne Klassifikation empfindlich stören, wenn man ihn nicht gleich außen vorließe. So gelingt eine Soziologie ohne Menschen!“ (Ropohl 1995: 191f.)

In einer menschenleeren Soziologie wird der Systembegriff dann selbst oft hypostatisiert. Eine Beschreibung von Technik als hybride Tat-Sachen muss aber eben gerade die Verflechtungen verschiedener Systeme in einem Knoten (Entwickler, Nutzer etc.) thematisieren.

Der hier vorgeschlagene Netzbegriff ist der Allgemeinen Systemtheorie, wie sie Günter Ropohl (1995) beschrieben hat, am nächsten. In seinem Modell

„wählt der Beobachter eine bestimmte Abgrenzung; er nennt das Abgegrenzte ‚System‘ und das, was außerhalb der Abgrenzung sich befindet, ‚Umwelt‘, wobei dieser, je nach Erkenntniszweck, mehr oder weniger unscharf konturieren kann. Welche Beziehungen dann zwischen dem Abgegrenzten und dem Ausgegrenzten anzunehmen sind, ist für die Allgemeine Systemtheorie eine offene Frage, die von keiner Systemontologie vorgeschrieben wird.“ (Ropohl 1995: 188f.)

Er kommt so zu folgenden Gesetzesaussagen der Allgemeinen Systemtheorie:

„(a) Das System ist mehr als die Menge seiner Elemente (weil erst die Menge der Relationen die besondere Systemqualität bestimmt). (b) Das System ist auf seiner eigenen Hierarchieebene nicht vollständig beschreibbar (Prinzip des ausgeschlossenen Reduktionismus). (c) Die Struktur des Systems bestimmt seine Funktion. (d) Die Funktion des Systems kann mit verschiedenen Strukturen erzeugt werden.
Bezieht man die Zeitabhängigkeit von Systemfunktionen und Systemstrukturen in die Modellbildung ein, gelangt man zu dynamischen Systemmodellen. [...] Solche Strukturdynamik wird seit den 1950er Jahren – auch dies schon metaphorisch – als Selbstorganisation bezeichnet. Es ist völlig überflüssig, dies nun noch durch eine mysteriöse ‘Autopoiese‘ à la Maturana zu ersetzen.“ (Ropohl 1995: 189f.)

Er sieht sein Modell als „Werkzeug interdisziplinärer Synthese“, das sich so für eine Beschreibung soziotechnischer Systeme nutzen lässt.

Aus medientheoretischer Perspektive hat Stefan Weber (vgl. Weber 2001: 57ff.) versucht, das Verhältnis von Netzwerk- und Systemsemantiken zu klären. Neben der Funktion von Netzen als Bindeglied zwischen den Systemen, wie bei Kämper/Schmidt, können sie nach Weber auch ihr Gegenteil sein.

Netze und Systeme können als eine Menge von Objekten mit dazwischen bestehenden Relationen verstanden werden. Beide entstehen emergent. Beide werden häufig als das Ganze, das mehr als die Summe seiner Teile ist (Emergenz, Übersummation) verstanden. Der augenfälligste Unterschied zwischen Netzen und Systemen ist ihre Grenze. Versteht man Netze nicht als Bindeglied, sondern als als Gegenstück zu Systemen, so können sich Netze zu Systemen schließen bzw. Systeme zu Netzen entgrenzen. Netze sind danach eine (die weitaus häufigere) evolutive Stufe einer Kopplung von Elementen. Ein System ist dann ein Sonderfall der Netze, dessen Verbindungen sich autopoietisch verhalten. Für eine historische Beschreibung ist es daher von Vorteil, von Netzen auszugehen, da sie sowohl für die Beschreibung der Schließungsprozesse von Netzen zu Systemen offen sind, als auch die Struktur zwischen Systemen darstellen können.

1.2 Die Form des Netzes

1.2.1 Der Fokus

Im Gegensatz zu Systemen ist das (historische) Netz ein in Zeit und Raum end- und randloses Phänomen. Es hat also keine klare Grenze. Daraus ergibt sich ein doppeltes Problem bei der Abgrenzung der Untersuchung.

In *sachlicher Hinsicht* ist fraglich, was zur Untersuchung dazugehört und was nicht. Wodurch definiert sich das Netz? Die soziologische Theorie sozialer Netzwerke unterscheidet zwischen egozentrierten Netzwerken und Gesamtnetzwerken, wobei letztere Systemen ähnlich sind, die eine Definition der Grenze ihrer „Gesamtheit“ (z. B. ein Unternehmen) erfordern. Egozentrierte Netzwerke gehen dagegen von einer Person aus, deren Verbindungen zu anderen Personen soweit verfolgt werden, wie es für die Untersuchung zweckmäßig erscheint. Die historische Beschreibung einer technischen Entwicklung kann ebenso vorgehen, nur dass hier an Stelle der Person der soziotechnische Kern tritt, der die Technik charakterisiert und dessen Verflechtungen vor- und zurückverfolgt werden können.

In *zeitlicher Hinsicht* stellt sich die Frage, wann überhaupt angefangen werden kann, das sich ständig wandelnde Netz zu beschreiben. Ein historisches Netz ist keine lineare Erzählung mit eindeutigem Anfang und Ende. Wo kann dann aber überhaupt ein Einstiegspunkt sein? Der Anfang einer Technikgeschichte ließe sich, wie Latour bemerkt, allenfalls mit dem Affen aus Stanley Kubriks Film „2001. Odyssee im Weltraum“ machen, als dieser das Werkzeug entdeckt und die Geschichte der

Hybridobjekte beginnt (Latour 1998: 78f.). Da es jedoch wenig sinnvoll ist, jede Geschichte mit den Höhlenmalereien von Lascaux beginnen zu lassen, ist die Entscheidung über den Einstiegspunkt stets problematisch. Am soziotechnischen Kern kann sie sich nur schwer orientieren, denn „am geschichtlichen Anfang der Dinge stößt man nicht auf die noch unversehrte Identität ihres Ursprungs, sondern auf Unstimmigkeit und Unterschiedlichkeit." (Foucault 1971: 169) Der Anfang jeder technischen Entwicklung ist durch Kontingenz geprägt. So bleibt nur, sich im Rahmen der Konstruktion eine sinnvolle zeitliche Nähe zu der Herausbildung seines soziotechnischen Kerns zu suchen.

Ein Netz definiert sich also nicht über seinen Rand, sondern nur über seinen *Fokus*, der nach zeitlichem wie räumlichem Interesse gesetzt wird. Auf beiden Ebenen ist eine Entscheidung erforderlich, von der aus die Beobachtungen ausstrahlen können. Der Fokus dient als Katalysator der Beschreibung und lässt so Raum für Überraschungen. Sinn produziert sich damit nicht ausschließlich im Vorhinein durch seine Definition, sondern auch in der Verfolgung der Verbindungen. Nicht über die Definition der Außengrenzen wird das Innere untersucht, sondern über die Bestimmung des Zentrums des Interesses, dessen Verfolgung hin zur Peripherie dann eine Entscheidung wissenschaftlicher Ressourcen ist.

Der soziotechnische Kern, der während der gesamten Entwicklung stabil bleibt, ist die Grundlage zur Definition des Fokus. Das soll jedoch nicht einen zentralen Knoten des Netzes unterstellen. Der Fokus kann sich ebenso auf einen, wie auf mehrere Knoten und Verknüpfungen, auf Klumpen oder nur Verbindungen beziehen. Er ist als soziotechnischer Kern somit nicht Teil der Interpretation der Beschreibung, sondern erkenntnisleitendes Modell.

1.2.2 Das Netz

Technikentwicklung, wie auch gesellschaftlicher Wandel, schreiten nicht entlang eines linearen Pfades, wie es viele historische Erzählungen glauben machen wollen, sondern, wie Thomas P. Hughes betont hat, auf einer breiten Front voran. Eine neue Technik verändert Investitionsströme, Ausbildungsinhalte, Wahrnehmungs- und Verhaltensweisen. Es sind nicht nur einzelne Elemente, sondern Ballungen, Ver- und Entflechtungen, die die Bedeutungsverschiebungen innerhalb der Netze, in die sie eingebettet sind, bewirken. Entsprechend zieht die Darstellung um den Fokus konzentrische Kreise.

Michel Serres entwarf 1964 den Netzgedanken als generelles philosophisches Konzept aus *Gipfeln* (er versteht darunter sowohl Thesen als auch Ereignisse) und *Wegen* (das können kausale Beziehungen, Widersprüche, Negationen etc. sein; Serres 1991: 9ff.), wobei er sein Netzmodell mit dem Schachspiel verglich. Auch dort ist die Verknüpfung zwischen zwei Punkten durch „die Vielfalt und Komplexität der vermittelnden Wege charakterisiert". Die Bewegung von A nach B ist stets eine Auswahl unter mehreren Möglichkeiten. An die Stelle der Determination tritt die *Selektion*. In diesem „Fluss von Wirkung" können zwei Gipfel in ein Rückkopplungsverhältnis eintreten. Das „dialektische Argument [wird] hier zu einem Spezialfall des allgemeinen tabulatorischen Netzes".

Neben der Vielzahl der Wege kann auch deren „Natur" und Stärke differenziert werden. Die Gipfel besitzen keine Äquipotenz, sondern differieren, wie die Figuren auf einem Schachbrett, je nach Art und Stellung der anderen Figuren.

> „Es ist so, als wäre mein Netz ein kompliziertes, in ständiger Entwicklung begriffenes Gebilde, das eine instabile Machtsituation darstellt, welche ihre Waffen oder Argumente feinstens in einem unregelmäßig gescheckten Raum verteilt". (Serres 1991: 15)

Netze sind also weder linear mit Anfang und Ende, noch sind sie hierarchisch im Sinne eines Baumes oder Sternes mit einer oder mehrerer zentralen Instanzen angelegt. Sie sind heterarchisch, alle Knoten können potentiell Zentrum sein. Dennoch ist es möglich,

> „Teilmengen auszusondern, die lokal gut organisiert sind, so daß deren Elemente sich leichter auf diesen Teil als auf das Ganze beziehen lassen (obwohl sie natürlich immer noch Bezug zum Ganzen haben)." (Ebenda)

Als Serres dieses Modell Mitte der 60er Jahre entwarf, diskutierten die führenden Computerwissenschaftler Amerikas ihre Utopien von Kommunikations- und Informationsnetzwerken. Wie später gezeigt werden wird, liegen hier die Wurzeln der computergestützten Kommunikation.

Stefan Weber geht noch einen Schritt weiter und definiert seine „Minimalontologie" des Netzes mit dem Satz:

> „Es gibt Fäden." (2001: 70)

Knoten sind dann lediglich die Verknüpfung dieser Fäden. Aber kann es eine reine Beziehung (Faden) ohne Bezug geben? Wenn Fäden Beziehungen oder Relationen sind, fehlt das, was relationiert oder in Beziehung gesetzt wird. Daher wird unterstellt, dass die Enden der Fäden wiederum aus Netzen auf einer niedrigeren Strukturebene bestehen, die von den Netzen der höheren Ebene als Blackbox wahrgenommen werden, da sie aus der Perspektive ihrer Struktur als verfilzte Klumpen erscheinen, die erst in einer Lupenansicht als Netz analysierbar sind. Für die Darstellung folgt daraus, dass nicht nach Differenzen, sondern nach den Schnittstellen, den Überschneidungen und Verbindungen, nach den Orten und Momenten gefragt werden muss, an denen verschiedene Beziehungen identisch sind. Dies gilt sowohl in sachlicher, wie in zeitlicher Hinsicht. Jeder historische Punkt ist Gegenwart für den Kreuzungspunkt. Er trennt nicht irgendeine Vergangenheit von irgendeiner Zukunft, sondern ist die Verbindung der Vergangenheiten der sich in ihm kreuzenden Fäden (bzw. Netze) und ihrer möglichen Zukünfte.

1.2.3 Wege, Fäden, Links, Ties, Beziehungen

Weber definiert seine Basisrelation, die kleinste zu beobachtende Einheit, ähnlich wie Serres: „Ein Faden kann materieller oder immaterieller, technischer oder thematischer, sichtbarer oder unsichtbarer Natur sein." (Weber 2001: 71) Die Beschreibungen von Beziehungen sind eine Domäne der sozialwissenschaftlichen Netzwerkanalyse als ein Verfahren der empirischen Sozialforschung. Diese beschränkt sich jedoch auf interpersonale Netzwerke, in denen die Knoten Individuen, Gruppen, Korporationen, Haushalte, Nationalstaaten oder Kollektive sein können. Die Beziehungen zwischen den einzelnen Knoten sind dann entsprechend Ressourcenflüsse, Freundschaften, Austauschbeziehungen oder andere strukturierte Beziehungen (vgl. Wellmann/Berkowitz 1991: 4). Mit einer techniksoziologischen Erweiterung um technische Fäden, im Sinne der Actor-Network-Theory, wie auch Weber sie anführt, kann der Faden sowohl die Übertragungsleitung als auch der „rote Faden" einer neuen semantischen Relation sein. Das Ethernet-Kabel fügt ein Gerät dem Internet hinzu, ein Link verweist auf ein weiteres Informationsangebot, der Sinnbezug eines Argumentes wird gestiftet. Der Faden kann aber auch abreißen, die Verbindung gekappt oder das Argument sinnlos werden. Die basale Operation ist die des Verweisens, der Relationierung, des Herstellens von Konnektivität. Diese Konnektivität ist das Maß für die Anzahl der Beziehungen in einem Knoten bzw. Netz.

Weiter muss nach der Qualität der Beziehungen gefragt werden, um labile und stabile Verbindungen benennen zu können. Granovetter (1983) hatte in seiner bekannten Untersuchung „The Strength of Weak Ties" zwischen starken und schwachen Verbindungen unterschieden und die Wirkungsmächtigkeit der schwachen Verbindungen herausgestellt. Diese Beziehungsqualität kann entweder mit dem Maß Bandbreite, wie Weber es vorschlägt, oder als Entfernung zwischen zwei Knoten dargestellt werden; wie ein Argument einem anderen Knoten „nahe liegen“ kann.

Zur Qualität einer Beziehung gehört auch ihre Wirkungsrichtung, die asymmetrisch oder reziprok verlaufen kann. Wer befiehlt wem? Wer kann an wen eine Nachricht senden? Reine Asymmetrien bilden sich in Master-Slave- (Delegation) oder Client-Server-Topologien (Partizipation) ab. Eine moderierte E-Mail-Liste zum Beispiel, ist eine alternierende Kombination aus beiden Modellen. Jeder kann dem Moderator, der die Aufgabe eines Filters erfüllt, eine Nachricht schicken, der sie dann an alle Teilnehmer verteilt.

Abbildung 2: Master-Slave vs. Client-Server

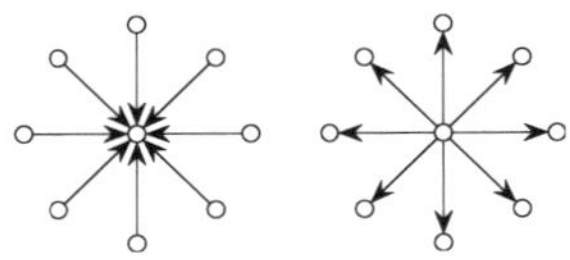

Eine reziproke Beziehung macht dagegen den Latourschen Schützen aus. Mensch und Waffe sind derart wechselseitig aufeinander bezogen, dass sie nur gemeinsam das Hybridobjekt *Schütze* sein können.

Die Verbindung zwischen zwei Knoten kann direkt oder indirekt, über Zwischeninstanzen erfolgen. Sie bilden Pfade durch das Netz. Verwandschaftsbeziehungen oder das Surfen im WWW sind Beispiele dafür. Diese Verbundenheit kann dabei je nach Fokus variieren. Beziehungen sind multiplex. Die Person, mit der man nur über einen sehr langen Dienstweg verbunden ist, kann abends der Schachpartner sein.

Abbildung 3: Beziehung auf Umwegen

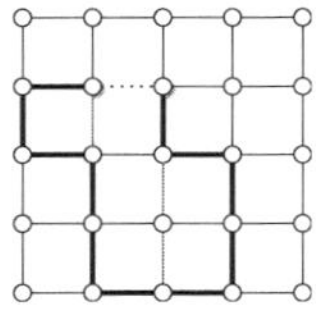

1.2.4 Gipfel, Knoten, Nodes, Aktanten

Knoten sind Verknüpfungen von Fäden und damit Schalt- und Verzweigungsstellen, Orte der Transformation und des Austauschs. Auf der Ebene der empirischen Realität können sie z.B. Server, WWW-Seiten oder Nutzer sein. Sie sind im Latourschen Sinne Aktanten.

Sind es die Menschen, die töten, wie die National Rifle Association (NRA) argumentiert, oder töten die Feuerwaffen, wie die Befürworter eines Waffenverbots in den USA betonen? Dieses bekannte Beispiel Latours zeigt, dass der Schütze nur als Hybridwesen zu konstruieren ist und analytisch nicht in einen „reinen" Gegenstand und einen „reinen" Menschen zerlegt werden kann. Ohne den Menschen ist die Waffe ein Stück Metall, ohne die Waffe der Mensch kein Schütze (vgl. Latour 1998: 31f.). Beide Gruppen argumentieren in unterschiedlichen Netzen, deren gemeinsamer Knoten der Schütze ist. Die Definition, was ein Knoten ist, richtet sich nach dem jeweiligen Fokus. Der Schütze kann auch Familienvater sein. Das Kriterium kann die Zugehörigkeit zu einer Organisation oder einem geografischem Bereich sein, die Teilnahme an bestimmten Ereignissen und Entscheidungen oder eben der Umgang mit Waffen.

Aktant ist jedes Element, das andere Elemente von sich abhängig macht und das Netz stärkt. Er kann direkt mit dem soziotechnischen Kern in Beziehung stehen oder auf zweiter Ebene nur mit einem Aktanten der direkt mit dem soziotechnischen Kern in Beziehung steht. Seine Bedeutung nimmt mit der Nähe zum Kern hin zu (Soldat) bzw. ab (Familienvater).

Daraus lassen sich Definitionen von Zentrum und Peripherie ableiten. Zentral ist ein Knoten, der viele Verbindungen aufweist. Er kann sich darüber hinaus mit anderen Knoten zu einem Klumpen hoher Konnektivität verdichten.[5] Dabei kann es zu einer Verschmelzung bezogen auf das betrachtete Netz kommen. Mehrere Knoten verweben sich so stark ineinander, ihre Beziehungen werden so zahlreich und intensiv, dass sie aus der Sicht des aktuellen Fokus als *ein* Knoten, als Blackbox erscheinen.

1.2.5 Struktur

Das Netz ist ein Geflecht aus Fäden, die sich an einigen Stellen verknotet haben. Zwei Grundformen lassen sich extrahieren, die die Verknüpfungen im Netz entweder zentralistisch oder zirkulär organisieren.

5 Diese Eigenschaften werden heute zunehmend nutzbar gemacht. So schließen Suchmaschinen aus der Konnektivität eines Wortes auf die Relevanz einer Seite. Googles Page-Rank-Algorithmus wertet eine Webseite um so höher, je mehr andere Seiten per Link auf sie zeigen. Kollaborative Foto- und Linksammlungen werten die Konnektivität unter dem Stichwort „social tagging" aus, um dynamische Klassifizierungssysteme zu erhalten (Tag Clouds).

Abbildung 4: Grundformen der Verbindung

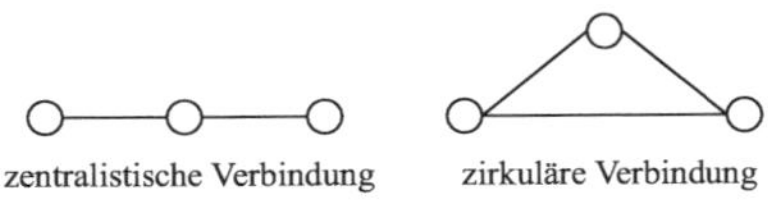

Aus den zentralistischen Verbindungen leiten sich Sterne und Bäume (die sternförmige Organisation von Sternen) ab; aus den zirkulären Verbindungen vermaschte Netze. So erhalten wir wie in Abb. 5 drei Grundtypen: Sterne, Bäume und Netze, die sich in Teilbereichen auch mischen können.

Abbildung 5: Stern, Baum und Netz

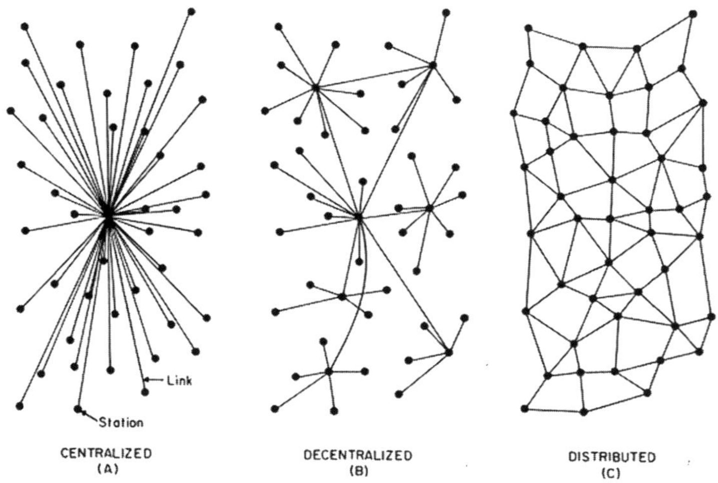

Die topologische Organisation der Verbindungen und deren Wirkungsrichtungen haben großen Einfluss auf die Funktion und Stabilität dieser Netze. Durch eine skalenfreie Verteilung der Verbindungen auf die Knoten entsteht bei einem sehr effizienten Ressourceneinsatz ein extrem robustes Netz. Charakteristisch sind dabei wenige Zentren hoher Konnektivität und viele nur schwach verbundene Knoten. So können die Pfade zwischen zwei Punkten auch in großen Netzen sehr kurz gehalten werden („six degrees of separation"), während gleichzeitig rückgekoppelte Kondensationsphänomene („rich gets richer") Dynamik erzeugen (vgl. Barabási 2003: 25ff. und 79ff.). Die konkreten Folgen dieser Netzorganisationen werden im nächsten Kapitel am Beispiel des Übergangs vom ARPANET zum Internet dargestellt.

1.3 Bewegung des Netzes

Dass die starke Interdependenz der Verknotungen die Unterscheidung von Aktiv und Passiv nicht mehr zulässt, muss nicht bedeuten, die Frage nach dem Agens aufzugeben. Die Antwort kann jedoch noch weniger als in den traditionellen historischen Erzählungen einen Anspruch auf Vollständigkeit reklamieren. Die Beobachtung der Bewegung des Netzes zeigt die Agenzien als Relationen in einem soziotechnischen Netzwerk. Der Streit, ob rational entscheidende Akteure oder Strukturen der Motor von Entwicklungen sind, kann nicht als Entweder/Oder beantwortet werden. Alles, was geeignet ist, die hybriden Verhältnisse und Beziehungen in Bewegung zu versetzen, kann für einen Wandel mitverantwortlich gemacht werden. Strukturen und Akteure wirken gleichzeitig und interferieren miteinander. Weber schlägt daher eine „Wissenschaft des (medialen) Wandels" vor (Weber 2001: 91). Neben der Frage nach der treibenden Kraft der Netzbewegung kann nach den verschiedenen Formen gefragt werden, die diese Bewegung annehmen kann und schließlich deren Sinn- und Bedeutungsproduktion.

1.3.1 Störung: Auslöser der Bewegung

Historische Netze sind und waren immer im Fluss. Sie unterliegen ständigen Veränderungen ihrer Fäden und Knoten und deren Verteilung in Raum und Zeit. Diese Veränderungen bewirken *Störungen*, Irritationen für andere Teile des Netzes, die eine Anpassung oder Gegenprogramme provozieren können.

„Auf dem Schachbrett erleben wir den Kampf zweier verschiedener differenzierter Netze, in dessen Verlauf die beiden Netze sich wechselseitig aufs Engste durchdringen. Im Raum-Zeit-Kontinuum des Spiels erfährt jedes der beiden Netze eine Transformation, und zwar jedes für sich und jedes aufgrund der Transformation des anderen Netzes." (Serres 1991: 18)

Es sind Relationen, die Relationen verändern. Entsprechend kann der Auslöser einer Veränderung nur vielfältig sein. Störungen, die auf ein Netz wirken, sind, aus der Sicht des aktuellen Fokus, Blackboxes, also selbst Netze.

„Die Suche nach *einem* Agens entpuppt sich in der polykontexturalen Welt als zunehmend aussichtslos und anachronistisch, es gibt immer eine Fülle von Agenzien, die Entwicklungen vorantreiben." (Weber 2001: 84, Hervorhebung im Original)

Wenn das Netz immer in Bewegung ist, sind Störungen alltäglich. Nicht jede Störung ist jedoch in der Lage Veränderungen in anderen Elementen auszulösen. Nicht optimale Benutzerschnittstellen werden oft lange Zeit klaglos hingenommen. Erst wenn eine Störung stärker als das Momentum der Netzrelationen oder der Aktanten wird kann sie eine Bewegung in Gang setzen. Entsprechend können sich kleinere Störungen gleicher Wirkungsrichtung kumulieren und so die Trägheit überwinden.

Störungen können von aussen auf das beobachtete Netz einwirken, wie die allgemein veränderte Nutzung von Computern und das Aufkommen von PCs eine Modernisierung des E-Mail-Dienstes erforderte (siehe S. 276). Sie können aber auch Resultat der Verarbeitung einer anderen Störung sein, wie die Entscheidung Mitte der 60er Jahre Computeranlagen für einen weiten Kreis an Nutzern zu öffnen, um damit das Auslastungsproblem zu lösen (siehe S. 93). Oder sie resultieren aus Emergenzen des Netzes selbst, wie die veränderte Wahrnehmung von Computertechnik durch das Aufkommen der Time-Sharing-Technik (siehe S. 115).

Die Komplexität der Beziehungen macht eine Vorhersage des Geschehens unmöglich. Zwei Zustände lassen sich jedoch nach Serres unterscheiden: Netze können unterdeterminiert sein, wie vor dem Beginn eines Schachspiels. Im Laufe des Spiels durchdringen und determinieren sich die Netzte dann zunehmend wechselseitig bis hin zur Überdeterminierung: dem Schachmatt. Diese Schließung kann durch Protokolle, Normen, Standardisierungen und, in schwächerer Form, durch das Momentum, die Trägheit der Struktur, erreicht werden. Interessant ist, dass Medien wie E-Mail beide Eigenschaften gleichzeitig aufweisen müssen. Sie müssen in Bezug auf ihre Gebrauchseigenschaften unterdeterminiert sein, um viele unterschiedliche Formen ausbilden zu können und überdeterminiert sein, damit Kommunikation verlässlich funktionieren kann.

1.3.2 Netzwerkbildung

Die Entstehung neuer soziotechnischer Netzwerke untersucht die Actor-Network-Theory (ANT).

„Wissenschafts- und Technikentwicklung, so die zentrale These, ist das Resultat der Verknüpfung heterogener Komponenten zu Netzwerken, ein Prozess, der in dem Maße erfolgreich ist, indem es gelingt, die beteiligten Komponenten dazu zu bringen, sich in einer aufeinander abgestimmten Weise zu verhalten.“ (Schulz-Schaeffer 2000b: 188)

Für die ANT bedeutet das Knüpfen von Verbindungen eine doppelte Innovation: Die Veränderung der Beziehungen zwischen den Komponenten und die Modifikation der Komponenten selbst (*Übersetzung*). Dabei wird nach dem Symmetrieprinzip der ANT keine Unterscheidung zwischen Technischem und Sozialem gemacht. Bei der Rekonstruktion der Übersetzungen sind soziale, technische und natürliche Faktoren gleichermaßen abhängige Variable. Keines kann als gegeben vorausgesetzt werden. Aktanten sind zugleich Akteure und Resultat des Netzwerkbildens.

Indem ein ständiger Perspektivwechsel vollzogen wird, können handlungs- und strukturorientierte Beobachtungen aufeinander bezogen werden. Abwechselnd wird einmal den Akteuren gefolgt, wie sie die Elemente definieren und in Verbindung bringen (Innovation), ein andermal den Übersetzungen, durch die die Akteure definiert werden (Stabilisierung).

Die Übersetzung, also die Modifikation der Komponenten kann durch zwei Vorgänge stattfinden: Durch *Inskription*, das heißt durch die Festlegung eines Aktanten auf ein Skript (Rolle, Verhalten etc. / Einwirkung) oder durch *Präskription*, dem Erzeugen von Voraussetzungen für das Verhalten anderer Aktanten (Folgewirkung). Das kann zu einer relativen Stabilität der Netze führen, die sich durch Konvergenz und Irreversibilität auszeichnet.

Konvergenz meint dabei, dass sich die Aktanten trotz ihrer Heterogenität so verhalten, wie sie es voneinander erwarten. Es ist daher ein Maß der durch den Übersetzungsprozess erzeugten wechselseitigen Verhaltensabstimmung. *Irreversibilität* bezeichnet die gewisse Resistenz gegenüber weiteren Übersetzungen. Jedes Element das sich bewegt, erfordert Bewegungen der anderen, eng gekoppelten Elemente. Ist beides stark ausgeprägt, erscheint dieses Geflecht als Blackbox, die ihre Entstehungsgeschichte abgeschüttelt hat (vgl. Schulz-Schaeffer 2000b: 188ff.). Techniken, wie die Fähigkeit zu Schreiben, können so als natürlich erscheinen.

1.3.3 Die Formen der Bewegung

Abbildung 6: Formen der Bewegung im Netz

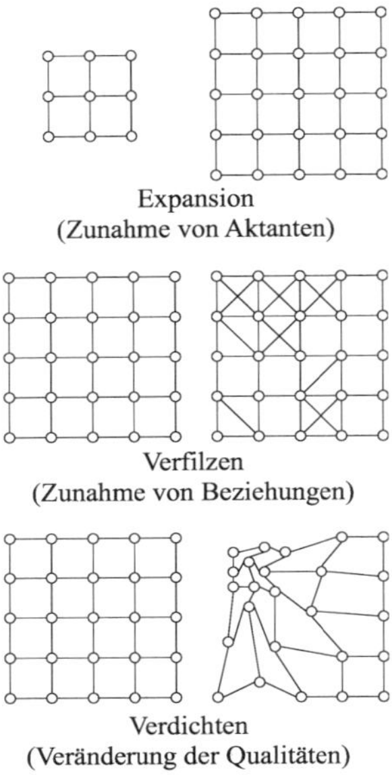

Formal können Netzbewegungen in drei Kategorien unterteilt werden. Die erste Form der Bewegung ist das *Expandieren,* das Ausweiten des Netzes. Wenn sich zum Beispiel um einen soziotechnischen Kern herum immer mehr Beziehungen aufbauen und die Technik auch mit sozialen und diskursiven Aktanten verknüpft wird. Netze expandieren, indem neue Verknüpfungen entstehen bzw. eingebaut werden, die Anzahl der Aktanten also steigt. Dieses Verflechten ist „eine Zunahme an Entdifferenzierungen, Entdualisierungen und Entdichotomisierungen, kurz: an Hybridisierungen." (Weber 2001: 77) Umgekehrt ist eine Abnahme der Aktanten und ein Schrumpfen oder Auseinanderfallen der Netzknoten denkbar.

Die zweite Form, das *Verfilzen* – oder planvoller: Vernetzen und Verweben – ist gekennzeichnet durch die Zunahme der Beziehungen zwischen den Knoten. Das Vernetzen produziert Anschlüsse, Kontexte oder Assoziationen. Dabei kann es zur Bildung von Zentren (Hubs), hoch verknüpften Knoten, kommen. Im umgekehrten Fall findet ein Entflechten oder Entnetzen statt. Jeder Expansion durch ein neues Element wohnt notwendiger Weise immer auch das Moment des Verfilzens inne, ohne das es für das Netz unsichtbar bliebe.

Neben diesen quantitativen Veränderungen gibt es die qualitativen Bewegungen des *Verdichtens* bzw. Ausdünnens. Wie Serres betont hat, sind weder die Knoten noch die Beziehungen zwischen ihnen gleichwertig. Während die Knoten ihre Bedeutung durch ihre Konnektivität erlangen, variiert die Qualität einer Verbindung durch ihre Relation. Die Beziehungen, die die Dame durch ihre Möglichkeiten mit den anderen Spielfiguren auf dem Schachbrett aufbaut, sind viel intensiver als der bescheidene Aktionsradius, der einem Bauern zugebilligt wird. Beziehungen sind im Netz nicht gleichmäßig verteilt. Ihre Proxemik variiert. Es gibt Ballungszentren und dünn verwobene Regionen. Hoch verfilzte und verdichtete Bereiche können aus der Perspektive eines bestimmten Fokus als Blackbox, als *ein* Knoten (Aktant) erscheinen.

Tabelle 1: Netzbewegungen

	Quantität	**Qualität**
Verbindungen	Verfilzen, Vernetzen / Entflechten	Verdichten / Ausdünnen
Knoten	Expandieren / Schrumpfen	Blackboxing / Öffnen

Manche Netze entwickeln Dynamiken, wie zum Beispiel Pendelbewegungen zwischen technik- und nutzerorientierten Leitbildern (Klischewski 1996). Andererseits kann die Dynamik durch Überdetermination weitgehend erstarren, wie der „Stand der Technik“, der andere Meinungen ausschließt, oder der technische Standard, der Innovationen verhindert. Solche Schließungen werden wahrscheinlicher mit dem Grad der Zentralisierung, die durch eine Massierung von Knoten, deren Verbindungen untereinander sehr kurz sind, gekennzeichnet ist.

Abbildung 7: Vernetzung von Netzen

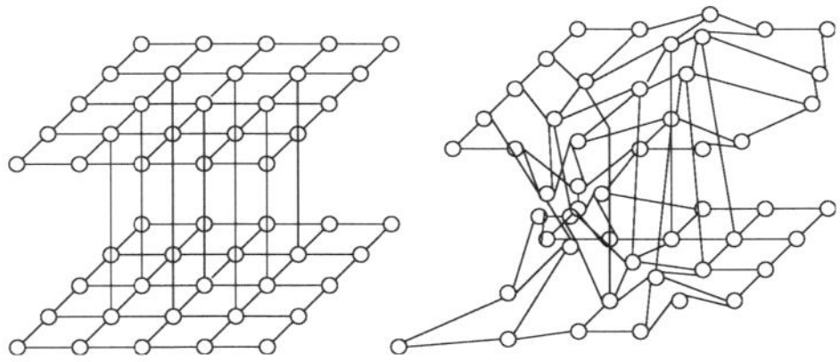

Betrachtet man mehrere Netze mit verschiedenen Fokussen, wie es Fernand Braudel (1990: 20f.) mit seinen historischen Ebenen unterschiedlicher Trägheit getan hat, können sich diese überlagern und interferieren. Übertragen auf die Geschichte der elektronischen Kommunikationsmedien, stellt eine Beschreibung der „langen Wellen“ die Informationstechnik als globale Veränderung, als Übergang von der Güterproduktion zur Informationsgesellschaft dar. Die mittlere Ebene könnte sich entlang der Artefakte (Telegraf, Telefon, Computer, Netzwerke etc.) orientieren und schließlich erzählt die individuelle Schicht, von den Personen, den Softwareversionen und Verwendungsgeschichten. Diese Ebenen bedingen und bewirken sich gleichzeitig, bilden Widersprüche oder gemeinsame Klumpen, die neue Qualitäten hervorbringen können.

1.3.4 Emergenz

Die Geschichtsdarstellungen der letzten Zeit haben weniger die Kontinuität, als vielmehr die Brüche in den Mittelpunkt ihres Interesses gestellt. Die Beobachtung von Phänomenen, die sich nicht mehr als die Summe ihrer Teile deduzieren lassen, haben die Aufmerksamkeit auf das unerwartete Entstehen neuer Qualitäten gelenkt.[6]

Emergenztheorien haben heute vielfältige Ausprägungen angenommen. Achim Stephan (2002) unterscheidet eine schwache Form der Emergenz, wie sie im Konnektionismus und den Theorien der Selbstorganisation anzutreffen ist, von starken voraussetzungsvolleren Ansätzen. Der schwache Emergentismus speist sich seiner Ansicht nach aus drei Grundannahmen:

- physischer Monismus
  Die Annahme, dass die Träger der Eigenschaften und Strukturen ausschließlich aus materiellen Elementen bestehen. Hier grenzt sich der Emergentismus gegenüber den Annahmen von transzendenten Ontologien, wie zum Beispiel eines élan vital, ab.
- systemischen Eigenschaften
  Mit dieser Annahme werden nur diejenigen Eigenschaften als emergent zugelassen, die nicht schon ein Bestandteil des Systems sind.
- synchrone Determiniertheit
  Die synchrone Determiniertheit beschreibt den Zusammenhang zwischen den Bestandteilen eines Systems und den emergenten Phänomenen. Ein System mit anderen Bestandteilen, muss demnach auch andere emergente Eigenschaften hervorbringen.

Soweit lassen sich die emergenten Phänomene noch als ausgelöst durch die Systembestandteile erklären, oder gar umgekehrt modellieren. Die Frage an der sich starke und schwache Emergenztheorien scheiden ist, ob Systeme einer höheren Ebene, durch die Phänomene der niedrigeren Ebene, erklärt werden können, wie es zum Beispiel die Synergetik versucht. Doch „während man bei einer kausalen Erklärung bemüht sein wird, Störungen zu beseitigen oder zu vernachlässigen, erweist sich Emergenz gerade als Herausbildung einer Ordnung, die aus der Verarbeitung von Störungen hervorgegangen ist. Folglich ist sie keine Ordnung, die sich aus anderen Ordnungen speist und deshalb ist sie nicht ableitbar oder vorhersagbar.“ (Wägenbaur 2004)

Zwei weitere Kriterien sind damit benannt. Die stärkeren Emergenzthesen behaupten zusätzlich

- die Unvorhersagbarkeit der emergenten Eigenschaften, trotz vollständigem Wissen über alle Elemente (*diachroner Emergentismus)*

---

6 Eine Abgrenzung zwischen „Herkunft“ und „Entstehen“ bzw. „Prozess“ und „Ereignis“ findet sich bei Nietzsche und Foucault (1971) als Unterscheidung zweier Zeit- und Geschichtsbegriffe (vgl. Wägenbaur 2004).

– und die Irreduzibilität, die Nichterklärbarkeit der neuen Qualität aus den Elementen des Systems und deren Anordnung (*synchroner Emergentismus*).

Die Qualität „nass“ kann weder dem Element Wasserstoff, noch dem Element Sauerstoff zugeschrieben werden. Diese Eigenschaft emergiert erst aus einer besonderen Kombination beider (H_2O). Sie ist also irreduzibel und damit eo ipso unvorhersagbar.

Für eine historische Betrachtung ist dabei von Bedeutung, dass emergente Qualitäten zwar irreduzibel sein können, aber nicht voraussetzungslos sind. Sie bilden sich nur im Zusammenwirken bestehender Elemente. Da die Elemente und ihre Struktur selbst die Qualität nicht besitzen (systemische Eigenschaft), kann die Emergenz aus diesen nicht erklärt werden. Struktur und Elemente schaffen aber dennoch die Bedingungen, unter denen sich diese neuen Qualitäten bilden. Da sich Emergenz nicht als Ausdifferenzierung bestehender Strukturen bzw. Elemente bildet, können die emergenten Qualitäten von geringerer Komplexität sein als ihr Ursprung.

Eine weitere Voraussetzung für Emergenz ist Dynamik. Aus statischen Netzen emergiert nichts. Da Emergenz also notwendigerweise eine Netzbewegung voraussetzt, bedarf es einer auslösenden Kraft, einer Störung. Auf diese Störung wird aktiv reagiert. Die Emergenz ergibt sich nicht aus der Störung direkt, sondern aus dem Versuch, diese zu verarbeiten. Analog zum Schachspiel gerät durch das Umsetzen einer Figur die gesamte Konstellation in Bewegung. Dabei schreiben sich neue Qualitäten in die Elemente ein. Es bestehen somit drei beschreibbare Voraussetzungen für Emergenz, die diese zwar nicht erklären, aber den Raum der Möglichkeiten aufspannen: Störung, Elemente und Struktur.

2 Netz als historisches Modell

In den Schriften zur Geschichtstheorie wird darauf verwiesen, dass es eine originäre Methode in den historischen Wissenschaften nicht gebe. Vielmehr liege die Originalität eines Historikers nicht nur in der Fähigkeit, die richtigen Fragen zu stellen, sondern auch darin, kreativ eine geeignete Methode zu finden (vgl. Sellin 1995: 83ff.). In diesem Sinne kann eine Untersuchung der Bewegungen des soziotechnischen Netzes „E-Mail“ Erkenntnisse hervorbringen, die jenseits monokausaler Erklärungsmuster liegen und somit einen Beitrag zur ebenfalls konstatierten „Theoriebedürftigkeit der Geschichtswissenschaft“ (Koselleck 2003: 287ff.) leisten.

Das Netz bietet sich als historisches Instrumentarium an, da mit ihm, wie in den vorangegangenen Abschnitten gezeigt, das Spannungsfeld zwischen Trägheit und Innovation ebenso beschrieben werden kann, wie Einzelentwicklungen auf der Mikro- und Verschiebungen auf der Makro-Ebene. Die Veränderungen des Netzes (expandieren, verfilzen, verdichten) zu beschreiben gelingt nur, wenn die Elemente zunächst unterschiedslos als Aktanten und Träger von Skripten aufgefasst werden.

Das Netz wird, wie gezeigt, durch seinen Fokus charakterisiert. Er ist die Einsprungsentscheidung in das potentiell end- und zeitlose Netz, er leitet das Interesse und produziert Sinn. Er ist das Thema, mit dem eine Erzählung aus der Geschichte konstruiert wird, die sie nicht selbst hervorbringt, aber vom Historiker gemeint wird. Der Historiker ist der Organisator dieses Netzes, indem er die Quellen auswählt, gewichtet und ordnet und so das Netz nach seinem Fokus konstruiert. Insofern können stets viele Netze mit unterschiedlichen Perspektiven gewoben werden. Die Quellen (Knoten) können und müssen daher immer neu befragt (verknüpft) werden, da in jeder Zeit andere Konstruktionen wissenschaftlich von Interesse sind.

„Damit wird das Umschreiben der Geschichte nicht nur zur Fehlerkorrektur oder zum Wiedergutmachungsakt, sondern gehört zu den Voraussetzungen unseres Berufes […].“ (Koselleck 2003: 300)

Der Fokus dieser Untersuchung soll auf der Entstehung des Paradigmas vom Computer als Kommunikationsmedium und dessen Ausgestaltung in einem einheitlichen E-Mail-Dienst liegen. Die Rekonstruktion muss daher zeitlich vor der Existenz dieser Ideen beginnen. Inhaltlich kann sie von der in den 50er Jahren noch schwach vernetzten Computerszene ausgehen, um dann das zunehmende Verfilzen der Technik mit anderen Techniken, Diskursen und sozialen Gruppen zu verfolgen.

Die Quellen verweisen dabei auf historische Tatsachen und Fakten. Sie müssen kritisch bewertet und auf ihre Aussagekraft und Echtheit hin geprüft werden. Gleichzeitig verweisen sie immer auch auf andere Tatsachen. Diese Verbindungen werden im historischen Netz nach Bandbreite, Wirkungsrichtung und Struktur untersucht und verknüpft. In der chronologischen Entwicklung sind nun die Einschreibungen, Verschiebungen oder Emergenzen zu beobachten, die während der Veränderungsprozesse stattfinden.

Ausgangspunkt einer Veränderung ist eine Störung (y, x), die auf ein Element des Netzes (A) wirkt und von sehr verschiedener Natur sein kann. Zum Beispiel:

- *technisch* durch das TCP/IP-Protokoll, das die Öffnung des ARPA-NET zum Internet ermöglichte,
- *diskursiv* durch das Paradigma, E-Mail als private Korrespondenz zu begreifen oder
- *sozial* durch das Entstehen immer neuer E-Mail-Clients Mitte der 70er Jahre.

Zu fragen ist also zunächst nach den Störungen, die stark genug sind, die Trägheit des Netzes zu überwinden und in Bewegung zu bringen, unabhängig davon, ob sie von einer Person, einer Idee oder einer Technik ausgehen.

Die Störung wird übersetzt durch die Kopplung mit neuen Elementen (B) und/oder die Modifikation des Skriptes des Elements (A->A‘). Aus dieser Kopplung entsteht ein Hybridobjekt (C), indem die Elemente (A‘ und B) so aufeinander bezogen werden, dass die Störung verarbeitet werden kann und die Relationierung stabil bleibt. Das geschieht formal durch Ausweitung, Verfilzen oder Verdichten des Netzes und inhaltlich durch Übersetzung oder Einschreibung von Programmen und Gegenprogrammen in den Knoten.

- Die Öffnung des ARPANET konnte durch die Verbindung mit der Ökonomie (Netzbetreiber, kommerzielle E-Mail-Clients, Nutzung von E-Mail als Geschäftsbrief) stabilisiert werden und ist heute untrennbar miteinander verknüpft.
- Ebenso verband das Paradigma der Privatkorrespondenz den E-Mail-Dienst mit zahlreichen Standards der Bürokommunikation, die im Header fixiert wurden.
- Der Boom der E-Mail-Clients machte eine zentrale Koordination der Entwicklergemeinde in der MsgGroup notwendig, die durch die ARPA initiiert wurde.

Ein zentrales Anliegen der Untersuchung wird es also sein, die Prozesse darzustellen, in denen sich die Elemente neu oder anders in Beziehung setzen; zu zeigen, warum sich die Konnektivität bestimmter Knoten erhöht oder verringert (Preferential Attachment) und wie sie ihre Wirkungsrichtung und -stärke zu einem stabilen Netz austarieren (Präskription) und die Programme der Aktanten verändern (Inskription).

Abbildung 8: Hybridisierungsprozesse

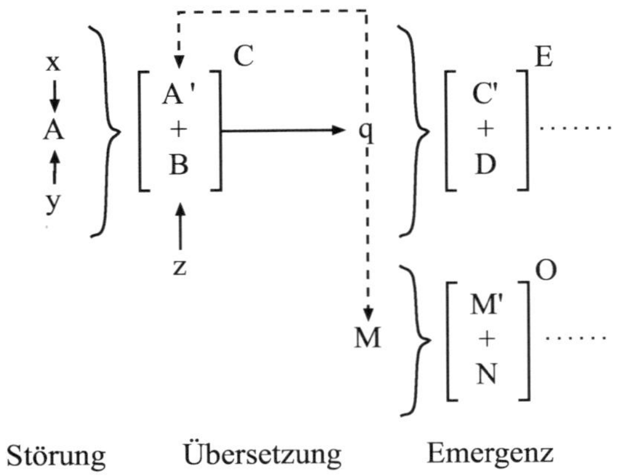

Das daraus entstehende Hybridobjekt (C) ist oftmals mehr als nur die Summe seiner Teile. Es kann neue Qualitäten (q) hervorbringen, die wiederum als Störung zurückwirken oder für einen anderen Knoten (M) im Netz eine Störung darstellen und so die Dynamik des Netzes aufrechterhalten.

- Aus der Verbindung des Internet mit der Ökonomie emergierten Phänomene wie Spam- und Phishing-Mails;
- durch die Bootstrapping-Entwicklung innerhalb der MsgGroup entstand das kreative Potential für einen einheitlichen Standard. Indem die Entwickler gleichzeitig Nutzer des Systems waren und in ihm über es diskutierten, war die Entwicklung zur Voraussetzung für die Entwicklung geworden. So setzte sich eine kybernetische Spirale der Optimierung in Gang. Die neu entstandenen Qualitäten wirkten zurück auf ihren Gegenstand.

Diese emergenten Phänomene sind irreversibel, aber nicht voraussetzungslos und lassen sich daher in ihrem Entstehungsprozess beschreiben. Es ergibt sich ein formales Schema (Abb. 8), das als Gerüst für eine Darstellung genutzt werden kann.

Vom Gerät zum Medium

Während des Zweiten Weltkrieges waren zahlreiche große Projekte für Rechenanlagen ins Leben gerufen worden, die bis auf wenige Ausnahmen nicht mehr vor Kriegsende abgeschlossen werden konnten.[1] Das Militär stieß mit immer komplexeren Waffensystemen an die Grenzen seiner Möglichkeiten. Schon in der Vergangenheit hatten mathematische Berechnungen Armee und Marine immer wieder vor erhebliche Probleme gestellt. Die Produktion von Navigations- und Geschosstabellen war teuer und sehr fehleranfällig. Die in streng arbeitsteiligen Rechenfabriken erstellten Tabellen wurden im 19. Jahrhundert hoch gehandelt. Zwar konnten die „Computer" – wie die menschlichen Rechner, deren Beruf das

1 Gemeint sind hier Rechenanlagen für komplexe mathematische Berechnungen in der Tradition von Babbage oder Zuse, nicht die bereits vor dem Zweiten Weltkrieg verbreiteten Hollerith-Anlagen zur Massendatenverarbeitung, die zunächst bei den US-amerikanischen Volkszählungen und später auch in deutschen Konzentrationslagern eingesetzt wurden.

Eine Ausnahme ist der von dem amerikanischen Mathematiker Howard H. Aiken in Zusammenarbeit mit der IBM an der Harvard University Cambridge, Massachusetts, entwickelte MARK I. Die Entwicklung zu diesem elektromechanischen Rechner begann 1939 und konnte bereits am 7. August 1944 formell dem Computation Laboratory der University übergeben werden. Er diente von 1944 bis 1959 vor allem der Marine für ballistische Berechnungen.

Erstellen dieser Zahlenwerke war[2], genannt wurden – mehr und mehr auf mechanische Hilfsmittel zurückgreifen, für die Vorhaben des 20. Jahrhunderts wie das Manhattan-Projekt zum Bau der Atombombe reichte das jedoch nicht mehr aus. Die erheblichen Rechenleistungen, die für diese Projekte vonnöten waren, hätten per Hand nicht mit vertretbarem Aufwand durchgeführt werden können. Im Wettlauf der Waffensysteme war es daher von großer Wichtigkeit, Verfahren zu fördern, die eine Lösung dieser Probleme versprachen. Den Anfang machte der ENIAC, der an der Moore School of Electrical Engeneering der Universität von Pennsylvania zur Berechnung ballistischer Tabellen eingesetzt wurde. Vom Oktober 1945 an wurden im Rahmen des Manhattan-Projektes Berechnungen von Schockwellengleichungen der H-Bombe darauf durchgeführt.

Die Projekte wurden von kleineren Gruppen von Ingenieuren und Mathematikern, die in den Rahmen von akademischen Einrichtungen oder Forschungs- und Entwicklungsabteilungen von Unternehmen eingebunden waren, getragen. Diese Inseln der Entwicklung waren untereinander nur schwach vernetzt und noch ohne eine Identität als „Computerwissenschaftler". Ihre Entwicklungsarbeit war geprägt durch die Elektronikindustrie, die gerade ihre Hochzeit im Radiogeschäft erlebte, sowie der mechanischen und elektromechanischen Industrien, die in der Rüstungsproduktion während des Krieges sehr aktiv gewesen waren.[3]

Typisch für die Frühphase einer entstehenden Technik ist die informelle und nur wenig verpflichtungsfähige Kommunikation unter den Akteuren (vgl. Weyer 1997). Grace Murray Hopper, Captain der Navy, die bis in die 50er Jahre wichtige Anstöße bei der Entwicklung von Programmiersprachen (COBOL) gab und am Harvard-MARK I und dessen Nachfolgemodellen arbeitete, gab einen Eindruck von der Arbeitssituation der Zeit:

2 Die ersten Geräte wurden daher oft als „Calculator" bezeichnet, bis sich der Begriff „Computer" um 1945 durchzusetzen beginnt. Während sich im Umkreis der IBM der Begriff Calculator länger hielt – der Mark I (1944) wurde offiziell als „Automatic Sequence Controlled Calculator" bezeichnet, die IBM Maschinen nannten sich noch lange „Electronic Calculator" (1951) – stand im Umkreis der Bell Laboratorien der Begriff „Computer" im Vordergrund. Bereits 1940 überschrieb Stibitz ein Memorandum mit „Computer". Auch die Abkürzung ENIAC (1946) stand für „Electronic Numerical Integrator and Computer".

3 So stammten zum Beispiel die robusten Röhren, die in Radioempfängern und später im ENIAC eingesetzt wurden, aus der Radartechnik (vgl. Hagen 1997: 44).

„Ich wurde direkt von der Midshipman School an den Computer der Harvard-Universität beordert. Dort begrüßte mich ein großer furchteinflößender Fregattenkapitän namens Howard Aiken; drei Stunden nach meiner Ankunft wurde ich bereits von einem sehr großen und sehr jungen Fähnrich namens Richard Bloch in die Kunst der Mark-I-Programmierung eingewiesen – das war mein Einstieg ins Computerfach. Bloch brachte mich regelmäßig zur Verzweiflung, weil ich schon damals meine Software behalten und wiederverwenden wollte. Ich hatte keine Lust, ständig alles von Neuem programmieren zu müssen. Doch sobald ich ein Programm zum Laufen gebracht hatte, kam leider Bloch abends ins Labor und veränderte die Schaltkreise im Computer. Am nächsten Morgen lief dann nichts mehr. Das schlimmste daran war, dass Bloch dann zu Hause im Bett lag und mir nicht sagen konnte, was er mit dem Computer gemacht hatte.“[4]

Die Entwicklung der Hardware und die Programmierung der Software liefen in dieser Phase parallel. Computertechnik war in den Anfängen in erster Linie *Forschung* und erst in zweiter Linie *Nutzung*. Die Zeit für die praktische Anwendung trat weit hinter dem Aufwand für Konstruktionsaufgaben und Verschaltung der Geräte zurück. Das Beispiel der MARK I-Programmierung zeigt, wodurch die damalige Situation gekennzeichnet war.

- Die Entwicklung von Hard- und Software erfolgte simultan und nur für ein einzelnes Gerät. Jeder Rechner wurde als Ganzes, als *ein* Automat für *eine* bestimmte Aufgabe gesehen. Änderte sich die Aufgabe über ein paar Parameter hinaus, musste das Gerät ‚umgebaut' werden.
- Dabei konnte weder auf Standards noch auf Erfahrungen mit Rechenanlagen, geschweige denn auf ausgebildete Fachleute zurückgegriffen werden. Arbeits- und Lösungsmethoden wurden aus den jeweiligen Theorietraditionen der Akteure bezogen.
- Entwickler und Operateure der Anlagen waren identisch. Das bedeutete eine große Identifizierung mit und eine gute Kenntnis von dem Gerät. Die Kommunikation innerhalb dieser Gruppen konnte daher weitgehend informell bleiben.
- Institutionell waren die Projekte in der Regel in Forschungs- und Entwicklungsinstitutionen eingebunden, ohne dass die vielfältigen Ansätze koordiniert gewesen wären.

Diese Situation soll nun der Einstiegspunkt sein, um die Verschiebungen, Einschreibungen und das Entstehen von Hybridobjekten zu (re-)konstru-

4 Smithsonian National Museum of American History: „Computer Oral History Collec-tion, 1969-1973,1977“ Tape #2, 30.8.1967

ieren. Es ist zwangsläufig ein Spot mit weichen Rändern auf den hier interessierenden Teil des Geschehens. Es soll der Prozess beschreiben werden, in dem sich der Computer von einem Automat in ein Medium (vgl. Coy 1995), genauer in ein Kommunikationsmedium, verwandelt hat. Die Emergenz dieses Mediencharakters war eine notwendige Voraussetzung für die Entstehung des E-Mail Dienstes, indem er als *Mittel* die technische Basis (materiell und als Norm), als *Mitte* die Formen der organisationellen Eingebundenheit und Zusammenarbeit und als *Vermittelndes* handfeste Nutzungsweisen und zahlreiche Visionen prägte.[5] Die folgenden Stadien dieses Prozesses werden dargestellt:

- Zunächst übernahmen Staat und Militär (1.1) die Aufgaben der Koordination und der finanziellen Förderung der Rechnerprojekte. Das Hinzukommen dieser neuen Akteure und ihrer Interessen schuf erste Strukturen einer entstehenden Computer Community.
  Auch die zweite Ausweitung betraf den Kreis der Akteure. Neben die Forscher und Finanziers traten jetzt die „reinen Nutzer" (Soldaten oder Studenten). Diese Ausdifferenzierung in Entwickler und Anwender erzwang starke institutionelle Veränderungen. Die etablierten Lösungswege waren jedoch nicht in der Lage, den Bedürfnissen beider Gruppen gleichermaßen gerecht zu werden (1.2.2). Auch das Luftraumüberwachungssystem SAGE, das größte und einflussreichste Computerprojekt, das aus diesen Ausweitungen des Netzes hervorgegangen war (1.2.1), blieb weit hinter den Erwartungen zurück.
- Ein Ergebnis des Scheiterns des SAGE Systems war eine sachtechnische Stabilisierung des Netzes. Durch das Time-Sharing-Verfahren konnten soziale Praktiken in einer Blackbox fixiert und die Auslastungs- und Nutzungsprobleme gelöst werden (2.1).
  Gleichzeitig emergierte mit dieser Technik ein neuer sozialer Raum *im* Rechner (2.2). Im Zuge dieser Veränderungen entstanden überschwängliche Visionen und Leitbilder, die weit über das Technische hinausgingen und neue gesellschaftliche Perspektiven eröffneten (2.3).
  Am Ende stand eine gewandelte Computertechnik. Aus einem sperrigen Werkzeug für singuläre Berechnungen war ein Medium geworden, dessen Potential als Kommunikationsmittel langsam in Erscheinung trat (2.4).
- J.C.R. Licklider war einer der Vordenker, der aufgrund seiner Stellung innerhalb der staatlichen Forschungsförderung aktiv die Redefinition der Rechnertechnik als *Interactive Computing* und *Resource-Sharing* und das Entstehen einer Network Community unterstützen

5 In Anlehnung an Weber (2001: 22ff.)

konnte (3.1).
Grundlage dieser erneuten Ausdehnung, die nun mehrere Rechner miteinander vernetzen wollte, war wiederum eine neue Technik, das Packet-Switching (3.2). Getragen wurde die Umsetzung des Netzwerkprojektes durch eine kleine und homogene Entwicklergemeinde, die sich ihre eigenen Medien und Formen der Zusammenarbeit schuf (3.3).

- Doch erst mit dem ungeregelten Wachstum des Internet konnte sich eine Netztopologie bilden, die das Netz als weltweites Kommunikationsmedium effizient und robust zugleich machte (4.3).

Die chronologische Erzählung orientiert sich vor allem an den Wendepunkten, die durch Ausweitungen des soziotechnischen Netzes verursacht wurden und liegt damit quer zu den Kontinuitätslinien der Technik, der sozialen Institutionen oder des Gebrauchs.

Die „Network-Community“, die am Ende dieser Entwicklung erscheint, ist eines der Hybridwesen, die weder nur sozial, noch rein technisch erklärt werden können. Sie ist ebenfalls weder reine Struktur noch Diskurs. Sie ist ein Netz von Aktanten, in dem sich keine Entität ändern kann, ohne dass sich auch die anderen ändern müssen bzw. verändert werden. Diesem Netz ist in zweierlei Hinsicht nachzuspüren. Zum einen ist nach der Form des Netzes zu fragen, seinen stabilen Knoten, seinen Verbindungen, Verdichtungen und Wirkungsrichtungen. Zum anderen nach seiner Bewegung und seiner offenen und verdeckten Ein- und Umschreibungen von Handlungsprogrammen und Gegenprogrammen, die das Netz dauerhaft verändern.

1 Scientific Community

1.1 Ausweitung I: ARPA – „the sugar daddy of computer science“

1.1.1 Big Science als Waffe

Der Zweite Weltkrieg hatte den Regierungen gezeigt, dass der militärische Erfolg in starkem Maße der Grundlagenforschung zu verdanken war und somit der Wissenschaft auch in Friedenszeiten ein hoher Stellenwert eingeräumt werden musste. Angesichts eines zerstörten Europas war klar, dass der wissenschaftliche Wettlauf in Zukunft zwischen den UdSSR und den USA ausgetragen werden würde. Was bereits im Ersten Weltkrieg begonnen hatte, galt nun um so stärker: *Big Science* wurde als Waffe betrachtet, als strategisches Element, um im Kalten Krieg bestehen zu können (vgl. Ekkert/Schubert 1986: 153ff.). Also mussten die Wissenschaftler gewonnen werden, ihre Fähigkeiten einzubringen. So setzte in der Nachkriegszeit eine Debatte innerhalb der USA darüber ein, wie in Friedenszeiten die Förderung der Grundlagenforschung und ihre institutionelle Form aussehen könnte.

Wissenschaft und Militär hatten jedoch zwei so unterschiedliche Kulturen ausgebildet, dass sie nur schwer für eine direkte militärische Forschung synchronisiert werden konnten. Waren die Soldaten auf Respekt vor den Traditionen und Autoritäten geschult, wollten die Akademiker eben diese überwinden, um Neues zu schaffen. Beachteten die Militärs Gehorsamkeit und strikte Geheimhaltung, waren Wissenschaftler gewohnt, ihre Ergebnisse freimütig zu kommunizieren und zirkulieren zu lassen. Immer wieder gab es Kommunikationsprobleme und Spannungen zwischen beiden Lagern. Der Umweg, der sich anbot, führte über eine vermittelnde Rolle der Regierung. Zuständig wurde dafür das noch während des Krieges gegründete Office of Scientific Research and Development (OSRD). Es sollte die Schnittstelle zwischen Regierung, Militär und Wissenschaft bilden und die Scientific Community bei kriegswichtiger Forschung unterstützen.

Geleitet wurde das OSRD von Vannevar Bush, einem Elektroingenieur und ehemaligen Dekan des MIT, der sich als wissenschaftlicher Berater Roosevelts und des Manhattan-Projekts einen Namen gemacht hatte. Das Büro war direkt der Regierung unterstellt und so mit der nötigen Autorität ausgestattet. Diese Vermittlung hatte den Vorteil, dass die Wissenschaftler vom Militär unabhängig blieben und ihre Förderung nicht der Konkurrenz der verschiedenen Waffengattungen zum Opfer fiel (vgl. Hauben 1999b). Im Auftrag Roosevelts verfasste Bush (1945) ein einflussreiches Resümee verschiedener Tagungen, die zu Fragen der Forschungsförderung veranstaltet worden waren. Er unterstrich darin noch einmal die Wichtigkeit von Grundlagenforschung für die USA und die Notwendigkeit eines Engagements der Regierung.

Bushs zentrales Anliegen war es, der Wissenschaft ein freies unabhängiges Umfeld zu schaffen. Aus diesem Grund sprach er sich für die Förderung einzelner Wissenschaftler an Universitäten aus und lehnte die Unterstützung industrieller Forschung mit dem Hinweis auf den ökonomischen Druck ab. Bush kannte die Schwierigkeiten der modernen Industrie, Neuerungen jenseits des herrschenden Stands der Technik zu entwickeln. Um Abhängigkeiten und politische Vorgaben einer direkten Regierungsforschung so weit wie möglich zu vermeiden, schlug er die Gründung einer wissenschaftlichen Stiftung vor, die jedoch durch den Tod Roosevelts 1945 nicht mehr zustande kam. Lediglich das im selben

Jahr von der Marine gründete Office of Naval Research (ONR) förderte zu der Zeit Grundlagenforschung an Universitäten. Das ONR versuchte, das Problem der verschiedenen Kulturen zu lösen, indem es Wissenschaftler als *Program Manager* einsetzte, die die zu fördernden Forscher und Projekte selbständig aussuchten. Damit wurde ein Führungsstil geschaffen, der für die Folgezeit zum Vorbild wurde.

Bushs Report hatte die wichtigsten Rahmenbedingungen benannt und die Marine mit dem Umweg über das ONR eine Form gefunden, wie Militärs und Wissenschaftler miteinander auskommen konnten. Noch neun Jahre nach Bushs Vorschlägen befassten sich verschiedene Komitees[6] mit dem Problem der Zusammenarbeit, obwohl nach dem Zweiten Weltkrieg nicht nur der Wert von Forschung im Militär akzeptiert, sondern auch die Notwendigkeit erkannt worden war, sie zu fördern und zwar möglichst unabhängig. Die generelle Situation änderte sich jedoch kaum. Die Wissenschaft bemängelte weiterhin die mangelnde Unterstützung und die Verweigerungshaltung der Militärs gegenüber der Grundlagenforschung.

1.1.2 Sputnik-Schock

Als die UdSSR am 4. Oktober 1957 mit Sputnik I den ersten künstlichen Erdsatelliten ins All schießen, trifft das die USA wie ein Schlag. Beide Supermächte des Kalten Krieges besaßen Atombomben. Offensichtlich verfügte die UdSSR jetzt auch über ein Trägermedium großer Reichweite, mit dem sich Raketen gegen die USA lenken lassen würden. Obwohl die Vereinigten Staaten nur vier Monate später mit der Explorer I den Rückstand aufholen konnten, fühlte man sich technisch und wissenschaftlich im Hintertreffen. Geradezu hysterisch reagierten Teile der Öffentlichkeit. Politische Gegner des Präsidenten und die Rüstungslobby instrumentalisierten das Ereignis in ihrem Interesse. Der Verlust der nationalen Sicherheit und der Demokratie wurden befürchtet. Der Start der leistungsfähigeren Sputnik II nur einen Monat später verschärfte noch die Situation.[7] Der Sputnik-Schock destabilisierte nicht nur die militäri-

6 Riehlmann Comittee Hearings im Juni 1954; Symington Air Power Hearings im Juni 1956 etc.

7 Entscheidend war die Tragkraft der Raketen, die im Ernstfall die Atomsprengköpfe transportieren sollten. Wog Sputnik I lediglich 80kg waren es bei der Sputnik II, mit der man einen lebendigen Hund in das All beförderte (3. November 1957), bereits 500kg. Im Vergleich dazu war der erste US-Satellit Explorer I (31. Januar 1958) mit 8 kg ein Leichtgewicht. Sputnik III vom Mai 1958 brachte es bereits auf 3000 kg.

schen und wissenschaftlichen Strukturen, sondern verunsicherte die gesamte amerikanische Gesellschaft zutiefst.

Präsident Dwight Eisenhower, obwohl selbst ehemaliger Soldat, war bekannt dafür, dass er sich lieber mit Wissenschaftlern als mit Militärs umgab. Außerdem misstraute er dem militärisch-industriellen Komplex, der im Laufe des Zweiten Weltkriegs entstanden war. Er verlangte, äußerste Anstrengungen zu unternehmen, um nie wieder technologisch hinter die UdSSR zurückzufallen. Die oft konstatierte Abwehrhaltung gegen Grundlagenforschung musste im Militär nun endlich überwunden werden. Dafür wurde eine Flut von Fördergeldern bereitgestellt, von denen auch einige Computerprojekte profitieren konnten. Selbst die konservative, an den traditionellen akademischen Disziplinen orientierte National Science Foundation (NSF) erhöhte ihren Anteil an Fördergeldern für Computerprojekte innerhalb von zwei Jahren von 30.000 $ auf 2,2 Millionen $ (1959) (Flamm 1987: 86).

In der Bevölkerung der USA war die Zeit nach dem Zweiten Weltkrieg von widersprüchlichen Gefühlen bestimmt. Der Krieg hatte neue Technologien in einem bis dahin nicht gekannten Ausmaße gefördert. Metatechniken, wie sie von Henry Ford mit seiner effizienten Ordnung und Steuerung des Produktionsablaufs und Frederick W. Taylor mit seiner *wissenschaftlichen Betriebsführung* schon lange vor dem Krieg entwickelt worden waren, hatten die Massenproduktion und damit die Versorgung breiter Bevölkerungsschichten möglich gemacht (Vgl. Hughes 1991: 214).[8] Amerika wurde dafür nicht nur im eigenen Land sehr bewundert.[9] Technik und Technologie wurden daher noch bis in die 60er Jahre hinein als außerordentlich positiv bewertet.

Diese positive Grundhaltung gegenüber technischen Dingen verknüpfte sich mit den neuen Ängsten der Nachkriegszeit. Der Zweite Weltkrieg war bruchlos in den Kalten Krieg übergegangen und neben der Faszination der neuen technischen Möglichkeiten kam auch die Erkenntnis zu Bewusstsein, dass die Menschheit das erste Mal in der Lage war, die Erde zu zerstören. In Film und Literatur drückte sich dies in einem

8 In den 50er Jahren stieg die Bevölkerung der USA um 29 Millionen Menschen. Nur eine effiziente Massenproduktion konnte den Wohlstand sichern.

9 Besonders im Deutschland der Weimarer Republik wurden die Amerikaner für ihre Wirtschaftsleistung geachtet und beneidet. Fords Buch „Mein Leben und Werk“ war in deutscher Übersetzung ein Bestseller und fand auch mit Konrad Zuse einen begeisterten Leser. Selbst Lenin erklärte den Taylorismus als mit dem Sozialismus in Übereinstimmung, in der Hoffnung, so den Kommunismus wirtschaftlich konsolidieren zu können. (Vgl. Hughes 1991: 206 und 291)

Boom des Science-Fiction-Genres aus, das zwei Motive immer neu variierte. Das der Invasion, der Bedrohung von Außen[10] und das der Evasion, der Flucht in neue Lebensräume. Die Angst vor der atomaren Katastrophe wurde im puritanischen Amerika als „Strafe Gottes" verstanden. Im Kalten Krieg wurde die „rote Gefahr", die Angst vor einer sowjetischen Vorherrschaft, zur kollektiven Neurose. Im populären Hollywoodfilm spiegelte sich dies als Bedrohung durch fremde Wesen mit Massenvernichtungswaffen und – interessanterweise – in fehlender Bereitschaft zur Kommunikation. Die äußere (atomare) Bedrohung wurde nach innen gerichtet. Was in Don Siegels „Invasion of the Body Snatchers" (1956) in ungeheurer Normalität noch als Furcht gezeigt wird, von den Invasoren unbemerkt unterwandert und kontrolliert zu werden, wird im realen Leben zur Unterdrückung jeder Gegenkultur. Die Bedrohungen des Kalten Krieges duldeten keinen Widerspruch.

„Diese symbolische Darstellung des Schreckens [im Film /P.S.] war möglich und notwendig vor allem deswegen, weil eine öffentliche Diskussion des technisch-militärischen Fortschritts, gar eine Kritik an der politischen und militärischen Führung nicht möglich war. Die Angst vor der Zukunft, zu der man sich auf falschem Wege befand, war groß, aber noch größer war die Angst, kein ‚guter Amerikaner' zu sein." (Seeßlen 1980:163)

Die Invasionsängste wurden in der Populärkultur durch Evasionsphantasien bewältigt. Der Gang des Menschen in den Weltraum konnte an die Himmelsbilder anschließen, aus denen stets die Bedrohung vermutet und erlebt worden war (Pearl Harbor, Sputnik). Dort konnte man – zumindest in der Phantasie – den Gefahren tatkräftig entgegentreten und sie lösen. Hier konnte die Wissenschaft mit Hilfe des Militärs oder weiterer wissenschaftlicher Anstrengungen die Geister, die sie hervorbrachte, wieder zähmen („Tarantula" 1956). Damit fand eine Projektion der *Frontier* in den Weltraum statt und der SF-Film verband sich mit dem US-Gründungsmythos des Westerners. Dieser Stoff war wie geschaffen für ein neues Leitbild, an das später J. F. Kennedy mit seinem Raumfahrtprogramm anknüpfte.

Diese Hysterie und Unterdrückung wurde für die McCarthy-Ära charakteristisch. Das bekamen auch Computerpioniere wie die ehemaligen Mitarbeiter im ENIAC-Team J. Presper Eckert und John Mauchly zu spüren. Als ihre gemeinsame Firma, mit der sie den UNIVAC als ersten kommerziellen Computer produzieren und vermarkten wollten, in Finanzschwierigkeiten geriet, führten sie vielversprechende Verhandlungen

10 Der japanische Angriff auf Pearl Harbor 1941 war in der amerikanischen Gesellschaft noch sehr gegenwärtig.

mit dem US-Verteidigungsministerium über den Kauf weiterer Maschinen. Weil Mauchly an einer wissenschaftlichen Konferenz teilgenommen hatte, an der auch Kommunisten beteiligt gewesen waren, entzog man ihm die Sicherheitsbescheinigung. Damit wurde es unmöglich für die Firma, für das Verteidigungsministerium zu arbeiten und sie musste an Remington Rand verkauft werden.[11]

Der politisch-gesellschaftliche Hintergrund der 50er Jahre war geprägt von der atomaren Bedrohung des Kalten Krieges, die sich in einem ängstlich-restaurativen Klima niederschlug. Man fürchtete sich zwar zunehmend vor neuen Technologien, lastete dies aber nicht denen an, die sie hervorbrachten, sondern den Menschen, die sie *missbrauchten*. Die Einstellung zur Technik blieb also durchaus positiv. Der Wissenschaft wurde zugetraut, mit noch größeren technischen und wissenschaftlichen Anstrengungen die Probleme zu lösen, die sie selbst erst hervorgebracht hatte.

1.1.3 Gründung der ARPA

Eisenhowers Verteidigungsminister Neil McElroy, der fünf Tage nach dem Start der Sputnik vereidigt worden war, hatte sich nicht im Militär, sondern beim Waschmittelkonzern Proctor&Gamble vom Verkäufer zum Firmenpräsidenten hochgearbeitet und dabei die Idee der Seifenoper als Marketingkonzept entwickelt. McElroy war der Überzeugung, dass der Erfolg seines ehemaligen Arbeitgebers auf die große Freiheit zurückzuführen sei, die man der Forschungs- und Entwicklungsabteilung zubilligte. Diese Überzeugung bestimmte auch sein Handeln im Umgang mit der militärischen Forschungsförderung.[12]

---

11 Mauchly wurde erst 10 Jahre später rehabilitiert und noch lange danach gab es ihm gegenüber Animositäten in Washington.

12 Diese Tradition setzte sich auch unter Kennedy und Johnson fort. Johnson befürwortete in einem Memorandum von September 1965 an sein Kabinett nicht nur die Finanzierung von Grundlagenforschung an den Universitäten durch die ARPA, sondern ausdrücklich auch eine relativ große Freiheit bei der Projektdurchführung.

„Under this policy more support will be provided under terms which give the university and the investigator wider scope for inquiry, as contrasted with highly specific, narrowly defined projects" (Johnson, 1972, 335 zit. nach Abbate 1999: 36f)

Auch der erste Direktor des IPTO, J.C.R. Licklider bestätigte die sehr geringe Einflussnahme der ARPA auf seine Arbeit. „[...] possibly it was that the budget was so small that they didn't have time to think much about it." (Licklider 1988 S.126)

Eisenhower, der bei aktuellen politischen Fragen oft eine unklare Haltung bevorzugte, reagierte auf den Sputnik-Schock sofort. Am 7. Januar 1958 bat die Regierung erfolgreich den Kongress, Mittel zur Schaffung einer zentralen Behörde bereitzustellen, die langfristig alle Forschungs- und Entwicklungsbemühungen des Departement of Defense (DoD) koordinieren sollte. Unter dem Namen Advanced Research Project Agency (ARPA)[13] wurde sie mit der Überwachung des Raketen- und Weltraumprogramms und der Weiterentwicklung der Radartechnik beauftragt. Lediglich siebzig Mitarbeiter konnten dafür einen Etat von zwei Milliarden US-Dollar verwalten. Roy Johnson, erster Leiter der ARPA, war ein harter Werber für eine starke militärische Präsenz im All. Doch als schon im selben Jahr die Raumfahrt- und Raketenprogramme der im Spätsommer geschaffenen National Aeronautics and Space Administration (NASA) übertragen wurden, zu deren Gründung sich Eisenhower endlich nach fünfjähriger Überlegung entschlossen hatte, gab Johnson auf. Der Etat der ARPA schrumpfte von zwei Milliarden auf 150 Millionen US-Dollar.

Die Behörde wurde nun mit einer neuen Aufgabe, der Förderung von Grundlagenforschung, betraut.[14] Die ARPA besaß selbst keine eigenen Forschungsstätten, sondern finanzierte im weitesten Sinne militärrelevante Forschung an Universitäten und privaten Forschungseinrichtungen. Das Ziel der ARPA war es, die Forschung auf den verschiedenen Ebenen des DoD zu koordinieren und neue Projekte im Bereich der Spitzentechnologie anzuregen. Aufgrund des breiten Spektrums, das sie unterstützte, konnten ihre Vertreter geschickt, je nach aktuellem Bedarf, Anschlüsse schaffen.

13 [Defense] Advanced Research Project Agency. Die Institution wechselte im Laufe ihrer Geschichte mehrfach ihren Namen. Unter der DoD Direktive 5105.15 als ARPA am 7. Februar 1958 gegründet, wechselte sie am 23. März 1972 den Namen zur DARPA und wurde als eine separate Abteilung des DoD etabliert. Für ein kurzes Zwischenspiel firmiert sie ab dem 22. Februar 1993 wieder als ARPA. So in Präsident Bill Clintons Papier „Technology for Americas's Economic Growth, A New Direction to Build Economic Strength". Mit dem Defense Authorization Act änderte die Behörde abermals am 12. Februar 1996 ihren Namen in DARPA (vgl. DARPA: „ARPA-DARPA: The History of the Name" http://www.arpa.mil/body/arpa_darpa.html vom 25.02.2002).

14 Das kam den Militärs entgegen, bei denen die Grundlagenforschung noch immer unbeliebt war, erfüllte die Forderungen, die Bush bereits nach dem Krieg formuliert hatte und konnte den Rückzug der NSA aus der Förderung von „leading-edge computer research" auffangen. Die National Security Agency war in den 50er Jahren eine der Hauptfinanziers von Forschungsprojekten im Bereich der Elektronik und Computertechnik, begann jedoch seit 1958 in diesem Bereich die Mittel abzubauen.

„When DARPA directors referred to military and political success, the usually cited accomplishments in the nuclear monitoring and ballistic missile programs. When they wished to call attention to the contributions to civilian society, they described the accomplishments of the information processing and material science programs.“ (Norberg 1996: 41)

Obwohl McElroy die Behörde gegen die heftige Kritik der Militärs durchsetzen musste, gelang es ihm, seinen Führungsstil zu etablieren, indem er auf der vollen Autonomie der neuen Organisation bei der Vergabe von Mitteln und der Auswahl der geförderten Projekte bestand. Die Direktive zur Schaffung der ARPA setzte einen für die zeitgenössischen Verhältnisse ungewöhnlichen Rahmen: Obwohl es eine Einrichtung war, die die Forschung des DoD koordinierte, konnte deren Direktor ein ziviler Wissenschaftler sein, der dem Verteidigungsminister direkt unterstellt war. Das Budget wurde nach Absprache mit dem Minister frei verausgabt. Auch die Leiter der einzelnen Programme (*Program Manager* nach Vorbild des ONR) konnten Wissenschaftler sein. Mit dieser institutionellen Struktur sollte der Einfluss von Interessengruppen verhindert werden. Die Waffengattungen hatten wegen ihres fehlenden Einflusses zunächst heftigen Widerstand geleistet, erreichten dadurch aber lediglich die zusätzlich Einrichtung eines Defense Director of Research and Engineering (DDR&E), der zwischen dem Minister und dem APRA-Direktor angesiedelt wurde.

Dass das DoD die Entwicklung von Computertechnik förderte, war nichts Ungewöhnliches. In den ersten 10 Jahren nach dem Zweiten Weltkrieg war es ausschließlich die US-Regierung, die alle wichtigen Projekte in den USA finanzierte. Mit dem Aufkommen eines Marktes für elektronische Computer seit Anfang der 50er Jahre finanzierten auch immer mehr Unternehmen die Entwicklung von Rechenanlagen. Die Regierung dominierte jedoch weiterhin bei der avanciertesten Forschung. Mit der Gründung der ARPA wurde das Verteidigungsministerium zu einer der fünf großen staatlichen Institutionen, die Forschung und Entwicklung von Computertechnik förderte.[15]

Ein wichtiger Faktor für den Erfolg der ARPA war das Lean-Management in fast allen Abteilungen und Programmen. Das bedeutete einen umfassenden Kontakt, schnellen Umlauf von Papieren, Unterstüt-

15 Daneben auch die Atomic Energy Commission (AEC), die National Science Foundation (NSF), die National Aeronautics and Space Administration (NASA) und die National Institutes of Health (NIH). Seit den 70er Jahren zog sich die öffentliche Förderung weiter zurück und konzentrierte sich auf Grundlagenforschung, „precommercial, leading-edge concepts, more exotic technologies“. (Vgl. Flamm 1987: 42f.)

zung von hochriskanten Projekten und langjährige Verträge mit den Instituten. Dabei wurde auf die Geheimhaltung der Ergebnisse keinen besonderen Wert gelegt. Im Gegenteil: die Behörde ermutigte die Wissenschaftler die Ergebnisse ihrer Forschung auf Konferenzen und in Publikationen zu verbreiten. Auch die Industrie wurde ermutigt, die Erkenntnisse in Produkte umzusetzen, sofern erfolgreiche Entwicklungen dem Militär zur Nutzung überlassen wurden.

1.2 Ausweitung II: Bediener, Käufer, User

Die anfangs kleinen Gruppen aus Forschern, Rechner und Hochschulinstitution konnten sich ausweiten, als die Technik so stabil und universell wurde, dass ihre Nutzung vom Entwicklungsprozess entkoppelt werden konnte. So entstanden zu Beginn der 50er Jahre große militärische Projekte, die ersten auf dem freien Markt verfügbaren Rechenanlagen und Serviceeinrichtungen innerhalb der Universitäten. All diese Ausweitungen waren gekennzeichnet durch das Hinzutreten eines neuen Typus von Akteuren. Der *User* verwendete den Rechner als Werkzeug, um Aufgaben zu lösen, an ihm zu arbeiten oder ihn zu programmieren, nicht mehr um ihn weiterzuentwickeln. Die Definition dieser Nutzungsszenarien für Studenten, Soldaten oder Geschäftskunden musste zukünftig die hohen Entwicklungs- und Betriebskosten legitimieren. Dies konnte jedoch nur gelingen, wenn die Geräte optimal ausgelastet wurden und das bedeutete, sie einem möglichst großen Kreis von Nutzern zugänglich zu machen.

1.2.1 Command and Control

Der Fokus auf die atomare Bedrohung veränderte nicht nur Wissenschaft, Militärs und Gesellschaft, sondern mit ihnen auch die Institutionen und die Technik. Der Angriff auf Pearl Harbor hatte gezeigt, wie wichtig es war, auf angreifende Flugzeuge schnell reagieren zu können. Das bedeutete, dass die Radarbilder der Luftraumüberwachung bei kürzesten Vorwarnzeiten sehr schnell ausgewertet werden mussten. Die Reichweite und die Tragkraft der neuen Raketensysteme machten zwei Probleme der Landesverteidigung besonders evident: die Kommunikation und die Zeit. Um frühzeitig Informationen über Angriffe zu erhalten und diese rechtzeitig verarbeiten zu können, wurde das sogenannte „manuelle System" etabliert, das die einzelnen Beobachtungsposten mit der Befehlszentrale über Feldfunkverbindungen vernetzte. Gegen Ende des Krieges standen so siebzig Gefechtszentren miteinander in Verbindung und lieferten ein komplettes Bild des amerikanischen Luftraumes.

Als Reaktion auf die unvermuteten Atombombenversuche der UdSSR gründete die US Air Force 1949 das Air Defense Systems Engineering Committee (ADSEC), das die Aufgabe bekam, die militärischen Probleme bei einem Angriff auf die USA zu analysieren. Das Komitee sparte bei seiner Analyse nicht an Kritik am manuellen System. Die Funkverbindungen waren für die Kommunikation zu unzuverlässig und so wurde die Air Force davon überzeugt, aus Gründen der Betriebssicherheit und der geringeren Kosten zivile Telefonverbindungen zu verwenden. Doch auch das konnte nur die Probleme der Datenübertragung verbessern. Um die Informationen in der Kommandozentrale auswerten und koordinieren zu können, sollten die Radardaten automatisch übermittelt werden. Das bedeutete die Computerisierung des Verteidigungssystems (vgl. Valley 1985). Die Vernetzung unterschiedlicher Rechner über weite Distanzen war jedoch für die damalige Technik eine neue Herausforderung.

Bereits während des Krieges war es vereinzelt zu Vernetzungen von Rechenanlagen gekommen. Die erste öffentliche Demonstration einer solchen Verbindung veranstaltete der Mathematiker George R. Stibitz von den Bell Laboratorien in New York für das jährliche Treffen der Mathematical Association of America.[16] Zuerst wollte er seinen Relaisrechner, den „Complex Number Calculator“ (später BTL MODEL 1) zu Demonstrationszwecken mit Lastwagen von NewYork City nach Hannover bringen. Dieser Aufwand wäre jedoch nicht vertretbar gewesen und Stibitz musste einen Umweg einschlagen. Er entschloss sich, eine Fernverbindung über 370 km (250 Meilen) zwischen dem Rechner in New York und drei Fernschreibern am Tagungsort über eine normale Telefonverbindung aufzubauen.

Der Versuch gelang und zeigte den Konferenzteilnehmern – unter ihnen waren Norbert Wiener und John Mauchly – , dass es überhaupt möglich war, einen Rechner aus der Ferne zu bedienen (vgl. Salus 1995: 3). Für Stibitz „no big thing“ und integraler Bestandteil des Systemdesigns. Es machte nach seiner Ansicht keinen wesentlichen Unterschied aus, ob die Verbindung zwischen Teletypewriter und Rechner im Institut 25 Feet oder 250 Miles lang war, eröffnete für viele aber erstmals diese neue Perspektive der Rechnernutzung (vgl. Luebbert 1981: 69).

In der Terminologie Latours kann dieser Umweg (ein etwas längeres Kabel zwischen Eingabeterminal und Zentraleinheit) des Programms

16 Das Treffen fand vom 10. bis 13. September 1940 am Dartmouth College in Hannover, New Hampshire statt (vgl. McCarthy 1962: 238, Luebbert 1981: 68).

(Demonstration des Rechners), der durch sein Gegenprogramm (Transport zu teuer und zu schwierig) notwendig wurde, als Bedeutungsverschiebung von der Demonstration eines Relaisrechners hin zu der Demonstration einer Datenfernübertragung beschrieben werden.

Seit Anfang 1950 gab es aufgrund der Diskussionen innerhalb der ADSEC gezielte Forschungs- und Entwicklungsaktivitäten zur Datenfernübertragung und zum *Project Whirlwind* am MIT, dass das manuelle System zur Luftraumüberwachung ablösen sollte.[17] Zunächst mit analoger Technik begonnen, wurde das Projekt schnell auf digitale Rechner umgestellt. Verbindungen zwischen unterschiedlichen Computern konnten zwar hergestellt werden, doch die für diesen Zweck schlecht geeigneten Telefonverbindungen mit ihrem schmalen Datendurchsatz und ihren hohen Kosten ließen das Projekt letztlich scheitern. Das System konnte die Hoffnungen, die durch die Netzwerkinnovationen entstanden waren, nicht erfüllen (Vgl. O'Neill, 1995: 76, Valley 1985).

Hilflose Versuche, die technischen Probleme sozial zu lösen, mussten ebenfalls fehlschlagen. Les Earnest hat die Probleme in der frühen Nachkriegsperiode beschrieben, als man im Verteidigungsministerium damit begann, Computer einzusetzen.

„Ich habe für einige Zeit an den Aufklärungssystemen der Air Force mitgearbeitet. Eines davon stand im Hauptquartier der Strategic Air Command, sammelte weltweit Informationen und kompilierte sie zu einer Datenbank auf einem Computer mit Stapelverarbeitung, die dann abgefragt werden konnte. Das Problem dabei war, dass die Informationen schon ungefähr drei Tage alt waren, seit sie auf Keyboards eingetippt, auf Fehler geprüft, korrigiert und noch einmal auf Fehler geprüft worden waren, um dann endlich in der Datenbank zu landen. Das Gros dieser Daten war aber nur für den Zeitraum von wenigen Stunden von aktuellem Wert. Es war also nicht weiter überraschend, dass die Aufklärungsoffiziere weiterhin Papier und Displays aus Pergamentpapier benutzten, und dabei auf Personal zurückgriffen, das mit Rechenmaschinen in Büros voller Informationen saß. Den Computer befragten die Offiziere nur, wenn man es ihnen befahl. Um sicherzustellen, dass das mehrere Millionen teure Computersystem auch adäquat benutzt wurde, befahl der kommandierende General der Strategic Air Command Headquarters schließlich, dass jeder wachhabende Offizier in jeder Schicht mindestens zwei Anfragen an das Computerpersonal zu richten hatte. Nach einigen Monaten sahen wir uns die Bücher an und stellten fest, dass die Zahl der Anfragen exakt doppelt so hoch war wie die der Schichtwechsel, aber auch keine mehr.“ (Community Memory Mailing List, 2. April 1999 in: Hauben 1999b)

17 Ein erstes experimentelles Netzwerk des Cape Cod Systems startete 1953.

Abbildung 1: Die Vernetzung eines einzelnen Direction Centers

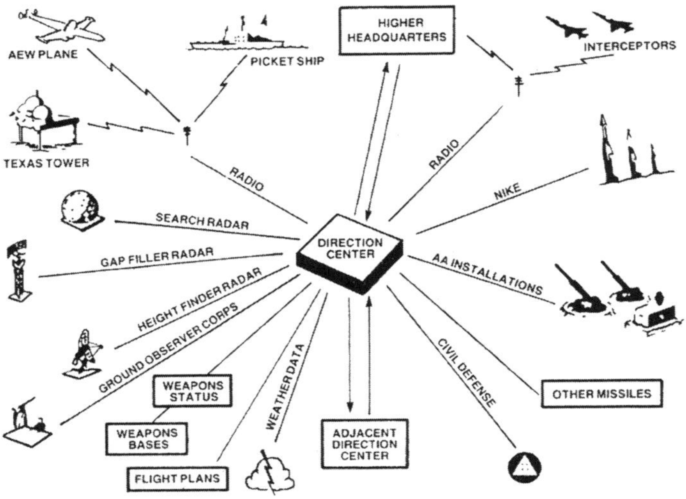

Die Idee einer vernetzten computerbasierten Luftraumüberwachung war jedoch damit nicht begraben. Der sich abzeichnende Kalte Krieg und die neuen Anforderungen, die durch die gestiegenen Geschwindigkeiten der Langstreckenbomber entstanden waren, liessen das Projekt Whirlwind zur Grundlage eines weitaus größeren Vorhabens namens SAGE werden.

Das SAGE-Projekt[18] wurde ebenfalls in großen Teilen am MIT im eigens dafür gegründeten *Lincoln Laboratory* in Zusammenarbeit mit der IBM entwickelt. Immer noch drängten die Probleme der Datenübertragung – von den Ortungs- und Verfolgungsradars in die Computerzentren (Vernetzung), der Datenverarbeitung und -auswertung auf deren Grundlage die neuen Befehle für die Waffensysteme erstellt wurden (Echtzeitverarbeitung) und der Übertragung der Daten zurück an die Waffensysteme, um die Abwehrwaffen auf feindliche Flugkörper auszurichten.

SAGE teilte dazu den Luftraum über Kanada und den USA in Sektoren (erst 46, später reduziert auf 23) ein. Jeder Sektor hatte ein bombensicheres Führungszentrum (*Direction Center*), das mit zahlreichen Außenstationen verbunden war. Dazu kam ein Testzentrum am Lincoln Labora-

18 SAGE stand für „Semiautomatic Ground Enviroment Air Defense System“, wurde 1953 offiziell begonnen und zehn Jahre später beendet.

tory.[19] An die Zentralrechner der Direction Center waren Hunderte von Radarstationen und Terminals über analoge Telefonleitungen angeschlossen (Abb. 1). Die Einheiten tauschten ihre Daten direkt mit der Zentrale aus. Von der Zivilverteidigung über Raketenbasen, Wetterstationen und die militärischen Hauptquartiere wurde alles in einem geschlossenen, allumfassenden Abwehrsystem zentral vernetzt.

Dieses Projekt setzte bis zum Ende der 60er Jahre Maßstäbe. Hellige (1992, 1993) hat gezeigt, wie das militärische Leitbild von Befehl und Gehorsam auf die Technik des Rechnernetzes übertragen wurde: Eine Sternnetz-Topologie mit einer aktiven Befehlszentrale in der Mitte und vielen ausführenden Organen an der Peripherie. Die Wirkungsrichtung des Netzes ist hier entscheidend. Zentralrechner und Terminal standen in einer Master-Slave-Beziehung. Die Rechenleistung lag in der Zentrale, die die außenstehenden Einheiten befehligte, so dass die technische Anordnung die Machtstruktur abbildete, die einen panoptischen Überblick und die zentrale Befehlsgewalt gewährleistete. Die Qualität dieses Netzes hing entsprechend von der Qualität ihres Zentrums ab.

Abbildung 2: Arbeit mit der Light Gun am Typotron

Neben den Vernetzungsanstrengungen tat sich Entscheidendes auf dem Sektor der Radartechnik, dessen Verbesserung die Burroughs Corporation übernommen hatte. Die Kathodenstrahlröhre des Radars war für die Luftraumüberwachung erheblich erweitert worden und zeigte neben dem Radarbild verschiedene Informationen zusammen mit einer Landkarte an. Aus dem Radarbildschirm war ein alphanumerisches Display (*Typotron*) mit einer Kürzelsprache aus 63 verschiedenen Zeichen entwickelt worden, über das die

19 1954 kamen 3 Kampfzentren (Combat Center) hinzu, die die Daten der Führungszentren sammeln, auswerten und in denen über Langstreckeneinsätze entschieden werden sollte. Für die Echtzeitverarbeitung der großen Datenmengen dienten dem SAGE-Projekt unter der Bezeichnung AN/FSQ-7 ein modifiziertes Modell des Whirlwind Rechners. Im Unterschied zum Whirlwind war der AN/FSQ-7 nun kein Unikat mehr, sondern musste in Serie (für jeden Sektor einen) hergestellt werden. 1961 waren sämtliche 23 Sektoren ausgerüstet.

Operateure dem System mit Hilfe eines Lichtgriffels (*Light Gun*) den Objekten Eigenschaften zuweisen konnten (Abb. 2). Mit dem Typotron begann die Geschichte des Computermonitors und eines neuen interaktiven Umgangs mit den Rechenanlagen. Daneben kommunizierten die Soldaten weiterhin über Tastaturen, Datensichtgeräte und Schalter mit dem Rechner.

Im Vergleich zu den Ausgabemedien vorheriger Projekte (Fernschreiber oder Lochkartengeräte) veränderte diese Entwicklung das Verhältnis der Anwender zum Computer erheblich. Doch die Technik war nur in geringem Maße mit den realen Arbeitsprozessen abgestimmt. Die auftretenden Probleme machten die Schnittstelle zwischen Mensch und Maschine im SAGE-Projekt erstmals bewusst. Aus diesen Erfahrungen entstand die Human-Factors-Forschung, die sich um die ergonomische Gestaltung von Hard- und Software kümmerte. Dies geschah noch nicht aus Gründen der Arbeitszufriedenheit, sondern um die Beherrschbarkeit des Systems und die Belastbarkeit der Soldaten unter zeitkritischen Bedingungen zu verbessern.[20]

Das Projekt hatte immer wieder mit Fehlfunktionen zu kämpfen. Selbst kleine Fehler konnten zu Ausfällen führen. So konnten das Problem der sich schneidenden Flugbahnen nicht gelöst und Objekte verwechselt werden. Der angeblich unsichere Faktor Mensch, den man versuchte technisch auszuschalten, hielt das System in Betrieb, denn die Operateure erkannten Zusammenhänge oft eher als der Computer. Dazu kam das mangelhafte Zusammenspiel der Ein- und Ausgabegeräte. So entstand die paradoxe Situation, dass das „manuelle System“ in der Praxis zur Sicherheit weitergeführt werden musste.

Die Eingliederung neuer Waffensysteme in die SAGE-Technik gestaltete sich ebenfalls als äußerst schwierig. Für einen wirksamen Schutz vor Interkontinentalraketen reichte die Systemleistung nicht aus. Spätestens seit der Kubakrise 1962, die viele Experten von der Fehlerhaftigkeit von SAGE überzeugte, wendete sich auch die Öffentlichkeit gegen das Projekt.[21]

---

20 Vgl. Hellige 1992. Zur Ideengeschichte der Interaktivität mit dem Computer siehe Pflüger (2004).

21 Bis 1983 liefen noch sechs AN/FSQ-7. Erst im Januar 1984 wurde der letzte Rechner dieses Typs abgeschaltet.

So gering der militärische Nutzen des SAGE-Systems war, so erfolgreich konnten viele der in diesem Projekt entwickelten Techniken in den zivilen Bereich übertragen werden (Modem, Monitor, parallele Schnittstellen, „Light Gun“[22] etc.). In den Spitzenzeiten hatte ein Fünftel der IBM-Belegschaft an der Entwicklung des Systems gearbeitet (ca. 7000 Bedienstete). Das Unternehmen konnte von seinem Engagement und den dabei erworbenen Erfahrungen vielfach profitieren. So war der IBM 7090 ein vereinfachter kommerzieller Clone des SAGE Rechners AN/FSQ-7. Darüber hinaus war man an das Know-How für den Bau von Magnetkernspeichern gelangt, die für den Whirlwind entwickelt und schließlich im IBM 704 implementiert wurden.

Die Softwareentwicklung des SAGE Systems hatte die zu Ramington Rand gehörende System Development Corporation (SDC) übernommen. Die damals noch kleine Anzahl von Programmieren auf der Welt vervielfachte sich durch das Projekt. Nach dessen Scheitern arbeiteten die so ausgebildeten Fachleute in anderen Unternehmen, so dass man schätzt, dass in jedem größeren Softwareprojekt der Zeit ein SAGE-Entwickler beteiligt gewesen ist.

Durch eine Reihe eigenständiger Entwicklungen im zivilen Bereich wurden bereits seit Anfang der 50er Jahre die ersten kommerziellen Rechner angeboten. Das Leitbild der Programmierung, das im Zuge der Einführung von Rechnern in Unternehmen populär wurde, übertrug man auf alle Arbeitsbereiche. Auch das Büro wurde als im Prinzip programmierbares System angesehen, das lediglich dem Rechner gerecht, formal strukturiert und organisiert werden musste.

„Das empirisch gewachsene Büro mit vielen mehr oder minder willkürlich entstandenen oft nur mündlich überlieferten Arbeitsregeln sowie zahlreichen Ausnahmen davon ist meist nicht automatisierungsreif, weil man noch nicht erkannt hat, daß auch ohne Maschineneinsatz die Büroarbeit programmiert werden sollte. [...]
Die Automatisierung der Büro- und Verwaltungsarbeiten, ihre Konsequenzen und Voraussetzungen, haben beträchtliche erzieherische Nebeneffekte und über die betriebliche Unterrichtung hinaus zur Idee des programmierten Unterrichts ganz allgemein geführt.“ (Müller-Lutz 1965:18ff)

Speziell konzipierte Zentralrechner und Magnettrommelspeicher wurden mit externen Stationen in Ingenieurbüros, Banken oder Flugagenturen verknüpft. Die spezialisierte Ausführung dieser Systeme verhinderte je-

22 Im zivilen Bereich entschärften sich dann auch die Begriffe: aus der „light gun“ wurde der „light pen“.

doch den Technologietransfer zu anderen Anwendungen. Dabei wurde das militärische Leitbild der Master-Slave-Architektur zunächst einfach übernommen. Der Computer als „Tool for Management“ („scientific management“, computergestützter Taylorismus) scheiterte jedoch ebenso wie die Vision einer zentralistischen Fabriküberwachung und -steuerung. Weder reichten die technischen Möglichkeiten aus, noch waren die komplexen Produktions- und Verarbeitungsprozesse von Büros und Fabriken wirklich automatisier- und zentralisierbar. Die Übertragung der militärisch zentralistischen Netztopologie zur Überwachung und Steuerung großer Öl- und Chemieanlagen mit Prozessrechnern führte in diesen Industrien zu erheblichen Rückschlägen (vgl. Hellige 1992: 13). Dieses zivile Scheitern war jedoch kein Problem der Rechnertechnik, sondern eines des Rechnereinsatzes.

Das 1953 von Gosh aufgestellte Gesetz, nach dem die Verdoppelung des Aufwands für zentrale Computerhardware eine Vervierfachung der Rechenleistung bedeutete, war ein zu verlockendes ökonomisches Versprechen. Auf dieses als unumstößlich angesehene Gesetz beriefen sich die Befürworter zentraler Strukturen und die Computerindustrie. Diese strukturelle Blickverengung auf das „Central Command & Control“-Leitbild verhinderte die Entwicklung dezentraler und auch für den zivilen Bereich geeigneter Techniken. Erst als die zivilen Nutzer ihre eigenen Strategien entwickelten, das militärische Leitbild auf den Kopf stellten und die Master-Slave-Topologie in eine Client-Server-Beziehung umdeuteten, konnte das Konzept sternförmig vernetzter Rechner außerhalb des Militärs Erfolg haben. Viele selbständige Außenstellen griffen dabei auf eine Zentraleinheit als Servicepool zurück, eine Idee, die Mitte der 60er Jahre im Zusammenhang mit Time-Sharing-Systemen heftig diskutiert wurde (vgl. Abb. 2 S.68). Technisch hatte das Client-Server-Prinzip außerdem den Vorteil, dass das passive Zentrum technisch viel einfacher aufgebaut werden konnte.

Am besten gelang die Übertragung bei ähnlichen Strukturbedingungen, wie der zivilen Luftraumüberwachung. 1952 verband der „Magnetronic Reservisor“ der Teleregister Corporation 200 Terminals im New Yorker Stadtgebiet zur Flugreservierung mit einem Zentralcomputer. Im Laufe der 50er Jahre stieg die Zahl der Flugbuchungen weiter drastisch an. Die von Hand vorgenommenen Buchungen waren langwierig, fehlerbehaftet, teuer und personalintensiv. 1957 machte die IBM American Airlines den Vorschlag, die drängenden Probleme durch die Planung eines Flugreservierungssystems namens SABRE[23] zu lösen. Das System

23 Ursprünglich SABER und später umbenannt in SABRE (Semi-Automated Business Research Environment)

konnte den Reservierungsprozess von drei Stunden auf wenige Sekunden verkürzen und dabei den Personaleinsatz und die Fehlerrate verringern. SABRE übernahm später auch andere Aufgaben wie Verwaltung von Passagierlisten, die Flugplanung, Benzin- und Frachtverwaltung, Einteilung der Crews etc. Es war das erste kommerzielle Realtime-Transaktionssystem, das mit Hilfe eines Netzwerks arbeitete und das größte zivile Softwareprojekt der Zeit (Vgl. Klischewski S.193). 1964 umspannte es die gesamten USA.

Der Begriff „command and control" wurde allgemein gebräuchlich, denn das Militär hatte erkannt, wie stark es in Zukunft abhängig sein würde von der schnellen Sammlung, Verteilung, Verarbeitung und Darstellung von Informationen als Planungs- und Entscheidungsgrundlage. Die Anerkennung der militärischen Kommunikationsprobleme in den späten 50er Jahren durch das DoD war ein erster wichtiger Schritt in diese Richtung. Elektronische Rechenanlagen, die vereinzelt entwickelt wurden, versprachen eine Lösung.

Das besondere Problem der Luftraumüberwachung war die Übermittlung der Informationen von den vielen verstreuten und weit entfernten Außenstellen zu diesen Rechenanlagen. Stibitz hatte gezeigt, dass es möglich war, das Kabel zwischen Peripheriegerät und Zentraleinheit durch eine Telefonleitung zu ersetzen und so Rechner und Terminal auch über weite Distanzen miteinander zu verbinden. Beides, die Verwendung von Digitalcomputern und die landesweite Vernetzung, wurde das erste Mal im SAGE Projekt großtechnisch umgesetzt.

Politisch wurde dieser Prozess von der Kennedy-Administration, die 1961 ins Amt kam, begleitet. Der neue Verteidigungsminister Robert S. McNamara ersetzte die alte Verteidigungsdoktrin der „massiven Vergeltung" durch die der „flexiblen Reaktion", die nur auf präzisen und zeitnah ausgewerteten Informationen basieren konnte. Kennedy plädierte im März 1961 in einer Botschaft zum Verteidigungshaushalt vor dem Kongress ausdrücklich für eine Verbesserung der Command and Control Systeme. Eugene Fubini, der Director of Defense Research & Engeneering geworden war, und Jack Ruina, Direktor der ARPA, hatten das Regierungsprogramm für die Forschung und Entwicklung des Verteidigungssystems ausgearbeitet. So bekam die ARPA die Möglichkeit, eine breite Palette militärisch interessanter Forschung zu fördern.

Die Command and Control Systeme hatten noch kein elaboriertes Konzept von einem Netzwerk. Jedes System wurde weiterhin als *ein* Rechner gesehen, von dem sich die Peripheriegeräte lediglich durch die Verwendung von Telefonleitungen entfernt hatten. Erst die Umdeutungen, die aus den Bedürfnissen der zivilen Anwendungen kamen, machten einen Paradigmenwechsel möglich. Durch das Umdrehen der Wirkungsrichtung in der Sternnetztopologie wurden aus der militärischen Zentralgewalt viele selbständige Knoten, die auf einen Server als Ressourcenpool zugreifen konnten (vgl. Hellige 1992: 17). Erst an diesem Punkt wuchs die Idee über die Mainframe hinaus und betrachtete mehrere, über ein Zentrum vernetzte Rechner.

1.2.2 Rechenzentren und Batch-Betrieb

Mit dem SAGE System war deutlich geworden, dass die Ergonomie der Mensch-Maschine-Schnittstelle eine wichtige Rolle spielte. Der dauernde und intensive Einsatz durch die Soldaten erforderte eine einfache und ermüdungsfreie Bedienung. Auch die Entwicklung kommerzieller Rechenanlagen erforderte nachvollziehbare Nutzungssemantiken und neue technische und institutionelle Konzepte.

Für Universitäten bedeutete dies, Möglichkeiten zu finden, um Forscher, Operateure, Studenten und Rechenanlagen miteinander zu organisieren. 1956 wurde am MIT unter der Leitung von Philllip M. Morse das Computation Center gegründet. Morse entwickelte für seine Einrichtung eine doppelte Strategie, die sich als sehr erfolgreich erwies. Das Computation Center war einerseits Forschungsabteilung, bot sich aber gleichzeitig als Serviceeinrichtung für das MIT und das New England College an. Das MIT besaß einen TX-0 und einen IBM 709 Rechner, die Forschern und Studierenden zur Verfügung gestellt wurden.[24] John McCarthy, Professor für Kommunikationswissenschaften, beschrieb in einem Aufsatz die zwei verschiedenen Konzepte der Computernutzung, die am MIT Anfang der 60er Jahre etabliert waren (McCarthy 1962: 223f.). Beiden Arten, Rechenzentrum und Stapelverarbeitung, lag ein anderes Organisationsmuster zugrunde.

Um die Leistungen der teuren Anlagen einem größeren Kreis anbieten zu können, wurde zunächst ein Rechenzentrum eingerichtet. In ihm konnten sich Mitarbeiter und Studierende, die am TX-0 arbeiten wollten, eine Woche vorher anmelden und Computerzeit buchen. Während dieser gebuchten Zeit hatte der Nutzer dann den alleinigen Zugriff auf den Rechner. Gebucht wurde also in diesem Modell ein Timeslot für die menschliche Arbeitszeit am Rechner und nicht die Zeit, die die Maschine brauchte, um eine Aufgabe zu erfüllen. Der Nachteil dieser Organisationsform war, dass in den Phasen, in denen über Programmfehler nachge-

24 Der IBM 709 wurde im Frühjahr 1962 durch einen IBM 7090 ersetzt und 1963 auf einen IBM 7094 aufgerüstet. Die Maschinen wurden dem MIT von der IBM kostenlos zur Verfügung gestellt mit der Auflage, kein Geld für dessen Nutzung einzunehmen.

dacht wurde, die teure Ressource untätig in Wartestellung verharrte. In Anbetracht dieses Leerlaufs wurde die Leistungsfähigkeit des Rechners relativ unerheblich. Auch ein schnellerer Rechner hätte weder mehr Nutzer und nur selten die Nutzer besser bedienen können. Doch besonders am Semesterende kam es zu Staus. McCarthy berichtete, dass er Studenten von ambitionierten Projekten abraten musste, da diese aufgrund des Andrangs am Rechner des MIT in der gegebenen Zeit nicht zu bewerkstelligen waren (McCarthy 1962: 225).

Die stark steigende Leistungsfähigkeit der Prozessoren verschärfte dieses Ungleichgewicht zwischen Prozessorleistung und Ein-/Ausgabeprozeduren immer mehr, was zu einer relativen Verschlechterung der Gesamtauslastung der Maschinen führte. Man versuchte daher, eine Möglichkeit zu finden, die Rechner ununterbrochen Programmcode abarbeiten zu lassen. Die Stapelverarbeitung (*Batch-Processing*), ebenfalls am MIT etabliert, sollte dafür die Lösung sein.

Die Nutzer gaben ihre Daten und Programme auf Lochkarten bei einer Annahmestelle ab und erhielten das Ergebnis nach einigen Stunden oder Tagen zurück. Licklider nannte das das „Prinzip der chemischen Reinigung". Die auf Lochkarten abgelegten Programme wurden auf ein Magnetband übertragen, ausgeführt und das Ergebnis wiederum auf einem anderen Magnetband abgelegt, um dann ausgedruckt oder erneut auf Lochkarten ausgegeben zu werden (vgl. VanVleck 1997). Ein Operator beschickte den Computer mit einem Kartenstapel nach dem anderen. Das hieß, dass der Rechner im Idealfall nie stillstand und so optimal ausgelastet wurde. Das bedeutete jedoch aus der Perspektive des Nutzers die faktische Abschaffung der Mensch-Maschine Schnittstelle. Die Rechenanlage war für ihn ein „closed-shop".

„The closest to the computer you ever got was putting your deck into a tray! Someone would pick the contents of the tray up and record them on tape. Then you would go and pick up your output in a file bin and ponder what in the world had happened. That style of operation persistent all the way through 1964 or 1965." (Corbató zit. nach Rosin/Lee 1992: 38)

Diese Konzeption war stark maschinenzentriert. Der Arbeitsprozess hatte sich nach den Erfordernissen der Technik zu richten. Mehr noch, man versuchte, die Nutzer von den klimatisierten Maschinen möglichst fern zu halten. Allan L. Sherr erinnerte sich in den „CTSS Interviews" an den in einem „glass house" stehenden Rechner des MIT. Ein Dispositiv, das weite Verbreitung erfuhr. In Deutschland empfahl Müller-Lutz für das „automatisierte Büro", die Rechenanlage hermetisch gegenüber dem Betrieb abzuschotten.

Abbildung 3: rekursiver Arbeitsprozess beim Programmieren und dessen Störungen durch das System

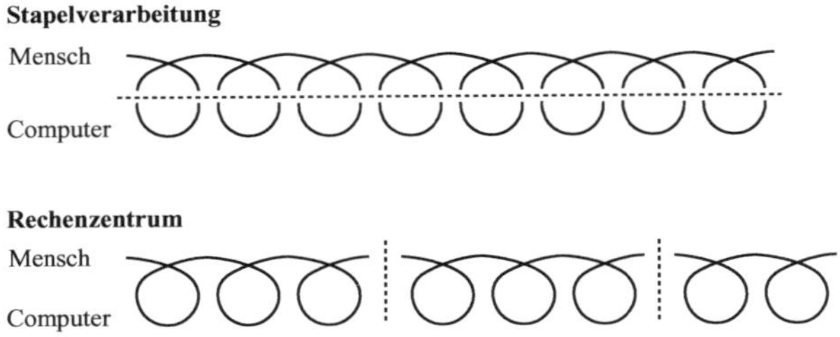

„Zu den Räumen der Datenverarbeitungsanlage darf nur das Personal dieser Arbeitsgruppe Zutritt haben. Irgendein Durchgangsverkehr ist unter allen Umständen zu unterbinden. Die Gefahr, daß an den komplizierten Maschinen Unbefugte Fehleinstellungen und Schäden verursachen, ist groß. […] Um Interessenten die Möglichkeit zu verschaffen, die Anlagen ohne Störung und ohne Störungsmöglichkeiten zu besichtigen, werden sog. Besuchergänge eingerichtet, die durch große Sichtfenster eine Inaugenscheinnahme der Anlage erlauben, ohne daß die Räume selbst betreten werden können." (Müller-Lutz 1965: 165)

Das 1960 am MIT eingeführte Terminal IBM 1401 wurde sogar durch eine ganze Etage vom eigentlichen Rechner getrennt. „The whole idea was that programmers did not go into the machine room." (Rosin/Lee 1992: 37)

Zwei unterschiedliche hybride Konstellationen hatten sich damit herausgebildet. Beide waren auf Dauer nicht zufriedenstellend. Das Rechenzentrum, mit seiner relativ schlechten Auslastung der Maschine aber einer exzellenten Mensch-Maschine Schnittstelle, in dem der Forscher oder Student den Rechner für sich allein hatte und das Batch-System, mit einer guten technischen Auslastung aber der Abschaffung jeder direkten Interaktion mit dem Gerät. Beide Konzepte reagierten auf die Ausweitung, das Hinzutreten neuer Akteure (Nutzer), durch die Zwischenschaltung einer neuen sozialen Institution. Das eine mittels einer Buchungsliste, die den Zugang regelte, das andere mittels des Operators, der zwischen die Lochkartenannahme und die Maschine gestellt wurde.

Rechenzeit war extrem teuer und effizienter Code daher sehr wichtig. Programmieren war fehlerträchtig, langwierig und daher ebenfalls teuer. Nur unter größten Schwierigkeiten mit viel Ideenreichtum konnten dem Computer die Anweisungen eingegeben und die Ergebnisse ausgelesen werden (vgl. Hagen 1997: 57). Für einen solchen rekursiven Arbeitsprozess des Schreibens, Testens und Revisionierens der Software war der Ort der institutionellen Kopplung entscheidend. Das Batch-System schaltete die institutionelle Regelung direkt in den Arbeitsprozess und verhinderte damit eine direkte Rückkopplung im Hybridsystem Mensch-Computer. Anders dagegen das Rechenzentrum, das eben diese direkte Rückkopplung zwischen Mensch und Maschine ermöglichte, indem es die soziale Institution lediglich zwischen die Arbeitsphasen schob und so zumindest ein paar Schleifen der Interaktion je Sitzung zuließ.

1.3 Ausweitungen, Umwege und Einschreibungen

Die Entwicklung neuer Waffensysteme (*Programm*) wurde behindert durch das Problem, wichtige komplexe Berechnungen und die Auswertung von Informationen nicht mehr zuverlässig und zeitgerecht durchführen zu können (*Gegenprogramm*). Die Lösung, die sich aus Sicht der Militärs anbot, war, einen Umweg über das Bauen von elektronischen Rechenanlagen zu gehen. Dieses Vorgehen lässt sich als *Vermittlung* im Sinne Latours beschreiben. Die Zusammensetzung (Militär-Computer-Forscher) ließ ein hybrides Netz entstehen, dass die Ziele beider Seiten verschob bzw. erweiterte. Die *Einschreibung* (Entwicklung von Computertechnik) einer neuen Bedeutung in das militärische Handlungsprogramm wurde kulturmächtig. Durch das verschobene Ziel, „militärische Berechnungen *mittels Computern durchzuführen*" bzw. dessen Einschreibung „*Entwicklung von Computertechnik*" konnte die damals kleine Forschergemeinde, von den Diskussionen um die Grundlagenforschung in den USA profitieren um den Preis, dass sich ihr Programm zunächst von der „Automatisierung des Rechnens" zur „Entwicklung von Militärrechnern" verschieben musste.

Am Ende der Entwicklung haben sich die Waffen (Militärs und Computertechnik sind Bestandteile des Komplexes Atombombe), das Rechnen (das immer stärker ein automatisiertes Rechnen wird), die Militärs (die nun Computertechnik für sich entdeckten, diese wesentlich förderten und sich strategisch an ihr ausrichteten) und die Computer (die jetzt als Kriegsgerät ins Blickfeld gerieten) verändert.

Im Rüstungswettlauf mit der UdSSR bedeutete wissenschaftliche Forschung nach dem Ende des Zweiten Weltkriegs einen strategischen Vorteil. Der nach dem Start des russischen Sputnik konstatierte „Science Gap" machte dies um so deutlicher. Um militärische Forschung initiieren und das schwierige Verhältnis zwischen Militärs und Wissenschaft überwinden zu können, bedurfte es wieder eines Umwegs. Die ARPA wurde als Vermittler zwischen den Kulturen etabliert und konnte so Forschungsprojekte mit militärischem Nutzen massiv fördern.

Die Legitimation (Big Science als Waffe, Science Gap) und die Finanzierung (ARPA) großer Rechnerprojekte stand nach dem Ende des Zweiten Weltkriegs also nicht auf unsicheren Füßen. Doch die Technik trat in eine neue Phase ein, in der sie sich von ihrem Entwicklungsprozess und ihren Entwicklern lösen, sich in ein soziotechnisches Netz einbinden und dabei neue Akteure einbeziehen musste. Das Verhältnis zwischen Technik und Anwender wurde neu definiert. Dies wurde um so dringlicher, je weiter sich die Schere zwischen der Leistungsfähigkeit der Prozessoren und der menschlichen Arbeitsgeschwindigkeit öffnete und das Missverhältnis zwischen Betriebskosten und Auslastung größer wurde.

Um diesen beiden Anforderungen, Überwinden der Auslastungsproblematik und Einbinden des Nutzers, zu begegnen, wurden drei unterschiedliche Strategien entwickelt. Keine von ihnen war auf Dauer befriedigend, eröffnete aber neue Entwicklungsperspektiven für die Zukunft.

- Vernetzung
  Das SAGE System versuchte einen zentralen Rechner von möglichst vielen weit verteilten Nutzern bedienen zu lassen. Das Ziel einer rechnerunterstützten Luftraumüberwachung brachte jedoch neben einem ungenügend funktionierenden System eine Reihe von Innovationen und neuen Zielen hervor: Die Human-Factors-Forschung untersuchte die ergonomische Gestaltung und evozierte Ideen von Interaktivität (Monitor, Light Gun). Ebenso begann eine gezielte Netzwerkforschung (Modem) etc.
- Zeitanteile
  Das Konzept des Rechenzentrums löste das Problem der Ausweitung am einfachsten, indem es die Maschine wechselnden Personen für eine gewisse Zeit zur Verfügung stellte. Dieses Konzept war in der Lage, die Arbeitsprozesse der Programmierer effektiv zu unterstützen. Dabei wurde jedoch das Ungleichgewicht zwischen menschlicher und maschineller Geschwindigkeit immer deutlicher.
- Auslastungsmanagement
  Die Batch-Systeme schafften es, den Rechner optimal auszunutzen, indem ihm, durch den Operator organisiert, ständig Lochkartenstapel zugeführt wurden. Dieses Auslastungsmanagement orientierte sich an der Ökonomie der Maschine, hatte aber den Nachteil, die Arbeitsprozesse nicht befriedigend unterstützen zu können.

Die Übertragungen im zivilen Bereich orientierten sich an diesen Konzepten. Eine Vernetzung war dort jedoch erst dann erfolgreich, als die

Struktur nicht mehr vom Zentrum, sondern von seinen Knoten aus gedacht wurde und so aus einem zentralen Kommandosystem ein zentraler Servicepool entstand.

2 Computer Community

2.1 Härtung des Sozialen – Time-Sharing

Trotz der unbefriedigenden Dispositive registrierten sich Anfang der 60er Jahre ein paar hundert Nutzer am MIT. Der enorm ansteigende Bedarf nach Rechnerleistung und -zeit konnte kaum befriedigt werden.

„There were far more demands than there were resources. That's why Time-Sharing sprang out of the university environment – because we were the ones who were really hurting. [...] Programming was the thing that was the hardest to do in a heavily congested environment." (Corbató zit. nach Rosin/Lee 1992: 40)

Die Stapelverarbeitung eignete sich hervorragend zur Auslastung und damit Legitimation der Maschine und zum Abarbeiten zuverlässig laufender Programme. Dies widersprach jedoch der vorherrschenden Verwendungsweise. Für die Programmierung, als rekursiver Prozess von Modifikation - Verarbeitung - Auswertung und erneuter Modifikation, war dieses Verfahren ungeeignet. Eine neue technische Lösung, das *Time-Sharing*, sollte Abhilfe schaffen.

„In some ways the idea were in the air – [from] people who had used computers back in the Whirlwind days when they had direct use of the machine. They had not had any intermediaries or operating systems or all that. Whirlwind in a sense was the first personal computer. That had not been forgotten by people." (Corbató zit. nach Rosin/Lee 1992: 41)

Indem man nach dem Vorbild des SAGE-Projekt und seiner Übertragung in den zivilen Bereich mehreren Anwendern erlaubte, auf die Zentraleinheit zuzugreifen, konnte man eine gute Auslastung des Geräts mit dem Komfort einer direkten Interaktion verbinden. Jeder Nutzer sollte über ein Terminal mit dem Zentralrechner, der auf jede Anfrage scheinbar sofort antwortete, verbunden sein. Der Operator des Batch-Systems „schrumpfte" und wurde in die Maschine verlagert. Die soziale Institution der Lochkartenannahme und Ergebnisausgabe verhärtete sich zu einem Time-Sharing-Betriebssystem, das jedem Nutzer Zeitkontingente zuwies, innerhalb derer er „bedient" wurde. Die Pausen, die durch das

Nachdenken über den Code und die während der für die Maschine sehr langsame menschliche Eingabe entstanden, konnten so für die Zeitscheiben anderer Programmierer genutzt werden. Durch die rasante Entwicklung der Prozessoren gelang es bald, die Verzögerung bis zum nächsten Zeitintervall unter die Wahrnehmungsschwelle zu senken („[...] the amount of time for the complete round robin should be just less than a human reaction time, say, one-tenth of a second." McCarthy 1962: 230), wodurch beim Nutzer der Eindruck entstand, den Rechner allein zu bedienen.

Das Time-Sharing-Prinzip und sein Begriff wurden Ende der 50er, Anfang der 60er Jahre viel diskutiert. Christopher Strachey war es, der als erster öffentlich auf der IFIP-Konferenz in Paris im Juni 1959 einen technischen Lösungsansatz unter dem Titel „Time sharing in large fast computers" vorlegte[25] (vgl. Fano/Corbató 1967: 84). Er sah voraus, dass sich mit immer höherer Prozessorleistung das Problem des Ungleichgewichts zunehmend verschärfen musste. Indem die Zentraleinheit in die Lage versetzt wurde, mehrere Programme in den Arbeitsspeicher aufzunehmen und immer dann, wenn bei der Abarbeitung von Programm A auf Lese- oder Schreiboperationen gewartet werden musste, die Zeit zu nutzen, um Programm B abzuarbeiten, konnte für eine möglichst hohe Auslastung der Maschine gesorgt werden. Strachey meinte damit noch – im Sinne der Batch-Systeme – mehrere Programme, die sich die Maschine teilten, nicht etwa mehrere Nutzer. Obwohl er die Idee, mehrere Anwender zuzulassen mochte, als er sie später hörte. Dies bestätigte er auch in einer E-Mail an Donald Knuth vom 1. Mai 1974:

„I did not envisage the sort of console system which is now so confusingly called time sharing. [...] in 1960 ‚time sharing' as a phrase was much in the air. It was, however, generally used in my sense rather than in John McCarthy's sense of a CTSS-like object." (zit. nach McCarthy 1983).

Das Computation Center des MIT wurde in den 60er Jahren zum Synonym für Time-Sharing, vor allem da aus dieser zunächst rein technischen Lösung völlig neue Nutzungsvisionen emergierten, „a complete revision

25 Es ist ein müßiger Streit darüber entstanden, wer der „Erfinder" des Time-Sharing sei. Es gab Beschreibungen des Verfahrens bereits im Jahre 1949, ebenso wie in einem Artikel in der Zeitschrift Automatic Control von 1957 und einem Aufsatz von Licklider aus dem selben Jahr (vgl. Lee 1992 und 1992b). McCarthy führte das Konzept auf Vannevar Bushs Experimente mit seinem System Memex (1945) zurück. Es handelt sich jedoch wohl um ein allgemeines Prinzip der Arbeitsorganisation (z. B. Organisation der Gewerke auf verschiedenen Baustellen), das hier lediglich erstmals softwaretechnisch umgesetzt werden sollte.

in the way the machine is used" (McCarthy 1959). Vor 1960 wurde Time-Sharing als eine Methode verstanden, um „multiprogramming", wie es Strachey beschrieb, zu implementieren. Diese Maschinensicht des Time-Sharing-Begriffs weitete sich in den 60er Jahren aus und wurde schließlich auch inhaltlich ausgedeutet. Dabei wurde die Möglichkeit gesehen, mit mehreren angeschlossenen Geräten *interaktiv* auf den Zentralrechner zugreifen zu können (vgl. Corbató 1959; Fano 1966: 83; McCarthy 1983: 24; Lee 1992: 17). Time-Sharing wurde bald gleichgesetzt mit interaktivem Zugriff. Die MIT Professoren Herb Taeger, McCarthy und Marvin Minsky forderten einen komfortableren Umgang mit der Maschine, wie sie es vom Whirlwind her kannten. McCarthy schrieb an Morse ein Memorandum mit dem Titel „A Time-Sharing Operator Program for Our Projected IBM 709", datiert mit dem 1. Januar 1959[26] indem er interaktives time-shared Debugging vorschlug. Er betrachtete Time-Sharing darin nicht aus der technisch-ökonomischen Perspektive, sondern aus Sicht der Arbeitsökonomie, indem er die vorherrschende Verwendungsweise, das Programmieren, unterstützen wollte. Mit Blick auf die gängige Lochkartenpraxis waren seine Argumente schlagend:

„The response time of the MIT Computation Center to a performance request presently varies from 3 hours to 36 hours depending on the state of the machine, the efficiency of the operator, and the backlog of work. We propose by time-sharing, to reduce this response time to the order of 1 second for certain purposes." (McCarthy 1959)

Die Schlüsseltechniken für Time-Sharing-Systeme waren also spätestens 1959 verfügbar.[27] Ein Teil der Technik war bereits im SAGE Projekt implementiert (vgl. Everett, Zraket, Bennington 1957). Neu am Time-Sharing des MIT war, dass es sich um ein „general-purpose system" handelte, das mehreren Nutzern gleichzeitig erlaubte, völlig unterschiedliche Dinge zu tun. Gerade diesem Umstand, so Fano (1967: 39), sei es zu verdanken, dass der Wert der Technik die Erwartungen bei weitem überstieg.

26 Sehr wahrscheinlich hat sich hier ein Fehler in der Datierung eingeschlichen, der leicht zum Jahreswechsel passiert. Gemeint muss der 1. Januar 1960 gewesen sein. Das ergibt sich auch aus dem Text, in dem sich McCarthy auf die Auslieferung des IBM 709, die mit dem Juli 1960 anvisiert war, bezieht und betont, man möge über seinen Antrag rasch entscheiden. Also hatte McCarthy seinen Vorschlag ein halbes Jahr vor Strachey verfasst.

27 Terminals, die über eine Schnittstelle an die Mainframe angeschlossen werden konnten, sowie ein Betriebssystem, das Interrupts, Speicherschutz und einen großen schnellen Arbeitsspeicher unterstützte.

Bereits im November 1961 konnte ein Team des MIT Computation Centers unter der Leitung von Fernando J. Corbató ein erstes experimentelles Compatible Time-Sharing-System (CTSS) auf der Basis des IBM 709 Rechners demonstrieren. Diese Demonstration war ein wichtiges Ereignis, zeigte sie doch, dass general-purpose Time-Sharing-Systeme realisiert werden konnten.[28] Dennoch stellte sich die Übertragung in den kommerziellen Bereich als äußerst schwierig heraus.

„We were absolutely frustrated by the fact that we could not get any of the vendors to see a market in this kind of a machine. They were viewing it as just a special-purpose gadget to amuse some academics. [...] That was a major problem." (Corbató zit. nach Rosin/Lee 1992: 46)

Das CTSS war zunächst ausgelegt für drei Flexowriter, die direkt über eine Datenleitung am Rechner angeschlossen waren, und einen vierten, passiven User, an einem Fortran Monitor System (FMS).[29] Zusätzlich gab es seit 1963 einen Remote Terminal Service, basierend auf einem speziellen Telekommunikations-Computer IBM 7750, über den sich Terminals per Modem mittels einer Wählverbindung anschließen konnten (vgl. Van Vleck 1997). Drei Jahre später waren es schon 160 Teilnehmer, die überwiegend per Fernschreiber am CTSS angeschlossen waren (Fano/Corbató 1967: 84f.).

Bereits in dieser frühen Phase deuteten sich die Probleme zwischen Computerherstellern und Telekommunikationsgesellschaften an, die bei der Zusammenarbeit dieser zwei verschiedenen Kulturen entstanden und sich später noch verschärfen sollten.

---

28 Zwei Jahre später (Frühling 1962) wurde das CTSS zunächst für den IBM 7090 und dann 1963 für den IBM 7094 überarbeitet.
Weitere Systeme entstanden in einer ersten Innovationswelle zwischen 1962 und 1965 an der Universität in Dartmouth (DTSS) und ein rudimentäres System bei der Systems Development Corporation für den Militärrechner IBM Q-32 das 1963 vorgeführt werden konnte. Bereits ein Jahr zuvor betrieb BBN ein Time-Sharing-System auf einem DEC PDP-1 (vgl. Flamm 1987: 55f.; Van Vleck 1997).
Time-Sharing-Systeme entstanden auch außerhalb der Universitäten und des IPTO-Horrizonts. Viele Firmen kündigten bereits 1965 an, Time-Sharing anbieten zu wollen oder daran zu arbeiten. Es gelangen sogar kommerzielle Erfolge mit kleinen einfachen Systemen wie JOSS oder DTSS auf Basis der dafür erfunden Sprache BASIC.

29 Die auf Lochkartenstapeln vorliegenden Programme wurden durch einen IBM 1401 auf Magnetbänder übertragen. Das FMS hatte nun die Aufgabe, die Zentraleinheit mit diesen Programmen zu beschicken. Es lief sehr effizient als Background-User auf dem CTSS. Dieser Kompatibilität mit dem Batch-Verfahren hatte das CTSS sein C im Namen zu verdanken.

„Flexowriter were noisy, unreliable, and slow. […] We were also fighting another fight at the time, which was to get people to admit that upper- and lowercase were part of the computer vocabulary! We kept insisting that we wanted both. That was tough. Most IBM keypunchers did not allow both, and Teletype did not allow both. […] If IBM and AT&T did not allow them, they must not be needed." (Corbató und Scherr zit. nach Rosin/Lee 1992: 49)

Indem die Time-Sharing-Systeme die rückgekoppelte Interaktion zwischen Programmierer und Rechner zuließen, wurde es möglich, beide physisch weit voneinander zu trennen. Die Nabelschnur der Datenein- und Ausgabegeräte wurde nun immer länger. Douglas T. Ross, einer der Wissenschaftler des MIT, beauftragte AT&T, eine Leitung in sein Privathaus in Lexington zu legen.[30] Ohne Anteilnahme des amerikanischen Fernsehens, wie er bedauerte, aber mit um so größerer Aufmerksamkeit kanadischer (CBC) und britischer (BBC) Sender, wurde der erste Teletypewriter in einer Privatwohnung aufgestellt und mit dem Computer des MITs verbunden. Der Service lief zwei oder drei Jahre einwandfrei und demonstrierte erneut, das die Entfernung zur Zentraleinheit eine immer geringere Rolle spielte (vgl. Rosin/Lee 1992: 50).

Ende 1962 entschloss sich die ARPA, die vielen Time-Sharing-Projekte, die entstanden waren, zusammenzuführen. Mit ihren Fördermitteln und einem Forschungsauftrag des Office of Naval Research wurde im Juli 1963 unter der Leitung von Robert M. Fano das MAC Projekt ins Leben gerufen. Fano formulierte in seinem Konzept drei Kernaufgaben für das Projekt (vgl. Fano in Lee/Rosin 1992b: 19):

- Die Entwicklung eines neuen Time-Sharing-Systems,
- die Schaffung einer „user community", um zum einen das System bekannt zu machen, zum anderen aber, weil ein solches System nur mit einer ausreichenden Anzahl von Nutzern sinnvoll getestet werden konnte,
- und die Ausbildung von Computerfachleuten, die in der Lage waren, mit der Maschine umzugehen.

Das CTSS wurde als Grundlage für das Projekt übernommen und dann unter dem Namen *Multics* ausgebaut. Auch der größte Teil der CTSS Entwicklergruppe wechselte 1965 zum MAC Projekt. Für das Multics-Betriebssystem wurde die Software neu strukturiert und mit einem neuen File-Management-System ausgestattet. Das erlaubte erstmals die gemeinsame Nutzung (File-Sharing) von privaten Daten und Programmen

30 Die Verbindung war damals noch eine Direktleitung ohne Einwahl. Ross ist sich nicht sicher, ob sie im Frühling 1964 oder 1965 installiert wurde.

Abbildung 4: Gebrauch des Time-Sharing Systems am MIT.

„Neben den Studenten und Institutsangehörigen, die ihren eigenen Forschungsarbeiten nachgehen, sieht man unter den Benutzern Sekretärinnen, die wissenschaftliche Arbeiten zur Veröffentlichung vorbereiten (13), die Autoren Fano (8) und Corbató (24) sowie einen Psychiater am Massachusetts General Hospital (18)."

unter Usern, ohne die Daten duplizieren zu müssen und damit der Gefahr der Zerstörung auszusetzen. Die Zugriffsrechte auf diese Dateien konnte der *File Owner* dabei selbst zuweisen (vgl. David/Fano 1965: 41).

Die Programmierer, die auf diese Weise mit einem direkten Zugang zum Rechner ausgestattet waren und das Programm jederzeit unterbrechen konnten, ohne erst warten zu müssen, bis es abgelaufen war, traten in einen Dialog mit der Maschine ein. Dieses Hin und Her zwischen Programmierer und Code, das auf sprachlicher Ebene stattfand, hat Heidi

Schelhowe (1997: 153) als Erfahrung von Kommunikation interpretiert. Neben den Kommunikationserfahrungen *mit* dem Gerät ermöglichte das gegenseitige Verwenden von Programmen und Daten und das *Public File*, das seit der zweiten Version des CTSS implementiert war, auch die Kommunikation *durch* das Gerät.

Die beiden drängenden Probleme der Computertechnik Anfang der 60er Jahre, die Erweiterung des Nutzerkreises und die sich verschärfende Auslastungsproblematik, konnten erst befriedigend gelöst werden, als die sozialen Instanzen als Time-Sharing-Software in die Maschine verlagert wurden. Die Verschmelzung vorher erprobter Konzepte wie Vernetzung, Zeitzuteilung und Dauerbetrieb verschob die Handlungsprogramme, indem die neue Zusammensetzung von Terminals, Usern und Zentraleinheit eine mächtige neue Idee evozierte: Die Idee von der direkten Kommunikation mit der Maschine eröffnete plötzlich die Perspektive auf eine Kommunikation mit anderen Menschen durch die Maschine.

2.2 Emergenz eines neuen sozialen Raums: Computer Community

„It was a sociological phenomenon. [...] All sorts of human things happened, ranging from Joe Weizenbaum getting mad very quickly, to people destroying keyboards out of frustration, to friendship being born out of using somebody else´s program, people communicating through the system and then meeting by accident and saying ‚Oh, that's you.'" (Fano zit. nach Lee/Rosin 1992b: 33)

Die Einführung der Time-Sharing-Systeme und damit die enge Kopplung der Nutzer über die Maschine bewirkte starke Verschiebungs-, Einschreibungs- und Blackboxingprozesse, an deren Ende ein kulturmächtiges Hybridwesen entstand: die *Computer Community*. Diese Entwicklung war durchaus Programm: „One was the ‚tool,' the other the ‚goal'" (Fano zit. nach Lee/Rosin 1992b: 23). Durch Time-Sharing-Technik sollte die Kooperation der Wissenschaftler untereinander gefördert werden.

Die Nutzer trafen sich nun nicht mehr *am* Rechner wie beim Batch-Verfahren, sondern *im* Rechner. Aus den sozialen Räumen der Rechenzentren begannen virtuelle Räume zu entstehen. Durch die Time-Sharing-Systeme entstanden „User-Gemeinschaften mit einem starken Gemeinschaftsgefühl", die an ähnlichen Problemen arbeiteten und ihre Programme und Daten freizügig untereinander austauschten. „Der von allen geteilte Speicherbereich war zu einem verbindenden Raum geworden. [...] Time-Sharing wird zu Space-Sharing" (Pflüger 1999). Dieser soziale Raum erlangte für viele der Wissenschaftler zunehmend Bedeutung, wodurch der Verpflichtungsdruck für die Betreiber des Rechners stieg.

Daran, wie neu und ungewohnt das Einfordern des Computerdienstes war, erinnerte sich Fano.

„Dick [Mills] had come in too from his office, and he [Joe] said, ‚CTSS was not working last night. I was told that it would be working shortly. It is not working this morning. What the hell is going on?‘ He spoke like a public utility customer. His attitude was just what we wanted!“ (Fano zit. nach Lee/Rosin 1992b: 26)

Die Systeme sollten eine effizientere Nutzung der Computerressourcen ermöglichen. Die Idee des Resource-Sharing hatte hier ihren ersten Testfall. Programmierer schrieben ihre Programme jetzt in dem Bewusstsein, dass Andere sie benutzten. Das CTSS selbst wurde als eine moderierte öffentliche Bibliothek verwendet, indem eine von der Benutzergemeinschaft gebildete Redaktion alle Befehle begutachtete, die in das System aufgenommen werden sollten. Mitte der 60er Jahre war die Interaktion mit der „community of users“ für Robert Fano eines der interessantesten, aber auch unabwägbarsten Phänomene der Time-Sharing-Systeme.

„[...] more than half of the current system commands in the Compatible Time-Sharing System at MIT were developed by system users rather than by the system programmers responsible for the development and maintenance of the system. Futhermore [...] the mechanism for linking to programs owned by other people is very widely used. This is surprising since the tradition in the computer field is that programs developed by one person are seldom used by anybody else.“ (Fano 1967: 39f.)

Die Programmbibliotheken wurden aufgebaut, miteinander geteilt und ausgetauscht. Der Rechner wandelte sich zu einem Werkzeug kooperativen Arbeitens und förderte so wiederum die programmer community. McCarthys frühe Vision einer computer utility in Anknüpfung an Bauer und Licklider (1960) war noch auf ein möglichst großes Angebot an Softwaretools und Informationsdienstleistungen ausgerichtet, weniger auf kommunikative Qualitäten.

„Ideally, the whole existing programming culture, including elaborate programming systems, should be present and readily accessible.“ (McCarthy 1962: 228)

Die Nutzungspraxen erzwangen jedoch die Akzeptanz der kommunikativen Qualitäten der Time-Sharing-Systeme. Nach einigen Jahren Erfahrung mit dem CTSS am MIT (1962-1966) konnten Fano und Corbató folgende Vorteile zusammenfassen (Fano/Corbató 1967: 83 und 99):

- Eine bessere Auslastung des Rechners.
- Effizienteres Arbeiten durch den möglich gewordenen Dialog zwischen Mensch und Maschine.
- Kommunikation und kooperatives Arbeiten der Nutzer untereinander durch das Time-Sharing-System.
- Darüber hinaus wurde der Rechner als Informationspool und Softwarebibliothek verwendet.

Fano und Corbató sahen die Zukunft von Time-Sharing-Systemen in einem breiten Spektrum von Anwendungsfeldern. Forschergruppen könnten die Technik für die gemeinsame Arbeit nutzen, Unternehmen für die Entscheidungsfindung einsetzen, sobald alle Geschäftsabläufe gespeichert wären und nicht zuletzt schien es denkbar, dass die verschiedensten Arten von kommerziellen Bibliotheken und Informationsdiensten angeboten werden könnten. Der Blick hatte sich damit weit über den technischen Horizont und die Arbeitszusammenhänge hinaus ausgedehnt und eröffnete den Raum für eine breite gesellschaftliche Debatte.

2.3 Netz. Technik. Vision.

2.3.1 Das Netz als evokatives Objekt

Techniken entwickeln sich in Möglichkeitsräumen. Hughes hat darauf hingewiesen, dass nicht nur ein ex post konstruierter Pfad, sondern die breite Front betont werden muss, auf der sich die Verfilzungen und Verschiebungen des soziotechnischen Netzes realisieren.[31] Diese Front liegt sowohl an den Rändern des Netzes, wo es, wie gezeigt worden ist, zu Ausweitungen kommen kann, als auch innerhalb des Netzes, wo sich neue Verknüpfungen etablieren oder ihre Wirkungsrichtungen ändern können.

Die Entwicklung von Artefakten ist ohne eine Vorstellung von ihrer Nutzung nicht denkbar.[32] Die Kontingenz des Innovationsprozesses evoziert stets zahlreiche Ideen und gesellschaftliche Projektionen, die inner-

31 Wie dies z.B. Weyer (1997a: 132) auch unter dem Begriff der Trajektorie tut.

32 Dass die Entwicklung von Technik ohne ein normatives Gerüst unmöglich ist, hat Grunewald (2000) gezeigt. Technikpolitische Entscheidungen wie auch technikhistorische Darstellungen sind kulturimmanente Konstruktionen. Die Aufgabe im heutigen Innovationsprozess ist es, sich diese Vorstellungen bewusst zu machen und sie im angemessenen Rahmen öffentlich zu diskutieren, um unerwünschte Folgen zu vermeiden und Entscheidungen Legitimität zu verleihen.

Abbildung 5: Leitbilder als realisierbare Wunschvorstellungen

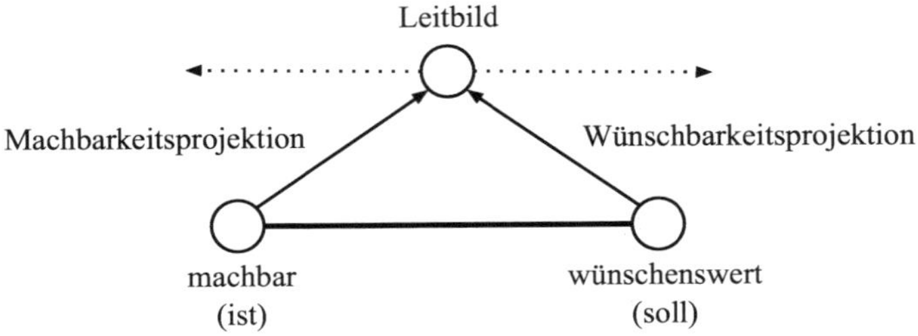

halb des Netzes zu einem wichtigen Filter und Motor zugleich werden können. Diese wirken, auch wenn sie nur implizit vorhanden sind, genauso konstitutiv auf den Fortgang des Prozesses wie die materiellen Rahmenbedingungen.[33] Was ist die Aufgabe und Funktion dieser Visionen, die als *Leitbilder* untersucht werden können?

Leitbilder sollen den Innovationsprozess auf gesellschaftlich Wünschenswertes und zugleich technisch Machbares ausrichten. Sie sind das Ergebnis sozialer Aushandlungsprozesse. Als solche erzeugen sie Stabilität und betten die Technik diskursiv in die soziale Umgebung ein (vgl. Dierkes u.a. 1992: 42ff.). Als „Bündel von Zielkomplexen, Nutzungsprognosen und Wirkungshypothesen" (Hellige 1996b: 205) bereiten sie Anschlüsse vor, an die sich sowohl die zukünftigen Artefakte als auch die soziale Umgebung ankoppeln können.

Leitbilder verändern also die Technik, indem sie die Richtung für ihren Geneseprozess in Hinblick auf einen gewünschten Zustand vorgeben, und die Gesellschaft, indem sie sie darauf vorbereiten. Sie können so eine treibende Kraft im Hybridisierungsprozess von Technik und Gesellschaft sein.

Um ihre Funktion zu erfüllen, müssen Leitbilder eine gewisse Dauerhaftigkeit mitbringen, denn ein instabiles Leitbild könnte keine leitende Kraft entfalten. Sie sind aber nicht vollkommen statisch. Stark veränderte gesellschaftliche Umstände oder neue technische Bedingungen setzen die kollektive Abwägung von Wünsch- und Machbarem erneut in Gang

33 Das Leitbild-Assessment (Dierkes u.a.1992 etc.) hat versucht, Leitbilder zur Steuerung von Innovationsabläufen zu verwenden. Leitbilder sollten das Synchronisationsproblem zwischen äußeren Kommunikationsprozessen und individuellen Denk- und Verhaltensweisen lösen. Dieser Ansatz gilt als gescheitert (vgl. Hellige 1996: 25, 29), wenn die Hoffnung auch in abgeschwächter Form bei einigen Autoren wie Schelhowe (2004), weiterlebt. Leitbilder können jedoch für historische Rekonstruktionen (z.B. Hellige 1996; Hellige 2004) als zentrales Motiv einer Diskursgeschichte durchaus fruchtbar gemacht werden.

und modifizieren ihren gemeinsamen Fluchtpunkt. Diese Umstände können wiederum die Leitbilder selbst sein. Wenn sich die Kontextualisierung von Technik als „Einwirkungen mit Rückwirkungen“ (Schulz-Schäffer) darstellt, müssen auch Leitbilder als Einschreibungen und Störungen gleichzeitig begriffen werden.

Damit werden die kollektiven Vorstellungen zu einem Knoten im soziotechnischen Netz. Sie sind die Emergenz eines Knotens und können gleichzeitig die Störung sein, die auf diesen Knoten einwirkt. Darüber hinaus können sie auch selbst Auslöser für eine neue unvorhergesehene Technik sein, indem sie gestört und dann übersetzt werden oder als Störung auf andere, bisher unbeteiligte Knoten wirken.

Leitbilder sind Hybridisierungsinstrumente, indem sie die Synchronisationsprozesse zwischen Technik und Gesellschaft unterstützen. In ihrem Fluchtpunkt wird der soziotechnische Kern, die Identität des Projekts definiert (vgl. Weyer 1997b: 34). Die Schließung des Leitbildes nach der erfolgreichen Entwicklung eines Artefakts erfolgt mittels Protokollen, Standards und Normen, die die technische Funktion ebenso festlegen wie das soziale Verhalten(-müssen/-sollen). Da Standards auf diese Weise Machtverhältnisse festschreiben, sind sie immer wieder Auslöser heftiger Debatten. Sie legen den Zugang zur und den Ausschluss von der Technik fest und definieren, wie die Dinge welchen Gruppen nützlich sein können. Standards sind damit Übersetzungen der „Einwirkungen mit Rückwirkungen“ innerhalb des Netzes, in einen neuen Knoten.

Die großen Technikutopien waren Imaginationen ihrer Kontextualisierung, Visionen von soziotechnischen Netzen. Von einer vernetzten Gesellschaft ebenso wie von einer vernetzten Technik und ihrer gegenseitigen Durchdringung. Dies konnte auch in dem Moment beobachtet werden, als durch Time-Sharing-Systeme eine technische und soziale Vernetzung nicht nur wünschbar, sondern auch realisierbar geworden war.

2.3.2 Netzvisionen

Die Anfang der 60er Jahre möglich gewordene Vernetzung mehrerer Nutzer mit einem leistungsfähigen Rechner schuf eine radikal neue Qualität, die von einem ganzen Bündel von Hoffnungen und Visionen begleitet wurde.

Technologien waren seit dem 19. Jahrhundert in zunehmendem Maße in großen technischen Netzen realisiert worden, die in ihrer Totalität die Menschen, deren Umwelt und die Beziehungen untereinander immer stärker veränderten. Die großen Eisenbahn-, Energie- (Edison, Insull), Produktions- (Ford) oder Organisationsnetze (Taylor) hatten den USA Wohlstand und Ansehen in der Welt beschert, so dass noch lange nach dem Zweiten Weltkrieg eine technikoptimistische Stimmung zu spüren war, die sich erst Ende der 60er Jahre eintrübte.[34]

Die Eisenbahnen waren angewiesen auf ein Netz von Kohle- und Wasserstationen, Bahnhöfen, Instandhaltungswerkstätten, Fahrplänen und Preissystemen. Dieses Netz schuf neue Erfahrungen und veränderte das Raum- und Zeitverständnis der Menschen. Waren es bei Ford die Organisation des reibungslosen Ablaufs von Maschinen, Material, Arbeitern und Konsumenten, musste Samuel Insull dasselbe für sein Stromnetz, das er von Chicago aus aufbaute, organisieren. Wie die anderen Systembauer organisierte Insull nicht nur die technischen Artefakte (Kraftwerke, Versorgungsleitungen, technische Normen etc.), sondern versuchte, alle Faktoren, seien es wirtschaftliche, technische oder politische (Menschen und Gegenstände) zu verbinden und in gegenseitige Abhängigkeiten zu bringen.[35]

Mit diesen Technologien waren gesellschaftspolitische Projektionen transportiert worden, die nun bei der Vernetzung von Menschen und Computern diskursiv recycelt werden konnten. Es war in erster Linie ihr Netzcharakter, der den überwiegenden Teil der Ideen evoziert hatte und nun auf die Time-Sharing-Systeme übertragen wurde.

In den Vorstellungen von McCarthy, Fano und anderen Entwicklern der Time-Sharing-Systeme tauchte dieselbe netztypische Motivationslage wieder auf:

– Umlage der Kosten auf viele Teilnehmer (z.B. für Rechnerzeit)

34 Louis Mumford versprach sich 1934 in seinem Buch „Technics and Civilization“ eine bessere Gesellschaft durch neue Technik. Dieser Optimismus änderte sich erst langsam, nachdem Umweltkatastrophen, Vietnamkrieg und immer stärkere Sachzwänge in Erscheinung traten. Unter dem Einfluss von Schriften wie „Der eindimensionale Mensch“ von Herbert Marcuse (1964) oder Jacques Elluls „The Technological Society“ (1964) verfinsterte sich Mitte der 60er Jahre die Stimmung gegenüber Technik. Diese Stimmung spiegelte schließlich Mumfords zweites, tief pessimistisches Werk „Myth of the Machine“ (1970) wider (vgl. auch Hughes 1991: 444ff.).

35 Aus technischen Gründen musste die Produktion von Strom und der Konsum ständig im Fluss gehalten, Produktion und Verbrauch also aufeinander abgestimmt werden. Insull erkannte, dass die Belastungskurve des Stromnetzes nicht nur die Lastverteilung im Laufe des Tages anzeigte, sondern gleichzeitig die „Zinsen“ des investierten Kapitals. Mit seiner Methode des „Belastungsmanagements“ versuchte er, die Belastungskurve zu optimieren. Dabei trieb ihn eine sozialreformerische Idee. Insull wollte die Masse der Bevölkerung Chicagos mit billigem Strom versorgen. Gleichzeitig sollte das Leben auf dem Land wieder einen Wert bekommen, indem mit Hilfe der Elektrifizierung den Menschen die Energie für die Wohn- und Arbeitsstätten geliefert wurde (vgl. Hughes 1991: 355ff.).

- Versorgung großer Bevölkerungsgruppen (mit Rechenkapazität) durch eine zentral organisierte Technik
- Verteilung von Waren und Inhalten (hier von Informationen mittels elektronischen Programm- und Daten-Bibliotheken)
- Dezentralisierung der Arbeit (Rechnernutzung)
- Medienaspekte der Technik (Kommunikation, kollaborative Arbeit)
- Skalierungseffekte (Mehrfachverwendung von Software und Daten)
- Neue Formen der Mensch-Maschine-Interaktion

Durch eine zentral organisierte Technik entstanden die Freiheitsgrade, die eine Verteilung (von Kapazität, Kosten und Informationen) und Dezentralisierung (von Kommunikation und Arbeit) erst möglich machten. Indem der Zustand raumzeitlicher Kopräsenz mit Time-Sharing simuliert wurde, konnten sich die Menschen und ihre Arbeit verteilen. War es vorher üblich, diese Beziehungen in Meetings, auf Konferenzen und persönlichen Treffen herzustellen, sollten sie nun unter den Bedingungen einer konsequenten Dezentralisierung als kollaboratives Arbeiten mittels Computer neu erfunden werden.[36]

Die mit den Time-Sharing-Systemen entwickelten Leitbilder können nach zwei Grundhaltungen, einer System- und einer Akteursperspektive, die sich hier als Infrastruktur- bzw. Interaktionsidee präsentierten, unterschieden werden.[37] Beide beleuchten die Hybridisierung aus einem anderen Blickwinkel. Die eine aus der Sicht eines auktorialen Systemerzählers, die andere aus der Sicht betroffener Anwender. Dennoch ist der Blick auf denselben Gegenstand, auf ein prognostiziertes, weitgehend stabiles Geflecht technischer und sozialer Abhängigkeiten gerichtet.

2.3.3 Informationsinfrastruktur

Seit dem Herbst 1963 entbrannte eine öffentlich geführte „Utility"-Debatte über die Zukunft der Datenverarbeitung. Eine Vielzahl von Ansätzen entwarf dabei eine „technokratische Totalkonstruktion der Gesellschaft" (Hellige) und ging weit über die ingenieurstechnischen Vorstellungen, wie sie Strachey mit Blick auf die Auslastung der Rechner formuliert hatte, hinaus. Die Funktion dieser Debatte war die Formulie-

36 Eine Debatte, die unter der Überschrift E-Learning ein seltsame Renaissance erlebt. Die Schlüsseltechnik ist diesmal ein Konglomerat diverser technischer Lösungen, die sich unter dem Begriff Multimedia subsumieren.

37 Beide Ideen sind ebenfalls eng verknüpft mit den Utopien hypermedialer Archive, wie sie von Vannevar Bush und Ted Nelson entworfen worden waren. Siehe dazu Jens Schröter 2004.

rung eines gemeinsamen Leitbildes und die Justage dessen Fluchtpunktes. Im Laufe der 60er Jahre verschoben sich dabei die Akzente von Konzeptionen landesweiter Netze hin zu regionalen Verbünden und von der gemeinsamen Hardwarenutzung zu einer gemeinsamen Nutzung von Software und Informationsdiensten (vgl. Hellige 1996b: 225).

Einer der prominentesten Vertreter dieser Debatte, der besonders das kommerzielle Potential der Time-Sharing-Systeme betonte, war John McCarthy. Er legte seine Ideen, die nicht nur am MIT rege diskutiert wurden, als einer der ersten auch schriftlich nieder und gab wesentliche Anstöße zu deren technischer Realisation.

„Von ihm gingen die entscheidenden Impulse zu einer Verknüpfung der bisher weitgehend getrennten technischen, soziotechnischen und gesellschaftlichen Leitideen zu einem gebündelten Leitbildkomplex aus sowie zu deren Umsetzung in einen technischen Problemlösungsansatz. Das MIT wurde durch diese Anstöße das bedeutendste Forschungszentrum für die Time-Sharing-Technologie, ja bald schien es in den Augen der fachlichen und allgemeinen Öffentlichkeit der eigentliche Urheber der gesamten Entwicklung zu sein, eine Auffassung, die sich bis in die Gegenwart gehalten hat.“ (Hellige 1996b: 214)

Konzepte, die eine landesweite Informationsinfrastruktur mit Time-Sharing-Systemen entwarfen und sich in dem Zuge eine verbesserte Zusammenarbeit der Nutzer erhofften, nahmen den größten Raum innerhalb der Diskussion ein. Bereits 1960 hatte Licklider in seinem einflussreichen Aufsatz „Man-Computer-Symbiosis“ *Thinking Centers*, ihre Verknüpfung und ihre Funktion als *Libraries* als wünschenswert und machbar beschrieben.

„It seems reasonable to envision, for a time 10 or 15 years hence, a ‚thinking center‘ that will incorporate the functions of present-day libraries [...]. The picture readily enlarges itself into a network of such centers, connected to one another by wide-band communication lines and to individual users by leased-wire services.“ (Licklider 1960)

Diese Systeme sollten möglichst vielen Menschen Zugang zu einem Rechner verschaffen und ihnen Informationen zur Verfügung stellen. John G. Kemeny, Professor für Mathematik am Dartmouth College, schlug ein Jahr später auf der Hundertjahrfeier des MIT eine „automated National Research Library for the United States“ für das Jahr 2000 vor. Alle Arten von Informationen sollten über ein nationales Netz abrufbar sein. McCarthy nannte dies „Computing as a Public Utility“. Vor dem Hintergrund seiner SAGE Erfahrungen, so hat Hellige argumentiert, konnte er über die lokale „user community“ einer Universität hinausdenken und sich eine nationale Infrastruktur von miteinander vernetzten Time-Sharing-Zentren vorstellen. Als Vorbilder dienten McCarthy, Fano und anderen die etablierten Strom- und Telefonnetze.

„At present, computers are bought by individual companies or other institutions and are used only by the owning institution. If computers of the kind I have advocated become the computers of the future, then computation may someday be organized as a public utility, just as the telephone system is a public utility.“ (McCarthy 1962: 236)

Zwangsläufig kam dabei die Frage nach der Kompatibilität der einzelnen Time-Sharing-Systeme bzw. Thinking Centers auf. Licklider beklagte während seiner ersten Amtszeit bei der ARPA die vielen individuellen Aktivitäten und Projekte, die unabhängig voneinander arbeiteten. Das hatte dazu geführt, dass die Austauschbarkeit der geleisteten Arbeit und eine Kooperation der Wissenschaftler untereinander so gut wie unmöglich war (vgl. Licklider 1963). Jede Forschungseinrichtung musste die benötigten Algorithmen für die eigene Maschine selbst programmieren, auch wenn sie auf einem anderen System bereits realisiert worden waren. Daten und Programme liessen sich nur mit großem Aufwand von einem Rechnertyp auf einen anderen übertragen. Das Netzwerkproblem stellte sich zu Beginn also auch als ein Problem übergreifender Standards dar. Noch Anfang der 70er Jahre war diese Frage evident und trieb Kemeny um, der explizit für gemeinsame Standards plädierte.[38] Ihm schwebte eine Technik vor, die das Umschalten zwischen den Time-Sharing-Systemen genauso einfach machen sollte, wie das Umschalten von Fernsehsendern (Kemeny in Greenberger 1971: 13).

„A user should be able to switch for one national time-sharing network to another as easily as he now switches from CBS to NBC on TV set.“ (Kemeny 1971: 13)

Bereits vor den Time-Sharing-Systemen hatte es ähnliche „computer utility“-Konzepte gegeben (vgl. Hellige 1996b: 211). Institutionen sollten Rechnerzeit von einem der Großrechner kaufen, die in jeder Region installiert werden sollten. Die Kosten konnten so auf möglichst viele Teilnehmer verteilt werden.

38 Seiner Meinung nach sollte die staatliche Federal Communications Commission (FCC) diese Regelung übernehmen. Ihre Aufgabe war die Regulierung internationaler Kommunikationstechnik.

„In such a system, the speed of the computers would be balanced, and the cost of the gigantic memories and the sophisticated programs would be divided by the number of users.“ (Licklider 1960)

Nicht nur die relative Immaterialität von elektrischem Strom und Daten legte eine Analogiebildung zwischen ihnen nahe, sondern auch ihr gemeinsamer Warencharakter. Die Vertreter der großen Elektrizitäts- und Produktionssysteme hatten erkannt, dass für die Waren, wenn sie am Produktionsort verblieben, Zinsen zu zahlen waren. Wie Ford für den stetigen Absatz seiner Fahrzeuge sorgte, musste Insull durch ein ausgeklügeltes Belastungsmanagement sein Stromnetz ständig in Fluss halten. Durch die Aufrechterhaltung eines Informations*flusses* erhoffte man sich von einer Informationsinfrastruktur, die „Information in den Griff“ zu bekommen.

„Information kann man als eine Art ‚Ware‘ betrachten, ein unsichtbares Etwas, das man ebensowenig anfassen kann wie zum Beispiel Energie, das aber mehr als alles andere das menschliche Dasein beeinflußt. Mit dem Computer bekommen wir die Information in den Griff.“ (McCarthy, 1967: 13)

Die Nutzer konnten die verschiedenen angeschlossenen Rechner mit ihren Hardwareeigenschaften und speziellen Programmbibliotheken je nach ihrem Bedarf verwenden, ohne die Investitionen für all diese Geräte selbst tätigen zu müssen. Beide Konzepte, *Public Utility* (informationstechnische nationale Vergesellschaftung) und *Library* (Kooperation lokaler Nutzer) wurden von ihrem ökonomischen Potential her betrachtet. Folglich sollte neben der Hardwarenutzung auch die Nutzung der Dienste und Services kostenpflichtig werden. McCarthy stellte sich Time-Sharing-Betreiber vor, die wie Medien- oder Unterhaltungsunternehmen als Inhaltsanbieter neue Dienstleistungen bereitstellen sollten. Das Netz versprach, der Anfang einer neuen Branche zu werden.

„The system could develop commercially in fairly interesting ways. Certain subscribers might offer services to other subscribers. One example is weather prediction. A weather-predicting company that is a subscriber to a central computer predicts weather but keeps the predictions in its private files. If you subscribe to its service, your programs can gain access to these files.
[...] The computing utility could become the basis for a new and important industry.“ (McCarthy 1962: 236)

Standen zuerst noch die Auslastungsprobleme im Vordergrund und der Versuch, den „speed mismatch between man and computer“ durch möglichst viele Nutzer auszugleichen, änderten sich mit der Verlagerung der

Debatte auf die Inhalte auch die Vorstellungen über die Kostenverteilung. Was jetzt preiswert verteilt werden sollte waren die Inhalte, die nach beanspruchter Kapazität berechnet werden konnten.

> „We can envisage computing service companies whose subscribers are connected to them by telephone lines. Each subscriber needs to pay only for the capacity that he actually uses, but he has access to all programming languages characteristic of a very large system." (McCarthy 1962: 236)

Die Vorstellungen wiesen aber über das Ökonomische weit hinaus. Für McCarthy war der Zentralrechner nicht nur eine gemeinsame Ressource, sondern er sah in ihm als Informationsmedium das Potential, die politische Informiertheit und demokratische Partizipation der Bevölkerung zu verbessern.

> „Computer power to the people is essential to the realization of the future in which most citizens are informed about, and interested and involved in, the processes of government." (Licklider zit. nach Winner 1989: 82).

Kemeny hatte seine „automated National Research Library" gleich in Hinblick auf einen privaten Zugriff konzipiert. Von zuhause aus sollten die Leser auf alle Ressourcen zugreifen können. Die Menschen sollten wieder in den Dörfern und Vorstädten leben und dort arbeiten. Die Informationen kämen zu ihnen wie die Tageszeitung. Auf diese Weise wollte er, wie es schon Mumford in Bezug auf das Stromnetz erhofft hatte (vgl. Hughes 1991:305), die Probleme der ständig wachsenden Metropolen lösen – vom Verkehrsproblem bis zu den Slums.

> „I should like to consider a radical solution to the problems of the city. Arrange business so that suburban dwellers can *stay* in the suburbs; that is, remove the necessity of their going to the city." (Kemeny in Greenberger 1971: 10; Hervorhebung im Original)

Das beinhaltete auf der einen Seite auch emanzipatorische Möglichkeiten, auf der anderen Seite erhoffte man sich den volkswirtschaftlichen Vorteil, das brachliegende Potential gut ausgebildeter Frauen ausschöpfen zu können.

> „For the first time a woman will be able to keep up with her profession without sacrificing her role as wife or mother." (Kemeny in Greenberger 1971: 11; bereits vorher ähnlich David/Fano 1965: 38)

Die Idee eines öffentlichen Teilnehmerkreises reichte also bis zum *Home Computing*. Ab 1965/66 rückten Privathaushalte als mögliche Adressaten verstärkt in den Blick. Konkrete Bestrebungen, ein solches Geschäftsfeld zu eröffnen, gab es bei General Electric nach dem Abschluss der DTSS und BASIC Entwicklungen. 20 Terminals wurden versuchsweise in Privathaushalten installiert. Die leichte Erlernbarkeit der Sprache BASIC beflügelte das Home-Computing-Szenario, das von Homebanking über Informationsbeschaffung, das intelligente Haus, Kochrezeptverwaltung bis hin zu E-Learning reichte. Der Nutzer sollte zuhause über das Terminal nach Programmkonserven suchen oder selbst ein Programm schreiben, das seinen Anforderungen entsprach (vgl. Hellige 1996b: 227f.). Dieser technokratische Entwurf von Nutzungsanforderungen musste jedoch bald wieder auf realistischere Ziele gestutzt werden.

Das Ziel, möglichst viele Teilnehmer an die Time-Sharing-Systeme anzuschließen, blieb jedoch die Triebfeder der Entwicklung.[39] Doch der Public-Utility-Ansatz musste an den immensen technischen Problemen der alles-auf-einen-Streich-Lösungen scheitern. Verschärft wurde die Situation dadurch, dass die Voraussetzung für einen „öffentlichen Computerdienst“ ein „ununterbrochener und zuverlässiger Betrieb“ war, der täglich vierundzwanzig Stunden zur Verfügung stehen musste (Fano/Corbató 1967: 95). Diese Anforderungen waren noch nicht realisierbar. So blieb die Debatte zwar weitgehend akademisch und war für die praktische Umsetzung wenig ergiebig, gab jedoch eine Richtung vor, an deren Horizont sich die weiteren Entwicklungen ausrichteten (vgl. Hellige 1996b: 225).

Die Visionen hatten ein Netz entworfen, das kostengünstig Informationen im ganzen Land verteilen sollte. Der Leitbildkomplex formulierte dabei erstmals die umfangreichen Synchronisationsleistungen, die erst das Internet erfüllen konnte. Auf zahlreichen Ebenen mussten technische und soziale Faktoren in ein hybrides Geflecht übersetzt werden.

- Die Verteilung der Systemkosten auf möglichst viele Nutzer und die optimale Auslastung der Ressourcen eröffnete die Frage nach dem Abrechnungsmodus.
- Die Zusammenarbeit der Terminals mit der Zentraleinheit war durch Time-Sharing gelöst, die technische Realisierung eines „network of such centers“ stand jedoch noch offen. Ebenso wie die neuen Formen der Zusammenarbeit der nun durch Rechner verbundenen Wissenschaftler erst noch gefunden werden mussten.

39 Kemeny beklagte, dass bei Experimenten am Dartmouth College auf einem GE 650 System nicht mehr als 200 Teilnehmer an die leistungsfähigsten Prozessoren der Zeit anzuschließen waren (Kemeny 1971: 3).

Abbildung 6: Im Leitbild antizipierte Hybridisierungsleistungen

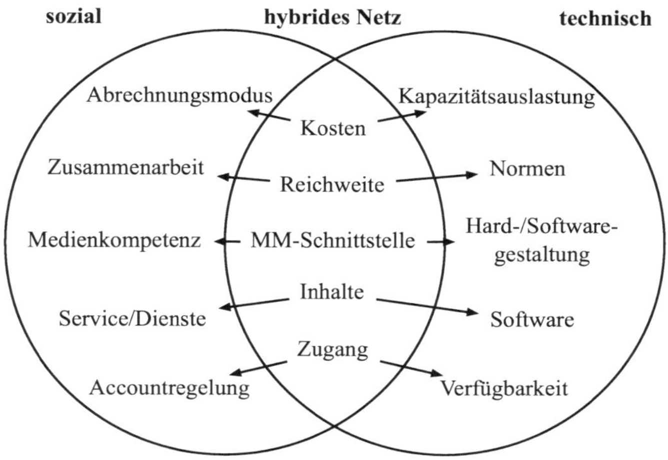

- Um den Nutzerkreis ausweiten zu können, war die Stärkung der Medienkompetenz auf Seiten der Scientific Community ebenso wichtig, wie die Verbesserung der Mensch-Maschine-Schnittstelle auf Seiten der Soft- und Hardware.
- Die neuen Inhalte verlangten nach neuer Software, welche wieder auf die Inhalte zurückwirkte.
- Schließlich war der Zugang für ein öffentliches System zu regeln und gleichzeitig seine Stabilität zu gewährleisten, da aus dem Angebot schnell Erwartungshaltungen in Hinblick auf Servicegarantie und Ausfallsicherheit des Systems erwuchsen.

Das Funktionieren des Netzes und seine Stabilität konnte nur durch die Schaffung von gegenseitigen Abhängigkeiten vieler verschiedener (sozialer und technischer) Faktoren gewährleistet werden. Rückblickend liest sich dieser Leitbildkomplex wie das Programm für die Entwicklung der Computernetztechnik der darauf folgenden 30 Jahre.

2.3.4 Interactive Computing

Parallel zu den Leitbildern einer vernetzten Rechnerinfrastruktur entwickelten sich Ideen, die aus der Akteursperspektive die Möglichkeiten ausloteten, den Umgang des Menschen mit dem Rechner neu zu gestalten. Time-Sharing wurde hier von Licklider, McCarthy oder Fano in erster Linie als *Interactive Computing* verstanden.

McCarthy, der die unbefriedigende Arbeitssituation beim Debugging am MIT gut kannte, betonte immer wieder die Notwendigkeit, die Interaktion mit der Maschine zu verbessern. Licklider hatte sogar von „Man-Computer-Symbiosis" (1960) gesprochen. Die Leitmetapher von einer *Konversation* zwischen Mensch und Maschine wurde zunächst durchaus wörtlich genommen.[40]

Die Erkenntnis, dass Programmierung immer schon die Formulierung der Lösung eines Problems bedeutete, führte dazu, dass dem Rechner eine aktivere Rolle zugeschrieben wurde. In einer Art Dialogbetrieb sollte er nun am Problemlösungsprozess beteiligt werden. „Die Vorstellung einer Konversation zwischen Mensch und Computer als Metapher für den modus operandi einer interaktiven Intelligenzverstärkung" konstruierte den „Computer als hilfreiches Gegenüber" (Pflüger 2004: 375). In Douglas T. Ross' „Gestalt Programming" und noch stärker bei Licklider (1960) sollten die komplexen Problemstellungen in einer Art und Weise formuliert werden, dass sie die Maschine verarbeiten konnte („to bring the computing machine effectively into the formulative parts of technical problems"). Die algorithmischen Fähigkeiten des Rechners sollten eine Symbiose mit der heuristischen Erkenntnisfähigkeit des Menschen eingehen. „By and large, the human threads are heuristic and the machine threads are algorithmic" (Licklider 1965: 91).

Gleichzeitig bezog sich die Kommunikationsmetapher Anfang der 60er Jahre auf zeitkritische Bedingungen. Militärische Probleme mussten schnell gelöst werden („real-time"). Die sofortige Reaktion des Rechners war auch für den am Terminal sitzenden Programmierer wichtig, denn Time-Sharing-Systeme, die schnell genug reagierten, waren in der Lage, eine persönliche Arbeitsumgebung vorzuspiegeln. „Such a system will look to each user like a large private computer." (McCarthy 1962: 221) Interactive Computing war jedoch nicht nur ein Nebenprodukt, sondern eine wesentliche Motivation für die Entwicklung von Time-Sharing-Systemen, wie sich Fano erinnerte.

> „The development of time-sharing systems was motivated at the start by narrower objective of creating for several people the illusion of having a private computer at their disposal." (Fano 1967: 39)

Diese Ideen konnten sich jedoch viel besser in den gegen Ende der 60er Jahre aufkommenden kleineren Computern verwirklichen und verschärften damit den Legitimationsdruck auf die Large-Scale-Systeme. Die

40 Für Jörg Pflüger ist Konversation die Leitmetapher der ersten Phase innerhalb einer „Ideengeschichte der Interaktivität" (1999, 2004), gefolgt von Manipulation und Delegation.

Leitbilder des Personal Computing waren bereits mit den Time-Sharing-Systemen entstanden.

„Immer wieder ist in Publikationen der Time-Sharing-Community von ‚personal (utility) consoles', ‚personal processors', ‚personalized terminals' und ‚personal computers' die Rede. Es hat also den Anschein, daß der von der drohenden Konkurrenz kleiner Computer ausgehende Legitimationsdruck zu einer Neuformulierung des Time-Sharing-Leitbildes geführt hat. [...] Wesentliche Elemente des PC-Leitbildes wurden hier bereits Jahre vor dem Einsetzen der entsprechenden F&E-Aktivitäten formuliert, jedoch nicht von den Anhängern dezentraler Kleinrechner, sondern von den Vertretern des ‚large scale computing', die durch Resource-Sharing und nutzernahe Terminals das weitere Größenwachstum der Mainframes absichern wollten." (Hellige 1996b: 219)

Es ging anfangs also um die Mensch-Maschine-Schnittstelle, um die Kommunikation mit dem Gerät. Erst nachdem sich die Diskussion zu den Inhalten verschoben hatte (*Resource-Sharing*), geriet der Computer als Kommunikationsmedium zwischen den Nutzern bewusst in den Blick.

„When people do their informational work ‚at the console' and ‚through network,' telecommunication will be as natural an extension of individual work as face-to-face communication is now." (Licklider 1968: 40)

In Lickliders Papier „The Computer as a Communications Device" (1968), das er zusammen mit seinem Nachfolger auf dem Direktoriumsposten des IPTO Robert W. Taylor verfasst hatte, wurde dies bis hin zur Vision einer *Supercommunity* (Licklider 1968: 32), in der jeder Zugriff auf alle Ressourcen haben sollte, ausgebaut. Licklider sah in seiner Verknüpfung von Interactive Computing und großtechnischer Vision einer Informationsinfrastruktur eine neue soziale Qualität des Time-Sharing-Konzepts.

„In a few years, men will be able to communicate more effectively through a machine than face to face." (Licklider/Taylor 1968: 21)

Von der Feststellung ausgehend, dass Informationsübertragung und Informationsverarbeitung immer getrennt entwickelt worden waren und sich getrennt institutionalisiert haben, erhofften sie sich von einer Verschmelzung beider Technologien große Vorteile. Darin verbarg sich jedoch die Herausforderung, diese zwei unterschiedlichen technischen Kulturen der Fernmeldetechnik und der Computertechnik miteinander zu synchronisieren.

„Information transmission and information processing have always been carried out separately and have become separately institutionalized. There are strong intellectual and social benefits to be realized by the melding of these two technologies.“ (Licklider 1968: 28)

Ende der 60er Jahre wurden immer mehr Multiaccess-Computer von Forschungseinrichtungen angeschafft, um die sich kleine Gruppen bildeten, die eine immer größere Anzahl von Programmen, Daten und Knowhow produzierten. Diese funktionell und geografisch voneinander getrennten Online-Communities sollten zu einer Supercommunity verbunden werden. Für viele Probleme, so Lickliders und Taylors These, gäbe es Wissenschaftler, die bereits an einer Lösung arbeiteten. Die Menschen mit herkömmlichen Methoden (Konferenzen, Tagungen etc.) zusammenzubringen, bedeutete einen erheblichen Aufwand und eine Reihe von Problemen (zeitlicher, finanzieller, persönlicher Art). Online-Communities könnten dagegen aus Personen bestehen, die zwar geografisch verteilt seien, sich aber dennoch austauschten. Das Netz wurde hier von Licklider und Taylor weniger im technischen als im inhaltlichen Sinne verstanden. Es sollte sich ein Geflecht aus *Interessengruppen* bilden, das zwangsläufig dynamisch sein würde.

„The whole will constitute a labile network of networks – ever-changing in both content and configuration.“ (Licklider 1968: 38)

Neben Resource-Sharing-Diensten sollten im Netzwerk Services verfügbar sein, die abonniert oder einfach abgerufen werden könnten. Dabei dachte man sowohl an Fachinformationen als auch an „announcement of cultural, sport, and entertainment events that fit your interests“ sowie „dictionaries, encyclopedias, indexes, catalogues“ etc. (Licklider 1968: 39). Auch wenn die technikutopischen Bilder bei diesen weitreichenden gesellschaftlichen Visionen stets die Oberhand behielten, wurde in dieser frühen Phase auch eine Reihe von potentiellen Gefahren wie die Frage des Zugriffs, der Datensicherheit oder des Datenschutzes diskutiert.

„Die Bindung zwischen einem solchen System und der Gemeinschaft, der es dient, ist so stark, daß die Gemeinschaft zu einem Teil dieses Systems selbst wird. Die Computersysteme und ihre Benutzer werden neue Serviceleistungen hervorbringen, neue Institutionen, eine neue Umwelt, aber auch neue Probleme schaffen. Da ein solches System die Mitglieder eines Gemeinwesens einander näher bringt, werden viele dieser Probleme moralischer Natur sein. Die heutigen Möglichkeiten des Anzapfens von Leitungen führt uns den ganzen Ernst vor Augen, mit dem man die Sicherheit eines Systems beurteilen muss, das in seinem Großraumspeicher viele detaillierte Informationen über Einzelpersonen und Verbände enthält. Wie soll der Zugriff zu dem öffentlichen System kontrolliert werden? Wer bestimmt über seine Verwendung?" (Fano/Corbató 1967: 100)

Licklider spitzte das Problem des Zugangs zum Netz noch weiter zu.

„For the society, the impact will be good or bad, depending mainly on the question: Will ‚to be on line' be a privilege or a right? If only a favored segment of the population gets a chance to enjoy the advantage of ‚intelligence amplification,' the network may exaggerate the discontinuity in the spectrum of intellectual opportunity." (1968: 40).

David und Fano (1965) fragten nach den Effekten der Speichertechnik. Die verheißende Zukunftsvision einer Computer Community und eines gigantischen elektronischen Gedächtnisses konnte schnell ins Negative umschlagen, denn die Übertragung militärischer Command-And-Control-Systeme in den zivilen Bereich warf, angesichts einer anvisierten allumfassenden Speicherung, die Frage nach dem Schutz der Privatsphäre und der eigenen Daten vor „Vandalismus" und unerlaubtem Zugriff auf (Fano 1967).

„With all significant actions being taken with the aid of a computer system, the contents of the system's mass memory would provide a complete, up-to-date representation of the state of the community that it serves. [...]
If every significant action is recorded in the mass memory of a community computer system, and programs are available for analyzing them, the daily activities of each individual could become open to scrutiny.While the technical means may be available for preventing illegal searchers, where will society draw the line between legal and illegal? Will the custodians of the system be able to resist pressure from government agencies, special-interest groups, and powerful individuals? And what about the custodians themselves? Can society trust them with so much power?" (David/Fano 1965: 37)

Man sah sehr klar, dass diese Qualität nicht nur bei einer eventuellen Monopolbildung der Computerserviceanbieter gesellschaftlich bedrohlich werden konnte.

Die Versuche einer praktischen Umsetzung der Ideen waren begleitet von heftigen Kontroversen und Richtungskämpfen unter den MIT-Forschern. Corbató verfolgte einen pragmatischen Kurs, indem er auf Kompatibilität zum Batchsystem (*Compatible* Time Sharing System) oder die Wiederverwendbarkeit von Programmiersprachen achtete. Sein Ziel war eine direkte Verbesserung der Programmentwicklung durch robuste textorientierte Ein- und Ausgabe (Corbató 1991). Er vertrat dabei die „Binnensicht der Programmer Community und die Effizienzkriterien des Rechenzentrumbetriebs“ (Hellige 1996b: 221).

Die Visionäre der KI-orientierten Richtung am MIT wie Taeger und Minsky standen dagegen Lickliders Gedanken näher. Seine „powerful on-line aid to understanding“ zu entwickeln, setzte jedoch eine komplette Neuentwicklung der Programmiersprachen, Softwaretools und Hardware voraus. Das waren zu viele Probleme, die auf einmal hätten gelöst werden müssen, so dass sich Corbatós CTSS zunächst durchsetzen konnte.

> „Die Hauptkonfliktlinien zwischen der pragmatischen und der KI-orientierten Gruppierung tauchten dann in der faktischen Zweiteilung des im Sommer 1963 beginnenden Project MAC deutlich in Erscheinung: Die Gruppe um Corbató arbeitete an einem Multi-Access-Computer, während es der KI-Gruppe um die Machine Aided Cognition ging. Mit Blick auf die kontroversen Ziele wurde das Akronym MAC intern schon bald mit Minsky Against Corbató aufgelöst.“ (Hellige 1996b: 222)

Die Leitbilder, die sich um die Time-Sharing-Systeme gebildet hatten, versuchten, inerhalb des wahrscheinlich Machbaren die gesellschaftliche Kontextualisierung der Technik zu antizipieren. Als Netzutopien konnten sie dabei an die Leitbilder älterer Technologien anschließen. Dabei wurden die Hybridisierungsleistungen konzeptionell vorweggenommen, die das Projekt während seiner Konkretisierung einlösen musste. Drei Kernaufgaben wurden dabei formuliert:

- Der Aufbau eines öffentlichen, ubiquitären Netzes von Zugangsstationen mittels Time-Sharing zu einer nationalen Informationsinfrastruktur,
- die Entwicklung von Inhalten (Library, E-Learning, Home-Banking u.v.m.) und
- eine erhebliche Verbesserung der Mensch-Maschine-Interaktion sowohl technisch (durch Maus, grafische Displays etc.) als auch konzeptionell (Dialogbetrieb).

Was technisch zwar schon Mitte der 60er Jahre in Ansätzen möglich war und praktiziert wurde, die Kommunikation von Menschen mittels eines Rechners, gelangte erst sehr spät in das Bewusstsein.[41] Immer noch herrschte die Maschinenperspektive vor und man bemühte sich intensiv

41 Einer der ersten Vorschläge, Kommunikation mittels Computern zu realisieren, gab es in Deutschland. In seiner an der Universität Bonn 1962 eingereichten Dissertation schlug Carl Adam Petri zwar eine sehr formalisierte Kommunikation vor, aber ähnlich wie Licklider in der Hoffnung, die Menschen damit bei ihrer Arbeit zu unterstützen (vgl. Schelhowe 2004).

um die Interaktion mit dem Computer. Licklider entdeckte den Rechner als Kommunikationsmedium erst 1968 als Folge einer wild wuchernden Praxis.

2.4 Computer als Werkzeug und Medium

Der Computer war, wie Ceruzzi (2003: 1) bemerkte, zwar erfunden worden, um zu rechnen, dies ist aber heute im „Informationszeitalter" seine uninteressanteste Eigenschaft. Zwischen 1960 und 1990 wurde er „reborn as a means of communication" (Abbate 1999: 1). Dieser Prozess hatte Mitte der 80er Jahre zu einer lebhaften Debatte geführt, in der der Computer mal als Kanal, Werkzeug, Medium, Installation, Mythos oder Automat oder deren historische Abfolge beschrieben wurde.[42] Die Diskussion kann hier nicht in all ihren Dimensionen ausgebreitet werden. Daher beschränke ich mich auf die Aspekte, die für den Hybridisierungsprozess von Bedeutung sind.

Der Computer kann ein „einfaches" Werkzeug zur Errechnung einer komplexen Formel sein. Man benutzt ihn zweckrational, um physikalische Zustände zu transformieren. Begreift man ihn zusätzlich als Automat, wie vor den Time-Sharing-Systemen üblich, tut er diese Dinge selbsttätig. Er unterscheidet sich von klassischen Maschinen durch seine „programmierbare Zweckbestimmung" (Coy 1994: 19). Mit den Time-Sharing-Systemen kam wie gezeigt die Idee auf, den Rechner als (inter-) aktives Hilfsmittel im Problemlösungsprozess, also als Werkzeug für etwas einzusetzen.

Mitte der 80er Jahre kritisierten Wingert und Riehm die These vom „Computer als Werkzeug", die ihrer Ansicht nach die Vorstellung von der Souveränität des Menschen über seine Arbeitsmittel erwecke (Wingert/ Riehm 1985: 108). Als Interpretationsmuster strukturiere diese Metapher jedoch die Erfahrung vor. Eine bekannte These, mit der sich bereits McLuhan gegen die inhaltszentrierte Medienkritik der 60er Jahre wandte und versuchte, die Aufmerksamkeit auf die Rahmung der Wahrnehmung durch Technik zu lenken (McLuhan 1964/1994: 21ff.).

Daher ist die Gegenüberstellung von Werkzeug und Medium problematisch. Der Werkzeugbegriff bezieht sich auf die physische Einwirkung auf das Material, der Medienbegriff auf das Strukturieren von Erfahrung. Das Werkzeug beschreibt die Einwirkung des Menschen auf das Arte-

42 vgl. Rammert 2000, Warnke et al 1997, Schelhowe 1997, Halfmann 1996, Coy 1995, Bolz/Kittler/Tholen 1994, Wingert/Riehm 1985, Kuhlmann 1985 etc.

fakt, der es dazu bringt, etwas für ihn zu tun. Im Medium schlägt das Artefakt zurück, indem es die Dinge nicht nur vermittelt, sondern gleichzeitig auf den Menschen und die zu vermittelnden Inhalte einwirkt, indem es als Träger von Strukturen „Ausmaß und Form des menschlichen Zusammenlebens gestaltet und steuert" (McLuhan 1994: 23, vgl. auch Kittler 1995). Der Computer ist, wie der Latoursche Schütze, ein Hybridwesen, Medium und Maschine zugleich (vgl. auch Coy 1995: 37, Esposito 1993).

Es gibt also einen Unterschied in der Kategorie der Wirkungsrichtung. Der Computer als Werkzeug beschreibt die Akteursperspektive, die (kreative) Aneignung des Geräts durch den Nutzer. Der Begriff des Mediums soll hier das Einwirken des Artefakts auf den Menschen und die Inhalte beschreiben, indem es Handlungen und Inhalte ermöglicht, erzwingt oder verändert.[43]

Wie in der vorangegangenen Darstellung gezeigt ist der Computer zum Medium geworden. Jedoch nicht, indem er seinen Werkzeugcharakter aufgegeben hätte, sondern gerade weil er als Werkzeug eingesetzt wurde. Die behauptete Disparität zwischen Medium und Werkzeug ist ein Scheingefecht, dessen Schwierigkeit sich aus der Weigerung ergibt, den Computer als Hybridwesen zu sehen, der beide Teile gleichberechtigt in sich vereinigt. Das Medium ist die Kehrseite des Werkzeugs. Beide Teile wurden im Laufe der Entwicklung durch eine doppelte Dispositionierung verankert. Der Computer schien nützlich und seine Kosten (finanzielle, kognitive) dazu akzeptabel. Er ist Werkzeug, indem er als Kommunikationsmittel dienen kann und Medium, indem er diese Kommunikation initiiert, formiert und prägt.

> „Konkrete Medium-Form-Beziehungen entstehen durch die Art und Weise, wie handelnde Körper, operierende physikalische Objekte und formierte Zeichen untereinander und wechselseitig aufeinander bezogen und miteinander gekoppelt werden. [...] Ein Medium entsteht letztendlich erst in der praktischen Nutzung [...]." (Rammert 2000: 124)

Medium und Werkzeug realisieren sich erst im Gebrauch. Daher ist eine Analyse der Dialektik von Medienstrukturen und Medienpraktiken anzustreben.

Das, was als Ausweitungen beschrieben wurde, waren immer auch Ausdifferenzierungen: Der Forscher, der im Rahmen seines Lehrstuhls ein Rechnerprojekt entwickelte, konnte nun auf militärische Forschungsförderung hoffen (a); die Nutzung der Anlagen konnte jetzt durch An-

43 Die hier am Beispiel der Computertechnik gemachten Ausführungen lassen sich auf technische Artefakte im Allgemeinen übertragen.

wender erfolgen, die keine tiefergehenden technischen Kenntnisse von der Hardware besaßen (b), aus dem Labor wurde ein Rechenzentrum und sein Raum teilte sich vor dem Hintergrund der Auslastungsproblematik in einen vor und einen hinter dem Tresen, und schließlich zerfielen selbst die Rechner in Zentraleinheit und Terminals (c).

Bei diesen Ausweitungen bzw. Ausdifferenzierungen des Netzes entstand ein soziotechnisches System indem sich die Elemente zu mehr oder weniger stabilen Verbindungen (bis hin zur Time-Sharing-Blackbox) verknüpften und dabei die Handlungsprogramme verschoben. Das Militär förderte jetzt Rechnerforschung und die Wissenschaftler fanden sich plötzlich in einem militärischen Zusammenhang wieder (a); Ingenieure mussten sich nun mit naiven Anwendern auseinandersetzen, die schnell Ansprüche an die Systeme stellten. Rechner konnten nicht mehr ohne weitgehende Absprachen umgebaut werden. Auf der anderen Seite erhielten Studenten und Forscher erstmals die Möglichkeit, Computer für ihre Zwecke zu nutzen, was ihre Arbeitspraxen veränderte (b). Dafür bekamen sie einen eigenen Ort zugewiesen, der sozial Computertechniker und Computernutzer sowie technisch Rechner und Ein- und Ausgabemedien trennte und schließlich beides im Time-Sharing-Konzept technisch fixierte. Der Rechner hatte plötzlich mehrere Orte (Terminals, Zentraleinheit) und war an allen gleichzeitig. Der Nutzer konnte dagegen in seinem Büro bleiben und ihn von dort aus bedienen. Die soziale Interaktion der Lochkartenannahme übernahm das Time-Sharing-Betriebssystem (c).

Abbildung 7: Time-Sharing-Systeme als Hybridobjekte

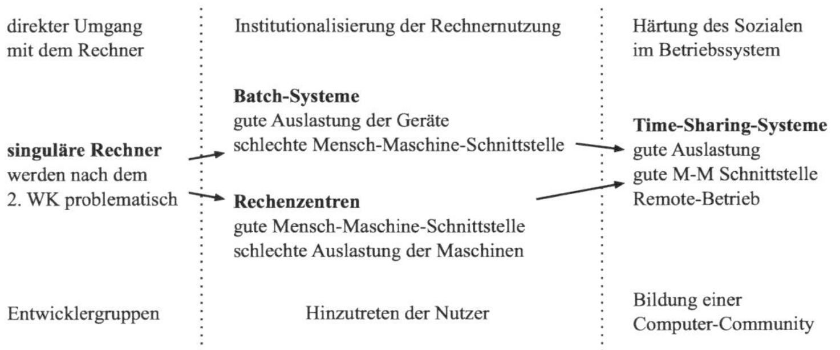

Die zwischenmenschliche Kommunikation konnte sich erstmals *in* den Rechner verlegen. Indem der Computer als Werkzeug Signale verschiedener Anwender übertrug, in Dateien speicherte und anderen wiederum zugänglich machte, wurde er zum Medium, aus dem eine Computer Community entstehen konnte.

„Durch die medial vermittelte Interaktion mehrere Handelnder entsteht ein gesellschaftlicher Wirk- und Erfahrungsraum.
So wie die Begegnung zweier Subjekte einen Raum der Intersubjektivität, den wir üblicherweise als Gesellschaft bezeichnen, schaffen, so scheinen die von mehreren Subjekten ausgelösten Interaktivitäten von Programmen und anderen Objekten einen Raum der Interobjektivität und der Intertextualität zu erzeugen, bei dem wir uns noch schwertun, ihn auch als Teil der Gesellschaft zu erkennen und zu akzeptieren. Unterscheidet er sich doch von Sozialsystemen dadurch, daß mit Objekten interagiert wird und daraus hybride Verhältnisse entstehen. Unterscheidet er sich von Maschinensystemen dadurch, daß er sich als offenes System ständig verändert." (Rammert 2000:115f.)

Doch nicht erst mit dem Internet, wie Rammert konstatierte, sondern bereits mit den Time-Sharing-Systemen entstand „ein neuer gesellschaftlicher Erfahrungsraum, in dem Interaktionen über technische Interaktivitäten gekoppelt wurden" (Rammert 2000: 119).

3 Network Community

Time-Sharing hatte es möglich gemacht, viele Terminals an einen Rechner anzuschließen. Die Umsetzung einer landesweiten Informationsinfrastruktur, wie sie als Leitbild formuliert worden war, erforderte nun aber, diese Time-Sharing-Systeme selbst miteinander zu verbinden. Angesichts der heterogenen Computerlandschaft konnte das nur eine Institution leisten, die genügend Einfluss auf die Rechnerstandorte hatte und der ausreichend finanzielle Mittel zur Verfügung standen. Katalysator und Initiator dieses großen Vernetzungsprojektes wurde die ARPA, bzw. deren Abteilung IPTO unter ihren herausragenden Leitern Licklider, Taylor und Roberts. Mit ihren Mitteln entstand die Technik für einen großen Rechnerverbund, und – das wurde für viele spätere Projekte prägend – sie entstand in einer ganz besonderen Atmosphäre, die neue institutionelle Mechanismen der Zusammenarbeit hervorbrachte.

3.1 J.C.R. Licklider und das IPTO

Joseph Carl Robnett Licklider war eine Schlüsselfigur in diesem Prozess. Als ein ungemein umtriebiger und visionärer Wissenschaftsmanager verfolgte und förderte er die Umsetzung seiner Vorstellung von einer engen Zusammenarbeit von Mensch und Computer seine ganze berufliche Karriere hindurch und wurde so zu einem der einflussreichsten Computerwissenschaftler der 60er Jahre und darüber hinaus.[44] Anders als andere Wissenschaftler, deren Texte hauptsächlich im akademischen Umfeld rezipiert wurden, war Licklider sowohl bei den Militärs als auch in der Wissenschaftsgemeinde zuhause und wurde geachtet. Wie kein Zweiter bildete er eine Schnittstelle zwischen diesen beiden Welten. Ende der 60er Jahre behielt er auch angesichts einer zunehmend kritischen Öffentlichkeit stets eine positive Einstellung zum Militär.

> „So I had the notion [that], command and control essentially depends on interactive computing and there isn't any interactive computing so the military really needs this.' I was one of the few people who, I think, had this positive feeling toward the military." (Licklider zit. nach Lee/Rosin 1992b: 17)

1957 ging er als Vizepräsident zu einer kleinen Firma namens Bolt, Beranek and Newman (BBN), die unter anderem von Rüstungsaufträgen lebte.[45] Dort leitete er ein Projekt für die Air Force, durch das er das SAGE System kennen lernte. Ein Manuskript aus diesem Jahr („The Truly SAGE System or Toward a Man-Machine System for Thinking") zeigt, dass seine Idee eines *Thinking Center* zunächst eine Transformation des SAGE Systems in ein allgemeines ziviles Informationssystem war (vgl. Kita 2003). Diese Idee entwickelte er in seinem Aufsatz „Man-Computer-Symbiosis" von 1960 weiter, in dem er eine schonungslose Analyse des SAGE Systems durchführte und dafür plädierte, den Menschen, statt als bloßes Anhängsel der Maschine zu sehen („humanly extended machines"), eine echte Partnerschaft zwischen ihnen anzustreben. Er war nicht der einzige, der diese Ideen verfolgte, formulierte sie jedoch stets am schärfsten.

44 Nach seinem Ph.D. in Psychologie 1942 an der Universität Rochester arbeitete Licklider während des Krieges an Verteidigungsprojekten am Psycho-Acoustic Laboratory der Harvard Universität. Dort beschäftigten ihn wahrnehmungspsychologische Probleme der Sprachübertragung. 1950 wechselte er als Associated Professor an das Psychology Departement und das Electrical Engineering Department des MIT. Als dort im Jahr darauf das Lincoln Laboratory eingerichtet wurde, das sich mit Fragen der Luftabwehr beschäftigen sollte, engagierte er sich im Whirlwind Projekt. 1953 übernahm er die Human-Engineering Group, die im Folgejahr zu den Sozialpsychologen an der Sloan School of Management umzog. Daneben arbeitete er als Berater für das DoD und zivile Firmen.

45 BBN war eine Forschungsfirma, die sich mit Akustik, Psychoakustik, Mensch-Maschine-Schnittstellen und Informationssystemen beschäftigte. Dort konnte er weiter über verhaltenspsychologische Aspekte von Informationssystemen forschen. (BBN siehe: http://www.bbn.com/)

„I remember [Marvin] Minsky saying he really liked that [‚Man-Computer Symbiosis'] paper. Someone of us, he said, had to write that. And that really subsumes quite a lot. There were a lot of people who were thinking the same general thought." (Licklider zit. nach Lee/Rosin 1992b: 18)

In einem Umfeld, in dem Automation und Substitution menschlicher Arbeit die beliebtesten Computerszenarien waren, versuchte Licklider sich von diesem Trend durch den Begriff der Man-Computer *Symbiosis* abzusetzen. Seine Erfahrungen mit dem SAGE-Projekt hatten gezeigt, dass dieses System nur vorgegebene Aufgaben und klar definierte Alternativen abarbeiten konnte. Diese statischen Strukturen wollte Licklider durch dynamische ersetzen. Bei veränderten Situationen sollte der Nutzer eingreifen und situationsabhängig und interaktiv das Problem durch einen produktiven partnerschaftlichen Kommunikationsprozess mit dem Computer lösen können. Es ging ihm ausdrücklich nicht um Prothesen, Erweiterungen oder Ersatz, sondern um eine echte Symbiose. So sollte zum Beispiel die enge Kopplung von menschlichem Geist und Computerpäzision das Problemlösen durch eine einfache Zieldefinition ermöglichen. Time-Sharing-Systeme standen für ihn dabei zwar nicht im Vordergrund, waren aber ein zentraler Ansatz, sein Ziel zu erreichen.[46]

„Licklider dealt with time-sharing as an economical matter as well as a key technology for intellectual resource sharing, ‚a thinking center'." (Kita 2003: 65)

Er entwickelte noch eine weitaus breitere Forschungsagenda für die folgenden Jahre und formulierte so eine Reihe heute selbstverständlicher Techniken.[47]

Zu Beginn der 60er Jahre konzentrierte sich die ARPA auf das Problem, in rasch wechselnden militärischen Situationen Planungsdaten zu erhalten, um schnell Entscheidungen treffen zu können. Für die neu ins Amt gekommene Kennedy Administration war das von besonderem Interesse. Die Umstellung der Verteidigungsdoktrin unter McNamara von „massiver Vergeltung" auf eine „flexible Reaktion", erforderte auch ein flexibles Informationsmanagement.

---

46 Erste Schritte zur Entwicklung eines Time-Sharing-Systems hatte er selbst bereits 1959 bei BBN auf Basis eines PDP-1 Rechners gemacht.

47 Time-Sharing-Systeme, Information Retrieval, Präsentationsgrafik, Statistikprogramme, elektronische Bibliothekskataloge, modulares Programmieren etc. Auf der Hardwareseite beschrieb er intuitive Darstellungstechniken und innovative Ein- und Ausgabegeräte.

„The military was shifting its focus from human relations to the informational aspects of command and control systems. As part of its shift, the use of computers in command and control systems grew in importance.“ (O'Neill 1995: 76)

Die Probleme des Militärs waren, Lickliders in Man-Computer Symbiosis ausgedrückten Kritik am SAGE System zufolge, Probleme der Mensch-Computer-Interaktion. Jack Ruina, damals Leiter der ARPA, stimmte darin mit ihm überein. Auch er wollte, dass die Anwendungen des Computers über reine Berechnungen hinausgingen. Licklider konnte seine konkreten Visionen 1961 innerhalb einer Vortragsreihe am MIT darstellen. Kurz nach seinem Auftritt wurde er gebeten, die im Juni neu gegründete Unterabteilung der ARPA, das „Command and Control Office“ (CCO) und das „Behavioral Science Office“ zu leiten. Darauf verließ er im Oktober 1962 BBN, um als erster Direktor das CCO zu führen. Doch weder Ruina noch Licklider waren glücklich mit der Konzeption dieser Abteilung. Beide erkannten das enorme Potential, das in der sich rasch entwickelnden Hardware steckte, dessen Möglichkeiten aber noch nicht verstanden wurden. Command-and-Control-Systeme konnten nach Lickliders Ansicht nur Erfolg haben, wenn man das Problem des Interactive Computing löste. Eine seiner ersten Amtshandlungen war daher die Umwidmung des CCO in „Information Processing Techniques Office“ (IPTO), um damit das breitere Spektrum auszudrücken, indem er Forschungsförderung für notwendig hielt. (Vgl.: Hauben 1999; O'Neill 1995: 77) Mit dem IPTO konnte Licklider zahlreiche richtungsweisende Projekte unterstützen, die Schlüsseltechniken für seine Vorstellung, einer Symbiose von Mensch und Rechner, entwickelten, wie: grafische Datenverarbeitung, Künstliche Intelligenz, VSLI Design Schemes, Parallelverarbeitung und natürlich Time-Sharing und Networking.

Ein erster Schritt in diese Richtung war die Förderung von Time-Sharing-Systemen, obwohl diese Technik in dem Papier, das die IPTO 1961 gründete, nicht einmal erwähnt wurde. Acht der neun 1963 vom IPTO geförderten Institutionen entwickelten diese Systeme. Inklusive der einflussreichsten Projekte, wie das CTSS und dessen Nachfolger MULTICS am MIT, ein System am SDC und das Time-Sharing-System der Universität von Berkeley.[48] Daneben unterstützte das IPTO Douglas Engelbarts Arbeiten über Collaborative Interactive Computing am SRI und Projekte zur Künstlichen Intelligenz von John McCarthy an der Stanford University und Marvin Minsky am MIT.

Licklider managte das IPTO und das Behavioral Sciences Office mit einem kombinierten Budget von 11 Millionen US-$ und der Hilfe einer Sekretärin. Er versuchte von Anfang an, das Geld nur unter wenigen Organisationen zu verteilen (vgl. Kita 2003: 62ff.). Dabei war er immer daran interessiert, die Forscher, die er unterstützte, zu einer Community zusammenzuführen und ermunterte sie, ihre Kollegen zu besuchen und sich auf Konferenzen zu treffen. Licklider reiste dafür zu seinen Vertragspartnern, um mit den Wissenschaftlern zu diskutieren und neue Projekte anzuregen. Fano beschrieb in dem Project MAC Interviews der Annals of the History of Computing Lickliders Führungsstil.

> „Namely, you [gemeint ist hier Licklider / P. S.] were not sitting in your office waiting for proposals to arrive after sending out a brochure. You were running around the country trying to generate enthusiasm. And while I'm sure you didn't ever tell me, ‚I want a proposal from MIT,‘ it was quite clear that you would have like one.“ (Fano zit. nach Lee/Rosin 1992b: 20f.)

Es ging ihm, wie er selbst in einem Interview betonte, nicht um die Planung von Schlachten, sondern um den klugen Einsatz der besten Köpfe (Lee/Rosin 1992b: 24). Rückblickend betonte er, wie froh er über die Direktoren der ARPA war, die ihm lange genug zugehört hätten, um ihn zu unterstützen und anschließend keine Versuche der Einflussnahme unternommen hätten (vgl. Hauben 1999b). So konnte auch er die Projekte sehr individuell unterstützen und den Wissenschaftlern, die er förderte, ungewöhnlich große Freiheiten lassen.

48 Der Computerindustrie konnte Licklider seine Vision nicht überlassen, war sie doch zu sehr ökonomisch und psychologisch dem Leitbild des Computers als arithmetische Maschine verschrieben (vgl. Hauben, Behind, 1999). Die Hoffnung, die Industrie würde mit ihren Konstruktionen über den Stand der Technik hinausgehen, hatte er für das Gebiet der Netztechnik nicht. Anders als z.B. im Bereich der Kleincomputer. Auf die Frage warum die ARPA nicht die Entwicklung von Workstations wesentlich gefördert hat, gab Roberts an, dass diese Entwicklung im ökonomischen Interesse und Vermögen kommerzieller Unternehmen lag. Eine Richtlinie der ARPA sei gewesen: „Don't fund anything that was obviously going to be done by industry and was straightforward.“ (Roberts 1988: 169). Grenzüberschreitung war jedoch für die Förderpolitik der IPTO immer ein herausragendes Kriterium. Kommerzieller Erfolg war dagegen nicht in erster Linie von Belang.

Lickliders Führungsstil innerhalb der IPTO war geprägt durch die Konvergenz akademischer und militärischer Ziele und die Kohärenz der initiierten Programme über die Zeit. Er adaptierte das Lean Management, das im IPTO von Direktor zu Direktor weitergegeben wurde. Das gelang, weil es immer Phasen der Überschneidung vor einem Wechsel gab (vgl. Norberg 1996: 44f.). Nach den Statuten der ARPA konnte der scheidende Direktor seinen Nachfolger vorschlagen. Als Licklider sich 1964 vorbereitete, das IPTO zu verlassen, verpflichtete er den damals erst 26-jährigen Ivan Sutherland, der ein Jahr zuvor seinen Ph.D. am MIT als Elektroingenieur erworben hatte. Dort hatte er mit Claude Shannon, Wesley Clark und Marvin Minsky zusammengearbeitet und das erste interaktive Grafiksystem *Sketchpad* entwickelt. Sowohl Sutherland als auch später dessen Nachfolger Robert Taylor waren Anhänger des Interactive Computing und führten die Förderprogramme weiter.[49]

Mit dem Ziel, das soziale Netzwerk durch ein technisches zu unterstützen, konkretisierte Licklider im April 1963 seine soziotechnische Vision in einem „Memorandum for: Members and Affiliates of the Intergalactic Computer Network" (Licklider 1963). Das Netzwerk sollte das Medium für die Gemeinschaft werden. Es ging ihm darum, den Austausch und den Informationsfluss der verschiedenen Auftragnehmer der ARPA konkret zu verbessern.

Als das IPTO seine Arbeit aufnahm, war die Computerwissenschaft noch eine lose Gruppe mit ganz unterschiedlichen Aktivitäten. Alle geförderten Projekte entwickelten sich unabhängig voneinander. Um eine Vernetzung der Forschung zu erreichen, sollte eine „software base" und eine „hardware facility" aufgebaut werden, die die einzelnen Projekte allein nicht aufbauen konnten. Den militärischen Nutzen erwähnt Licklider bei seinem Netzprojekt nur am Rande, er erscheint eher als Nebenprodukt. Nicht die Netzwerktechnik wurde hier als militärisch relevant betrachtet, sondern die Hoffnung auf eine verbesserte Forschung im Bereich des Interactive Computing.

Licklider stellte sich einen Nutzer an einem Terminal vor, der Zugriff auf die vielfältigen Ressourcen von verschiedenen Time-Sharing-Systemen hat. Der Austausch von Daten und Programmen sollte das gemeinsame kollektive Entwickeln von Ideen fördern.

49 Wenn auch jeder seine eigenen Akzente setzte: Sutherland war zum Beispiel mehr an den grafischen Aspekten der Mensch-Maschine-Kommunikation interessiert. Aber auch er finanzierte Netzwerkexperimente, wie eines am UCLA, das den Austausch von Programmen und Daten zwischen Nutzern beobachtete.

„Lick was among the first to perceive the spirit of community created among the users of the first time-sharing systems […] In pointing out the community phenomena created, in part, by the sharing of resources in one timesharing system, Lick made it easy to think about interconnecting the communities, the interconnection of interactive, on-line communities of people, […]" (Taylor zit. nach Hauben, Behind, 1999)

Zwischenmenschliche Kommunikation war jedoch nicht Teil des Programms. Das Bestehen herkömmlicher Medien (Telefon, Telex etc.) und die technische Trivialität, die ein solcher Dienst auf den besten und teuersten Rechenanlagen der Zeit bedeutet hätte, führten zu seiner Ausblendung. Damit blieb der Blick merkwürdig beschränkt auf den Austausch von Ressourcen. Auch das Memorandum zum Intergalactic Network erwähnte eine direkte Kommunikation zwischen Menschen nicht.

„The original goal of resource sharing, however, focused specifically on the research needs of ARPA's computer science subcontractors, who formed the privileged group of the network's first users. Resource sharing in this context meant the electronic distribution of geographically dispersed computing utilities and technical data to the local computer of any ARPA-funded researcher who might require them. This formulation did not originally encompass possibilities of email communication between researchers." (Hardy, 1996)

Nach seinem Ausscheiden aus dem IPTO 1964 führte Licklider seine Ideen noch einmal in seiner einzigen Monographie „Libraries of the future" (1965) aus. Bei der Beschreibung von Hardwarekomponenten explizierte er „displays for group-computer interaction" und hob darin den „team approach" in Problemlösungsprozessen hervor. Erstmals erweiterte er hier seine Idee vorsichtig in Richtung zwischenmenschlicher Kommunikation.

„In procognitive systems based on individual consoles, the main item of equipment that would be needed for group communication, not already discussed under the heading of man-computer communication, would be derivatives of the telephone and television. Communication by telephone and perhaps by television would be closely correlated with communication through the computer system." (Licklider 1965: 101)

Zu den zwei Ideensträngen kommt jetzt ein dritter hinzu: Das aus der Auslastungsproblematik heraus entwickelte *Time-Sharing*-Verfahren war auf die Inhalte übertragen worden und sollte als *Resource-Sharing* die Arbeit der einzelnen Gruppen erleichtern und zusammenführen. Das zweite Leitbild des *Interactive Computing* hatte Licklider zur *Man-Com-*

puter Symbiosis ausgebaut, in der Hoffnung, ein echtes kollaboratives Arbeiten von Mensch und Maschine verwirklichen zu können. Erst sehr spät gelangt die Möglichkeit einer „communication through the computer system“ in das Bewusstsein.

3.2 Ausweitung III: Das ARPANET-Projekt

Die Vernetzung von Time-Sharing-Zentren, also der Aufbau von Lickliders Supercommunity, war Ende der 60er Jahre eine technologische wie eine soziale Herausforderung. Technisch konnte sie durch das Prinzip der Paketvermittlung (*Packet-Switching*) gelöst werden, ein Verfahren, das unabhängig voneinander in Großbritannien durch Donald W. Davies und in den USA von Paul Baran in unterschiedlichen Kontexten entwickelt wurde. Doch erst Robert Taylor konnte das Packet-Switching im Netzwerkprojekt der ARPA großtechnisch umsetzen und damit seine Funktionsfähigkeit unter Beweis stellen.

Der Erfolg des Time-Sharing-Prinzips war keineswegs gewiss, zumal es auf sehr unterschiedliche Arten umgesetzt werden konnte. Wie Abbate (1999: 7ff.) gezeigt hat, wurde die Diskussion um das Verfahren technisch und ideologisch gleichermaßen ausgetragen. Baran, Davies und Roberts hatten bei allen Gemeinsamkeiten ihrer Konzepte sehr verschiedene Vorstellungen davon, wofür das Netz geeignet sein sollte. Entsprechend banden sie ihre Konzeptionen in ihr Umfeld ein und justierten sie mit der Ausformulierung der technischen Details für die anvisierten Nutzungsszenarien.

3.2.1 Paul Baran – Packet-Switching

Paul Baran kam 1959 auf einem Höhepunkt des Kalten Krieges zur RAND Corporation, einer Forschungseinrichtung der US-Air Force, wo er seinem Interesse an ausfallsicherer Datenkommunikation nachgehen konnte. Baran entwickelte in den folgenden drei Jahren ein Konzept für ein verteiltes Kommunikationsnetzwerk. Seine Ergebnisse fasste er 1962 unter dem Titel „*On Distributed Communications*“ in dreizehn Berichten zusammen, von denen zwei Jahre später elf veröffentlicht wurden.[50] Zwar zeigte er in diesen Papieren nicht, wie ein solches Netzwerk konkret verwirklicht werden konnte, formulierte darin aber die wesentlichen theoretischen Grundbausteine. Da die RAND ihre Aufgabe in der Grund-

50 Aus Sicherheitsgründen wurden zwei Berichte von der Air Force zurückgehalten.

lagenforschung sah, hatte sie selbst kein Interesse am Aufbau eines Netzwerks. (vgl. Abbate 1999: 10ff. und Salus 1995: 6)

Barans erste Erkenntnis war, dass ein robustes Netz redundant angelegt sein musste. Sternförmig aufgebaute Topologien wie das SAGE-System würden bei einem Ausfall des zentralen Knotens sofort zusammenbrechen, da alle Teilnehmer vom Netz abgeschnitten wären. Deshalb schlug er ein System vor, in dem die Verteilerknoten mehrfach miteinander vernetzt sein sollten. Um die Ausfallsicherheit zusätzlich zu erhöhen, sollten diese Komponenten außerhalb der großen Ballungszentren, welche potentielle militärische Ziele darstellten, eingerichtet werden. Daneben arbeitete er weitere militärrelevante Techniken aus, wie die Verschlüsselung von geheimen Informationen vor der Übertragung im Netz oder die Möglichkeit, bestimmte Nachrichten mit Priorität zu behandeln, um im Chaos einer Krisensituation, in der der Kommunikationsbedarf stark ansteigt, die Kommunikationsfähigkeit von Militär und Einsatzkräften zuverlässig zu gewährleisten.

Da die Telefontechnik von der exklusiven Nutzung der Leitungen ausging (Circuit-Switching), wären die Anzahl der Verbindungen und damit die Kosten des Netzes mit der Anzahl der Rechner exponentiell angestiegen. Baran griff daher bei seinen Entwürfen auf ältere Ideen, das *Message-Switching* bzw. das *Store-And-Forward-Prinzip* zurück, wie sie die Briefpost und das Telegrafenwesen verwendeten. Briefe zum Beispiel werden an einem Knotenpunkt zunächst gesammelt, also temporär gespeichert (in Briefkästen, Postämtern oder Verteilerstationen), bevor sie dann effizient zum nächsten Knoten weitergeleitet werden. Die Folge dieses Vorgehens ist die Übertragung von Verantwortung und Autonomie an die Knotenpunkte. Der Weg einer Nachricht wird beim Message-Switching nicht, wie im SAGE System, zentral gesteuert und festgelegt, sondern jeder Knoten entscheidet selbst über den besten Weg, auf dem die Nachricht weitergeleitet werden soll. Das bedeutet, dass es keine feste Route mehr zwischen Sender und Empfänger gibt. Jeder Knoten kann die für eine Verbindung zur Verfügung stehende Bandbreite zum nächsten Knoten optimal ausnutzen, anstatt wie im Telefonnetz eine Übertragungsrate über die gesamte Strecke festzulegen. In dieser Flexibilität sah Baran ein wichtiges Element, um das Netz ausfallsicher zu machen: „survivability is a function of switching flexibility." (Baran 1964: V-I)

Damit unterschied sich Barans Idee wesentlich von anderen Weitverkehrsnetzen der frühen 60er Jahre wie AUTOVON, das AT&T für das DoD entwickelt hatte. Dort wurden die Routingentscheidungen manuell in einer Zentrale, mit der alle Knoten verbunden waren, getroffen (vgl. Abbate 1999: 14ff.). Andere Store-And-Forward-Systeme, deren Knoten mit großen Speichern ausgestattet worden waren, die die Nachrichten sammelten, bis sie zugestellt werden konnten, hatten jedoch gezeigt, dass Verzögerungen von Stunden bei der Übertragung hingenommen werden mussten, wobei zusätzlich die Übertragungszeit proportional zur Länge der Nachricht stieg.

„At some stage, as computer technology improved, messages in these centers were stored on a magnetic drum and made accessible to the sending mechanism from the drum.“ (Davies 2001: 153)

Die Konsequenz aus Barans Vorschlag war, dass die Knoten keine einfachen Telefonswitches mehr sein konnten, sondern eigenständige Computer. Baran war der erste, der für ein voll digitales Netz plädierte. Er wusste, dass die analogen Signale mit jeder Weiterleitung an Qualität verlieren würden, während digitale Impulse vollständig restauriert werden konnten. Damit spielte, anders als in der Telefontechnik, die Anzahl der Knoten keine Rolle mehr, da sich kein analoges Rauschen kumulieren konnte. Er erkannte den Vorteil, dass er mit einem solchen Netzwerk über sprachliche Nachrichten hinausgehen konnte und digitale Signale gleich welchen Inhalts würde übertragen können. Das alles verlangte jedoch eine bis dahin nie dagewesene Technik, die viele Experten an der Realisierbarkeit des Projekts zweifeln ließ.

Für sein Netzwerk entwickelte er das Message-Switching Prinzip weiter. Die neue Technik und seine eigentliche Erfindung, die später als *Packet-Switching* bekannt wurde, definierte feste Blocklängen von 1024 Bit, in die die zu übermittelnden Nachrichten aufgesplittet werden sollten.[51] Dieses Vorgehen erhöhte zunächst den Aufwand. Die Nachrichten mussten beim Absender zerteilt und später wieder zusammengesetzt werden. Außerdem konnten sich die Pakete auf dem Weg zum Empfänger überholen und mussten gegebenenfalls wieder in die richtige Reihenfolge gebracht werden. Bei längeren Nachrichten gab es einen entsprechenden Overhead an Adressdaten, die jedem einzelnen Paket angehängt werden mussten. Die festen Blocklängen erlaubten aber ein wesentlich einfacheres Design und damit eine kostengünstige Ausführung der Switches. Daher schien Baran ein voll digitales Netz realisierbar zu sein. Ein militärischer Vorteil stellte sich am Rande mit ein. Die in Pakete zerteilten Nachrichten erschwerten das Ausspionieren der Mitteilungen.

Der größte Vorteil der Paketvermittlung war jedoch die effiziente Auslastung der Leitungen. Während in stehenden Verbindungen, wie sie

51 1953 hatte Jack Harrington und sein Forschungsteam am Lincoln Laboratory bereits einen Spezialrechner (FST-2) entwickelt, der Radardaten in Paketform an den Whirlwind Rechner im MIT übermitteln sollte. Als Teil des experimentellen Cape Cod Systems blieb die Technik jedoch folgenlos.

das herkömmliche Telefonnetz verwendete, die Zeiten, in denen nicht gesprochen wird, die Leitung zwar blockiert ist aber nicht genutzt wird, erlaubt das Packet-Switching anderen Kommunikationspaketen, die Leitung währenddessen zu passieren. Packet-Switching kann als eine Übertragung der Time-Sharing-Idee auf die Netzwerktechnik gedeutet werden. Die Ressource wird nur während des aktuellen Gebrauchs von einem Teilnehmer belastet und steht sonst anderen Teilnehmern zur Verfügung.

Ein Versuch der Air Force, das Verteidigungsministerium von der Notwendigkeit zur weiteren Forschung an einem „distributed adaptive message-block network“ am RAND zu überzeugen, scheiterte. Das DoD verfolgte 1965 noch den streng zentralistischen Command-and-Control-Ansatz und verwarf, auch mangels Kompetenz in der Digitaltechnik, Barans Vorschlag.

3.2.2 Donald Davies

Donald Watts Davies kam 1947 an das britische National Physical Laboratory (NPL) wo er zunächst am Pilot ACE arbeitete.[52] Er war wie viele andere Anfang der 60er Jahre an Interactive Computing interessiert und beschäftigte sich daher eingehend mit Time-Sharing-Systemen. In dem Maße, in dem sich die Terminals von der Zentraleinheit entfernten und in größeren Regionen verteilt wurden, machten sich zwei gravierende Nachteile der Telefonverbindungen immer stärker bemerkbar: Sie waren extrem teuer (anders als in den USA gab es in England keine Flatrate für lokale Telefonverbindungen) und sie waren von schlechter Qualität. Die hohen Kosten verlangten ein schnelles Arbeiten und konterkarierten so die Vorteile der Time-Sharing-Systeme. Um diese Probleme zu lösen, entwarf Davies um 1965, ähnlich Baran, ein digitales Kommunikationssystem auf Basis einer Paketvermittlungstechnik. Auch er setzte auf autonome Knoten und dynamisches Routing (vgl. Davies 2001). Packet-Switching war für ihn das Äquivalent zum Time-Sharing und sollten die knappe Ressource Netz effizient auslasten. Die langen Verzögerungen der ersten computerisierten Message-Switching-Netzwerke konnten weder Baran bei der militärischen, noch Davies bei der Kommunikation im Geschäftsverkehr hinnehmen. Also entwickelte auch er ein Paketvermittlungsverfahren, das die Übertragungsgeschwindigkeit erheblich erhöhen konnte.

52 Am NPL begann man sich nach dem Krieg mit Computertechnik zu beschäftigen. Der Pilot ACE war der Versuch, einen Vorschlag von Alan Turing für einen digitalen Stored-Programm-Computer umzusetzen.

„Baran's network also had to carry digitized voice traffic, where the transit delay is very critical. This requirement certainly demanded packets.“ (Davies 2001:154)

Davies betrachtete eine Verzögerung von einer Sekunde als äußerstes Limit und hielt eine Zehntelsekunde technisch für möglich (Davies 2001: 154, 159).

Als Davies von Barans Entwürfen erfuhr, lehnte er jedoch die Notwendigkeit eines hoch ausfallsicheren Netzes für den zivilen Bereich ab. Auch wenn sein Netz in Teilen redundant war, war hohe Redundanz nicht ausdrücklich Bestandteil seines Vorschlags. Packet-Switching-Netzwerke sollten seiner Ansicht nach kommerzielle Online-Dienste zur Verfügung stellen, eine möglichst verzögerungsfreie Interaktion mit dem Computer gewährleisten und die Kommunikationskosten senken.

Davies Vorschläge korrespondierten mit seinem politischen Umfeld. Die Labour Regierung wollte die Forschung auf zivile Ziele lenken und so die Chance eröffnen, die amerikanische Vorherrschaft auf dem Computersektor zu brechen (vgl. Abbate 1999: 27f.). England fühlte sich Anfang der 60er Jahre in einer ökonomischen Krise. Dafür machte es aber nicht, wie die USA gegenüber der UdSSR, einen „Science Gap“ verantwortlich, sondern seine technologische Rückständigkeit („technology gap“) gegenüber den USA. Als 1964 Harold Wilson mit der Labour Party an die Macht kam, versprach er eine Neuausrichtung der Ökonomie und der Technik in England. Um die nationale technische Forschung zu überwachen, wurde das Ministry of Technology (Mintech) gegründet und mit der Aufgabe betraut, den Transfer wissenschaftlicher Forschung in die Industrie zu fördern (vgl. Abbate 1999: 21f.).

1965 schlug Davies ein nationales Netzwerk mit Packet-Switching-Technologie vor, das eine Reihe von Services – inklusive Online-Wetten – anbieten sollte. Eine besonders schnelle Verbindung (Backbone) sollte die größten Städte Englands miteinander verbinden. Das NPL hatte jedoch weder die Möglichkeit noch die Befugnis, ein solches Netz zu verwirklichen. Das General Post Office, das die nationalen Post- und Datennetze kontrollierte, zeigte sich desinteressiert. Das Mintech bewegte die britischen Computerhersteller, ihre Produktpalette zu straffen, um so Skaleneffekte besser ausnutzen zu können. Im Zuge dessen wurde die Produktion kleiner Computer, die Davies für sein Netzwerk gebraucht hätte, eingestellt. So konnte innerhalb der NPL nur ein sehr kleines Testnetz unter dem Namen *Mark I* aufgebaut werden.[53] (vgl. Abbate 1999: 29)

Mit der Packet-Switching-Technik wurde versucht, ein völlig neues Verfahren zu etablieren, das dem damals herrschenden Stand der Technik widersprach. Das sie später im ARPANET verwirklicht werden konnte, war keineswegs selbstverständlich. Lawrence Roberts, Leiter des ARPANET-Projektes, berichtete von einer breiten Front der Ablehnung.

„From the first time I distributed a description of packet switching outside the computer research community (the 1967 paper) until about 1975, the communication industry's reaction was generally negative since this was such a radically different approach. In some of the initial technical speeches I gave, communications professionals reacted with considerable anger and hostility, usually saying I did not know what I was talking about since I did not know all their jargon vocabulary." (Roberts 1988: 150)

Gleiches schilderte Paul Baran. Auch Davies musste die Erfahrungen machen, das das General Post Office gegenüber seinen Ideen nur wenig Interesse zeigte und sie gar nicht erst ernsthaft erörterte. Baran, Davies und Roberts kamen aus der Computerszene und waren mit der Digitaltechnik vertraut. Der Paradigmenwechsel von analogen zu digitalen Netzen war nicht nur ein technologisches Wagnis. Für die Telefoningenieure war es ein schmerzhafter Prozess, der mit der Entwertung von Wissen und Einfluss einherging und daher von heftigen Abwehrreaktionen begleitet wurde.

Barans und Davies Vorschläge hatten viele Gemeinsamkeiten. Beide entwarfen ein nationales Datennetz und versprachen so einen Teil der Visionen, die die Time-Sharing Technik evoziert hatten, einzulösen. Beide entwickelten unabhängig voneinander das Paket-Switching, das ein einfaches Design der Knoten erlaubte, auch wenn die kleinen schnellen Minicomputer, die sie für ihre Projekte benötigt hätten, erst ab Mitte der 60er Jahre zur Verfügung standen.

So ähnlich ihre Vorschläge waren, so unterschiedlich waren sie eingebettet in den sozialen und politischen Kontext. Wollte Baran vor dem Hintergrund des Kalten Krieges hohe Redundanz, Knoten nur in dünn besiedelten Gebieten, Verschlüsselungstechniken und ein Prioritätsma-

53 Von den drei geplanten Verbindungsknoten konnte nur einer aus Kostengründen verwirklicht werden. Das Netz wurde dann aber von Forschern des NPL rege genutzt und 1973 sogar von Davies durch eine schnellere Nachfolgeversion, den Mark II, ersetzt.

nagement implementieren, um so im Krisenfall ein hoch ausfallsicheres militärisches Netz zu schaffen, konzentrierte sich Davies auf die Verbesserung des Interactive Computing und die Bedürfnisse kommerzieller ziviler Nutzer, um England mit einem innovativen Netzwerk technologisch wieder an die USA anzuschließen. Doch erst Lawrence Roberts gelang es, das Netz tatsächlich umzusetzen. Er entwickelte zwar keine neue Technologie, wie Baran und Davies es getan hatten, war aber in der Lage, mit der ARPA das soziotechnische Netz aufzubauen, in dem sich die Technik verwirklichen konnte.

3.2.3 Robert Taylor – das ARPANET-Projekt

Ivan Sutherland hatte Robert Taylor, der an einer Forschungseinrichtung der NASA beschäftigt war, als seinen Nachfolger am IPTO rekrutiert. Taylor und Sutherland hatten bereits vorher einige Zeit zusammen gearbeitet und so gestaltete sich der Wechsel an der Spitze der IPTO abermals bruchlos. 1966 wurde Taylor Direktor und startete noch im selben Jahr ein Netzwerkprojekt mit dem Ziel, das Kommunikationsproblem zwischen den einzelnen Time-Sharing-Systemen der wachsenden Computergemeinde zu lösen. Die heterogenen Hardwareplattformen von siebzehn verschiedenen über das Land verstreuten Institutionen, die von der IPTO unterstützt wurden, sollten darin integriert werden.

Als Projektleiter (Program Manager) konnte er im Frühjahr 1967 Lawrence Roberts – zunächst gegen dessen Willen – vom Lincoln Laboratory abwerben.[54] Roberts hatte zwei Jahre zuvor am MIT die Gelegenheit gehabt, mit Licklider und Davies über die neuen Ideen des Networking zu diskutieren und war sich bei der Analyse des Problems mit Taylor einig.

„We had all of these people doing different things everywhere, and they were not sharing their research very well. So you could not use anything anybody else did. Everything I did was useless to the rest of the world, because it was on the TX-2 and it was a unique machine." (Lawrence Roberts zit. nach Hardy, 1996)

Um zu testen, wo Probleme bei einer Vernetzung auftreten könnten, hatte Sutherland bereits im Februar 1965 Roberts, der zu der Zeit noch am

54 Da sich Roberts zunächst weigerte, bat Taylor den Direktor der ARPA, Charles Herzfeld, um Unterstützung. Dieser erinnerte die Leitung des Lincoln Laboratory, an dem Roberts arbeitete, daran, dass das Labor zur Hälfte durch die ARPA finanziert wurde. Diese Drohung hatte schließlich Erfolg (vgl. Roberts 1988: 145).

MIT arbeitete, und Thomas Marill von der System Development Corporation (SDC) gemeinsam den Auftrag gegeben, ein experimentelles „Cooperative Network of Time-Sharing Computers“ zu entwickeln.[55] Im Oktober kommunizierte der TX-2 des Lincoln Laboratory mit Marills Q-32 am SDC. Beide Time-Sharing-Rechner konnten die Programme der jeweils anderen Seite starten und ausführen. Dafür entwickelten sie eine Software, die die Verbindung zwischen den beiden Rechnern herstellte und den Datenaustausch steuerte. Für einen größeren Verbund von Rechnern schlugen sie vor, dies als ein allgemeines Set von Algorithmen, als *Message Protocol*, zu entwerfen, das den Netzwerkverkehr regeln sollte. Zwar erwiesen sich die Telefonverbindungen erneut als problematisch (vgl. Roberts 1988: 145), dennoch war Roberts nach den gelungenen Experimenten davon überzeugt, dass alle geförderten Institutionen der ARPA auf diese Weise miteinander verknüpft werden könnten.

Seit Mitte der 60er Jahre organisierte das IPTO jährlich sogenannte *Principal Investigator Meetings* (PI-Meetings), auf denen sich die Universitäten und andere Vertragsnehmer der ARPA trafen und ihre aktuellen Forschungsprojekte vorstellten. Diese Treffen waren für Taylor äußerst interessant, denn er lernte in den Diskussionen die Stärken und Schwächen der einzelnen Projekte kennen. Vor allem aber zeigten sich Möglichkeiten gegenseitiger Hilfe und Zusammenarbeit zwischen ihnen.

Auf einem dieser PI-Meetings im April 1967 an der Universität of Michigan präsentierten Taylor und Roberts ihren vorläufigen Plan zum Aufbau eines Computernetzwerkes. Zwei Ziele verfolgten sie dabei:

- Das Netzwerkprojekt sollte ein Vehikel sein, um Netzwerkforschung betreiben zu können (später im Speziellen die Umsetzung des Packet-Switching) und
- inhaltlich den der ARPA verpflichteten Institutionen zu ermöglichen, sich und ihre Arbeit auszutauschen (Resource-Sharing).

Aufgrund seiner Erfahrungen plädierte Roberts erneut für das Message Protocol, stieß jedoch überwiegend auf eine ablehnende Haltung. Der Aufwand, die Befehle in das eigene Betriebssystem einzubinden, wäre für jede der Institutionen immens gewesen. Jeder neue Knoten hätte schlimmstenfalls eine Modifikation aller anderen Knoten nach sich gezogen. Das Netzwerkprojekt wurde aber von den Partnern der ARPA nicht

55 Ein erstes vom IPTO noch unter Licklider finanziertes Netzwerk 1964 war an der UCLA angesiedelt, um drei Computer Center miteinander zu verbinden. Das Projekt war jedoch gescheitert, da sich die drei Direktoren anscheinend nicht auf die Zusammenarbeit einigen konnten (vgl. Norberg/O´Neill 1996: 156)

nur deswegen abgelehnt, weil man den Aufwand für die Implementierung fürchtete, sondern auch, weil viele einfach keinen Vorteil darin sehen konnten, ihre Systeme mit anderen Einrichtungen zu teilen. Vielmehr nahm man den Versuch der ARPA wahr, durch Resource-Sharing Fördermittel für Computerhardware an den Institutionen einzusparen. Und tatsächlich machte Roberts umfangreiche Wirtschaftlichkeitsberechnungen und sah eine enorme Kostenersparnis beim „pooling computing demand" (vgl. Roberts 1988: 157).

„Many PIs did not want to lose control of their local computers to people at other sites, and they saw the network as an intrusion. Since ‚their' machines were actually paid for by ARPA, the PIs had little choice in the matter." (Abbate 1999: 50)

Um die Wissenschaftler zusammenzuführen und die Kosten der ARPA zu senken, verpflichtete Roberts schließlich alle IPTO Partner, ihre Rechner an das Netz anzuschließen. Zwar war der Führungsstil der IPTO mehr durch Kollegialität und informelle Absprachen, als durch Anweisungen und Verträge geprägt, bei strategischen Entscheidungen war sich die Leitung ihrer Drohmittel – die Finanzierung der teuren Rechenanlagen an den Instituten – durchaus bewusst und setzte sie gegebenenfalls auch ein (Abbate 1999: 46 und 55). So begann nach dem Treffen eine kleine Gruppe am Netzwerkprojekt zu arbeiten.

Abbildung 8: Schematischer Entwurf der Zusammenarbeit der IMPs

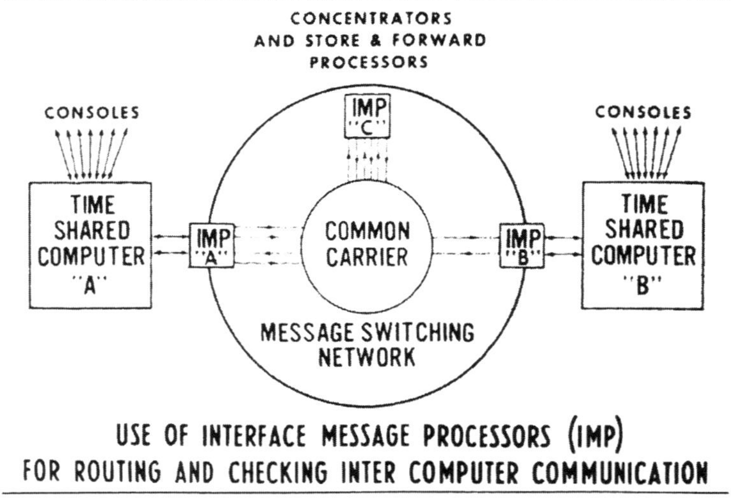

Ein für das technische Gelingen entscheidender Beitrag aus den Reihen der PIs kam von Wesley Clark, Professor an der Washington University in St. Louis.[56] Clark hatte bereits Erfahrungen am Whirlwind und am SAGE-Projekt gesammelt. Er schlug vor, die einzelnen heterogenen Rechner der Universitäten durch vorgeschaltete, standardisierte Instanzen vom eigentlichen Netzwerk zu entkoppeln. Roberts nahm den Gedanken auf und beschrieb diese Instanz in einem Papier als „Interface Message Processor" (IMP) (vgl. Salus 1995: 21). Die IMPs sollten kleine, billige Spezialrechner sein, die nur die Aufgabe hatten, die Daten über das Netz zu senden und zu empfangen. Dieser Kniff vereinfachte das Netzwerkdesign erheblich. Der Vorteil war, dass nur noch IMP mit IMP kommunizieren musste und nicht mehr mit einer unüberschaubaren Anzahl von unterschiedlichen Systemen. Damit war die Skalierbarkeit des Netzwerkes sichergestellt, denn das Einrichten eines neuen Knotens bedeutete lediglich einen weiteren IMP im Netzwerk anzuschließen; unerheblich war dann, welchen speziellen Großrechner dieser bediente. Für die Entwickler der Netzwerktechnik bedeutete das, dass sie sich keine Gedanken mehr über die verschiedenen Computertypen und Betriebssysteme machen mussten, sondern sich auf die Kommunikation zwischen den IMPs konzentrieren konnten (Abb. 8).

Anfang Oktober 1967 auf dem ACM Symposium on Operating Principles in Gatlinburg stellte Roberts seinen Plan erstmals der Öffentlichkeit vor. In seinem Vortrag ging er vor allem auf die Aufgaben des Netzwerkprojekts ein. Folgendes sollte das Netz leisten:

„1. Load sharing: Send program and data to remote computers to balance load.
2. Message service: Electronic mail service (mailbox service)
3. Data sharing: Remote access to data bases.
4. Program sharing: Send data, program remote (e.g., supercomputer)
5. Remote service: Log-in to remote computer, use its programs and data"
(Roberts 1988:146)

Auf derselben Tagung präsentierte Roger Scantlebury vom NPL ein Papier mit dem Titel „Digital Communication Network". Roberts erfuhr hier zum ersten Mal von Davies' Packet-Switching-Entwicklungen in England. Der Begriff *packet*, den Davies verwendet hatte, war noch nicht gebräuchlich. Roberts übernahm ihn nach Diskussionen mit Scantlebury am Rande der Konferenz. Wieder zurück in Washington wandte er sich

56 Clark ist ein weiteres Beispiel für die vielfältigen persönlichen Beziehungen innerhalb der noch kleinen Computerszene. Er war nicht nur ehemaliger Mitarbeiter des Lincoln Laboratory, sondern ebenfalls Betreuer von Roberts' Dissertation.

dann auch den Berichten zu, die Paul Baran für die RAND Corporation verfasst hatte. Roberts entschied sich schließlich dafür, das Netz mit der von Baran und Davies entwickelten, aber bis dahin kaum erprobten Technik umzusetzen und zeigte damit die Bereitschaft der APRA, riskante Innovationen zu unterstützen.

Das Projekt war nun hinreichend vorbereitet, um Gelder von der ARPA zu beantragen. Als Program Manager hatte Roberts mit dem Datum vom 3. Juni 1968 den „ARPA program plan no. 723 Resource Sharing Computer Networks" verfasst und reichte ihn über Taylor beim Direktor der ARPA, Eberhardt Rechtin ein. Rechtin billigte das Vorhaben am 21. Juni mit einem Budget von 2,2 Millionen US-$. Erst das Budget der ARPA und die geringe militärische und politische Einflussnahme auf deren Projekte ermöglichte den Aufbau eines landesweiten Netzes, wie es Baran und Davies mit anderen Zielsetzungen konzipiert und die Visionäre der Time-Sharing-Systeme vorgedacht hatten. In seinem Plan beschrieb Roberts das ARPA-Network (ARPANET) als eine „demonstration of the distributed network", mit Paketvermittlungstechnik und kleinen schnellen Verbindungscomputern. Sein Hauptanliegen war

> „(1) To develop techniques and experience on interconnecting computers in such a way that a very broad class of interactions are possible, and (2) To improve and increase computer research productivity through resource sharing." (Heart et al., 1978, II-2)

Was hier entstehen sollte, war ein Forschungsnetz. Militärische Erfordernisse eines stabilen Kommunikationssystems unter Kriegsbedingungen, also besonders hohe Ausfallsicherheit, Verschlüsselung oder Prioritätenmanagement, wie sie Baran ausgearbeitete hatte, wurden nicht übernommen. Insofern ist der Schluss, das ARPANET sei ein militärisches Netz, da es von einer militärischen Behörde finanziert und von Baran entsprechend entworfen wurde, nicht haltbar.

Im nächsten Schritt musste ein Hersteller gefunden werden, der die IMPs fertigen konnte. Ende Juli verschickte die IPTO Details des Netzwerkplans an 140 potentielle Bieter in Form eines „Request for Quotation". Die Ausschreibung verlangte, dass das Netz vier Knoten bedienen sollte und auf insgesamt mindestens siebzehn ausgelegt war. Sie legte weiter das generelle Konzept der Paketvermittlung, die Paketgröße und die Entwicklung eines Interface-Protokolls fest, so dass die Bieter das Projekt nicht wesentlich verändern konnten (vgl. Roberts 1988: 149).

Die beiden größten Computerfirmen der Zeit, IBM und Control Data, beteiligten sich nicht an der Ausschreibung. Zum einen hielten sie, wie viele Telefoningenieure, den Plan für nicht realisierbar, zum anderen waren sie keine Hersteller von Minicomputern, durch deren Absatz sie sich ein Geschäft hätten versprechen können. Die Firma Bolt, Beranek & Newman (BBN) bot eine Lösung auf der Basis des Honeywell DDP-516 an, der zu den leistungsfähigsten Kleinrechnern der Zeit gehörte und lediglich die Größe eines Kleiderschranks hatte. Im Dezember bekam BBN daraufhin den Zuschlag.

Abbildung 9: Zeichnung der ersten vier Knoten von Alex McKenzie

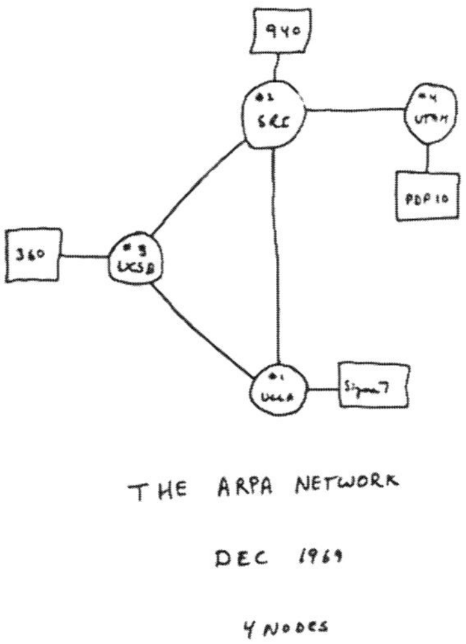

Während das Netzwerkprojekt erfolgreich auf den Weg gebracht wurde, gab es einen Wechsel an der Spitze der IPTO. Das Vorhaben hatte eine so hohe Priorität innerhalb der Abteilung gewonnen, dass dessen Projektleiter Roberts 1969 die Nachfolge von Taylor als IPTO-Direktor antrat. Unter seiner Führung bis 1973 wurde das Netz implementiert und die nötigen Protokolle entwickelt, um es nutzen zu können.

Am 2. September 1969 wurde an der University of California Los Angeles (UCLA) der erste IMP[57] aufgebaut. Unter der Leitung von Prof. Leonard Kleinrock sollte an der UCLA das Network Measurement Center etabliert werden. Kleinrock, ein Kollege von Roberts aus den Tagen am Lincoln Laboratory, war durch seine Forschungen über die Warteschlangentheorie prädestiniert für diese Aufgabe. Damit war gewährleistet, dass der Netzverkehr von der ersten Stunde an überwacht werden konnte.

57 Kosten je IMP 1969 ca. 100.000 US-$.

Doch bislang bestand das Netz nur aus einem einzigen Knoten. Gut einen Monat später wurde ein zweiter am Stanford Research Institute (SRI) eingerichtet.[58] Das SRI betrieb das Network Information Center (NIC). Das NIC sollte ein Verzeichnis des Personals und der zur Verfügung stehenden Ressourcen der einzelnen Knoten erstellen und als zentrale Auskunftsstelle ein Archiv mit Dokumenten über das Netzwerkprojekt pflegen.[59] Den dritten Knoten bekam die University of Santa Barbara (UCSB) und im Januar 1970 einen weiteren die University of Utah, die sich auf Grafiksoftware spezialisiert hatte. Jede dieser Einrichtungen betrieb ein anderes System: Die UCLA einen Sigma 7 Computer, das SRI einen SDS-940, UCSB eine IBM 360/75 und in Utah stand eine DEC PDP-10 (Abb. 9). Anfang 1970 waren all diese inkompatiblen Rechner dank der IMPs miteinander verbunden. Zwei Jahre später erweiterte Roberts das Konzept des ARPANET.

„After a time it became clear that there was a population of users for which terminal access to the network was very desirable, but who were not conveniently able to access the network via a host computer. Thus, a new nodal switching unit, a Terminal Interface Message Processor, or TIP, was defined to serve the purpose of an IMP plus an additional function of direct terminal access." (Heart et al. 1978: II-22)

Durch *Terminal IMP*s, TIPs genannt, sollten Einrichtungen einen Zugang zum Netz erhalten, die keinen eigenen Rechner am ARPANET angeschlossen hatten. Diese Terminals wurden direkt mit dem Netz verbunden und konnten so ohne eigenen Host die Ressourcen der anderen Institutionen nutzen. Dadurch konnte die Zahl der Teilnehmer enorm gesteigert werden. 1973 ließ Roberts eine Umfrage unter den angeschlossenen Einrichtungen des APRANET machen, die nach den alternativen Möglichkeiten der Computernutzung, ohne das Netz, fragte (vgl. Roberts 1988: 157). Dabei zeigte sich, dass einige Projektgruppen über keinen eigenen Computer verfügten, sondern nur mit einem TIP die Rechner an-

58 Am 10. Oktober 1969 entspann sich ein bizarrer Dialog zwischen dem ARPA-Büro und dem SRI. Um sich einzuwählen, musste die Login-Prozedur ausgeführt werden. „Wir tippten also das L ein und fragten am Telefon ‚Steht da ein L?' ‚Wir sehen es', war die Antwort. Wir tippten das O ein und fragten ‚Seht ihr das O?' ‚Ja wir sehen das O!' Wir tippten das G ein… und die Maschine stürzte ab." (vgl. Hafner/Lyon 1997: 177; Gillies/Cailliau 2002: 30) Dennoch gelang es schließlich, die erste Verbindung über das ARPANET aufbauen.

59 Das NIC stellte später sogar einen kostenlosen Telefonservice für die angeschlossenen Einrichtungen zur Verfügung, was das NIC 800 US-$ im Monat kostete (RFC 511; 1973; Jeanne North).

derer Institutionen benutzten. Man bediente über das Netz den Rechner, auf dem die Software lief, die man benötigte, und war ausdrücklich froh darüber, sich nicht mit dem Betrieb eines eigenen Rechners belasten zu müssen.

> „They were generally happy not to have to run their own computer and had far more reliable service than if they had been limited to one machine." (Roberts 1988: 157)

Ende 1971 war die Infrastruktur des ARPANET auf 15 Knoten angewachsen und so nach der Planung weitgehend vollständig. Ihre Nutzung blieb indes weit hinter den Erwartungen zurück.

Die IPTO finanzierte nur einen schmalen Prozentsatz der Forschungseinrichtungen, die Computerforschung betrieben.[60] In den frühen 70er Jahren hatte lediglich eine kleine Zahl von Wissenschaftlern und ausgesuchte Studenten, deren Universität von der ARPA gefördert wurde, Zugang zum ARPANET. Die Network Community war klein und überschaubar. Dennoch gestaltete sich die Verwendung fremder Ressourcen äußerst umständlich. Sich auf einem entfernten Rechner einzuwählen und diesen zu bedienen, war schwierig und unterschied sich von Host zu Host. Das Wissen darüber wurde überwiegend per Mund-zu-Mund-Propaganda weitergegeben, denn nur ein paar Institutionen boten telefonische Hilfestellungen an. Zugang, Handhabung und Inhalte erforderten Know-How. Schon deshalb beherrschten lange Zeit überwiegend Computerexperten das Netz.

Eines der größten Probleme war das Auffinden von Ressourcen. Viele Institutionen boten keine oder keine aktuellen Verzeichnisse der zur Verfügung stehenden Daten und Programme an. Wenn man einen Hinweis auf etwas erhalten hatte, war nicht gewährleistet, dass es noch da war. Die Administratoren wurden von der ARPA immer wieder angehalten, über das NIC entsprechende Verzeichnisse bereitzustellen. Angesichts der mangelnden Bereitschaft der Betreiber, ihre Rechner überhaupt mit anderen zu teilen, konnte sich das NIC nicht durchsetzen (vgl. Abbate 1999: 87).[61]

Hatte man die gewünschten Daten gefunden, bedeutete dies nicht, dass man sie auch verwenden konnte. Das Netz regelte zwar die Datenü-

60 Dazu gehörten neben den ersten vier Knoten auch die Carnegie Mellon University, das MIT, die Universität von Illinois, Caltech und Rutgers (vgl. Norberg 1996: 48).

61 Das NIC wurde jedoch später für diejenigen Gruppen sehr nützlich, die hoch motiviert am Aufbau der Protokolle und Dienste arbeiteten und am NIC ihre Spezifikationen zentral sammelten.

bertragung, löste aber nicht das Problem inkompatibler Datenformate und proprietärer Codes. Statt ein Programm per Remote-Zugriff auszuführen, kopierte man es, wenn möglich, auf den eigenen Rechner, modifizierte es gegebenenfalls und ließ es dort laufen. Die Wissenschaftler nutzten nur äußerst zögerlich Software, die sie nicht selbst entwickelt hatten.

Die Systemadministratoren betrachteten Fernzugriffe auf ihre Rechner als störend und ihre Arbeit behindernd. Sie befürchteten den Verlust ihrer Kontrolle und reagierten darauf mit einem strengen Accounting. Dazu kam der Wunsch der Rechenzentren, sich ihren Service bezahlen zu lassen. Aus dem kooperativen Resource-Sharing drohte ein Resource-Selling zu werden.

„Many host administrators wanted to charge remote users for computer time, or at least to know who those users were. This meant that users had to contact someone at the remote site to set up a computer account, and if they were going to be charged for their usage they also had to obtain a purchase order from their local institution. [...] in addition to the extra administrative burden on the user, it was difficult for many researchers to get approval to spend computing funds at other sites rather than at their institution's own computer center." (Abbate 1999: 87f.)

Der Wunsch nach Kontrolle über den eigenen Rechner war auch bei den Wissenschaftlern stark ausgeprägt. Mit den aufkommenden Minicomputern, die mehr und mehr in Instituten und Labors angeschafft wurden, veränderte sich das Projekt des Public-Utility-Netzwerks. Indem Rechnerkapazitäten zunehmend durch die Kleinrechner dezentralisiert wurden, verschwand die Notwendigkeit, die großen Zentralrechner per Remote-Zugriff zu nutzen. Vielmehr verband das Netz jetzt immer mehr kleine, selbständige Rechner, um Daten auszutauschen und miteinander zu kommunizieren.

Die Hindernisse führten dazu, dass ein Großteil des ARPANET-Potentials brach lag. Immer noch war man reserviert gegenüber dem Netz, so dass Roberts etwas unternehmen musste. Er entschied sich, das ARPANET erstmals einer breiten Öffentlichkeit auf der ersten International Conference on Computer Communications (ICCC), die vom 24. bis 26. Oktober 1972 in Washington stattfand, vorzustellen. Der BBN Mitarbeiter Robert Kahn organisierte für die Präsentation einen vollständigen ARPANET-Knoten am Tagungsort mit vierzig installierten Terminals.

„This demonstration will provide attendees with the opportunity to gain first hand experience in the use of a computer network. The theme of the demonstration will be on the value of computer communication networks, emphasizing topics such as data base retrieval, combined use of several machines, real-time data access, interactive cooperation, simulation systems, simplified hard copy techniques, and so forth. I am hoping to present a broad sampling of computer based resources that will provide attendees with some perspective on the utility of computer communication networks." (RFC 371; 1972; Kahn)

Die Tagungsteilnehmer konnten meteorologische Modelle, Simulationen des Flugverkehrs, Joseph Weizenbaums Eliza-Programm und andere Software auf Rechnern, die viele hundert Kilometer entfernt waren, bedienen. Diese Demonstration machte vielen Skeptikern endgültig deutlich, dass ein Packet-Switching-Netz tatsächlich funktionieren konnte und veränderte damit die Einstellung innerhalb der Telekommunikationsbranche zu digitalen Netzen. Vor allem aber gab sie der Entwicklergruppe des ARPANET einen gewaltigen Motivationsschub. Das Datenvolumen im ARPANET sprang noch im selben Monat um 67% (vgl. Musch 1997). Auch der ARPANET Completion Report stellte fest:

„This demonstration marked a key turning point in ARPANET development. It forced all participants in the project to thoroughly debug and test their network support and application protocols. It gave international visibility to the packet switching concept which, until then, had been viewed largely with scepticism by the communication community. [...] the ICCC demonstration provided an important stimulus for the ARPANET community to pull together and get the network in true operational shape." (Heart et al. 1978: III-99)

So unbefriedigend das Resource-Sharing zwischen den Einrichtungen war, so einfallsreich waren die Wissenschaftler bei der Entwicklung ihrer eigenen Nutzungsweisen. Die Mitarbeiter von BBN hatten am MIT ein merkwürdiges Phänomen beobachtet. Sie registrierten große Aktivitäten innerhalb des IMP, konnten aber nur einen sehr geringen Datenverkehr in den ausgehenden Verbindungen feststellen. Institutionen wie das MIT, die mehrere Rechner betrieben, hatten kaum eine praktikable Möglichkeit, Daten zwischen diesen Systemen auf einfache Art und Weise auszutauschen. Mit dem ARPANET bot sich erstmals eine einfache Lösung. Über die gemeinsame Verbindung der Rechner mit dem IMP konnten Daten von einem System auf ein anderes verschoben werden. So wurde das ARPANET, lange vor der Entwicklung von Ethernet, als Local Area Network innerhalb der Universität verwendet.[62]

62 Diese Nutzung machte 1975 immerhin 30% des Datenverkehrs aus (vgl. Abbate 1999: 93f.).

3.3 Die Entwicklergemeinde und ihr Medium: NWG und RFC

Während die Entwicklung der Hardware-Netzknoten und der Verbindungssoftware BBN übertragen worden war, sollten die beteiligten Universitäten die Dienste für das ARPANET ausarbeiten. Diese Phase wurde somit von drei Gruppen geprägt: den Forschern, der Firma BBN und den offiziellen Vertretern der ARPA bzw. des IPTO. Für den Erfolg des Projektes war es notwendig, die unterschiedlichen Interessen dieser Gruppen zu synchronisieren. Die soziale Integration der Beteiligten war nach Julian Kilker (2002) eine notwendige Voraussetzung für die Lösung des Problems der technischen Interoperabilität der verschiedenen Systeme. Diese Integration ging jedoch über die bloße Harmonisierung aller Ziele auf ein Leitbild hinaus, denn sie wurde durch institutionelle Mechanismen abgesichert.

- Die IPTO nutzte die bestehenden sozialen Netze, die bereits vorher in anderen Arbeitsbeziehungen entstanden waren.
- Gleichzeitig gelang es der ARPA, eine Atmosphäre produktiver Unsicherheit und hoher Motivation zu schaffen, indem sie den Entwicklern große Freiheiten gewährte.
- Dazu gehörte die Strategie, diejenigen mit der Entwicklung der Dienste zu beauftragen, die später selbst ihre Anwender sein sollten (*Bootstrapping*).
- Durch die Einführung von Layern wurde eine verteilte Entwicklung der Software und damit eine Reduktion des Konfliktpotentials zwischen den unterschiedlichen Entwicklergruppen ermöglicht.

3.3.1 Die Entwicklergemeinde

Zwischen der ARPA, BBN und den Universitäten bestand ein enges Netz von persönlichen Beziehungen. Die Mitarbeiter des BBN-Teams[63] rekrutierten sich überwiegend aus dem Lincoln Laboratory des MIT oder hatten dort gelehrt. So waren Licklider und Roberts den meisten von dort bekannt. Diese vielfältigen sozialen Bezüge führten zu einem Klima kollegialer Kooperation (vgl. Abbate 1999: 60, O'Neill 1995: 79), die zu stärken und auszubauen das Programm des IPTO war.

„Cultivating existing social networks, creating new management mechanisms to promote system-wide ties, and insisting on collaboration among groups all

63 Dazu gehörten u. a. Frank Heart, Severo Ornstein, William Crowther, Dave Walden und Robert Kahn.

aided APRA's social and technical integration of the system." (Abbate 1999: 72f.)

Die Direktoren des IPTO wurden jeweils nur für eine beschränkte Zeit eingesetzt – in der Regel zwei bis vier Jahre. Die Phase der Überschneidung vor einem Wechsel sicherte die Kontinuität der Einrichtung und ihrer Politik. Die für die konkreten Projekte zuständigen *Program Manager* wurden in der Regel aus den Reihen derer rekrutiert, die vorher in diesen Projekten mitgearbeitet hatten. So konnte nicht nur ihre technische Kompetenz gewährleistet, sondern auch sichergestellt werden, dass sie die Philosophie und den Führungsstil des IPTO weiterführten. Die Projektleiter waren also, genauso wie die Direktoren der APRA, weder Bürokraten noch Militärs, sondern ausgewiesene Fachleute auf ihrem Gebiet.

Das System aus Kollegialität und Kompetenz konnte jedoch nur solange aufrecht erhalten werden, wie die ganze Kette der Institutionen engagiert diesen Führungsstil unterstützte.

„Um starke Direktoren sein zu können, mussten die Direktoren der einzelnen Offices vom Direktor ARPAs unterstützt werden, der wiederum auf den Rückhalt des Directors of Defense Research and Engineering angewiesen war. Sie selbst mussten ihre Programmmanager dahingehend unterstützen, dass sie ihre Entscheidungen ausschließlich von ihren wissenschaftlichen Instinkten abhängig machen konnten." (Hauben 1999b)

Als erfolgreiche Schnittstelle zwischen Wissenschaft und Militär bzw. Regierung konnte das IPTO in dieser Phase, die Wissenschaft vor einer direkten Einflussnahme des Militärs und vor allzu großen kommerziellen Zwängen schützen. Das war vor dem gesellschaftlichen Hintergrund der 60er Jahre möglich, mit seinen Bewegungen von „freedom of speech" und den Forderungen nach mehr Demokratie. Eine Zeit, in der sich viele junge Leute engagiert den politischen Fragen des Landes widmeten.

„The procurement of the ARPANET was initiated in the summer of 1968 -- Remember Vietnam, flower children, etc?" (Crocker in: RFC 1000; 1987; Reynolds, Postel)

Aber warum arbeiteten junge Leute, in der Zeit des Vietnamkrieges am Aufbau eines vom Militär finanzierten Netzes? Hauben hat auf diesen merkwürdigen Widerspruch hingewiesen.

„What is amazing is that the collaboration of the NWG (mostly graduate students) and ARPA (a component of the military), seems to be contrary to the normal atmosphere of the times.“ (Hauben 1999 Ch.6)

Ein Grund, den die Beteiligten rückblickend angaben, war die Faszination, den Computer als Medium zu begreifen und ihn zu einem Werkzeug der Zusammenarbeit zu machen.

„Fundamental to the ARPANET [...] was the discovery of a new way of looking at computers. The developers of the ARPANET viewed the computer as a communications device rather than only as an arithmetic device. This new view made the building of the ARPANET possible. This view came from the research conducted by those in academic computer science. The shift in the understanding of the role of the computer is fundamental to advancing computer science.“ (Hauben 1999 Ch.6)

Von dem Netzwerkprojekt versprachen sich viele, die Atmosphäre innerhalb des Wissenschaftsbetriebs vom Konkurrenzdenken zu befreien und in Richtung kooperativer Zusammenarbeit ändern zu können.

„For me, participation in the development of the ARPAnet and the Internet protocols has been very exciting. One important reason it worked, I believe, is that there were a lot of very bright people all working more or less in the same direction, led by some very wise people in the funding agency. The result was to create a community of network researchers who believed strongly that collaboration is more powerful than competition among researchers.“ (Robert Braden im RFC 1336; 1992; Malkin)

Die Redefinition dessen, was man unter Computertechnik verstand bzw. sich erhoffte, hatte schon bei den Time-Sharing-Systemen zu einer Erweiterung des Nutzerkreises geführt. Zu der Atmosphäre der Offenheit an den Universitäten gehörte der laxe Umgang mit dem Zugang zum Netz. Offiziell war er eingeschränkt auf diejenigen, die für die ARPA arbeiteten. Die Praxis sah jedoch anders aus. Einige der Universitäten nahmen ‚inoffizielle' Mitarbeiter sogar in die Listen auf, die sie an das Network Information Center schickten. Es war weder sinnvoll noch gewollt, die Kooperation und Kommunikation über das Netz auf bestimmte Projekte zu begrenzen. Auch BBN hatte ein Interesse daran und argumentierte gegenüber der ARPA, dass nur durch die lockere Handhabung der Zugangskontrollen – was das Systemdesign wesentlich vereinfacht hatte – die auftragsgemäß schnelle Inbetriebnahme des Netzes möglich gewesen sei (vgl. Abbate 1999: 85f.). Da in dieser frühen Phase eher das Problem brachliegender Ressourcen als einer zu großen Netzlast bestand, gab es wenig Veranlassung für die Verantwortlichen, die unautorisierten Nutzer aktiv zu vertreiben, wenn man sie auch nicht offiziell zulassen konnte. Im Gegenteil brauchte man mehr Datenverkehr, um die Performance der Technik unter Last überhaupt testen zu können.[64]

So waren es verschiedene Gründe, mit denen es dem IPTO gelang, hoch motivierte Mitarbeiter zu gewinnen.

- Die technische Herausforderung, Computertechnik neu zu denken, sie zum Medium umzuformen und damit vielleicht das Versprechen von demokratischeren Strukturen einzulösen, machte eine Mitarbeit an den Projekten für viele sehr attraktiv.
- Da das ARPANET von Roberts als Forschungsnetz geplant war, die Wissenschaftler an ihren Universitäten arbeiten konnten und es kaum Verbindungen zu militärpraktischen Anwendungen gab, schien vielen ihr Engagement unproblematisch.
- Da lediglich das Ziel, nicht aber die technischen Details vorgegeben worden waren, bestanden sehr große Gestaltungsspielräume. Dies verunsicherte zwar zunächst, provozierte dann jedoch innovative Ideen, die nur außerhalb des herrschenden Standes der Technik (damals Fernmeldetechnik) entstehen konnten.

Die Frage kehrt sich um. Warum leistete es sich das Militär, ein derart offenes Unternehmen finanziell zu fördern, ohne einen nennenswerten Einfluss auszuüben?

- Das Militär war nur interessiert an direkt verwertbarer praktischer Forschung. Man war froh, dass sich die ARPA um die ungeliebte, aber immer wieder durch Dritte angemahnte Grundlagenforschung kümmerte.
- Die USA waren immer noch bestrebt, den nach dem Sputnik-Schock proklamierten Science-Gap zu überwinden. Der wissenschaftsfreundliche Präsident Johnson befürwortete ausdrücklich die Gewährung großer Freiheiten für die Forscher im Rahmen ihrer Projekte (vgl. S. 90ff.).

Dieser Zustand konnte nur für eine kurze Zeit stabil gehalten werden. Nach dem Regierungswechsel und dem Ende von Roberts Amtszeit veränderte sich die politische Atmosphäre im DoD und der DARPA. Das Pendel begann in eine andere Richtung auszuschlagen. Der Kongress üb-

64 Ende der 70er Jahre verursachte eine der ersten Mailinglisten, „SF-LOVERS“, einen erheblichen Verkehr im Netz und wurde zunächst für einige Monate untersagt, um dann mit dem Argument, dass nur so das Netz unter realen Bedingungen mit vielen Teilnehmern getestet werden könne, wieder geduldet zu werden (vgl. Musch 1997).

te Druck auf das Verteidigungsministerium aus, stärker anwendungsorientierte Forschung zu betreiben (vgl. Hauben 1999b). Die politischen Rahmenbedingungen Mitte der 70er Jahre wirkten sich auch auf das Klima innerhalb der IPTO aus. Politische Interessen an bestimmten Forschungsprogrammen, ein wachsender Einfluss der Industrie im DoD, die Unzufriedenheit des Weißen Hauses mit verschiedenen Entscheidungen des Verteidigungsministeriums und die sich zunehmend gegen alles Militärische wendende öffentliche Einstellung veränderten die Gestaltungsspielräume. Die grausamen Realitäten des Vietnamkriegs beeinflussten bald jede Planung und Förderung. Auch viele Computerwissenschaftler sahen ein Engagement am IPTO jetzt kritischer. Als Roberts 1973 das Büro verließ, hatte er keinen Nachfolger gefunden. So musste Stephen Lukasik, amtierender Direktor der DARPA, erneut Licklider überreden, eine weitere Amtszeit (bis Mitte 1975) am IPTO zu verbringen.

Der Führungsstil hatte sich geändert. Lukasik war der Auffassung, so erinnerte sich Licklider (vgl. Hauben 1999b), dass ein Vorschlag nur ein Vorschlag war, wenn er durch Meilensteine zu jeder Projektphase genau spezifiziert war.[65] Entdeckungen auf diese Weise planen zu wollen, zeigte den Wandel der Prioritäten weg von der Grundlagenforschung, hin zu direkt verwertbaren Produktentwicklungen. Eine Politik, die auch der nächste Direktor Heilmeier weiterführte.

3.3.2 Die Network Working Group

Roberts hatte das ARPANET Projekt sehr informell begonnen. Ende 1967, nach der Tagung in Gatlinburg, hatte er eine Gruppe ins Leben gerufen, die unter der Leitung von Elmer Shapiro, einem Mitarbeiter des Stanford Research Institute, die Spezifikationen für die IMPs ausarbeiten sollte. Und er konnte Paul Baran gewinnen, sie dabei zu unterstützen. Im Sommer 1968 formte sich daraus die Network Working Group (NWG).[66] Eine Handvoll graduierter Studenten und Mitarbeiter unterschiedlicher Universitäten bildeten den Kern dieser Entwicklergruppe, die den Aufbau des ARPANET softwareseitig vorantrieb. Die NWG wuchs im Lauf

65 Fano und Corbatós erinnerten sich, dass dies für die Universitäten ein Problem war, da das Militär bzw. die ARPA nach dem Mansfield Amendment von 1969 plötzlich nicht mehr an universitärer Forschung und Ausbildung interessiert schien. Licklider hatte dagegen eine andere Perspektive und die Vermutung „that the academics in the universities heard Mr. Mansfield lots louder than the military did." (Licklider zit. nach Lee/Rosin 1992b: 19)

66 Das erste offizielle Treffen der NWG fand am 25. und 26. Oktober 1968 am SRI statt (vgl. RFC 5, 1969, Rulifson). Die Teilnehmerlisten sind in den RFCs 3, 5 und 26 zu finden.

der Zeit, je mehr Einrichtungen sich an das ARPANET anschlossen, auf ungefähr hundert Teilnehmer an.[67]

Die ersten Treffen waren von einem Klima großer Unklarheit über die zu leistende Aufgabe und Unsicherheit über die zugesprochenen Kompetenzen geprägt. Daher konnten zunächst nur generelle Überlegungen im Vordergrund stehen. Die Auftragsvergabe für die IMPs war noch nicht abgeschlossen und deren technische Details folglich noch nicht bekannt. Man wusste nur, dass ein Protokoll[68] entworfen werden sollte, das den Aufbau einer Verbindung zwischen zwei Rechnern definierte und die zukünftigen Dienste – welche auch immer das sein würden – unterstützte. Genauere Anforderungen wurden von Seiten der IPTO nicht formuliert.

„That first meeting was seminal. We had lots of questions – how IMPs and hosts would be connected, what hosts would say to each other, and what applications would be supported. No one had any answers, but the prospects seemed exciting. We found ourselves imagining all kinds of possibilities – interactive graphics, cooperating processes, automatic data base query, electronic mail – but no one knew where to begin.
[...] The first few meetings were quite tenuous. We had no official charter. Most of us were graduate students and we expected that a professional crew would show up eventually to take over the problems we were dealing with. Without clear definition of what the host-IMP interface would look like, or even what functions the IMP would provide, we focused on exotic ideas." (Crocker im RFC 1000; 1987; Reynolds, Postel)[69]

Ähnlich erinnerte sich Vinton Cerf, ebenso wie Crocker damals Graduate Student:

---

67 Aus der NWG ging später die Internet Engineering Task Force (IETF) hervor, die heute über die technischen Internetstandards wacht.

68 Erst mit den Tätigkeiten der Gruppe wird der Ausdruck Protokoll für diese Art technischer Standards üblich. Es gibt verschiedene Mutmaßungen darüber, woher der Begriff entlehnt wurde. Eine Erklärung könnten die RFCs sein, die sowohl Sitzungsprotokolle als auch ein Medium waren, um technische Vorschläge zu unterbreiten. Eine andere, technischere Erklärung, gab Vinton Cerf (Salus 1995, S.42). In der Netzwerktechnik wurde beim Verbindungsaufbau schon vorher von „handshake" u.ä. gesprochen. Ein geregeltes Verhalten von Komponenten, das an diplomatische Gepflogenheiten, eben an das diplomatische Protokoll, erinnerte (vgl. auch Haefner, Lyon 1997: 165ff.).

69 Steve Crocker gibt in diesem RFC einen historischen Rückblick über die Entwicklung der ARPANET-Community.

„We were just rank amateurs, and we were expecting that some authority would finally come along and say, 'Here's how we are going to do it'. And nobody ever came along, so we were sort of tentatively feeling our way into how we could go about getting the software up and running.“ (Cerf zit. nach: Salus 1995: 29)

So traf man sich im Sommer und Herbst 1968, um die Möglichkeiten für das Protokoll zu diskutieren. Dabei verfolgten einige der Gruppe zunächst das Konzept einer clientbasierten Programmiersprache. Um die Ressourcen effizient zu nutzen, sollte die Sprache dazu dienen, nach dem Verbindungsaufbau Programmcode auf den Client-Rechner zu laden, der dann dort interpretiert werden würde.[70]

Nachdem BBN den Zuschlag erhalten und den ersten Rechner an einen IMP angeschlossen hatte, traf man sich am Valentinstag 1969 erstmals gemeinsam. Diese Zusammenkunft wurde zwar als auf sehr hohem Niveau, aber von allen Seiten als äußerst schwierig beschrieben. Crocker schilderte das Treffen aus der Perspektive der NWG:

„I don't think any of us were prepared for that meeting. The BBN folks, led by Frank Heart, Bob Kahn, Severo Ornstein and Will Crowther, found themselves talking to a crew of graduate students they hadn't anticipated. And we found ourselves talking to people whose first concern was how to get bits to flow quickly and reliably but hadn't -- of course -- spent any time considering the thirty or forty layers of protocol above the link level. And while BBN didn't take over the protocol design process, we kept expecting that an official protocol design team would announce itself.“ (Crocker im RFC 1000, 1987; Reynolds, Postel)

BBN war ein kommerzielles Unternehmen, das sich mit dem ARPA-Kontrakt den Einstieg ein neues Geschäftsfeld versprach. Daher neigte man dazu, die technischen Details der IMPs als Betriebsgeheimnis zu betrachten. Besonders vor der Weitergabe des Know-hows an die jungen Wissenschaftler fürchtete man sich. Es bedurfte der Intervention der ARPA, BBN dazu zu bewegen, die genauen Spezifikationen an die Entwicklergruppe weiterzugeben, damit diese ihre Arbeit aufnehmen konnte.

Dieser Konflikt zwischen einer kommerziellen und einer akademischen Perspektive brach während der praktischen Arbeit immer wieder

70 Jeff Rulifson vom SRI entwarf eine Decode-Encode Language (DEL) und Michel Elie entwickelte seine Idee zur Network Interchange Language (NIL) weiter. Beschrieben in RFC 5 (1969; Rulifson) und RFC 51 (1970; Elie). Es brauchte noch fünfundzwanzig Jahre bis diese Idee der Clientseitigen Programmiersprache als JAVA, JavaScript oder ActivX erfolgreich umgesetzt wurde.

auf. Laut Vertrag sollte BBN das Netz in sehr kurzer Zeit entwickeln und in Betrieb nehmen. Aus diesem Grund hatten dessen Ingenieure, die gewohnt waren, nach gangbaren Kompromissen zu suchen, um funktionierende Systeme zu bauen, wenig Verständnis für das Bedürfnis der Wissenschaftler, das Verhalten von Netzen vorher eingehend theoretisch und experimentell zu studieren (vgl. Abbate 1999: 70f.).

Um die Konflikte nicht eskalieren zu lassen, ging man den Weg einer strikten Arbeitsteilung, wodurch gleichzeitig die Komplexität der Softwareentwicklung erheblich reduziert werden konnte. Man beschloss, die Software in eigenständige, hierarchisch gestaffelte Schichten (*Layer*) zu unterteilen, die jeweils durch klar definierte Schnittstellen aufeinander aufbauten. Die Relationierungen der Artefakte zu ihren Aufgaben und Nachbarelementen wurde wiederum in ein architektonisches System gesetzt, das die Relationen der Teilaufgaben, für die dann einzelne Protokolle entworfen wurden, beschrieb.

- Ein *Communication Layer* sollte den Austausch der Datenpakete zwischen den IMPs unabhängig von deren Inhalt regeln. Diese Protokollschicht hatte unter anderem die schwierige Aufgabe des Routing zu übernehmen, denn jeder IMP musste für das Message-Switching selbständig entscheiden können, auf welcher Route die Pakete weitergeleitet werden sollten. Die Entwicklung dieses Protokolls hatte BBN im Rahmen der Ausschreibung übernommen.
- Ein zweiter *Host Layer* sollte die Kommunikation und die Dienste zwischen zwei Rechnern auf Basis des Communication Layers regeln. Dessen Entwicklung war vordringliche Aufgabe der Network Working Group. Diese Spezifikation betraf jetzt nicht mehr nur das Subsystem der IMPs, sondern berührte die einzelnen Hosts der Universitäten. Da die Administratoren kaum bereit waren, große Änderungen an ihren Systemen vorzunehmen, war es notwendig, das Host Protocol möglichst einfach zu gestalten. Bis Ende 1970 stand daher dessen Entwicklung im Vordergrund. Erst danach widmete man sich den eigentlichen Anwendungen.

Das von Roberts vorgegebene Ziel hieß Resource-Sharing. So entschied sich die Gruppe, zwei grundlegende Dienste zu spezifizieren und umzusetzen.[71] Das Teilen von Hardwareressourcen sollte ein Dienst namens *Telnet* übernehmen, den das SRI im Februar 1971 in einem ersten Ent-

71 Daneben wurden Insellösungen, wie das Konzept des Remote Job Entry (RJE) an der UCLA und später eine weitere inkompatible Technik an der UCSB entwickelt, die eine Übergabe von Jobs an ein Batch-Verarbeitungssystem erlaubten (RFC 88; 1971; Braden, Wolfe). Erst im Oktober 1972 gelang es, RJE zu standardisieren.

wurf vorstellte (RFC 97; 1971, Melvin, Watson). Er wurde konzipiert für die Steuerung entfernter Rechner über das Netz. So konnten Institutionen, die nicht über einen eigenen Computer verfügten, oder spezielle Anwendungen auf ihrem Rechner nicht ausführen konnten, die Rechenleistung und Software anderer Einrichtungen nutzen, indem sie diese per Telnet fernbedienten.

Daneben sollte ein *File Transfer Protocol* (FTP) dazu dienen, Daten unterschiedlicher Art zwischen zwei Rechnern zu übertragen. Es ermöglichte das Austauschen von Software und Forschungsergebnissen.

Aus Sicht der ARPA sollten so kostspielige Ressourcen (Daten, Programme, Prozessorleistung) besser verwertet bzw. ausgelastet werden. Durch diesen Austausch erhoffte man sich eine Intensivierung der Zusammenarbeit und letztlich eine Beschleunigung von Innovationen.

Beide Dienste (Telnet und FTP) mussten zunächst erst einmal eine Verbindung zwischen zwei Host-Rechnern herstellen, bevor sie die speziellen Dienstfunktionen ausführen konnten. Es wäre also doppelter Aufwand gewesen, diesen Mechanismus in beiden Diensten zu implementieren und so entschied man sich, eine weitere Aufteilung vorzunehmen: Der *Host Layer*, verwirklicht als Network Control Program (NCP), war jetzt nur noch für die Herstellung des Verbindungsaufbaus zwischen zwei Rechnern zuständig, während ein neuer *Application Layer* den spezifischen Dienst, wie Dateiübertragung oder Fernsteuerung regelte.

Tabelle 1: Protokollschichten des ARPANET

Layer	**Aufgabe**
Communication	zuverlässige Übertragung der Datenpakete durch das Netz
Host	Aufbau einer Verbindung zwischen zwei Rechnern
Application	Definition der Funktionalität der jeweiligen Dienste

Damit war die komplexe technische Aufgabe in drei Teilprobleme untergliedert worden. Die Entscheidung war jedoch keine rein technische. Die Verbindung der heterogenen Time-Sharing-Systeme verlangte einen gewissen Grad an Standardisierung. Um die Akzeptanz des Netzes nicht zusätzlich zu gefährden, durfte der Aufwand für die Systemadministratoren bei der Implementation des NCP auf ihren Hosts nicht zu hoch sein. Darüber hinaus musste das Protokoll gewährleisten, dass die Administratoren die Kontrolle über ihre Rechner behielten. Das hieß, Zugriffe über das Netz hatten denselben Zugriffsbeschränkungen und Login-Prozeduren zu unterliegen, wie die lokalen Nutzer auch. Unter diesen Vorgaben versuchte man, ein möglichst einfaches Protokoll zu entwerfen, das seit August 1970 in allen, jetzt fünfzehn Knoten, implementiert war.

Die Methode des Layering wurde schnell zu einem allgemeinen Denkmodell in der Netzwerktechnik. Die hierarchisch angeordneten Layer kapselten klar definierte Problemkreise genau ein und beschrieben deren Funktionalität. Schnittstellen zwischen diesen Ebenen regelten deren Zusammenwirken. Jede Ebene benutzte die Ressourcen der unter ihr liegenden und generierte Daten für die über ihr liegende Schicht. Daraus ergaben sich drei große Vorteile:

- Das komplexe technische Problem gliederte sich in einzelne Teilaufgaben.
- Sobald sich BBN und NWG über die Schnittstelle geeinigt hatten, konnten die Komponenten weitgehend konfliktfrei und dezentral entwickelt werden.
- Gleichzeitig wurden die Schichten jederzeit austauschbar, was bei einer Weiterentwicklung der Software große Vorteile brachte.

„Thus, layering has both technical and social implications: it makes the technical complexity of the system more manageable, and it allows the system to be designed and build in a decentralized way.“ (Abbate 1999: 51)

Dem sich weitgehend außerhalb der Telekommunikationsszene entwickelnden ARPANET gelang es, neue Methoden zu entwickeln, die sich schließlich als herrschender Stand der Technik durchsetzen konnten. Als Aussenseiter (NWG) mit einem starkem Fürsprecher (ARPA) gelingt eine Redefinition sowohl der technischen (Packet-Switching), wie der Konzeptionsmethoden (Layering).

Innerhalb der kleinen homogenen Gruppe der NWG ließen sich die verschiedenen Lösungsansätze und technischen Spezifikationen weitgehend in einem interaktiven und konsensualen Prozess entwickeln. Dazu mag die Unsicherheit über den eigenen Status und die fast eschatologische Erwartung einer möglicherweise jederzeit eingreifenden offiziellen Normenentwicklerautorität beigetragen haben.

3.3.3 Das Medium RFC

Bald nach Shapiro übernahm Steve Crocker die Leitung der NWG-Treffen und begann sie zu dokumentieren. Aus Unsicherheit gegenüber den vermeintlichen ‚offiziellen Normenentwicklern‘ versuchte Crocker diesen Sitzungsprotokollen und technischen Vorschlägen jeden Anschein von Verbindlichkeit zu nehmen und nannte sie bescheiden *Request for Comments* (RFC).[72]

„I remember having great fear that we would offend whomever the official protocol designers were, and I spent a sleepless night composing humble words for our notes. The basic ground rules were that anyone could say anything and that nothing was official. And to emphasize the point, I labeled the notes ‚Request for Comments.' I never dreamed these notes would distributed through the very medium we were discussing in these notes." (Crocker im RFC 1000; 1987; Reynolds, Postel)

Crocker versuchte ganz im Sinne des IPTO, die RFCs nicht nur als Verlautbarungsorgan zu verstehen, sondern als Medium für den offenen Austausch von Ideen.

„In addition to participating in the technical design, I took on the administrative function of setting up a simple scheme for numbering and distributing the notes. Mindful that our group was informal, junior and unchartered, I wanted to emphasize these notes were the beginning of a dialog and not an assertion of control." (Crocker im RFC 2555; 1999; Internet Society)

Gedanken wurden in den RFCs veröffentlicht, Anregungen, Gegen- und Verbesserungsvorschläge unterbreitet. Auf gemeinsamen Treffen einigte man sich schließlich auf ein gemeinsames Vorgehen und dieser Konsens fand wiederum seinen Niederschlag in einem RFC. Die Papiere enthalten nicht nur Sitzungsprotokolle, Tagesordnungen, Adresslisten und technische Vorschläge. Es sind ebenso zahlreiche Dokumente mit lyrischem[73] und historischem[74] Inhalt zu finden, so dass die frühen RFCs nicht nur die technische Entscheidungsfindung, sondern den Diskurs in seiner ganzen Vielfalt dokumentieren. Die große Offenheit der Treffen für alle Themen und jeden Teilnehmer übertrug sich auf diese Dokumentation, wie die „Documentation Conventions" zeigen, die Crocker früh im RFC 3 veröffentlichte:[75]

---

72 Das erste RFC erschien am 7. April 1969 und beschäftigte sich mit dem Host Layer. Noch heute werden RFCs als Medium für technische Spezifikationen herausgegeben. Ihre Zahl ist mittlerweile auf weit mehr als viertausend angestiegen.

73 z.B. die RFCs 527, 968, 1121

74 z.B. RFCs 1000, 2555

75 Ergänzungen folgten im RFC 10 (29. Juli 1969; Crocker) und RFC 24 (21. November 1969; Crocker)

„The Network Working Group seems to consist of Steve Carr of Utah, Jeff Rulifson and Bill Duvall at SRI, and Steve Crocker and Gerard Deloche at UCLA. Membership is not closed.
The Network Working Group (NWG) is concerned with the HOST software, the strategies for using the network, and initial experiments with the network. Documentation of the NWG's effort is through notes such as this. Notes may be produced at any site by anybody and included in this series.
CONTENT
The content of a NWG note may be any thought, suggestion, etc. related to the HOST software or other aspect of the network. Notes are encouraged to be timely rather than polished. Philosophical positions without examples or other specifics, specific suggestions or implementation techniques without introductory or background explication, and explicit questions without any attempted answers are all acceptable. The minimum length for a NWG note is one sentence.
These standards (or lack of them) are stated explicitly for two reasons. First, there is a tendency to view a written statement as ipso facto authoritative, and we hope to promote the exchange and discussion of considerably less than authoritative ideas. Second, there is a natural hesitancy to publish something unpolished, and we hope to ease this inhibition.“ (RFC 3; 1969; Crocker)

Damit boten die RFCs ein Forum für einen freien Fluss von Informationen. Es etablierte sich ein System, in dem ein Papier ein älteres ablösen konnte, indem es das vorhergehende als *obsoleted* oder als *updated* bezeichnete. Als Medium für die NWG schufen die RFCs eine neue diskursive Ordnung und Identifikation für die Gruppe. Sie etablierten eine sich ständig rückkoppelnde Kommunikation. Durch die Diversifizierung der Entwicklungsarbeit bei schwierigen technischen Problemen konnten schnelle, effektive und sichere Lösungen etabliert und mit den RFCs zugleich ein Common sense darüber hergestellt werden.[76] Die Anschlussfähigkeit der technischen Vorschläge wurde laufend von vielen Akteuren geprüft und konnte durch weitere RFCs rekonfiguriert und optimiert werden.

So wurde das Telnet-Protokoll im RFC 97 erstmals vorgeschlagen. Die daraufhin durchgeführte Evaluation der Anforderungen an eine Bildschirmsitzung wurde in einem weiteren RFC 112 veröffentlicht. Als Resultat erschienen zwei Vorschläge für die Modifikation des Protokolls in RFC 137 und RFC 139, die gleichzeitig die Diskussionsgrundlage für die

76 Damit schufen sie ein Paradigma der Informationstechnik, das heute mit der Open-Source-Bewegung wieder sehr aktuell geworden ist. Ronda und Michael Hauben sahen in den RFCs ein Vorbild für Newsgroups, in denen ebenfalls Fragen gestellt oder Vorschläge gemacht und dann öffentlich diskutiert werden.

gemeinsame Sitzung der NWG im Mai 1971 bildeten. Das Ergebnis des Treffens war ein überarbeiteter Entwurf des Telnet Protokolls im RFC 158. Es folgten weitere Diskussionen, bis der endgültige Standard, der bis in die 80er Jahre hinein gültig blieb, mit dem RFC 318 formuliert war.

Das ARPANET-Projekt erlaubte ein Bottom-Up-Development und die RFCs waren das Medium, das den Raum für die sozialen Aushandlungsprozesse und deren Schließung bereitstellte. Sie hatten also auch die Aufgabe, Probleme zu einem bestimmten Zeitpunkt aus dem Streit auszulagern und als entpersonalisierte Norm zu rationalisieren. Dieses Verfahren irritierte natürlich einige, die gewohnt waren, sich an die Vorgaben offizieller Standardisierungsbehörden zu halten.

„Jon, as Editor-in-Chief was criticized because the RFCs were not issued by an ‚official' standards body, and the NIC was criticized because it was not an ‚official' document issuing agency." (Feinler im RFC 2555; 1999; Internet Society)

Da die Einigungen der Gruppe von der ARPA jedoch akzeptiert wurden, erlangten die RFCs schließlich den Status von „informellen Standards", den sie bis heute haben. Mit ihnen wurde der Begriff *Protokoll*, als Synonym für eine technische Spezifikation, üblich.

Crocker entschied, dass das Network Information Center (NIC), das am Stanford Research Institute angesiedelt und von Douglas Engelbart geleitet wurde, die Papiere der NWG sammeln und verteilen sollte (RFC 95; 1971; Crocker). Jonathan Postel übernahm die Herausgabe der RFCs bis zu seinem Tod im Oktober 1998.

Verschickt wurden die Papiere an die interessierten Einrichtungen zunächst mit der traditionellen Post. Wenn es gewünscht wurde, konnten die Autoren dies auch selbst tun, denn die Adressliste wurde in den ersten RFCs veröffentlicht.

„NWG notes may be sent to the NIC for distribution, or may be distributed directly. If an author intends to distribute an NWG note himself, he should so inform Mrs. North and obtain any changes to the mailing list. All mailing should be airmail or first class, depending upon distance." (RFC 95, 1971, Crocker)

In Crockers Verteiler im RFC 95 vom Februar 1971 waren lediglich 26 Personen aufgeführt. Die Distribution der Informationen wurde jedoch immer schwieriger und teurer, je mehr Hosts sich an das Netz anschlossen, so dass das NIC bereits im Juli 1971 die Autoren von Manuskripten bitten musste, dem NIC mindestens hundert Kopien für die Verteilung zukommen zu lassen (RFC 185; 1971; North).[77] Bereits mit dem zweiten RFC standen die Daten jedoch auch online zur Verfügung.

„RFC 1 was, I believe, a paper document. RFC 2 was produced online via the SRI NLS system and was entered into the online SRI NLS Journal. However, it was probably mailed to each recipient via snail mail by the NIC, as email and the File Transfer Protocol (FTP) had not yet been invented.“ (Feinler im RFC 2555; 1999; Internet Society)

Postel verwaltete die Protokolle mit Engelbarts oNLine System (NLS). Die Nutzer konnten darin mittels einer Telnet-Sitzung auf zahlreiche Werkzeuge, die von einfachen Befehlen für das Schreiben, Lesen und Drucken, bis hin zu Funktionen zum Wiederauffinden und Kommunizieren von Informationen reichten, zugreifen (vgl. RFC 2555; 1999; Internet Society).

„Many more RFCs followed and the SRI NLS Journal became the bibliographic search service of the ARPANET. It differed from other search services of the time in one important respect: when you got a ‚hit‘ searching the journal online, not only did you get a citation telling you such things as the author and title; you got an associated little string of text called a ‚link‘. If you used a command called ‚jump to link‘, voila! you got the full text of the document. You did not have to go to the library, or send an order off to an issuing agency to get a copy of the document, as was the custom with other search services of the time. The whole document itself was right there immediately!“ (Feinler im RFC 2555; 1999; Internet Society)

Die Netzcommunity konnte so über eine der ersten Hypertextanwendungen[78] auf ihre Protokolle zugreifen, wenn dies auch nur eine zusätzliche Möglichkeit sein konnte.

„The SRI NLS Journal was revolutionary for the time; however, access to it online presented several operational problems. Host computers were small and crowded, and the network was growing by leaps and bounds; so connections had to be timed out and broken to give everyone a chance at access. Also, the rest of the world was still a paper world (and there were no scanners or laser

77 Weitere RFCs, in denen die ARPA Network Mailing List aktualisiert wurde, waren die RFCs 155,168, 211, 300, 329, 363 und 402.

78 Eine Technik, deren Potential erst in Zusammenhang mit der konsequenten Einbeziehung des Netzes, einem rechnerunabhängigen Protokoll und Datenformat dreißig Jahre später von Tim Berner- Lee ausgeschöpft wurde und als World Wide Web das Internet wie kein anderer Dienst popularisierte.

Abbildung 10: Anzahl der RFCs pro Jahr

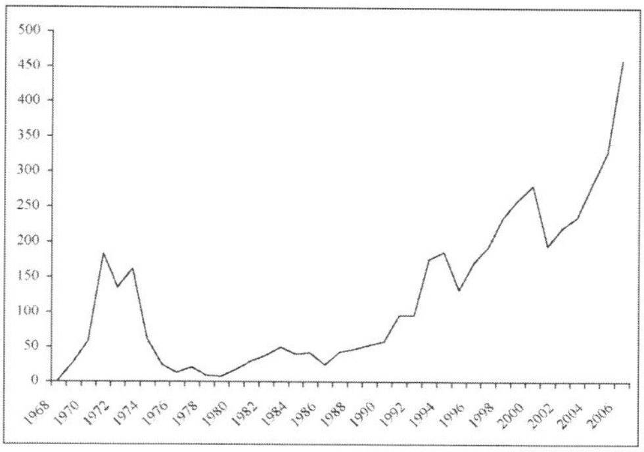

printers, folks!), so the NIC still did a brisk business sending out paper documents to requestors." (Feinler im RFC 2555; 1999; Internet Society)

Eine weitere Erleichterung für die Arbeit des NIC war die Zunahme von E-Mail-Mailboxes ab Mitte der 70er Jahre. Die erste Beschreibung eines „Mail Box Protocols" im RFC 196 folgte genau dieser Motivation.

„The motivation for developing this protocol is the Network Information Center's (NIC) need to be able to deliver messages and documents to remote sites, and to be able to receive documents for cataloging, redistribution, and other purposes from remote site without having to know the details of path name conventions and file system commands at each site." (RFC 196; 1971; Watson)

Das NIC entwickelte Methoden der automatischen Verteilung der Dokumente über das Netz. So konnte ein Interessent per E-Mail ein RFC anfordern und bekam es dann automatisch in seine Mailbox übertragen. Nach dem Oktober 1973 akzeptierte Postel schließlich nur noch Dokumente in elektronischer Form (vgl. RFC 580; J.Postel; 25.10.1073).

Nach der ersten Innovationsphase des ARPANET Anfang der 70er Jahre ging die Zahl der Veröffentlichungen zunächst stark zurück. Die Diskussionen verlagerten sich in die neu entstandenen Medien wie E-Mail und Newsgroups. Doch mit der Einführung des World Wide Web und dem damit steigenden Interesse der Ökonomie am Internet zu Beginn der 90er Jahre erlangten die Standards der RFCs erneut große Bedeutung und ihr Charakter wurde zunehmend formaler. Aus den Dialogen der Anfangszeit entwickelten sich strukturierte Dokumente, deren Zahl wieder stark anstieg (Abb. 10).

„As email and bulletin boards emerged from the fertile fabric of the network, the far-flung participants in this historic dialog began to make increasing use of the online medium to carry out the discussion – reducing the need for documenting the debate in the RFCs and, in some respects, leaving historians somewhat impoverished in the process. RFCs slowly became conclusions rather than debates.“ (RFC 2555; 1999; Internet Society)

3.4 Soziales Netz und formaler Standard

Lickliders visionärer und tatkräftiger Einfluss als erster Direktor der IPTO schuf die institutionellen Voraussetzungen (IPTO) und das Leitbild des Resource-Sharing für eine Vernetzung der Time-Sharing-Zentren. Auf dieser Grundlage konnte Lawrence Roberts die konkrete Installation des ARPANET umsetzen, indem er die mutige Entscheidung für das Packet-Switching-Verfahren, einer bis dahin noch nie umgesetzten und im Kontrast zur herrschenden Praxis stehenden Technik, traf. Baran und Davies, die Erfinder des Packet-Switching, waren an dessen Umsetzung nicht aus technischen, sondern aus sozialen Gründen gescheitert. Mit der finanziellen Unterstützung der ARPA gelang es erst Roberts, ein Computernetzwerk über weite Distanzen zu konzipieren, institutionell abzusichern und sozial einzubinden.

Die ersten Netzwerkknoten, die im Dezember 1969 zwischen verschiedenen Universitäten etabliert wurden, mussten noch gegen die gängige Praxis der Telekommunikation und das Denken in Mustern der Analogtechnik durchgesetzt werden. Erst mit einer beeindruckenden Demonstration des ARPANET auf der ICCC in Washington, gelang es, einen breiten Kreis von Ingenieuren und Systemadministratoren von der neuen Technik zu überzeugen und so einen grundlegenden Paradigmenwechsel im Netzwerkbereich einzuleiten.

Unter den günstigen politischen Bedingungen gelang es den Direktoren des IPTO, den für sie arbeitenden Wissenschaftlern große Freiheiten einzuräumen und einen kooperativen Führungsstil zu etablieren. Dies gelang um so besser, als sie selbst Bestandteil des relativ kleinen homogenen sozialen Netzes waren, dessen Strukturen sie nutzten.

In dieser Konstellation gab es für die jungen Entwickler der Protokolle keine Autorität außer der ARPA, die lediglich das Ziel beschrieb, sonst aber wenig Vorgaben machte. Rat von erfahrener Seite war nicht zu erwarten, da man technisches Neuland betrat. Unerwartet an der Spitze einer technischen Entwicklung, die sie maßgeblich bestimmen sollten, musste die Gruppe selbst Nutzungsszenarien und technische Lösungen entwerfen.

Durch das Layering konnte die technische Komplexität reduziert und so arbeitsteilig entwickelt werden, was zudem Spannungen zwischen den Entwicklergruppen vermied. Als Medium für die offene Diskussion innerhalb der Network Working Group etablierten sich die RFCs, die durch ihre rückgekoppelte Kommunikation die Schließung zu allgemeinen, im Konsens erarbeiteten und auch von der ARPA anerkannten Standards vollzogen. So betonte der ARPANET Completion Report vom Januar 1978 auch nicht nur, dass „Somewhat expectedly, the network has facilitated a social change in the United States computer research community", sondern dass „this social effect of the ARPANET may finally be the largest single impact of the ARPANET development" (Heart et al. 1978: III-110) war.

4 Netzstruktur und Kommunikation

Mit der erfolgreichen Vernetzung der unterschiedlichen Time-Sharing-Systeme durch das ARPANET endete die soziotechnische Ausweitung nicht, sondern beschleunigte sich noch. Die zahlreichen lokalen Netze, die überall in der Folgezeit aufgebaut wurden, konnten sich durch die Technik des ARPANET miteinander verbinden. Dabei entstand eine Struktur, die den sozialen Kommunikationsprozessen folgen konnte, indem sich ähnliche topologische Muster bildeten. In diesem Abschnitt sollen daher die Strukturveränderungen des Netzes dargestellt werden, die für die Emergenz des Internet als universelles Kommunikationsmedium von zentraler Bedeutung waren.

4.1 Die Topologie des ARPANET

Barans immer wieder zitierte und zur Ikone der Internetgeschichte gewordene Abbildung aus der Einleitung zu seinem ersten Bericht (vgl. Abb. 5 S.70), sollte seine Entscheidung für ein verteiltes (distributed) Netz illustrieren. Baran erschien die Wahl dieses Netzwerktyps so offensichtlich, dass er, trotz der Gründlichkeit seiner folgenden Untersuchungen, die Netzwerktypen lediglich deskriptiv benannte. Das Fehlen einer grundlegenden Diskussion – folgenreich hätten hier Erkenntnisse über das Verhalten der Typen B und C sein können – erstaunt, da seine gesamte weitere Arbeit auf der Annahme aufbaut, das „distributed network" sei das robusteste.[79]

Baran unterstellte bei den Untersuchungen zu seinem *„distributed communications network"* das Anzahl und Lage der Knoten bekannt sei-

79 Auch im fünften Papier der „On Distributed Communications" erfolgt keine wesentliche Diskussion, sondern nur die allgemeine Feststellung, dass zentrale Knoten zu vermeiden seien. „Such a central control node forms a single, very attractive target in the thermonuclear era" (Baran 1964 V.II).

en. Da als Modell für ein militärisches Netz entwickelt wurde, konnte er von einer zentral planenden Instanz für die gesamte Struktur ausgehen. Die Frage, die sich ihm stellte, war die der strategisch günstigsten Verteilung der Knoten (Vermeidung von Konzentrationen in bestimmten Gebieten) und ihre Verknüpfung miteinander (Stärke der Redundanz, keine Zentren).

„The spacing requirement between the Switching Nodes is that they shall be so separated geographically as to minimize the probability of destroying more than one Switching Node with a single weapon.“ (Baran 1964 VIII.I)

Darüber hinaus war Flexibilität für ihn ein wesentlicher Schlüssel, um ein Höchstmaß an Ausfallsicherheit zu erreichen. Survivability war Barans Ansicht nach nicht nur „a function of switching flexibility“, also die Flexibilität, die Nachrichten über sehr unterschiedliche Routen weiterleiten zu können, sondern auch die Möglichkeit, dabei auf eine Vielzahl verschiedener Übertragungstechniken zurückgreifen zu können.

Baran rechnete mit bewussten Angriffen des Feindes auf diese Infrastruktur. In seinen Berechnungen schränkte er jedoch den Horizont seines Ansatzes stark ein, indem er nur reguläre, regelmäßig vermaschte Netze untersuchte, auf die stochastische Störungen einwirkten.

Dafür definierte er zuerst die *Survivability* als den Prozentsatz der Knoten des größten Teilnetzes, das nach einer vollständigen Durchtrennung eines Netzes bestehen blieb. Diese Größe setzte er in Beziehung zu der Wahrscheinlichkeit, mit der ein Knoten bzw. Link ausfiel oder zerstört wurde und beobachtete in diesem Verhältnis Netze verschiedener *Redundancy Level*. Der Redundanzlevel war ein Maß für die durchschnittliche Verknüpftheit jedes Knotens.[80] Die „probability of destruction“ eines Knotens war dabei eine statistische Wahrscheinlichkeit, die sich unterschiedslos über das gesamte Netze legt. Diese Betrachtung war brauchbar, um die üblichen Ausfälle von Komponenten oder gestreute

80 Bei einem Redundanzlevel (R) von eins sollte ein Knoten mit zwei Nachbarknoten verbunden sein, bei R=2 mit vier, bei R=2,5 mit fünf usw.

Abbildung 11: Survivability im Verhältnis zur Ausfallwahrscheinlichket von Knoten in unterschiedlich redundanten Netzen

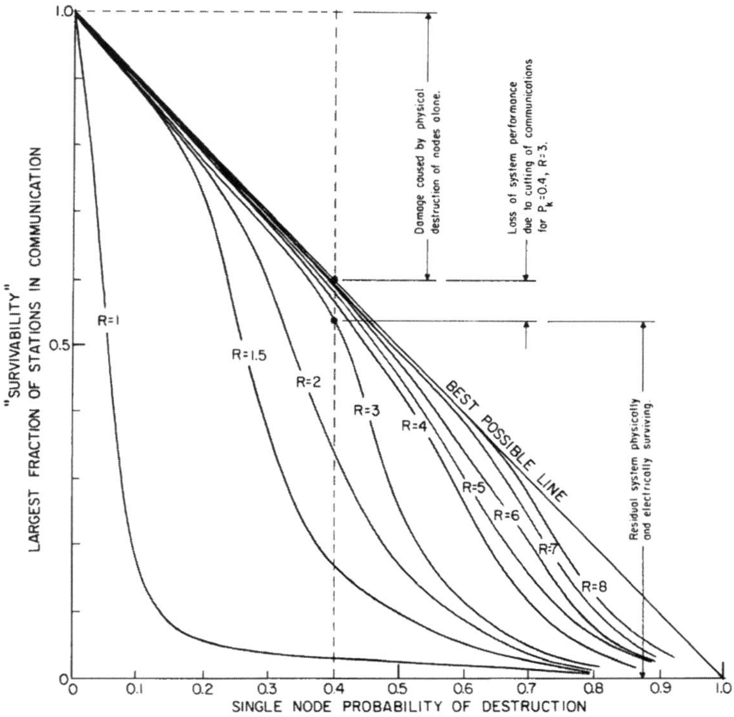

Attacken zu berücksichtigen und setzte unbedingt ein regelmäßig vermaschtes Netz (distributed) voraus.

Bei seinen Untersuchungen konnte er zeigen, dass bereits ein sehr geringer Redundanzlevel eine erstaunlich hohe Ausfallsicherheit gewährleistet und eine relativ geringe Redundanzerhöhung einen überproportionalen Effekt auf die Erhöhung der Stabilität des Systems hat (Abb. 11).[81]

Im Gegensatz zu Baran betrachtete Davies sein Projekt strikt aus einer zivilen Perspektive und dessen Topologie in Analogie zum Telefon- und Telegrafennetz.

„[...] a new kind of national communication network which would complement the existing telephone and telegraph networks" (Davies 1965b: 1)

81 Ein Beispiel soll das illustrieren: Baran rechnet vor, dass, um ein Netz mit 32 Links mit einer Wahrscheinlichkeit von 0,9 zweizuteilen, es 288 Waffen mit einer Trefferquote von 0,5 bzw. 160 Waffen mit einer Trefferquote von 0,7 bedarf.

Die hohen Anforderungen, die Baran an die Ausfallsicherheit seines Systems stellte, hielt er für nicht notwendig. Sein Netz sollte die Grundlage für kommerzielle Dienste bilden, die zwar zuverlässig, vor allem aber schnell und kostengünstig arbeiten mussten.

„The highly-connected networks there considered are not needed in a civil environment, but nevertheless the value of overconnection as a fail-soft feature was well demonstrated." (Davies 1966: 25)

War für Baran Survivability das Schlüsselproblem, so beschäftigten Davies die Übertragungskapazitäten und -geschwindigkeiten. Die Qualität des Services sollte die Kunden überzeugen. Während Baran ausschließlich von einem militärischen Nutzerkreis ausging, sah Davies das Netz stets als ein Massenkommunikationsmittel und war davon überzeugt, dass der „use of individual stations" üblich werden und so ökonomische Skaleneffekte ausgeschöpft werden würden. Er prognostizierte, dass „10% of all the working population or 2% of the whole population makes frequent use of these keyboards, sending 100 messages a day each." (Davies 1965: 2)

Konkretere Überlegungen zur Topologie sind bei Davies nicht zu finden. Nach den Skizzen für sein landesweites Netz zu urteilen (z.B. Baran 1967), sollte es Barans regelmäßig verteilter Struktur sehr ähnlich sein. Auch bei Davies war das Netz, nach dem Vorbild der nationalen Telefongesellschaften, als ganzes in einer Hand geplant, der Nutzerkreis jedoch, anders als bei Baran, offen und beliebig erweiterbar. Dagegen war Roberts Plan zum ARPANET eine überschaubare Angelegenheit. Die Routingtabellen der IMPs stellten maximal 8 Bit zur Identifikation eines Hosts zur Verfügung. Das ARPANET konnte demnach aus maximal 256 Hosts bestehen. Die Zahl der IMPs selbst war auf 64 beschränkt. Für die 16 Einrichtungen, die zunächst angeschlossen werden sollten, schien das ausreichend zu sein.

Roberts konnte von einer bekannten Anzahl der Knoten ausgehen, die er als Projektleiter zusammen mit den Beteiligten festgelegt hatte. Eine vollständige Vermaschung[82] war aufgrund des exponentiellen Wachstums der Anzahl der Verbindungen nicht in Erwägung zu ziehen und hätte dem Sinn des Packet-Switching widersprochen, jedem Knoten zu ermöglichen, ohne Informationen über das gesamte Netz zu operieren.

82 Anzahl der Links bei einem vollvermaschten Netz = (N * (N-1))/2 steigt exponentiell mit der Anzahl der Knoten (N).

Als das ARPANET-Projekt startete, war die Robustheit des Netzes unter Kriegsbedingungen in den Hintergrund getreten. Erst einmal musste bewiesen werden, dass das von Baran und Davies entwickelte Packet-Switching in einem großen Netz funktionierte. Stabilität war also weniger unter speziellen Umständen, als im Alltagsbetrieb gefordert. Die Fragen drehten sich demnach um das Verhalten des Systems unter Last oder um endlos zwischen den Knoten kreisende Pakete. Die Bandbreiten der Verbindungen, die Kosten der Komponenten und Verzögerungszeiten waren bei geringsten Kosten zu optimieren. Die systemimmanente Ausfallrate und Leistungsfähigkeit beschäftigte die Entwickler stärker als gezielte Angriffe von außen.

Als Forschungsnetz wurde das ARPANET stets genau beobachtet, und so ist sein Wachstum in den Anfangsjahren auch gut dokumentiert worden. Der Completion Report stellte das Problem, die Topologie des Netzes zu optimieren, heraus.

„For any network of this type with even a dozen nodes, an obvious, early recognized, and quite formidable problem is topological optimization. Assuming that the node locations are known, the number of ways of arranging M links among N nodes is very large." (Heart et al. 1978: II-14)

Die ARPA, als Initiatorin und zentrale Administration, ließ jährlich grafische Übersichten über das gesamte Netz erstellen.[83] Darauf ist zu sehen, dass selbst in den Clustern, die von der ARPA bei ihren Visualisierungen des Netzes gebildet wurden (auf den Karten als Kreise gekennzeichnet; Abb. 12), keine Kondensationsphänomene zu erkennen sind. Selbst in Gebieten mit einer hohen Zahl an Knoten nimmt die Verbindungsdichte nicht zu.

83 Die logischen und topologischen Karten, die jährlich von Dezember 1969 bis Juli 1977 (in den Anfangsjahren auch öfter) erstellt worden sind, sind im Completion Report (Heart et al. 1978) abgebildet (logische Karten: III-79 bis 89; topologische Karten: III-94 und III.144 bis 158).

Abbildung 12: Das ARPANET im August 1972

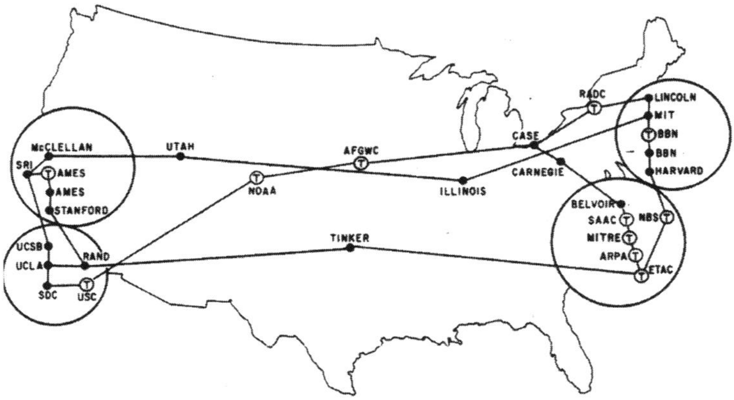

Im Gegenteil, es wurde auf eine gleichmäßige Verlinkung großen Wert gelegt. Jeder Knoten sollte – idealerweise – drei Verbindungen haben. Wie die ARPA-Statistik des Completion Reports zeigt, ist die durchschnittliche Konnektivität, trotz ständig steigenden Datenverkehrs zwischen und innerhalb der Knoten, von Beginn an annähernd konstant geblieben. Sie lag während der knapp acht Jahre der Aufzeichnungen zwischen 2,2 und 2,4 (Heart et al. 1978: III-91). Jeder Knoten war also, wie geplant, in der Regel mit zwei oder drei anderen verbunden (Abb. 13).

Des Weiteren wurde laufend die durchschnittliche Pfadlänge zwischen den Punkten untersucht, die mit ihrem Ansteigen das Wachstum des Netzes widerspiegelte. Das ARPANET war ein sauber verteiltes und recht regelmäßig vermaschtes Netz mit einer durchschnittlichen Konnektivität von 2,29. Eine Struktur, wie sie sich Baran und Davies vorgestellt hatten.

Abbildung 13: Quantitative Auswertung des ARPANET

1	2	3	4	5	6	7	8	9	10	11
DEC69	4	2.00	1.33	2	---	--	---	----	----	----
JUN70	9	2.22	2.31	4	---	--	---	----	----	----
DEC70	13	2.46	2.76	6	---	--	---	----	----	----
SEP71	18	2.44	3.32	7	---	--	3.27%	2,892	3,121	6,013
MAR72	23	2.35	5.04	11	---	--	4.00%	11,633	21,073	32,706
AUG72	29	2.21	4.68	9	---	--	1.79%	682,502	287,953	970,455
SEP73	40	2.20	5.61	13	5.40	11	3.53%	2,893,130	742,746	3,635,876
JUN74	46	2.17	6.14	13	5.98	12	1.19%	3,125,955	1,513,777	4,639,732
JUL75	57	2.28	6.79	15	6.68	15	.67%	5,179,361	1,918,538	7,097,899
JUL76	58	2.45	5.26	11	5.13	10	.58%	6,627,968	1,961,726	8,589,694
JUL77	58	2.41	5.37	11	5.27	11	.94%	7,051,922	2,706,054	9,757,976

where the columns contain the following information:

Column 1: Date of Map
Column 2: Number of Nodes
Column 3: Average Connectivity
Column 4: Average Path Length
Column 5: Maximum Path Length
Column 6: Average Path Length, Minus HAWAII, NORSAR, LONDON
Column 7: Maximum Path Length, Minus HAWAII, NORSAR, LONDON
Column 8: Percentage of Node Unavailability
Column 9: Internode Throughput
Column 10: Intranode Throughput
Column 11: Sum of Internode and Intranode Throughput

4.2 Ausweitung IV: Die Auflösung regelmäßiger Strukturen

4.2.1 Telenet – Two-Level Network

Ende 1972 gründete BBN, durch den Erfolg des ARPANET ermutigt und nun in der Hoffnung, ihr frühes Engagement auswerten zu können, die Firma Telenet und machte Roberts zu deren Präsidenten. Telenet baute das weltweit erste kommerzielle Packet-Switching-Netzwerk auf und betrieb im August 1975 sieben Knoten, die über die USA verteilt waren. Zweieinhalb Jahre später war ihre Zahl bereits auf 180 angestiegen.

Anders als bei der ARPA stand Roberts bei Telenet unter einem erheblich größeren ökonomischen Druck. Das Netz konnte nicht mehr nach idealen Vorstellungen strukturiert werden, sondern musste Kosten und Kapazitäten in besonderem Maße berücksichtigen. Die Lösung fand man im Aufbau einer „two-level hierarchy". Anders als im ARPANET, in dem jeder Knoten gleich stark verlinkt war und so eine gleichmäßig verteilte Struktur ergab, bildete man beim Aufbau des Telenet ein Kern- und ein Randnetz (Abb. 14). Das Kernnetz, in dem die aktivsten Knoten vertreten waren, trug die Hauptlast, alle übrigen Stellen bediente das Randnetz.

Abbildung 14: Single- und Two-Level Network

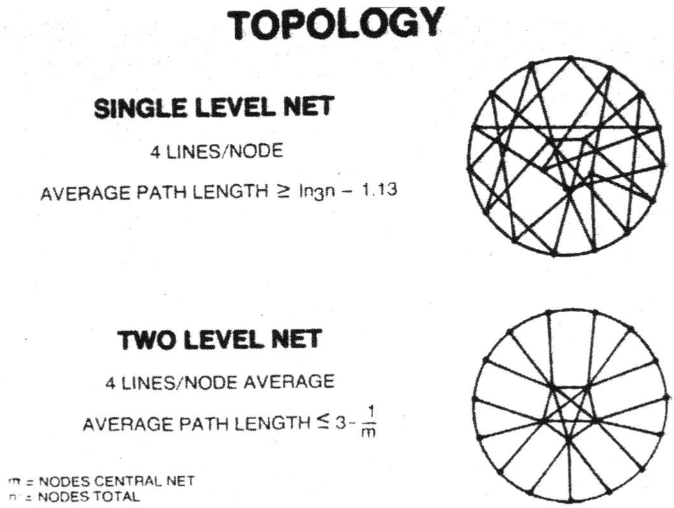

Im Vergleich mit einem regelmäßigen Netz konnte so die Pfadlänge reduziert werden, wenn mehr als ungefähr hundert Knoten angeschlossen waren. Gegenüber einem Netz mit Knoten gleicher Konnektivität wie dem ARPANET, in dem die durchschnittliche Pfadlänge proportional zum Logarithmus der Anzahl der Knoten stieg, brachte der Aufbau von zwei Hierarchieebenen entscheidende Vorteile. Die Knoten des Kernnetzes waren stärker und die in den Randbereichen entsprechend schwächer verlinkt. Geht man von einem vollvermaschten Kern aus, liegt die durchschnittliche Pfadlänge immer etwas unter drei.

„The delay and the cost in the network, because every line you traverse costs you money, is proportional to the average path line. So, if you then look at cost of the network, the path link in the network, which is proportional to cost efficiency of the use of the network, you find that the path link and hops for a single-level network keeps going up as the log for the number of nodes. Above a hundred nodes, it's far cheaper to have a two-level network. That was what happened in the commercial enviroment as well." (Roberts 1988: 163)

BBN hatte damit ein Verfahren gefunden, ein redundantes Netzwerk bei möglichst effektivem Einsatz der Ressourcen und damit größter Kosteneffizienz zu entwerfen. Die Entscheidung für eine leicht modifizierte Topologie, für eine Abkehr von der durch Baran vorgedachten regelmäßigen Struktur, hatte das möglich gemacht.

4.2.2 Internet

Die ARPA betrachtete sich als Forschungseinrichtung und hatte kein Interesse daran, dauerhaft zu einem Netzprovider zu werden. Nachdem das ARPANET etabliert war, wurde es 1975 der Defense Communications Agency (DCA) übertragen, die es weiter betrieb.

Das Telenet war nur eines der vielen Weitverkehrsnetze, die in diesen Jahren entstanden. Zusätzlich ließ das Aufkommen lokal kontrollierter PCs in den 70er und 80er Jahren eine Vielzahl von Local Area Networks (LAN) entstehen.[84]

Mit der Entwicklung des TCP/IP-Protokolls durch Robert Kahn und Vinton Cerf wurde schließlich die Möglichkeit geschaffen, diese technisch sehr unterschiedlichen Netze an das ARPANET anzuhängen. Auf diese Weise entstand in der Folgezeit ein immer größeres Netz von Netzen (*Internet*). Die ARPA förderte diese Strukturausweitung, indem sie die Einrichtungen bei der Implementierung der Software und der Hardwareinstallation aktiv unterstützte. Besonders nachdem sich der militärisch genutzte Teil des Netzes physisch vom ARPANET abgespalten hatte, konnten sich andere Netze problemlos anbinden. Ihre Zahl stieg daraufhin rapide an. 1982 waren 15, 1986 bereits über 400 Netzwerke miteinander gekoppelt und bildeten das Internet.

Einen administrativen Zugriff auf die angeschlossenen privaten Netze hatte das IPTO nicht. Die Regelmäßigkeit der Verknüpfungen und die zentrale Planung des gesamten Systems gingen verloren. Die Teilnetze des Internet waren in der Regel nur durch einen oder wenige Punkte (Gateways) mit dem ARPANET verbunden, so dass sich die Struktur des gesamten Netzes drastisch zu verändern begann. Viele der kleinen Netze hatten stern- oder ringförmige Topologien und schlossen sich an die jeweils günstigsten Gateways an. Bestimmte Knoten erlangten so größere Bedeutung als andere.

> „Whereas the growth of the ARPANET had been centrally planned, the attachment of LANs to the Internet was a remarkably decentralized phenomenon, depending largely on local decisions at the individual sites. The modularity of the Internet made it relative simple to attach new networks – even those that used a very different technical design, such as Ethernet." (Abbate 1999:187)

Das ARPANET bildete schließlich nur noch den Kern des Internet. Parallel dazu baute die National Science Foundation (NSF) in den 80er Jahren ein Hochgeschwindigkeitsnetz zwischen den US-amerikanischen Super-

---

84 Die Technik dazu lieferte vor allem das 1975 am Xerox Parc von Robert Metcalfe entwickelte Ethernet.

computern auf. Dies wurde ebenfalls mit dem Internet gekoppelt und als besonders leistungsfähige Trasse bald zur Hauptverkehrsader (Backbone). Das ursprüngliche ARPANET mit einer Übertragungsrate von lediglich 57 kBit/s konnte im Dezember 1987 abgeschaltet werden.[85] Da die NSF die kommerzielle Nutzung ihres Netzes untersagte, schlossen sich mehrere Service-Provider zusammen, um wiederum ihren eigenen Backbone zu betreiben, der schließlich im April 1995 das NSF-Netz ersetzte. Die US-Administration war damit nicht mehr im Besitz der Infrastruktur, die jetzt frei nach den Bedürfnissen der Nutzer und des Marktes expandierte.

4.3 Die Topologie des Internet

Das System hatte sich von einem kleinen Forschungsnetz zu einer weit greifenden Infrastruktur gewandelt. Immer mehr Netze verbanden sich mit dieser Struktur. Anders als im ARPANET waren dies jedoch lokale Entscheidungen zwischen dem neuen Teilnetz und dem Anknüpfungspunkt. Keine Zentralgewalt kontrollierte das explosive Wachstum des Internet. So können die Aufzeichnungen und Visualisierungen seiner Größe und Beschaffenheit heute nur noch auf Schätzungen und auf Auswertungen von Teilbereichen basieren.

Die Strukturveränderungen, die im Laufe dieses Prozesses stattfanden, machten aus dem zentral geplanten, regelmäßig vermaschten ARPANET eine selbstorganisierende, selbstähnliche Struktur, die Albert-László Barabási (2003) als *skalenfreies Netz* beschreibt. Charakteristisch für diese Art von Netzen ist, dass sie bei einem optimalen Ressourceneinsatz sehr robust gegen interne Fehler sind.[86]

Skalenfreie Netze erreichen ihre Stabilität durch die Bildung von wenigen Hubs. Das sind Knoten, die eine besonders hohe Konnektivität aufweisen, wogegen die Mehrzahl der Knoten schwach verlinkt bleibt. Die Erkenntnisse des Telenet Netzwerks waren bereits in diese Richtung gegangen. Anders als in regelmäßigen Netzen, wo sich ein Mittelwert der Konnektivität einstellt (ARPANET), verteilen sich in skalenfreien Netzen die unterschiedlichen Verknüpfungsgrade exponentiell (Abb. 15). Damit entsprechen sie eher einer Mischung des Typus der dezentralen und der verteilten Topologie, als einem regelmäßig verteiltem Netz, wie

85 Offiziell geschah die Abschaltung erst im Februar 1990.

86 Interessanterweise scheint sich dieser Netzwerktypus in einer Vielzahl von natürlich gewachsenen Systemen wiederzufinden. Barabási zeigt Beispiele aus der Ökonomie, der Zellbiologie, sozialen Netzen und der Verkehrsinfrastruktur.

Abbildung 15: skalierte und skalenfreie Netze

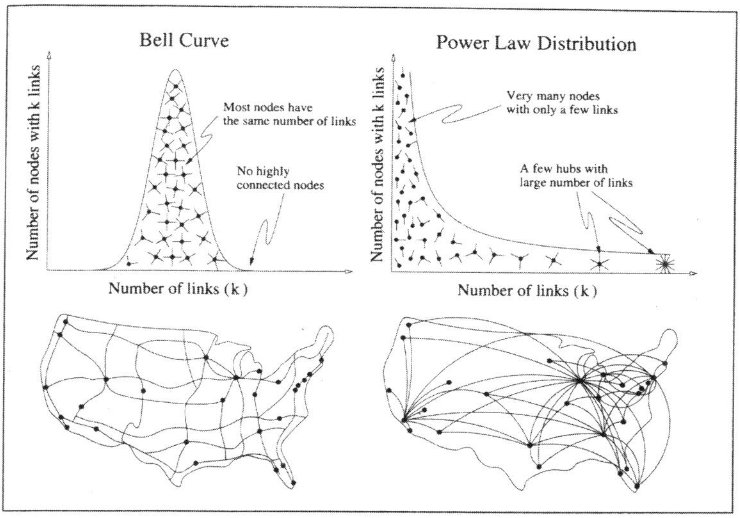

es von Baran favorisiert und im ARPANET realisiert worden war. Das Internet, wie auch später das WWW, zeigen diese Struktur.

Kondensationsphänomene (Hubs) an einzelnen Punkten sind in Kommunikationssystemen besonders wichtig, da die Wahrscheinlichkeit der Teilnahme an Kommunikation dort besonders steigt, wo bereits viel kommuniziert wird. Dieses von Barabási als „preferencial attachment" bezeichnete Verhalten ist nicht nur in der Physik (Bose-Einstein-Kondensation), der Molekularbiologie (ATP) und der Ökonomie (Kapitalakkumulation), sondern auch in der Soziologie (Cut Points) und den Kommunikationswissenschaften (Opinion Leader) gut bekannt.[87] Das technische Netz folgt hier den sozialen Kommunikationsströmen, wie das besonders rasante Wachstum des Internet in den Regionen der Erde zeigt, in denen Kommunikation eine Schlüsselrolle spielt: Den Industrienationen mit ihren Börsen, On-Demand-Produktionen und Informationsgesellschaften.

Wie bei technisch-gesellschaftlichen Hybridphänomenen zu erwarten, ließe sich auch umgekehrt argumentieren, dass sich das technische Netz, durch seine besondere Struktur, als soziales Kommunikationsmedium anbietet. Wie Personen, die auf der Suche nach bestimmten Informationen, zunächst Kontakte in ihrer unmittelbaren Umgebung (vorzugsweise der Hubs) initiieren, in der Hoffnung, dass diese wiederum weitere Kontakte haben, die zielführend sind, steuert der Routing-Algorithmus

87 Die Pareto-Verteilung ($P(X>X)=(X/X_{min})$-k) bildet diese Kondensationsphänomene mathematisch ab.

die Nachricht – natürlich auf sehr viel primitivere Weise – an einen Nachbarknoten weiter, bis sie den Adressaten erreicht hat. Dass er dazu eben nicht die vollständige Information über das gesamte Netz haben muss, ist der große Vorteil des Internet und ermöglichte erst sein exponentielles Wachstum. Erst die Beschränktheit des Horizonts der Knoten macht im Sozialen wie im Technischen die Skalierbarkeit von Netzwerken und Beziehungsgeflechten möglich.

Die durchschnittliche Pfadlänge, die die ARPA aus Gründen der Optimierung laufend errechnet hatte, ist auch in Sozialstrukturen als die Entfernung zwischen zwei Menschen über Bekanntschaften („six-degrees of separation") untersucht worden.[88] Die Pfadlänge ist ein Maß für die Größe eines Netzes. Da die durchschnittliche Entfernung (zum Beispiel an Klicks) zweier Knoten (WWW-Seiten) proportional zu dem Logarithmus der Gesamtzahl der Knoten ist, erhöht sich die mittlere Pfadlänge in großen Netzen nur unwesentlich, wenn sich die Anzahl der Knoten erhöht.[89] Das zeigt die große Effizienz dieser Topologie.

Ausschlaggebend ist dafür die Konnektivität. Hat ein Netzwerk durchschnittlich k Links pro Knoten, sind im ersten Schritt also k Nachbarknoten zu erreichen. In zwei Schritten wären es schon k^2 und in d Schritten k^d zu erreichende Knoten. Je größer die Konnektivität k ist, um so weniger Schritte erfordert es, um die gleiche Anzahl von Knoten zu erreichen. Das erklärt auch Barans Feststellung, dass bei einer geringfügig erhöhten Redundanz die Survivability erheblich steigt.

Was in regelmäßigen Netzen durch eine Erhöhung der Redundanz erreicht werden kann, gelingt in natürlichen bzw. skalenfreien Systemen durch die besondere Topologie. Barabási hat gezeigt, dass bei einem stochastischen Ausfall von 80% aller Knoten des Internet die verbleibenden 20% immer noch miteinander verbunden sind. Ein regelmäßiges Netz müsste eine extrem hohen Redundanz aufweisen, um ebenso stabil zu sein. Durch die skalenfreie Topologie des Internet gelingt diese „robustness" bei einer erheblich geringeren Anzahl der Links und damit ressourcensparend.

Die Ursache liegt in der strukturellen Unausgeglichenheit der Knoten. Da das Netz aus sehr vielen schwach verlinkten Stellen und nur relativ wenigen Hubs besteht, betreffen zufällige Störungen proportional häufiger die kleinen, weniger bedeutenden Knoten. Es ist also sehr viel

88 Populär wurde diese These 1967 durch Stanley Milgrams Untersuchungen zur Struktur sozialer Netzwerke.

89 Barabási hat 1998 für das WWW mit geschätzten 800 Millionen Knotenpunkten eine Entfernung von 18,59 ermittelt. Danach ist im Durchschnitt jede Webseite nur 19 Klicks von jeder anderen entfernt, vorausgesetzt man findet den kürzesten Weg.

wahrscheinlicher, dass ein Ausfall einen unbedeutenden Knoten betrifft und damit kaum Auswirkungen auf die Integrität des Netzes hat.

Gegen gezielte Angriffe ist diese Art von Netzen allerdings verwundbar. So ist der größte Vorteil skalenfreier Netze, die Hubs, gleichzeitig deren Achillesferse.[90] Die neue Struktur hat neue Probleme und eine ganz eigene Art von Anfälligkeit geschaffen. Cascading Failures und Computerviren, letztlich nichts anderes als besondere Formen von Kommunikation, können sich nämlich ebenfalls aufgrund dieser Struktur besonders ökonomisch und schnell im Netz ausbreiten. Die Effizienz ist gegenüber den Inhalten indifferent.

Mit der Entlassung des Netzes in ein ungeregeltes Wachstum emergierte eine skalenfreie Struktur, die bei sehr geringem Ressourceneinsatz äußerst robust ist. Der Erfolg des Internet rührt aus dieser Topologie, mit der es sich den Kommunikationsprozessen anpassen und diese abbilden konnte.

5 Einschreibungen des soziotechnischen Netzes

Die Computertechnik, als soziotechnisches Netz betrachtet, expandierte, indem sie auf diverse Störungen produktiv reagierte. Über verschiedene Formen der Übersetzung schrieben sich neue Qualitäten ein, die selbst wieder in Konflikte gerieten oder auf andere Netze als Störung wirkten. In diesem Prozess, in dem sich aus dem Gerät Computer zuerst ein Computernetzwerk und schließlich ein Medium der Kommunikation entwickelte, verwoben sich soziale, technische und diskursive Elemente zu einem untrennbaren Ganzen.

Einige Momente dieser Hybridisierung, in denen das Netz in Bewegung geriet, seine Form veränderte und sich neu justierte, konnten in diesem Kapitel exemplarisch rekonstruiert werden. Am deutlichsten wurden die Übersetzungen der Störungen in neue Techniken oder Beziehungen als Ausweitungen, die gleichzeitig neue Akteure integrierten. Aber auch andere Netzbewegungen, wie die zunehmende Verfilzung von Elementen (zum Beispiel der Wissenschaft mit der Computertechnik) oder die Verschiebung von Qualitäten (z.B. die Trivialisierung der Technik), waren bei der Verarbeitung der Störungen zu beobachten. Diese Bewegungen konnten unmöglich isolierte Veränderungen sein. Vielmehr destabilisierten sie gleichzeitig ihr Umfeld und erzeugten zahlreiche nicht intendierte

90 Barabási schätzt, dass 5-15% der Hubs außer Dienst gesetzt werden müssten – das wären einige hundert Router –, um das Internet zu zerteilen.

Nebeneffekte (z. B. die Methode des Layering) und neue Qualitäten (skalenfreie Topologie), die den Ausgangspunkt für die weitere Entwicklung bildeten.

Kein allgegenwärtiger System-Builder hat diesen Prozess bestimmt, aber ein paar zentrale Motivatoren und Initiatoren, die in bestimmten historischen Momenten den Diskurs und die technische Praxis in besonders starkem Maße beeinflussten (Licklider, Roberts, Taylor). Gewohnt, auf die Helden der Geschichte zu blicken, darf dies jedoch nicht den Primat der Personen unterstellen. Es kann nicht einmal gesagt werden, dass erst ein soziales Netzwerk geschaffen werden musste, bevor das technische Netz umgesetzt werden konnte, wie Kilker argumentiert hat. Das Netz aus Dingen, Menschen, Strukturen und Diskursen hat sich gleich- und wechselseitig miteinander verfilzt, so dass sich lediglich seine Bewegung in einen neuen, für einen Augenblick stabilen Zustand, beschreiben lässt.

Die erste Beobachtung, die unter der Überschrift *Scientific Community* beschrieben wurde, war die massive Störung der amerikanischen Gesellschaft durch den Start des Sputnik. Verunsichert durch einen angeblichen Science-Gap, versuchte die US-Administration die Situation durch eine enorme Steigerung der Forschungsförderung und die Gründung entsprechender Institutionen wie der ARPA zu übersetzen. Davon konnte die Computerforschung erheblich profitieren und verflocht sich mit dem Militär. Die Scientific Community war geprägt durch den Betrieb einzelner Rechner durch nur wenige Fachleute. Der Kontext war überwiegend wissenschaftlicher Natur – auch nach dem Eintritt des ARPA, dessen Auftrag die Förderung der Grundlagenforschung war. Diese Institutionalisierung sicherte die Forschung nicht nur finanziell ab, sondern ließ das IPTO auch zum Katalysator der Entwicklungen und zur Schnittstelle zwischen Militär, Politik und Wissenschaft werden. Durch die Zusammenarbeit mit dem Militär bildeten sich neue Qualitäten der Rechnernutzung, die sich aus der Vernetzung von Terminals mit einer Zentraleinheit unter dem Master-Slave-Paradigma ergaben.

In den 60er Jahren wandelte sich die Scientific zur *Computer Community.* Das Problem, mehrere Teilnehmer mit einem Rechner zu verbinden, stellte sich nicht nur bei den Militärs sondern auch an den Universitäten und Forschungseinrichtungen. Mit der zunehmenden Leistungsfähigkeit der Zentralrechner, gepaart mit einem hohen Kostendruck, war man gezwungen, den Kreis der Nutzer erheblich auszudehnen. Das erforderte eine entsprechende Trivialisierung der Technik und neue Organisationsformen, die die Nutzung und den Betrieb der Rechner regelten. Versuche, die Störung durch Techniken und Organisationen wie Command & Control-Strukturen, das Batch-Processing oder das Rechenzentrum zu verarbeiten, führten jedoch zu keinem befriedigenden Ergebnis.

Erst die technische Übersetzung der organisatorischen Probleme im Time-Sharing-Verfahren brachte eine Lösung. Die Ingenieure traten in der Computer Community in den Hintergrund, während die Nutzer und ihre Visionen vom Gebrauch der neuen Computertechnik immer stärker das Geschehen bestimmten. Ein ganzes Bündel von Leitbildern emergierte daraus: vom Resource-Sharing über eine nationale Informationsinfrastruktur bis hin zu Hoffnungen auf positive gesamtgesellschaftliche Veränderungen. Viele der technischen und gesellschaftlichen Anschlüsse, die eine landesweite Kommunikations- und Informationsinfrastruktur leisten musste, wurden hier bereits konzipiert und diskutiert. Trotz dieser weitgehenden Phantasien blieb die tatsächliche Nutzung in dieser Phase noch auf einen Rechner beschränkt. Die Time-Sharing-Technik veränderte aber die konkrete Arbeit am Computer, indem sie Gemeinschaften hervorbrachte, die sich virtuell im Rechner trafen, Software austauschten und so zur Keimzelle der Open-Source-Bewegung wurden.

Noch verhinderte die Inkompatibilität der verschiedenen Großrechner den Aufbau einer nationalen Infrastruktur. Durch die Umsetzung der Resource-Sharing-Idee im großen Stil erhoffte sich die IPTO Rationalisierungs- und Synergieeffekte. Mit dem Geld der ARPA und einer weiteren technischen Lösung, dem Packet-Switching, konnte ein großtechnischer Versuch gewagt werden. Dabei war es von Vorteil, dass die soziale Anbindung der Gruppe an die Telekommunikationstechnik sehr schwach war. So konnten die Entwickler unabhängig von den eingefahrenen Lösungsmustern und Denktraditionen der Analogtechnik ein radikal neues Netzwerk ausprobieren und schließlich etablieren. Daraus gingen auch neue Entwicklungsmethoden (Layering) und Kommunikations- bzw. Standardisierungsformen (RFCs) hervor. Die Mitglieder der daraus entstehenden *Network Community* identifizierten sich jetzt nicht mehr über eine bestimmte Maschine, sondern zunehmend über bestimmte Interessen. Durch das Computernetz fanden sich weiträumig verteilte Gruppen zusammen, deren Identifikationspunkt ein gemeinsames Thema bildete.

Die Einlösung der Visionen, die im Zusammenhang mit den Netzen entstanden waren, emergierte zwar abermals auf Grundlage eines neuen Protokolls (TCP/IP), jedoch erst, als man das Netz sich selbst und dem Markt überließ. Das freie Wachstum des Internet erzeugte eine gewaltige Dynamik und führte zu entscheidenden Strukturänderungen, aus denen sich erst eine effiziente Kommunikationsinfrastruktur entwickeln konnte. Sein neu gewonnener Netzcharakter und die besondere Topologie des Internets machten den Computer so zu einem leistungsfähigen Kommunikationsmedium. Diese Eigenschaft war wiederum nötig, um die immer heterogener werdenden Nutzergruppen miteinander zu vernetzen.

E-Mail

„It is not proper to think of networks as connecting computers. Rather, they connect people using computers to mediate. The great success of the internet is not technical, but in human impact. Electronic mail may not be a wonderful advance in Computer Science, but it is a whole new way for people to communicate."
(David Clark im RFC 1336)

Die Rechnernutzung war sowohl auf den Time-Sharing-Systemen als auch im ARPANET noch auf eine relativ kleine Gruppen beschränkt. Um die Zusammenarbeit dieser Gruppe durch Resource-Sharing zu fördern, waren Protokolle wie FTP und Telnet entwickelt worden. Rechnersysteme, Computer-Community und die technischen Standards (Protokolle) waren eng aufeinander bezogen und miteinander verknüpft worden. Aus diesem Geflecht emergierten neue Qualitäten wie der E-Mail-Dienst.

Nachdem im vorherigen Kapitel die Entstehung der Infrastruktur als Medium für E-Mail beschrieben wurde, stellt sich nun die Form/Medium-Frage nicht für die Hardwarebasis (Computer, Netz) sondern für dessen Applikationen. Wie ist E-Mail so formbar geworden, dass es in diversen Arbeitsumgebungen funktioniert und die unterschiedlichsten Inhalte zulässt? Wie konnte sich die Software so erfolgreich als Kommunikationsmedium durchsetzen?

Im Streit um die Gestaltung und technische Fixierung der elektronischen Post verwoben sich neben den Nutzungsinteressen und Artefakten zunehmend auch gesellschaftliche Normen und Ansprüche (Briefkonventionen, Unternehmenskulturen, Rechtsvorschriften etc.) zu einem hybriden Netz, das so dicht, effizient, funktional und flexibel war, dass es eine Zeit lang die Dynamik des Internet bestimmte.

E-Mail hatte seine Wurzeln in den Kommunikationsmöglichkeiten der Time-Sharing-Systeme (1). Anfang der 70er Jahre wurde die Idee einer computervermittelten Kommunikation auf das ARPANET übertragen und als Bestandteil des FTP-Protokolls etabliert (2), was die Voraussetzung für den beispiellosen Boom des Dienstes in der zweiten Hälfte der 70er Jahre schuf. Dabei führten immer neue Benutzergruppen und Anforderungen zu heftigen Debatten um dessen Weiterentwicklung, die von konkurrierenden Metaphern und Identitätskonzepten geprägt waren (3). 1982 fand diese Phase einen ersten Abschluss, als sich E-Mail mit einem eigenen Protokoll als selbständiger Dienst emanzipieren und modernisieren konnte (4). Seitdem ist er aus der relativ homogenen akademischen Computer Community herausgewachsen und hat sich zu einer beinahe ubiquitären Infrastruktur entwickelt. Dafür verfilzte sich E-Mail immer stärker mit seinem gesellschaftlichen Kontext, was heute durch Spam- und Phishing-Attacken die Schwächen des Protokolls offenbart (5).

1 Time-Sharing-Mail (1965-1971)

Donald Davies hatte bereits in seinem „Proposal for the Development of a National Communication Service for On-line Data Processing" die Entwicklung eines „Message Communication Systems" vorgeschlagen (1965a: 10f), hielt aber die Einschätzung des Bedarfs und der Anforderungen an solch einen Dienst für schwierig. Daher schlug er vor, Menschen mit Real-Time-Computing-Erfahrung die technischen Möglichkeiten eines solchen Systems zu erläutern und dann zu befragen, wie groß der Bedarf und die Bereitschaft sei, dafür zu zahlen. Bei aller Vorsicht sah er dennoch einen Exportmarkt für die britische Computerindustrie.

„Such an experiment at an early stage is needed to develop the knowledge of these systems in the GPO and the British computer and communications industry. At present, one US company, Collins Radio, has specialized in providing message systems for private companies. It is very important not to find ourselves forced to buy computers and software for these systems from USA. We could, by starting early enough, develop export markets." (Davies 1965a)

Die nur minimale Umsetzung von Davies Netzwerkprojekt verhinderte jedoch, dass ein solcher Dienst weiter verfolgt werden konnte.

Auch Roberts Planungen für das ARPANET sahen einen „Electronic mail service" vor. Er glaubte jedoch, größere Anstrengungen für eine scheinbar derart simple Anwendung nicht verantworten zu können. Zwar konnte er sich vorstellen, „interpersonal message transmissions“ für „educational services and conference activities“ zu verwenden, letztlich war dies jedoch „not an important motivation for a network of scientific computers“ (Roberts 1967).

Die Idee eines elektronischen Nachrichtenaustauschs unter Verwendung eines Computernetzes war bei den Planungen also präsent, blieb aber ohne tatkräftige Unterstützung. Als Nebenprodukt eines Betriebssystembefehls bildete sich jedoch ein Entwicklungsstrang heraus, mit dem sich ein solcher Dienst, unabhängig von den offiziellen Planungen, verwirklichen konnte.

1.1 Time-Sharing-Systeme als Kommunikationsmedien

Einen elektronischen Nachrichtenaustausch mittels Dateien gab es bereits Anfang der 60er Jahre – innerhalb und beschränkt auf die jeweilige Mainframe – auf den frühen Time-Sharing-Systemen. Seit November 1961 hatte jeder Nutzer am CTSS des MIT seinen eigenen passwortgeschützten Speicherplatz.

„Das System [...] fordert den Teilnehmer auf, das ‚password‘ durchzugeben. Dieser Punkt hat sich als äußerst wichtig erwiesen, um den Datenbestand jedes einzelnen Benutzers von unbeabsichtigten oder mutwilligen Eingriffen durch Dritte zu schützen und zu verhindern, daß unberechtigte Teilnehmer an dem Computersystem Einblick in die privaten Informationsbestände nehmen können. Die Erfahrung hat nämlich gezeigt, daß manche Leute der Versuchung nicht widerstehen können, derartigen Mißbrauch zu begehen.“ (Fano/Corbató 1966: 85f.)

Stimmte das Passwort nicht überein oder war die vertraglich festgelegte Maschinennutzungszeit erreicht, verweigerte das System den Zugang. War das Login erfolgreich, konnte Dritten, namentlich bekannten Nutzern, der Zugriff auf die eigenen Daten im Lesemodus gestattet werden. Das ermöglichte dem anderen zwar nicht, Änderungen am Original vorzunehmen, erlaubte ihm aber das Lesen der Dateien und das Herstellen von Kopien, die dann auch verändert werden konnten.

So begann die Kommunikation via Computer mit ihrer Unterbindung, bzw. mit Regelungen (Passworte, Freigabe der Dateien für andere), die es dem Autoren erlaubten, den Fluss der Informationen zu steuern.

Die Idee, Dateien mehreren Nutzern zur Verfügung zu stellen, wurde ausgebaut, indem man eine *Public Domain*, also einen für alle zugänglichen Speicherbereich einrichtete. Das war zunächst eine einzelne Datei, später ein öffentliches Verzeichnis. Dort hinterlegte man Dokumente, die zum Beispiel „TO TOM“ benannt wurden. Der Empfänger konnte sich dann zu einem späteren Zeitpunkt in das System einwählen, die Datei finden und sie ausdrucken (vgl. Van Vleck 2003). Über diesen Weg schufen sich die Time-Sharing-Nutzer eine Möglichkeit, Nachrichten miteinander auszutauschen. Die Asynchronität dieser Kommunikationsform war eine Eigenschaft, die schon damals sehr geschätzt wurde.

Durch die Entkopplung des Austauschorts, vom privaten Verzeichnis in einen öffentlichen Bereich, entstand das Motiv der elektronischen Bibliothek, welche zahllose Visionen evozierte (vgl. S. 115). Zwei Arten der Kommunikation konnten damit im Rechner abgebildet werden: Eine öffentliche (Public Domain) und eine private durch die individuelle Freigabe von Dateien.

1965 schlug eine Gruppe von Ingenieuren, die an der Verbesserung des Filesystems des CTSS arbeiteten, ein System-Kommando namens MAIL vor.[1] Dieses Kommando sollte dem Systemadministrator die Möglichkeit bieten, die Nutzer zu informieren, wenn verlorengegangene Dateien vom Backupmedium gerettet worden waren. Tom Van Vleck und Noel Morris implementierten, angeregt unter anderem durch Licklider, die erste Version von MAIL vermutlich im Sommer des selben Jahres.

„Tom [Van Vleck] told John Quarterman: ‚I wrote CTSS mail. Licklider mentioned inter-computer mail to me, as I remember, when he asked me if I was interested in a project he had in mind, to connect all the ARPA-funded machines together, and see what they said to each other.“ (Salus 1998a)

Van Vleck konnte sich mit seinem Vorschlag durchsetzen, das MAIL Kommando, statt es lediglich als automatischen Systemaufruf der IBM 7094, „for a general facility that let any user send text messages to any other, with any content“ (Van Vleck 2003) zu konzipieren. Seine Einführung verzögerte sich, da MAIL ein anderes privilegiertes Systemkommando (ATTACH) benutzen musste, das den Zugriff auf die Verzeichnisse der anderen Nutzer erlaubte, jedoch noch nicht implementiert war. Mit der Einführung des neuen Filesystems am 9. August 1965 war ATTACH verfügbar und somit konnte auch der MAIL Befehl verwendet werden (Van Vleck 1998). Damit war aus dem Öffnen des privaten Verzeichnisses ein Push-Dienst geworden, ein integraler Bestandteil des soziotechnischen Kerns des späteren E-Mail Dienstes. Von nun an konnte jeder

1 Programming Staff Note 49 von Glenda Schroeder, Louis Pouzin und Pat Crisman (1965)

CTSS-Nutzer ohne vorherige Absprache Mitteilungen an einen anderen übertragen.

Als Betriebssystembefehl der sich auf eine Maschine beschränkte, konnte das MAIL Kommando mit nur zwei Parametern auskommen. Es arbeitete in beide Richtungen: Mit der Angabe einer Empfängeradresse sendete es Nachrichten und legte sie in einer bestimmten Datei ab, ohne die Angabe wurde die eigene Nachrichtendatei angezeigt. Nach dem Schlüsselwort MAIL, das als Befehl diente, waren die Nummer des Projektes und die Nummer des oder der Empfänger (Programmierer) anzugeben:

`MAIL M1416 2962`[2]

Auch die Vorteile einer digitalen Kopie wurden schnell erkannt, wodurch Motive der Gruppenkommunikation Eingang in den Entwicklungsstrang fanden. Das MAIL Kommando erlaubte, eine Nachricht an all diejenigen zu senden, die am selben Projekt arbeiteten, indem man das Sternsymbol als Platzhalter verwendete (MAIL M1416 *). Darüber hinaus gab es einen besonders privilegierten Zugang, der fest in die Funktion MAIL eingebaut war und der es erlaubte, an jeden Teilnehmer des Time-Sharing-Systems, egal an welchem Projekt dieser beteiligt war, eine Nachricht zu schicken (MAIL * *). Solcherlei systemweite Botschaften konnten nur in einem auch sozial vollständig kontrollierten und überschaubaren System möglich sein.

Dieser spezielle Zugang stand nur dem Assistant Director des Projekt MAC, Dick Mills, dem Systemadministrator des MIT Computer Centers, Bill Bierstadt und allen, die am Projekt M1416, also der Systementwicklung des CTSS arbeiteten (z.B. Van Vleck) offen. Trotz der Restriktionen des MAIL Befehls innerhalb des MITs, konnte dessen Missbrauch nicht verhindert werden. Der Sündenfall der Computerkommunikation, die erste Spam-Message, fiel 1971 in eine Zeit der Antikriegsdemonstationen auf dem Campus des MIT. Es war der flammende Friedensappell eines Systemprogrammierers, der seinen Zugang verwendete, um eine Botschaft an sämtliche – mittlerweile weit über tausend – Nutzer des CTTS zu schicken.

`THERE IS NO WAY TO PEACE. PEACE IS THE WAY. …`

2 Die Projektnummer M1416 stand für die CTSS Systemprogrammierung. 2962 war die Nummer des Programmierers Tom Van Vleck.

Da der Verursacher der Mail leicht ermittelt werden konnte, wurde diese Form des Missbrauchs schnell abgestellt, auch wenn die Einsicht beim Verursacher zunächst nicht gegeben war.

„I pointed out to him that this was inappropriate and possibly unwelcome, and he said, ‚but this was important!'" (Van Vleck 2003)

Sorge bereitete den Entwicklern jedoch weniger der Missbrauch privilegierter Funktionen, als vielmehr die Tatsache, dass es die elektronische Post überhaupt gab und dass sie gerne genutzt wurde. Die Übertragung von Nachrichten war, wie in vielen anderen Ländern auch, zu dieser Zeit ein staatliches Monopol. Man rechnete mit Forderungen oder Einwänden seitens des US Post Service (Van Vleck 2001). Daher bemühte sich das MIT vorsichtig um Klärung der Frage und dies – um einer sofortigen Ablehnung entgegenzuwirken – gleich auf höchster Ebene. Bei einem Treffen mit der Postbehörde konnten die Bedenken jedoch schnell als unbegründet ausgeräumt werden.[3] Eine Verflechtung mit Verteilstellen, Postboten und LKWs war schlicht nicht vorstellbar und die einzige Verknüpfung über den rechtlichen Aspekt für eine Hybridisierung von elektronischer und Briefpost zu schwach.

Abbildung 1: Kommunikation mit der MAIL BOX auf dem CTSS.

```
  login t100 mills
 W 2255.4
 Password
  YOU HAVE     MAIL   BOX
  T0100   385 LOGGED IN   05/27/66     2255.7 FROM 20000A

  CTSS BEING USED IS      MAC5A4
  LAST LOGOUT WAS   05/27/66    1555.3
 R 2.766+.716

 print mail box
 W 2256.2

   MAIL    BOX        05/27  2256.3

 FROM    T0193  2859 05/27 2254.7
 T193 2859 PERMITS FILE DEMO SAVED TO T100 385 MILLS
 R .683+.516
```

3 Da die französischen PTT dies sehr viel rigider handhabte, hatte zehn Jahre später das französische CYCLADES-Netzwerk immer noch keine Mail-Funktion, obwohl Louis Pouzin, einer der Autoren des ersten CTSS-MAIL-Vorschlags, dort eine wichtige Rolle spielte (vgl. Salus 1998a).
Auch die Deutsche Bundespost begriff Mailboxsysteme lange als Konkurrenz und befürchtete Einschnitte in ihren Erwerbszweig.

Das MAIL Kommando fügte die Nachricht an das Ende einer Datei namens *MAILBOX* im Home Directory des Empfängers an bzw. generierte eine neue MAILBOX, wenn sie noch nicht vorhanden war. War eine neue Nachricht in diesem Briefkasten eingetroffen, wurde der Nutzer darüber beim nächsten Login informiert: YOU HAVE MAIL BOX (vgl. Fano/Corbató 1967: 88ff., Van Vleck 2001). Privilegierte Zugänge konnten auch Botschaften, die als URGENT MAIL deklariert waren, verschicken (YOU HAVE URGENT MAIL).

Tabelle 1: Erläuterungen zu Abb. 1

Code	Bedeutung
login t100 mills	Mills loggt sich mit seiner Kennung t100 auf dem CTSS ein
W 2255.4	Zeitstempel der Maschine
PASSWORD	Das CTSS verlangt das Passwort
YOU HAVE MAIL BOX	Das CTSS macht den Benutzer auf eine neue Nachricht aufmerksam
T0100 385 LOGGED IN 05/27/66 2255.7 FROM 20000A	Bestätigung des Login mit Zeit und Datum
CTSS BEING USED IS MAC5A4	Betriebssysteminformation
LAST LOGOUT WAS 05/ 27/66 1555.3	letztes Logout
R 2.766+.716	Ausführungszeit des letzten Befehls
print mail box	Befehl zur Ausgabe des Mailbox Inhalts
W 2256.2	Zeitstempel der Maschine
MAIL BOX 05/27 2256.3	Beginn der Mailbox
FROM T0193 2859 05/27 2254.7	Datum, Zeit und Absender (T0193 = Fano)
T193 2859 PERMITS FILE DEMO SAVED TO T100 385 MILLS	Die Nachricht, das Fano Mills erlaubt hat, eine Datei namens DEMO zu kopieren.
R.683+.560	Ausführungszeit des letzten Befehls

In diesem Beispiel wurde MAIL lediglich als Ankündigung verwendet, dass in einem privaten Verzeichnis eine Datei zum Kopieren freigegeben wurde. Da MAIL sich auf Textbotschaften beschränkte, wurden die Methoden der Dateifreigabe nicht überflüssig und daher parallel verwendet.

Abbildung 2: Formatieren eines Textes mit typeset und dessen Ausgabe durch runoff

```
typset fjcc
W 2303.3
Edit
top
print 20

.page
.header SOCIAL IMPLICATIONS OF ACCESSIBLE COMPUTING
.center
SOME THOUGHTS ABOUT THE SOCIAL
.center
IMPLICATIONS OF ACCESSIBLE COMPUTING
.space
.center
by
.space
.center
E. E. David, Jr.
.center


runoff fjcc
W 2305.8
Load paper, hit return



                 SOME THOUGHTS ABOUT THE SOCIAL
               IMPLICATIONS OF ACCESSIBLE COMPUTING

                               by

                        E. E. David, Jr.
                  Bell Telephone Laboratories

                          R. M. Fano
               Massachusetts Institute of Technology


                           ABSTRACT

The pattern of our business and private lives has been
shaped by many important technological developments such as
automobiles, electric power and telephones.  The influence
of these products of technology was felt when they became
available to a large segment of the population.  We are now
at that stage with computers.

As with previous products of technology, accessible
computing will undoubtedly benefit society but will also
face us with new problems and new frustrations.  The
underlying issues are very complex and they deserve prompt
and thoughtful consideration on the part of all of us.



logout
W 2307.9
 T0193  2859 LOGGED OUT 05/27/66    2308.0 FROM 20000N
 TOTAL TIME USED=      .9 MIN.
```

Eine Grundlage für die Möglichkeit, asynchron zwischen verschiedenen lokalen Arbeitsplätzen kommunizieren zu können, waren Texteditoren. Diese Programme waren damals nicht zum Verfassen von freien Texten konzipiert, sondern zur Eingabe von Programmcode. Zunächst stand auf dem CTSS ein einfaches Unterprogramm namens „ed“ (für editing) zur Verfügung. Die nächste Generation von Editoren erlaubte erstmals eine Formatierung des Textes. Sie wurde von Jerome H. (Jerry) Saltzer, damals Graduate Student am MIT, entworfen. Seine Software bestand aus zwei Programmen. Das eine, typeset, erlaubte mit Hilfe einer Auszeichnungssprache den Text zu formatieren, das andere, runoff, übernahm die Interpretation der Formatierungsanweisungen und die Ausgabe des Textes (Abb. 2). Diese Programme waren in der Time-Sharing-Szene sehr beliebt und gaben den Anstoß zu der Entwicklung zahlreicher neuer Editoren, wie zum Beispiel dem „Expensive Typewriter“ (unter TX-0).

Die MAIL-Idee sprach sich in der Time-Sharing-Szene schnell herum. Die Programmierer kannten sich untereinander und Software wurde noch nicht patentiert, denn ein kommerzieller Markt trat noch nicht deutlich hervor. Die Arbeit im größtenteils akademischen Umfeld war auf Kooperation und Austausch von Wissen angelegt und so entstand in kurzer Zeit Mail-Software auch auf anderen Time-Sharing-Systemen.[4] 1965 wurde am MIT mit der Entwicklung des Nachfolgers von CTSS, dem MULTICS-Betriebssystem[5] begonnen. Vier Jahre später übertrug Van Vleck sein MAIL-Kommando direkt auf MULTICS. Dort konnten die Parameterangaben des Empfängers und des Projektes bereits im Klartext erfolgen.

Auf allen Systemen blieb die Kommunikation auf die jeweilige Mainframe, die sternförmig mit ihren Clients vernetzt war, beschränkt. Daher konnte die Funktion im Betriebssystem implementiert sein und musste nicht als rechnerübergreifender Standard definiert werden. Den Nutzern standen jetzt verschiedene Möglichkeiten zur Verfügung: Die Freigabe von Zugriffsrechten auf einzelne Dateien, ein für alle offenes Verzeichnis und ein MAIL-Kommando, mit dem gezielt Textbotschaften an einen bestimmten Adressaten geschickt werden konnten. Damit zeichneten sich früh – wenn auch noch rudimentär – Paradigmen auf unterschiedlichen Ebenen ab. Unter dem Aspekt des Zugangs eine private (durch die Freigabe von Dateien) und eine öffentliche Kommunikation (in der Public Domain). Unter technischem Gesichtspunkt ein Fernzugriff auf Dateien (Dateifreigabe, Public Domain) und eine Übertragung von Nachrichten (MAIL-Befehl).

4 Noch vor dem Herbst 1965 gab es ein ähnliches Kommando auf dem Q-32 Betriebssystem (SDC). Alle Time-Sharing-Systeme nach dem CTSS wurden mit einer internen Mail-Funktion ausgestattet (Salus 1995b).

5 MULTICS (Multiplexed Information and Computing Service) war ebenfalls ein Time-Sharing Betriebssystem, das am MIT als Forschungsprojekt begonnen und später von Honeywell vermarktet wurde.

2 Das Mail Box Protocol (1971-1975)

Eine Ausdehnung des Mailverkehrs auf andere Rechner über das ARPANET erschien vielen als eine „natürliche“ Folge der sich ausweitenden Vernetzung. Wo Daten und Programme per FTP oder Systemkommandos über Telnet zwischen unterschiedlichen Mainframes bzw. Terminals ausgetauscht wurden, konnten auch für Menschen lesbare Nachrichten übertragen werden. Die vorhandene Technik wurde dabei auf zwei Ebenen herausgefordert. Die Idee des computergestützten Nachrichtenaustauschs musste sich mit einem standardisierten Protokoll für die Übertragung verbinden, um Interoperabilität zwischen den beteiligten Mainframes zu gewährleisten und es musste ein rechnerübergreifendes Adressschema gefunden werden, das die Gegenseite der Kommunikation auf einem anderen Time-Sharing-System überhaupt erst ansprechbar machte.

Die Vorstellungen davon, was ein „message system“ inhaltlich sein sollte, gingen jedoch weit auseinander. Verschiedene Gruppen (Militär, Forschung, Regierung, Firmen) hatten divergierende Designvorstellungen und diskutierten jeweils vor ihrem organisatorischen Hintergrund. Entsprechend funktionell offen blieb die Definition, in der diverse Ansätze miteinander konkurrierten: Konferenz-Systeme, Chat-Systeme, schwarze Bretter u.a.

2.1 Von der Mainframe ins Netz

2.1.1 Tomlinsons erste E-Mail

Elektronische Nachrichten auch an entfernte Rechner zu schicken war eine logische Konsequenz der Vernetzungsbemühungen. Das Konzept war von den Time-Sharing-Systemen her bekannt, erprobt und sehr beliebt, so dass Anfang der 70er Jahre verschiedene ARPANET-Institutionen Experimente starteten, Informationen von einem Computer auf einen anderen zu übertragen und sie dort einer Mailbox-Datei anzuhängen (Abbate 1999: 106).

BBN hatte den Auftrag bekommen, die Knotenrechner (IMPs) des ARPANET zu entwickeln. Über sie, die direkt durch Fernverbindungen miteinander verbunden waren, konnten die Time-Sharing-Rechner miteinander kommunizieren. An die IMPs waren Arbeitsrechner, wie zum Beispiel der PDP-10 angeschlossen, den BBN und die Universität in Utah verwendeten. Die erste Übertragung zwischen zwei Rechnern gelang dem Ingenieur Ray Tomlinson[6], der für BBN am Time-Sharing-System TENEX arbeitete. Auch er hatte ein MAIL-Kommando entwickelt, denn er kannte die Mailfunktionen der anderen Systeme und wusste, dass sie populär waren. Daher war es für ihn „a natural extension" (zit. nach Hardy, 1996), diese Technik auch auf das Netzprojekt zu übertragen.

Abbildung 3: Ray Tomlinsons Arbeitsplatz

Zu sehen sind die beiden PDP-10 Rechner BBN-TENEXA mit der die Mail empfangen wurde und im Hintergrund BBN-TENEXB der sie abschickte nebst Konsolen (Modell 33 Teletype).

Nach der Anschaffung eines zweiten PDP-10 bei BBN und eines weiteren IMP gelang Tomlinson Ende 1971[7] die erste Übermittlung einer Nachricht zwischen zwei Rechnen, die ausschließlich über das ARPANET, das zu der Zeit lediglich 23 Computer zählte, miteinander verbunden waren (Abb. 3). Der Inhalt der Nachricht war eine bedeutungslose Reihe von Zeichen, an die Tomlinson sich nicht mehr erinnern kann.

6 Auch Ray Tomlinson hatte 1965 seinen Abschluss am MIT gemacht. Nachdem er dort noch zwei Jahre an einer Dissertation gearbeitet hatte, wechselte er zu BBN.

7 Geoffrey S. Goodfellow datiert das Ereignis in seinem Posting (MsgGroup #1277; 19.9.1979) auf den Juli 1972, Van Vleck auf den März 1972 (VanVleck 2004), wie auch Hafner/Lyon (1996: 226) und Bardini jüngst auf den Juli 1970 (Bardini 2005: 191). Tomlinson selbst betont auf seiner Webseite unter „Frequently Made Mistakes", es sei vermutlich November oder Dezember 1971 gewesen. Alle Autoren, die sich mit Tomlinson persönlich ausgetauscht haben, folgten ihm darin (z.B. Hardy 1976).

„Probably the only true statements about that first email are that it was all upper case (shouted) and the content was insignificant and forgettable (hence the amnesia)." (Tomlinson 2003)

Die erste sinnvolle E-Mail über das ARPANET, die Ray Tomlinson an andere TENEX Nutzer verschickte, kündigte das neue Medium selbst an und gab technische Hinweise und Hilfestellungen.

„The second message, sent out to other users of the network, was somewhat more interesting. It announced the availability of network email and gave instructions on how to address mail to users on other machines by suffixing ‚@<hostname>' to the user's login name." (Hardy 1996)

Damit hatte er die erste Software, die eine direkte Kommunikation zwischen Nutzern des ARPANET möglich machte, geschaffen. Tomlinsons frühe E-Mail-Software bestand aus Telnet-TENEX-Kommandos. Da das Betriebssystem sehr verbreitet war, konnte das Programm schnell von anderen übernommen werden. Der Aufbau seiner Software zeigt, dass sich sein Denken nicht an einem synchronen Medium wie dem Telefon, sondern am Paradigma der Computertechnik, von gespeicherten Daten orientierte. Die Software bestand aus zwei Programmteilen: eines zum Abschicken (SENDMSG, auch SNDMSG) und eines zum Empfangen von Nachrichten (READMAIL). Gekoppelt mit einem von ihm entwickelten Dateitransferprotokoll namens CYPNET, wurden die Botschaften übertragen. Er gestaltete sein Mailsystem also von vornherein nicht als Remote-Zugriff auf Dateien sondern als Fernkopie.

Neu war außerdem, dass es nicht mehr ausreichte, nur den Adressaten anzugeben, wie bei den Mailsystemen die sich auf eine Mainframe beschränkten. Jetzt war zusätzlich der entfernte Rechner im ARPNET zu adressieren. Beide Daten mussten in der Adressangabe voneinander unterscheidbar sein, wobei sich Tomlinson für das @-Zeichen (siehe Exkurs) aus zwei naheliegenden Gründen entschied:

- @ tauchte niemals im Namen eines Nutzers oder Hosts auf und erfüllte so die Funktion eines Trennzeichen und
- das Zeichen hatte im angelsächsischen die Bedeutung von „at", was in der Kombination von Name@Host einen sprechenden Sinn ergab.

Als Entwickler des TENEX-Systems hatte er jedoch übersehen, dass das Zeichen nicht anschlussfähig zu konkurrierenden Betriebssystemen war. Auf den MULTICS-Rechnern der Bell Laboratories hatte es die Bedeutung eines Zeilenlöschbefehls. Das Problem tauchte auf, als die ersten MULTICS-Rechner mit dem ARPANET verbunden wurden. Wollte ein

Nutzer dort eine Mail versenden, so löschte er, sobald er das @-Zeichen der Adresse eingab, die bereits getippte Zeile. Das Problem wurde gelöst, indem man alternativ zum @ den Text „-at“ erlaubte.

2.1.2 Exkurs: Das @-Zeichen

Die Herkunft und Verwendung des @-Zeichens ist noch weitgehend ungeklärt. Es existieren zahlreiche Spekulationen über seinen Ursprung. Die in Taiwan lebende amerikanische Linguistin Karen S. Chung hat innerhalb der Mailingliste LINGUIST eine Umfrage zum @-Zeichen gestartet und insgesamt 105 Antworten in 37 Sprachen erhalten (Chung 1996). Daneben existieren Überblicke über die derzeitigen Thesen ohne wissenschaftlichem Anspruch von Kühnert (2003) und Quinion (2002).

Abbildung 4: Der Gebrauch des @ 1536 als Schmuckbuchstabe.

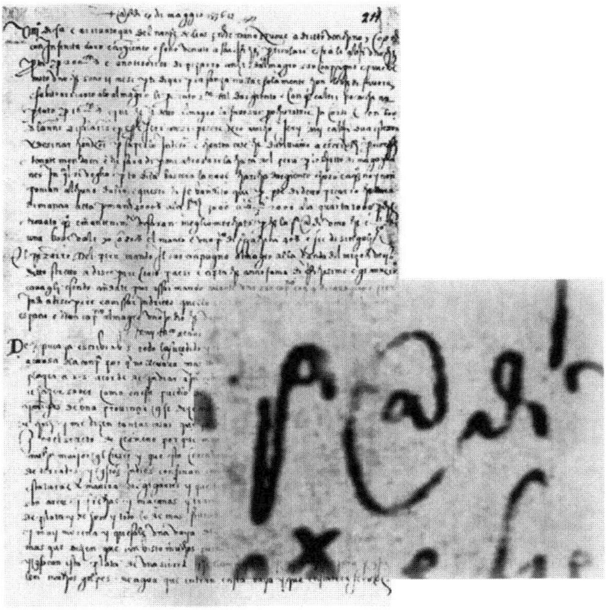

Einige Handschiftenforscher sehen im @-Zeichen eine Ligatur des lateinischen „ad“ ohne jedoch einen Beleg dafür anbringen zu können. Giorgio Stabile, Professor für Wissenschaftsgeschichte an der La Sapienza Universität konnte jedoch die Verwendung des Zeichens durch Florentiner Kaufleute bereits in der Spätrenaissance nachweisen. Es stand als Zeichen für amphora, wurde also als Gewichts- oder Volumenmaß eines Standardterrakottagefäßes (ca. 11kg oder 23 Liter) verwendet. Auf der iberischen Halbinsel soll es 1555 das erste Mal ebenfalls als Maßeinheit („arroba") überliefert sein. Der Name arroba hat sich bis heute für das @ in Spanien und Frankreich gehalten. Erneut findet sich 1565 ein @ auf einer Tafel des venezianischen Schreibmeisters Augustino. Hier jedoch als Schmuckbuchstabe für das kleine a (Abb. 4).

In Nordeuropa wurde das Zeichen auch später noch als kaufmännisches Zeichen verwendet. In Frankreich wurde es statt des à, im Sinne von „ein Apfel à zehn Cent" eingesetzt. Dies war auch eine beliebte Preisauszeichnung in England und bekam daher dort den Namen „commercial A". In Deutschland hingegen verwendete das Reichskammergericht im 18. Jahrhundert das @ in Gerichtsverfahren als Akronym für c(ontr)a: Müller@Schulze.

Mitte des 19. Jahrhunderts hält das Zeichen Einzug in die technischen Druckmedien. In England gibt es das kaufmännische Symbol als Bleigusszeichen und findet darüber auch seinen Weg in die Linotype-Schriftenbibliothek. Als gebräuchliches kaufmännisches und juristisches Zeichen fand es Ende des 19. Jahrhunderts Eingang in die ersten Schreibmaschinentastaturen, wenn auch nicht alle Schreibmaschinenfabrikanten das Zeichen auf ihren Tastaturen berücksichtigten. Endgültig etablieren konnte sich das @ durch die Aufnahme in die Standardtastatur, die Anfang der 60er Jahre das Vorbild für die Computerzeichensätze wie EBCDIC und ASCII wurde. Bereits in der ersten Version des ASCII-Sets von 1963 hatte das @-Zeichen eine feste Position (siehe Mackenzie 1980).

Tomlinson schließlich suchte sich das Zeichen aus dem Vorrat der Tastatur aus, mit der er arbeitete: ein Keyboard „Model 33 Teletype". Er wählte es als Trennzeichen aus den oben genannten Gründen und da er sonst keine Verwendung dafür hatte. Durch den E-Mail-Dienst fand es Eingang selbst in Kulturen und Sprachen – wie Japanisch oder Arabisch – die gar kein lateinisches Alphabet verwenden. Seit Anfang 2004 ist es auch offizieller Bestandteil des Morse-Codes. Das @-Zeichen ist heute eine Ikone des Internet- und E-Booms, ein interkulturelles Symbol, das global verstanden wird.[8]

2.2 Ein erster Standard: Mail Box Protocol

Direkt nach Tomlinsons ersten Versuchen wurde innerhalb der RFCs über eine Vereinheitlichung der Time-Sharing-Mailsysteme und deren gemeinsame Nutzung über das Internet diskutiert. Ein erster Vorschlag

8 Die Benennung des Symbols ist so reichhaltig wie phantasievoll. Häufig wird es mit Pflanzen oder Tieren assoziiert (z.B. „Klammeraffe" vgl. Kühnert 2002).

fand sich bereits 1971 im RFC 196, der zwei Jahre später in einem umfassenden Protokollentwurf von James E. White gipfelte. Innerhalb dieser Diskussionen wurde der soziotechnische Kern des Dienstes formuliert und die Kernprobleme einer vernetzten Kommunikationsstruktur herausgearbeitet.

- Aufgrund der sehr heterogenen Netzlandschaft ergab sich das Problem einer eindeutigen Adressierung der Teilnehmer.
- Es musste geregelt werden, wie die Daten zwischen den Time-Sharing-Systemen übertragen werden konnten.
- Ferner war zu klären, in welchem Format die Inhalte zwischen Rechnerplattformen mit verschiedenen Zeichensatztabellen (Codepages) ausgetauscht werden konnten.
- Ein weiteres Problem ergab sich durch die zahlreichen direkt am ARPANET angehängten Terminals (TIPs), die nicht in der Lage waren, Daten zu speichern.

Tomlinson selbst nahm in dieser Phase kaum noch Einfluss auf die weitere Entwicklung. Nur Ende 1973 tauchte er in einem RFC als einer von vier Autoren einmal auf. Er wurde zu dieser Zeit auch nicht als „Erfinder der E-Mail“ wahrgenommen, wie es heute in der überwiegenden Anzahl der Veröffentlichungen dargestellt wird. E-Mail-Dienste wurden an vielen Standorten der ARPANET-Community entwickelt, vor allem das Stanford Research Institute, an dem das NIC angesiedelt war, trieb wesentlich die Standardisierung voran. Zunächst durch Richard W. Watson, der einen ersten Vorschlag veröffentlichte, dann durch James E. White, dessen Protokollentwurf eine Zeit lang bestand hatte und als Orientierung diente. Betrachtet man die RFCs, waren es daneben auch die Mitarbeiter von BBN (McKenzie, Bressler, Thomas, Tomlinson) und dem MIT (Bhushan, Padlipsky, Pogran), die der Debatte immer wieder neue Impulse gaben. Vertreter anderer Institutionen wie der UCLA, der UCSB und des RAND mischten sich sporadisch ein. Diese Autoren der RFCs waren dabei nur die sichtbaren Vertreter einer sehr viel breiteren Szene, die von akademischen Einrichtungen dominiert wurde und die die Idee eines vernetzten Maildienstes vorantrieb.

2.2.1 Mail Box Protocol

Bereits einige Monate vor Tomlinsons erster Übertragung veröffentlichte Richard W. Watson vom Stanford Research Institute einen Vorschlag für ein „Mail Box Protocol“ (RFC 196; 20. Juli 1971). Seine Motivation war, das Network Information Center (NIC) bei der Verteilung der offiziellen Materialien mit einem Mailsystem zu unterstützen. Noch das RFC 300 vom Januar 1972, mit dem die „ARPA Network Mailing Lists“ des NIC verbreitet wurden, ging von der kostspieligen Verbreitung per Briefpost aus („All but local mail should be send [by / P.S.] Air Mail“). Nachrichten elektronisch an alle anderen Stellen zu senden, bzw. zu empfangen, war ohne eine detaillierte Kenntnis der Pfadnamenkonventionen und Filesystemkommandos jeder einzelnen Gegenseite unmöglich. Noch gab es keine Routing-Software, die die Nachrichten selbständig durch das Netz schleuste. Jeder Absender war daher gezwungen, den exakten Pfad anzugeben, den die Nachricht nehmen sollte. Tomlinsons Technik hatte daran nichts geändert. Massenversendungen, wie sie das NIC vornehmen musste, waren unter diesen Voraussetzungen nicht durchzuführen.

Watson erhielt viel Resonanz auf seinen Vorschlag und verarbeitete sie in einer, einen Monat später veröffentlichten, zweiten Version (RFC 221; 25. August 1971). Er ging darin vor allem auf den Vorschlag ein, den Dienst in das File Transfer Protocol (FTP) zu integrieren, statt, wie zunächst angeregt, als Teil des Telnet-Protokolls zu etablieren. Wie bei Tomlinson fiel die Entscheidung abermals zu Gunsten einer Übertragung statt eines Fernzugriffs auf die Nachrichten aus. Man konnte sich dabei eines robusten und etablierten Protokolls bedienen, in das die neuen Funktionen eingebaut werden konnten. Doch auch FTP verlangte die Angabe von Datei- und Pfadnamen der Gegenseite. Eine generelle Lösung des Problems durch eine bereits angedachte „network virtual pathname convention“ war noch in weiter Ferne. Daher schlug Watson vor, den Befehl NETMAIL# in FTP zu implementieren, der jeweils auf einen Standardpfadnamen einer Datei zeigen sollte. Der Client empfing die Nachricht als einfache sequentielle Daten, die er dann an diese Mailbox anhängte.[9] Da nur eine Mailbox je Time-Sharing-System natürlich nicht ausreichte, sollte # für die Nummer der Mailbox stehen, deren Anzahl er in seinem zweiten Vorschlag auf maximal 256 festlegte.

Nicht alle Clients, die Nachrichten empfangen sollten, waren eigenständige Rechner. Die an das ARPANET angeschlossenen Terminals, die wie eine Fernsteuerung für die Mainframes funktionierten, waren nicht in der Lage, Daten in einer Mailbox zu speichern. So versuchte man zunächst, mit einem Fernschreiberparadigma Abhilfe zu schaffen. Das Empfangsprogramm des TIP sollte stets von einem Text mit 72 Zeichen pro Zeile und 66 Zeilen pro Seite ausgehen können, „for use with a standard mail printer“. Nachdem entsprechend viele Zeichen gesendet worden waren, sollte das Protokoll stets einen Wagenrücklauf und einen Zei-

9 „A mail box, as we see it, is simply a sequential file to which messages and documents are appended, separated by an appropriate site dependent code.“ (RFC 196: 1)

len- bzw. Seitenvorschub erzwingen. Auf diesem Wege konnten die Nachrichten an einen TIP übermittelt und direkt ausgedruckt werden.

Alex McKenzie, ein Kollege Tomlinsons bei BBN kommentierte diesen Vorschlag wenig später (RFC 224; 14 September 1971) mit dem Hinweis, dass die Terminal IMPs dieses Protokoll aus verschiedenen Gründen nicht implementieren konnten. Die TIPs unterstützten lediglich Telnet, nicht aber FTP. Statt sie als Fernschreiber einzusetzen, schlug er vor, die Mailboxen dieser Teilnehmer an einem anderen Knoten im Netz einzurichten und dort für das Abrufen über Telnet aufzuarbeiten (Character-Set Translation). Denn bei einer Direktausgabe auf einen Drucker ergab sich die zusätzliche Schwierigkeit, dass sich die Übertragungsrate an der Geschwindigkeit des angeschlossenen Druckers orientieren musste. TIPs waren für eine synchrone Bedienung der Gegenseite ausgelegt. Der technische Kern der Maildienste beruhte jedoch auf asynchroner Kommunikation, was nur mit einer Zwischenspeicherung auf einer Mainframe gelöst werden konnte.

Das erste umfassende Statement der Network Working Group zum Mail Box Protocol[10] war das Ergebnis eines gemeinsamen Treffens, bei dem man sich auf drei Lösungsansätze festgelegt hatte:

- Um die Rechnerunabhängigkeit für den Inhalt der Mails zu erreichen, sollte das Mail Box Protocol nur noch das Versenden von ASCII-Strings erlauben.[11] Die Überzahl der im ARPANET implementierten PDP-Maschinen hatten sich mit der von ihnen verwendeten Zeichentabelle durchgesetzt.
- Die zweite Entscheidung war, FTP eine Funktion „Append With Create“ anzufügen, die die gesendeten Daten entweder an eine Mailbox anhängen oder – falls noch keine entsprechende Datei vorhanden war – sie anlegen sollte.

10 RFC 278; Abhay Bhushan, Bob Braden, Eric Harslem, John Heafner, Alex McKenzie, John Melvin, Bob Sundberg, Dick Watson, Jim White; 17 November 1971

11 Bereits im RFC 20 (16. Oktober 1969) schlug Vinton Cerf 7-bit ASCII als Standard für den Austausch von Daten über das ARPANET vor.
Moderne Rechner, wie die PDP-Reihe, die bei der RAND Corporation, sowie an den Universitäten Utah und Illinois eingesetzt wurden, arbeiteten mit dem ASCII Code, währen IBM ECDIC als Zeichensatz verwendete. Probleme gab es, wenn es zum Datenaustausch zwischen ASCII- und EBCDIC-Maschinen kam. R. T. Bradens RFC 338 verdeutlichte die Schwierigkeiten der mehrmaligen Transformation, die an der UCLA entstanden, wenn Mails empfangen und beantwortet wurden, da sich die Zeichensätze nur zum Teil überschnitten.

– Schließlich entschied man sich wieder für MAIL als Name des Standardbefehls. Diesem sollte ein Trenner und die Nummer der Mailbox (Ident) oder die Identifikationsnummer des NICs folgen, die dann in die lokale Nummer der systeminternen Mailbox übersetzt werden musste. Alternativ konnte nach dem MAIL-Kommando der Parameter „PRINTER“ stehen, was den sofortigen Ausdruck der Nachricht bewirken sollte.

```
MAIL (PRINTER | ident)
```

Die Diskussion, wie der Dienst in FTP implementiert werden sollte war damit jedoch nicht abgeschlossen. Viele weitere RFCs beschäftigten sich damit, ob und wie der Filetransfer für den Mailverkehr verwendet werden sollte. Abhay Bhushan, der sich um die Entwicklung des FTP-Protokolls kümmerte, schlug vor (RFC 385; 18. August 1972), zwei Befehle, MLFL (für Mail File) und MAIL einzuführen. Um auch die TIP-User bedienen zu können, sollte das Kommando MAIL zum Verschicken von Nachrichten per TELNET und MLFL für die Übertragung von FTP verwendet werden.

Anfang Februar 1973 kündigte Michael D. Kudlick (RFC 453; 7. Februar 1973) ein erneutes Treffen zur Diskussion über ein „network mail system“ an, das zwei Wochen später im Stanford Research Institute (SRI) stattfand.[12] Ziel dieses Treffens war die klare Definition der Ziele und die Verteilung der Aufgaben für die Ausarbeitung eines einheitlichen Standards.

Bereits vorher waren zwei neue FTP Kommandos, ReadMailFile und ReadMail, für das Abfragen der Mailboxen eingeführt worden (RFC 458; B. Bressler, B. Thomas; 20. Februar 1973). Symmetrisch zu MLFL und MAIL ermöglichten sie dem Nutzer, seine Mails zu lesen, ohne die Einlogmethoden auf der jeweiligen Mainframe kennen zu müssen. Auf dem Treffen konnte man sich außerdem auf das Adressierungsschema, in der bereits von Tomlinson gewählten Form User@Host einigen. Beides vereinfachte die Nutzung des Maildienstes erheblich.

Kudlick bot im Namen des NIC an, für jeden User und Host sogenannte Identification Files zur Verfügung zu stellen und zu pflegen, mit denen jeder die Standardadresse einer Person beim NIC ermitteln konnte. Auf Wunsch sollte jede Mail im NLS-Journal des NIC öffentlich zentral gespeichert und für einen späteren Zugriff katalogisiert werden können (RECORD Kommando). Der Gedanke an angeschlossene Mail-Printer

12 Network Mail Meeting, 23. Februar 1973. Eine Zusammenfassung des Treffens formulierte Kudlick im RFC 469 (8. März 1973).

Abbildung 5: Schema des Mail Box Protokolls

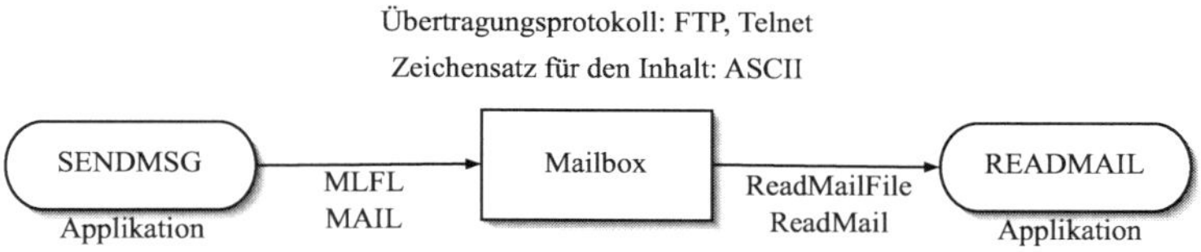

wurde dagegen endgültig aufgegeben. TIPs, die Mail verwenden wollten, mussten ihre Mailbox auf einer Mainframe einrichten.

Um effizient mit dem MAIL-Befehl arbeiten zu können, wurden zusätzlich eine Reihe von Subkommandos definiert.

Tabelle 2: FTP Mail Subcommands nach RFC 469

Kommando	**Beschreibung**
TO	Eine oder mehrere Adressen im Standardformat User@Host. Diese Adresse(n) nahm auch das NIC in seine Identification Files auf.
FROM	Rücklaufadresse zur Benachrichtigung bei unzustellbaren Mails und zur Information für den Empfänger.
AUTHOR	Ein oder mehrere Autoren. Wichtig für die Indexierung der Autoren der am NIC gespeicherten Mails.
TITLE	Betreffzeile (Subject) der Nachricht. Ebenfalls verwendet für die Indexierung.
ACKNOWLEDGE-MENT	Bestätigung während der Zustellung. (success | failure | normal)
RECORDED	Zum Speichern von Mails (z.B. im NIC Journal) für einen späteren Zugriff bekam jede Nachricht eine Referenznummer (jnumber) vom NIC zugewiesen. (jnumber | null)
TYPE	Die Empfängerseite konnte anhand dieses Parameters festlegen, wie die Mail gespeichert wurde. (long | urgent | ordinary)

Tabelle 2: FTP Mail Subcommands nach RFC 469

Kommando	Beschreibung
TEXT | FILE | CITATION	Hier konnte der Typ einer Nachricht angegeben werden, ob es sich um eine Textnachricht (TEXT), ein Dokument (FILE) oder die Angabe eines Verweises auf einen anderen Text (CITATION) handelte. Eine Mail konnte also nicht nur aus der Übermittlung von Texten oder Dateien bestehen sondern auch aus Links (Pointer) auf andere Texte.

Während des Treffens rückten zunehmend auch die nicht-technischen Aspekte des neuen Protokolls ins Blickfeld. So stritt man zum Beispiel über die Kosten, die beim Zustellen, Speichern und Verarbeiten großer Dateien entstanden und einigte sich darauf, dass der Versender die Versand- und der Empfänger die Empfangskosten zu tragen hatte. Es sollte also keine Kostenverrechnung zwischen den Institutionen für den Maildienst geben. Auch über die Rezeption der Nachrichten wurde diskutiert und ausdrücklich darauf hingewiesen, dass die Rückmeldung „delivered" des Mailsystems „does NOT mean that the recipient has READ the mail".

In den folgenden Monaten wurde James E. White zur treibenden Kraft der Entwicklung. Indem er im RFC 479 (8. März 1973) noch einmal aus Sicht des NIC Stellung zur Diskussion genommen hatte, machte er auf ein neues Problem aufmerksam, das entstand, wenn das NIC gespeicherte Nachrichten aus seinem NLS Journal[13] verschickte. Das NIC war dann zwar der Absender, nicht aber Autor der Mail, was zu Missverständnissen führen konnte.

13 Douglas Engelbarts oN-Line System (NLS) war ab 1963 am SRI entwickelt und von der ARPA finanziert worden. „Overall, NLS is an integrated office automation system, offering extensive document composition tools, forms systems, and other office-related tools" (MsgGroup #472; 11.3.1977). Das NIC nutzte das NLS, um das Material für die ARPANET-Entwickler zentral zu verwalten und zur Verfügung zu stellen. Das System wurde 1970/71 durch „Journal Mail" erweitert, „to distribute messsages, pre-prepared documents, data, line-drawn pictures, and other information." (MsgGroup #474; 18.3.1977)

Diese Beispiele zeigen, wie sich die Diskussion immer stärker auf die Kontextualisierung des Dienstes mit den institutionellen Rahmenbedingungen und den Gebrauchsweisen der Nutzer ausdehnte.

Tabelle 3: Ablauf einer E-Mail Übertragung nach RFC 524: 30ff.

FTP Kommando	**Server Antwort**	**Beschreibung**
MAIL <CA>[a]	261 RE DE DI FW CI UP UV -- supported.	Aufruf des Mail-Systems
REC <CA>	200 OK.	Aufruf der Speicherfunktion
TITL *SMFS Runs on TENEX 1.31 at the NIC* <CA>	200 OK.	Titel der Mail
TEXT *Text*	200 OK.	Inhalt der Nachricht
CLER *WHITE@SRI-ARC* <CR>	330 OK. Now Id, please	Adresse des Empfängers
ID *id* <CA>	200 OK.	Id des Empfängers
EXIT <CA>	270 15490 -- is assigned as the pathname.	Beenden der Speicherfunktion. Der Server gibt eine Kennung ('15490') der gesicherten Mail zurück
DIST <CA>	200 OK.	Aufruf der Distributionsfunktion
LOC *SRI-ARC 15490* <CA>	200 OK.	Die gespeicherte Nachricht wird zur Distribution freigegeben
RECI * DHC <CA>	200 OK.	Über den NIC ident wird der Empfänger als Dave Crocker at UCLA-NMC spezifiziert.
GREE *Dave* <CA>	200 OK.	Gruß
DISP R	200 OK.	Eine Antwort wird erwartet
SIGN *Jim*	200 OK.	Signatur der Nachricht
ACKC A <CA>	200 OK.	Es wird eine Bestätigung erwartet, ob die Zustellung erfolgreich war oder nicht.

Tabelle 3: Ablauf einer E-Mail Übertragung nach RFC 524: 30ff.

FTP Kommando	**Server Antwort**	**Beschreibung**
ACKT T <CA>	200 OK.	Die Bestätigung kann in Kurzform erfolgen
CUT 1 D <CA>	200 OK.	Sollte die Zustellung nicht innerhalb von 24 Stunden erfolgt sein, werden die Versuche abgebrochen und eine Fehlermeldung zurückgeschickt.
SERI *serial* <CA>	200 OK.	Eine Seriennummer wird zugeteilt zum Zwecke der Koordination von Bestätigungen und Rückläufen.
EXIT <CA>	200 OK.	Beenden der Distributionsfunktion
EXIT <CA>	200 OK.	Beenden des Mailsystems

a. <CA> steht jeweils für die ASCII Zeichen CR und LF

Nach verschiedenen weiteren Detailvorschlägen versuchte White den ersten umfassenden Entwurf eines Mail Protokolls auf der Basis von FTP (RFC 524; 13. Juni 1973). Dabei fügte er neue Parameter wie REPLY und FORWARD, aber auch neue Subkommandos wie GREE(TING) und SIGN(ATURE) hinzu.

Ebenfalls in Whites Entwurf tauchte die Idee eines INTERRUPT Befehls auf, der eine Mail als dringend auszeichnen und den User bei seiner Arbeit am Terminal unterbrechen sollte. Crocker und Postel (RFC 539; 9. Juli 1973) regten an, den Befehl in URGENT oder PRIORITY umzubenennen und ihn in mehrere Dringlichkeitsstufen (1-10) zu gliedern. White wiederum (RFC 555; 27 Juli 1973) wies auf die Schwierigkeit hin, mehrere „levels of interrupt“ für die Maschine zu definieren, denn nur wenn diese Angabe eine Folge für die automatische Verarbeitung der Mail habe, mache sie im Protokoll einen Sinn. Die Vermischung aus asynchroner E-Mail und synchronem Instant Messaging konnte sich nicht durchsetzen. Zwar existieren noch heute PRIORITY-Level, die für einzelne Mails festgelegt werden können, diese werden jedoch kaum genutzt, da sie weder in ihrer Bedeutung noch in ihren Folgen definiert werden konnten.

Mit zunehmendem Gebrauch stellte sich auch die Frage nach der Freiheit des Zugangs und der Vertrauenswürdigkeit der Mails. Per FTP auf einen fremden Host zuzugreifen erforderte eine Authentifizierung mit Namen und Passwort (Login). So auch beim Versenden von E-Mails. Angestoßen wurde die Debatte durch das RFC 491 (12. April 1973) mit dem Titel „What Is Free" von M. A. Padlipsky (MIT). Darin betonte er, dass ein freier Zugang zu E-Mail Diensten nicht bedeuten musste, dass es keinen Login gab, wie es seiner Meinung nach in den RCFs 454, 475 und 479 den Anschein hatte. Daher schlug er folgende Regelung vor:

„Network mail should be free. Network mail should not require users to remember the name of the free account on a given system. I.e., it should either be ‚loginless' or it should take the same login everywhere. But some systems need/want/prefer a login. Therefore, USER NETML / PASS NETML should be made to work everywhere for free mail." (RFC 491: 1)

Mit einem Standardnamen und -passwort konnte zwar das Problem eines eventuell erforderlichen Logins gelöst werden, nicht aber das der Authentifizierung des Autors. Wie konnte der Empfänger sicher sein, dass der Absender im FROM-Feld stimmte? Nach Whites Ansicht (RFC 555; 27. Juli 1973) sollte ein zentraler Server des NIC Listen mit Autoren und deren IDs verwalten. Bevor eine Mail versandt werden konnte, musste sich der Autor mit seiner ID ausweisen. Das entsprechende System konsultierte dann den Server des NIC und akzeptierte die Mail, wenn Autor und ID übereinstimmen. „It does so to prevent Jim White from authoring a piece of mail and claiming that Larry Roberts wrote it."

Einen anderen Ansatz verfolgte Bob Thomas (RFC 644; Juli 1974), der Passwörter für ungeeignet hielt. Ausgehend von der Annahme, dass jeder User auf seinem Time-Sharing-System bereits authentifiziert war, konnte das Problem auf die Beziehung zwischen Sende- und Empfangsprozess reduziert werden. Der Empfangsprozess musste so lediglich prüfen, ob die Sendung über einen autorisierten Zugang erfolgte. Die Authentifizierung des Maildienstes war dann so gut, wie die Authentifizierung des Users an seiner Maschine.

Das Versenden von Nachrichten war nicht mehr nur das Übertragen eines einfachen Textes über ein Computernetzwerk auf einen anderen Rechner. Die Anforderungen wie Adressierung, Authentifizierung, Dringlichkeitsstufen oder zentrale Speicherung wurden immer anspruchsvoller. Crocker und Postel (RFC 539; 9. Juli 1973) plädierten deshalb dafür, dass Mail Protocol nicht länger als Subsystem von FTP zu behandeln, sondern MAIL als einen eigenen Serverprozess zu definieren, der FTP lediglich als Transportschicht verwendete. Damit leiteten sie die Emanzipation von MAIL als eigenständigen Dienst und in der Folge dessen spätere Trennung von FTP ein.

2.2.2 FTP-Mail

Innerhalb von nur zwei Jahren nach Tomlinsons ersten Versuchen hatte die Community einen Mail-Dienst als Subsystem von FTP entwickelt, der den Austausch von Nachrichten zwischen den Einrichtungen des ARPANET möglich machte. Lange war um die konkrete Ausgestaltung der Einbindung in FTP gestritten worden, bis sich ein erster Standard herauskristallisiert hatte (RFC 524).

Die Vernetzung verlangte, im Gegensatz zu der Vielzahl der lokalen Time-Sharing-Mail-Dienste, die Lösung verschiedener Probleme. Mit dem neuen Adressierungsschema User@Host konnte nun der entfernte Rechner angegeben werden, auf dem der Teilnehmer seine Mailbox hatte. Was die Terminal IMPs anbetraf, wurden die Überlegungen, sie mit einer Fernschreiberfunktionalität auszustatten, wieder fallen gelassen. Dies hätte ebenso wie eine Interrupt-Funktion zu sehr dem Paradigma des Dienstes widersprochen. E-Mail festigte sich damit als asynchrone Kommunikationsform durch Dateiübertragung.

Manche Entscheidungen wurden durch die Mehrheit der TENEX-Systeme dominiert, wie die Wahl des ASCII-Zeichensatzes, mit dem die Nachrichten kodiert werden sollten. Das führte zwangsläufig zu Inkompatibilitäten auf anderen Systemen, zum Beispiel dort, wo der EBCDIC-Zeichensatz verwendet wurde oder das @-Zeichen eine Funktion hatte. Die technischen Festlegungen betrafen dabei immer stärker Fragen der Verwendungsweisen der Nutzer und verschoben sich auf die Kontextualisierung des Dienstes. Interessant ist, dass E-Mail als eine Form der Öffentlichkeit diskutiert wurde. Die Intention des ersten Mail-bezogenen RFC 196 war, die Verteilung der Dokumente des NIC zu unterstützen. E-Mails sollten öffentlich zugänglich sein.

2.3 „unplanned, unanticipated and unsupported“

2.3.1 Das Unwichtige unterstützen

Die elektronische Post nahm im offiziellen Programm der Geldgeber eine Nebenrolle ein. In den Papieren, Artikeln und Präsentationen der ARPA bis in die Mitte der 70er Jahre hinein kaum erwähnt, erfreuten sich die E-Mail-Systeme in der Praxis dagegen immer größerer Beliebtheit.

Elektronischer Nachrichtenaustausch wurde zwar von Roberts in seinen Entwürfen zum ARPANET mitgedacht, war aber kein ernst zu nehmender Forschungsgegenstand, „not an important motivation“ für die Entwicklung des Netzes, wie er in einem Vortrag betonte (Roberts 1967). Netmail, wie E-Mail in den frühen Tagen oft bezeichnet wurde, galt technisch als wenig anspruchsvoll. Mit ihm konnten die erheblichen Kosten, die das Netz verursachte, nicht gerechtfertigt werden. E-Mail war auch keines der avancierten Forschungsprojekte, die sich mit redundanter Vernetzung oder Echtzeit-Interaktivität beschäftigten. Im Gegenteil hätte die Betonung dieses Dienstes das ARPANET-Projekt politisch gefährden können.

„Wie dem Spielen haftete auch dem Schreiben auf dem Großrechner lange Zeit der Geruch des Blasphemischen an. Die Nutzung knapper, teurer Rechenzeit für das Editieren von Texten war an einigen universitären Rechenzentren in Deutschland sogar noch zu Beginn der 80er Jahre explizit verboten.“ (Hofmann 1996: 164)

Da nicht nur Tomlinson die Übertragung der Time-Sharing-Mailsysteme auf das ARPANET ganz natürlich erschien, stellte sich die Frage nach einer Forschung in diese Richtung erst gar nicht.

„Perhaps the lack of comment is because E-Mail is such a natural use of computer networks that no one considered that it required any research. The researchers were mostly concerned with how to get the bits from the sender to the recipients. E-Mail as a social phenomenon was scarcely considered.“ (Ray Tomlinson zit. nach Hardy 1996)

So fanden die Diskussionen um die elektronische Post nicht in den offiziellen Papieren sondern im Medium selbst statt.[14] Innerhalb einer kleinen Gruppe debattierte man die zahlreichen Eigenentwicklungen, die an den Einrichtungen entstanden und stritt um die Weiterentwicklung des Dienstes, der zwar nicht offiziell Programm war, aber von allen als nützlich empfunden wurde.

„A surprising aspect of the message service is the unplanned, unanticipated, and unsupported nature of its birth and early growth. It just happened, and its early history has seemed more like the discovery of a natural phenomenon than the deliberate development of a new technology.“ (Myer/Dodds 1976: 145)

Dass sich dennoch ein Mail Box Protocol hat herauskristallisieren können, zeigt, dass dies nicht völlig unsystematisch geschah. Nur vereinzelt wurde die Entwicklung von Mailsystemen im militärischen Bereich finanziert.

---

14 Diese Ressourcen stehen einer historischen Aufarbeitung nur selten zur Verfügung. Eine Ausnahme bildet die Sammlung sämtlicher E-Mails der MSGgroup, die unter http://www.tcm.org/msggroup/ kurze Zeit öffentlich zugänglich waren (Seite 225 und Literatur).

„The fourth major stream of development began in 1973, when ISI released its report ‚Consolidation of Telecommunications on Oahu' (COTCO). The report, based on an extensive study of naval communications on Oahu, recommended the application of computer mail to operational military environments. ARPA then funded the Information Automation project at ISI, under Rob Stotz, to develop a terminal and computer mail software for a military environment. In 1975, ARPA expanded the effort and funded the development of competitive computer mail programs at MIT and BBN.
[...] ARPANET computer mail is almost bewildering for its diversity. Some programs were developed under intense direct funding. Others were written in programmers spare time. Despite this diversity, ARPA has been able to coordinate network mail development, albeit loosely." (MsgGroup #474; 18.3.1977)

Trotz der nur losen Koordination der Projekte war das ARPA Office selbst einer der größten E-Mail-Nutzer. Allen voran Steven Lukasik, Direktor des IPTO von 1971 bis 1974, hielt seine Mitarbeiter dazu an, E-Mail intensiv zu nutzen.

„Steven Lukasik decided it was a great thing, and he made everybody in the ARPA use it. So all these managers of ballistic missile technology, who didn't know what a computer was, had to start using electronic mail" (Roberts 1988: 168).

Ein Großteil der ARPA-Angestellten arbeitete administrativ und schätzte E-Mail auf Reisen als asynchrones Medium, um mit ihren Büros in Verbindung zu bleiben. Für die Mitarbeiter hatte es außerdem handfeste Vorteile, diesen direkten Kanal zu ihrem Vorgesetzten zu nutzen.

„Program managers from APRAs other offices began to notice that the IPTO contractors seemed to do better in the budget process because they were on closer terms with Lukasik" (Abbate 1999: 108)

Mit der Stabilisierung der technischen Fragen im allgemein akzeptierten Standard RFC 524 und der alltäglichen handfesten Unterstützung der Offiziellen des IPTO, breitete sich E-Mail weiter aus. Die Erfahrungen aus dem praktischen Umgang mit der Technik flossen in eine stetige Verbesserung der Softwareprogramme ein.

2.3.2 Mailsoftware

Tomlinson hatte seine Programme (SENDMSG/READMSG) an andere Netzknoten wie Utah, die ebenfalls TENEX auf einem PDP-10 betrieben, weitergegeben. Von Vorteil war dabei, dass das TENEX-Betriebssystem im ARPANET sehr beliebt war und daher viele die Anwendungen direkt übernehmen konnten. Bald danach wurde die Software auch auf andere Systeme übertragen (Salus 1995: 95) und der großen Akzeptanz von Tomlinsons Programmen folgten schnell eine Reihe weiterer, zum Teil sehr ambitionierter Entwicklungen, innerhalb und außerhalb des ARPANET. Nicht alle diese Projekte implementierten das Mail Box Protocol vollständig, so dass das Versenden einer E-Mail oftmals noch an eine Absprache mittels anderer Medien über die gemeinsam benutzten technischen Spezifikationen gekoppelt werden musste.

Auch das Lesen von Mails mit READMSG war noch äußerst umständlich. Alle Nachrichten wurden in der Mailbox hintereinander, und kaum getrennt voneinander, gespeichert.

> „Der Text ergoß sich einfach auf den Bildschirm oder aus dem Drucker; nichts trennte die einzelnen Botschaften. Um zur jeweils letzten vorzudringen, mußte man immer wieder den ganzen Wust durchgehen. Wenn sie elektronische Post lesen wollten, blieb vielen Nutzern nichts anderes übrig, als den Fernschreiber einzuschalten und einen schier endlosen Strom von Texten auszudrucken.“ (Hafner/Lyon 1997: 230)

So war es u.a. Lukasik, der als intensiver Nutzer viele Anregungen zur Verbesserung der E-Mail-Programme machte. Durch die damals schon hohe Anzahl von Mails, die er täglich bearbeitete, war er dazu prädestiniert. Ihm werden die Vorschläge zugeschrieben,

- dass neue Nachrichten am Anfang der Mailbox stehen sollten, damit nicht erst an das Ende gescrollt werden musste und
- dass alte Nachrichten separat gespeichert werden konnten.

Auf Lukasiks Anregung hin schuf Lawrence Roberts eine Mail Manager Software namens RD,[15] in der die Nutzer ihre E-Mails erstmals nach Titel und Datum sortieren, sowie in beliebiger Reihenfolge sichern konnten. Durch die Auflösung der Mailbox in einzelne Dateien, die jeweils eine Mail repräsentierten, war jetzt ein separater Zugriff auf jede einzelne Nachricht möglich.

RD wurde ständig erweitert und diente als Vorbild für immer neue Ableger in der Community. So erlaubte Barry Wesslers NRD erstmals auch das selektive Löschen von Nachrichten.

1973 waren E-Mails leicht zu versenden aber schwer zu beantworten. Nach wie vor wurden verschiedene Programme zum Senden, Lesen und zum Editieren der Textdokumente verwendet. Erst WRD (später

15 RD, für „read“, wurde im Oktober 1972 erstmals vorgestellt und stellte eine Sammlung von TECO (Text Editor and COrrector)-Makros dar. TECO war der Texteditor des TENEX Systems.

BANANARD genannt), kombinierte die Funktionen zusammen mit einem Hilfesystem in einem einzigen Programm. Nach weiteren Entwicklungen, wie die BBN Projekte HG und MAILSYS, aus dem später das ARPA-finanzierte Hermes[16] wurde, schuf John Vittal 1975 auf Basis von BANANARD MSG. Diese kleine Modifikation veränderte den Dienst entscheidend. Durch die Zusammenlegung der Funktionen in einem Programm war eine ANSWER-Funktion möglich geworden, die aus der Absenderadresse den Empfänger machte und damit die Rückkopplungsschleife der Kommunikation technisch institutionalisierte. MSG bot als erste Mailsoftware diesen Komfort und war mitverantwortlich für den E-Mail-Boom der folgenden Jahre.

„My subjective sense was that propagation of MSG resulted in an exponential explosion of email use, over roughly a 6-month period. The simplistic explanation for this is that people could now close the Shannon-Weaver communication loop with a single, simple command, rather than having to formulate each new message. In other words, email moved from the sending of independent messages into having a conversation." (Dave Crocker zit. nach: Stewart 2005)

Daneben erlaubte die Software die Organisation von Mails in verschiedenen Verzeichnissen. MSG wurde zu einem der beliebtesten und meist verwendeten E-Mail Programme im ARPANET und war lange Zeit das Vorbild für alle weiteren Entwürfe.

1975 initiierte der DARPA Program Manager Steve Walker am RAND ein Projekt, um ein MSG-ähnliches E-Mail-Programm auch für UNIX-Rechner zu bekommen. Dave Crocker entwarf dafür die technischen Spezifikationen, programmiert wurde es von Steve Tepper und Bill Crosby. Es wurde MS getauft, war sehr mächtig, jedoch viel zu langsam. Erst ein Folgeprojekt von Bruce Borden (MH, für Mail Handler) lief dann sehr erfolgreich auf vielen UNIX-Systemen.[17]

Mit dem Boom des E-Mail-Gebrauchs in der zweiten Hälfte der 70er Jahre entstand auch ein Markt für Mail Software. Die Computer Corporation of America vertrieb COMET, eines der ersten kommerziellen E-Mail Programme, zu einem Preis von 40.000 US-$. Der MESSENGER, entwi-

16 Namen aus der antiken Mythologie sind für E-Mail Programme sehr beliebt. Hermes war der griechische Götterbote. HG war eine Anspielung auf das chemische Symbol für Quecksilber, engl. „Mercury", also Merkur, der Name des römischen Götterboten. Spätere Programme heißen Eudora, eine der fünfzig Töchter des Meeresgottes Nereus und der Okanide Dora. Mit dem Namen des geflügelten Pferdes aus der griechischen Sagenwelt schmückt sich die Mail-Software Pegasus.

17 MH Kommandos waren Unix Shell Kommandos und jede Mail ein UNIX File.

ckelt für IBM Computer, war für $18.000 US-$ zu haben. Diese ersten kommerziellen Ansätze beschränkten sich jedoch immer noch auf firmeninterne Time-Sharing-Systeme.

2.3.3 Die kritische Masse

Mit RD und dem Mail Box Protocol hatte der Siegeszug von E-Mail begonnen. 1973 stellte eine Untersuchung zur Überraschung der Verantwortlichen des ARPANET-Projekts fest, dass Dreiviertel des Netzwerkverkehrs im Internet durch elektronische Post und nicht etwa durch FTP und Telnet verursacht wurde. Die offiziell geplante und erwünschte Nutzung des Netzes ging – am Transfervolumen gemessen – in einer Flut persönlicher Nachrichten unter. Nicht die Anwendungen, für die das Netz geplant und installiert worden war, also File- und Resource-Sharing-Dienste wurden genutzt, sondern ein Nebenprodukt wie E-Mail.[18] In Bezug auf die schriftliche zwischenmenschliche Kommunikation hatten

> „die Schöpfer des ARPANET [...] keine große Vision; sie wollten kein erdumspannendes Nachrichtensystem erfinden. Doch als die ersten paar dutzend Knoten installiert waren, verwandelten die ersten Benutzer das System miteinander verbundener Computer in ein Instrument zur persönlichen wie zur fachbezogenen Kommunikation." (Hafner/Lyon 1997: 224f.)

Der offizielle ARPANET Completion Report zeugte von dieser Überraschung.

> „The largest single surprise of the ARPANET program has been the incredible popularity and success of network mail." (Heart et al. 1978: III-113)

Woher kam diese Überraschung? Janet Abbate hat argumentiert, dass der Fokus der Entwicklung stets darauf lag, Zugang zu Computern zu ermöglichen, nicht zu Menschen (Abbate 1999: 109). Tatsächlich verglich Roberts die Kosten des Netzes stets in Bezug auf die Bandbreite, denn man konzentrierte sich darauf, Rechner miteinander zu verbinden und große Datenmengen zu übertragen (Roberts 1970, 1988: 155). Außerdem gab es für den Austausch persönlicher Nachrichten bereits viele etablierte Möglichkeiten (Post, Telefon, Fax, Konferenzen etc.). Diese zu elektrifizieren stellte technisch für eine Großforschungseinrichtung scheinbar keine Herausforderung dar. Der Austausch von Dateien und Programmen dagegen versprach eine größere Effizienz der Datenverarbeitung und da-

---

18 Analog dazu machten später die Mobiltelefonanbieter ähnliche Erfahrungen mit dem Erfolg des Short Message Service (SMS).

durch neue Perspektiven wissenschaftlicher Zusammenarbeit. Das Ziel eines intensiveren Austauschs der am Netz Beteiligten wurde erreicht, jedoch nicht auf den angelegten Wegen des ARPANET-Projekts sondern auf den Trampelpfaden der Nutzer. E-Mail war ab Mitte der 70er Jahre nicht mehr zu übersehen und fand so schließlich auch Eingang in das offizielle Programm des ARPANET.

Die Vorteile wie Schnelligkeit und Asynchronität der Network Mail lagen auf der Hand. Auch der Completion Report betonte sie gegenüber der Briefpost (Wartezeiten von Tagen bis Wochen) und des Telefons (schwierigere Erreichbarkeit), besonders für mobile Menschen.

„In the space of just a couple of years this ‚computer center curiosity‘ became a smashing success on the ARPANET; there was a sufficiently large community of individuals who wished to communicate, and they all were relatively mobile, and the system overnight became a way of life.“ (Heart et al. 1978: III-114)

Zu diesem „way of life“ gehörte nach Ansicht vieler Autoren auch eine neue Kultur des Schreibens. Licklider und Vezza beobachteten dieses Phänomen bereits Ende der 70er Jahre:

„It soon became obvious that the ARPANET was becoming a human-communication medium with very important advantages over normal U.S. mail and over telephone calls. One of the advantages of the message systems over letter mail was that, in an ARPANET message, one could write tersely and type imperfectly, even to an older person in a superior position and even to a person one did not know very well, and the recipient took no offense. The formality and perfection that most people expect in a typed letter did not become associated with network messages, probably because the network was so much faster, so much more like the telephone. [...] Among the advantages of the network message services over the telephone were the fact that one could proceed immediately to the point without having to engage in small talk first, that the message services produced a preservable record, and that the sender and receiver did not have to be available at the same time.“ (Licklider/Vezza 1978: 147)

Nachlässiges Schreiben und schlechte Grammatik wurden ihrer Ansicht nach ebenso toleriert, wie das Ignorieren traditioneller Schranken wie Alter oder Rang. Dies spiegelte nicht nur die politisch-kulturellen Tendenzen der 60er und 70er Jahre wieder (Ablehnung von Formalien und Hierarchien etc.) sondern schuf auch einen sozialen Raum, in dem Ideen durch kollaborative Arbeit fruchtbar gemacht werden konnten. Es war noch immer nur einem kleinen Kreis vorbehalten, an dieser Technik zu partizipieren. E-Mail wurde zum Marktplatz der Community, das Medium des „nationalen Dorfs“ qualifizierter Wissenschaftler und somit identitätsstiftend.

„I think that the main thing ARPA has had is a series of good people running an office, and a fantastic community. I guess that's the word. It was more than just a collection of bright people working in a field. It was a thing that organized itself a little bit into a community, so that there was some competition and some cooperation, and it resulted in the emergence of a field.“ (Licklider zit. nach Hardy, 1996)

Innerhalb – wie auch später außerhalb – dieser Gruppe konnte sich der Dienst nur stabilisieren, wenn ein gewisses Maß an Konnektivität hergestellt wurde. Das Erreichen einer kritischen Masse ist für das Überleben jedes Kommunikationsmediums von zentraler Bedeutung, da seine Nützlichkeit direkt abhängig von den Adoptionsentscheidungen der Nutzer ist. Anders als Techniken, deren Nutzen unabhängig vom Gebrauch durch andere ist (z.B. ein Werkzeug), bedürfen Medien als Vermittler immer einen Gegenpol. Je mehr Teilnehmer erreichbar sind, desto eher lohnt es sich, ebenfalls das Medium zu nutzen, wobei sich die Teilnehmerzahl und damit der Nutzen für jeden Einzelnen wiederum erhöht. Dieser Interdependenz eine positive Dynamik zu verleihen, ist besonders in der Anfangsphase einer neuen Technik schwierig. Denn für die Teilnehmer ist es zunächst nicht rational, sich zu beteiligen. Für die Early Adopter überwiegen sogar die Nachteile:

- Neue Technik ist oft mit „Kinderkrankheiten“ behaftet. Daher und wegen der noch geringen Teilnehmerzahl müssen die herkömmlichen Medien parallel weiter betrieben werden. Oftmals muss aufwändig geprüft werden, ob der Adressat bereits an das neue Medium angeschlossen ist oder – wie im Fall von E-Mail dargestellt – welche genauen technischen Vorgaben zur Kommunikation verwendet werden müssen.
- Die Investition in das neue Medium ist riskant. Überschreitet es die kritische Masse nicht, sind die Anstrengungen als Verlust zu buchen. Im Gegenteil scheint es vernünftiger zu sein, die Entwicklung abzuwarten. Das ist wiederum gefahrlos möglich. Da Kommunikationsmedien auf Teilnahme angewiesen sind, werden sie immer auch einen späteren Eintritt in die Nutzung ermöglichen (vgl. Stegbauer 1995: 55)

Die positive Spirale von Teilnahme und Erreichbarkeit setzte sich in Gang, da es zusätzliche Anreize gab. Weil sich der Mailverkehr zu Beginn ausschließlich innerhalb der übersichtlichen ARPANET-Community abspielte, deren Protagonisten Computerfachleute waren, war nicht nur die Neugier auf die technische Innovation garantiert, sondern stellten die technischen Unzulänglichkeiten häufig genug eine Herausforderung zur Weiterentwicklung der Software dar. Durch Lukasiks und Roberts Entscheidung, mit ihren Mitarbeitern und Vertragsnehmern per E-Mail zu kommunizieren, wurden ebenfalls handfeste Interessen generiert. Von diesem Nutzerkern aus konnte sich der Dienst dann schnell auch auf andere Gruppen ausdehnen.

„By the fall of 1973, the great effectiveness and convenience of such fast, informal messages services as SNDMSG had been discovered by almost everyone who had worked on the development of the ARPANET – and especially by the then Director of ARPA, S. J. Lukasik, who soon had most of his office directors and program managers communicating with him and with their colleagues and their contractors via the network. Thereafter, both the number of (intercommunicating) electronic mail systems and the number of users of them on the ARPANET increased rapidly." (Licklider/Vezza 1978: 147)

Das Anwachsen der Zahl der Netzknoten und die ständige Verbesserung der Software unterstützte diesen Trend und wurden ihrerseits wiederum ein Grund, am ARPANET teilzunehmen.

Aufgrund dieser Entwicklungen wurde E-Mail auch zum Gegenstand von Forschungsprogrammen. Licklider und Vezza nahmen in ihrem Aufsatz „Applications of Information Networks" von 1978 bereits eine neue, modifizierte Perspektive zum Resource-Sharing ein:

„The sharing of information is the most important type of resource sharing. [...] Truly effective transfer is a transfer not of data or of information but of knowledge and it flows through human interaction." (Licklider/Vezza 1978: 145ff.)

Damit wurde der breite Erfolg des Dienstes offiziell anerkannt. Das ursprüngliche Konzept des Resource-Sharing wurde beibehalten, jedoch geringfügig verschoben. Statt dem Austausch von Daten und Programmen wurde jetzt der zwischenmenschlichen Kommunikation Aufmerksamkeit geschenkt. Wieder nur eine kleine Redefinition, die jedoch das Verständnis vom Netzwerk grundlegend veränderte. Der Blick auf Computernetze als Datenwege bekam eine neue Facette vom Computernetz als Kommunikationsmedium. E-Mail wurde daraufhin zum Thema von

Konferenzen[19] und Forschungsprojekten und auch der ARPANET Completion Report forderte

„the development of interpersonal communication techniques which again are generally useful without a network, but which become critical in a network environment." (Heart et al. 1978: III-128)

2.3.4 Exkurs: synchrone Kommunikation

E-Mail war zwar der auffälligste, nicht aber der einzige Kommunikationsdienst, der sich im ARPANET entwickelte. Parallel dazu wurde ein Zweig synchroner Kommunikation verfolgt. Bereits Anfang 1963 kannte das Time-Sharing-System Q-32 am SDC den Befehl

```
! DAIL tty <Line Feed> message <Bell>
```

um eine Botschaft (message) direkt an ein anderes, gerade aktives Terminal (tty) zu schicken, die dort sofort auf dem Bildschirm ausgegeben wurde. Es konnten auch mehrere Terminals angegeben werden, so dass es möglich war, einen Rundbrief zu versenden (Fischer 1999). Tom Van Vleck und Noel Morris hatten 1965 gleichzeitig mit ihrem MAIL-Befehl auch ein Programm namens .SAVED für solch ein *Instant Messaging* implementiert. Bob Frankston übertrug ihre Software auf das Nachfolgesystem MULTICS (send_message). Mit dem Kommando accept_messages konnte der Nutzer dort das Empfangen der Nachrichten explizit erlauben.

Nach dem Vorbild dieser Systemkommandos, entstand im Laufe der Zeit ausgefeilte eigenständige Software zur synchronen Kommunikation. Eines der ersten Programme, das sich zunächst wieder nur auf eine Mainframe beschränkte, wurde 1971 von Murray Turoff am New Jersey Institute of Technology für das U.S. Office of Emergency Preparedness (OEP) entwickelt. Das Konferenzsystem mit dem Namen „Emergency Management Information System and Reference Index" (EMISARI) war ein Werkzeug, das die Gruppenarbeit und den Informationsaustausch zwischen dem OEP und vierzig geografisch verstreuten, mit Terminals angeschlossen Aussenstellen, verbessern sollte. Turoffs Projekt wurde zum Vorbild für zahlreiche andere Entwicklungen wie EIES, FORUM oder PLANET.

19 Berkeley Workshop for Distributed Data Communications (1976), NTC '77 (1977), 1976 International Conference on Communications (1976), Eighth International Symposium on Human Factors in Telecommunications (1977)

Orientierte sich die E-Mail-Entwicklung an der schriftlichen Kommunikation, folgten die synchronen Systeme einer Gesprächsmetapher. Die Nutzung dieser frühen Chat Systeme wurde „linking“ genannt.

„They can type messages back and forth in a completely conversational style. They can even execute a program together and discuss the results. Most large ARPANET hosts have some form of linking for two parties using the same host.“ (MsgGroup #474; 18.3.1977)

TALKING war ein solches Programm, das Echtzeit-Textkommunikation sogar über das ARPANET zwischen verschiedenen Teilnehmern versprach, die sich auf dem selben Host eingeloggt hatten.

Ein weiteres Programm war das von Pat Doherty, einer Angestellten des US Geological Survey, geschriebene CONTINUUM. Es war ein Diskussionsforum, das, wie später USENET, mehrere Threads erlaubte, und vor allem von Entwicklern intensiv genutzt wurde, die mit seiner Hilfe ihre Software diskutierten. Als es in den 80er Jahren Teil des MULTICS-Betriebssystems wurde, wechselte der Name in FORUM.

Diese Systeme waren jedoch auf eine Mainframe beschränkt, also nicht in dem Maße netzwerkfähig wie E-Mail. Programme wie RSEXEC, das verschiedene Hosts, die das verbreitete TENEX-Betriebssystem verwendeten, über das ARPANET miteinander koppeln konnte, bildeten die Ausnahme.

„In addition, through the RSEXEC system developed at BBN, a user on any TENEX computer can locate and link to any other loged-in of a TENEX machine on the ARPANET, and with users and several other types of machines as well. RSEXEC is essentially a distributed multi-host operating system with many interesting characteristics. RSEXEC linking across hosts has been available since 1972.“ (MsgGroup #474; 18.3.1977)

Weiterentwickelt am „Institute for the Future“ unter Vallee, Amara, Lipinski, Miller und Helmer wurde der Betrieb von FORUM ab 1973 dann auch über das ARPANET möglich, war aber kaum noch im Netz präsent (MsgGroup #4; 8.6.1975).

Die beiden Leitbilder von synchroner und asynchroner Kommunikation entwickelten sich in unterschiedlichen Arenen als Orientierung am Stand der Technik. Während für E-Mail die gespeicherte Datei als der aus der Computertechnik erwachsene Bezug galt, stand bei den synchronen Systemen die zentrale Vorstellung einer „stehenden Verbindung“ der Fernmeldetechnik im Vordergrund.

Es wurde durchaus kontrovers diskutiert, welches Paradigma das geeignete sei und ob die Verwendung von Telekommunikationssystemen statt E-Mail nicht Vorteile hätte. Von vielen wurde E-Mail jedoch als praktischer angesehen, weil es im Vergleich zu synchronen Systemen keine Voraussetzungen über die Struktur der Kommunikation machte. Der Gebrauch eines interaktiven Chat Programms wurde als ein „very inefficient process" verstanden, weil man dem anderen beim Tippen zusehen und sich vorher zeitlich abstimmen musste, um eine Kommunikation überhaupt beginnen zu können.

Anders als beim E-Mail-Dienst, der technisch relativ einfach war und an vielen verschiedenen Institutionen entwickelt wurde, waren die synchronen Systeme komplex, technisch sehr anspruchsvoll und konnten nur im Rahmen von Forschungsprojekten entwickelt werden. Das mag der Grund gewesen sein, warum sich für diese Medien nie eine so agile Entwicklerszene herausgebildet hatte, wie bei E-Mail und daher auch kein gemeinsamer Standard ausgehandelt wurde. Diskussionen fanden hier nur innerhalb des jeweiligen Entwicklerteams, nicht etwa zwischen ihnen statt. Anders als bei E-Mail gab es durch das Fehlen externer Stimmen, die den Prozess immer wieder störten, eine zu schnelle technische Schließung und Implementierung.

2.3.5 „unplanned, unanticipated, and unsupported"?

- *unplanned*
  E-Mail konnte keine Motivation für die großtechnische Umsetzung eines Computernetzes sein. Daher war es weder Gegenstand großer Forschungsprogramme noch strategisch in das Netzwerkkonzept der ARPA eingebunden.
  Als es das Netz aber gab, war nichts dagegen einzuwenden, auch E-Mail darauf zu nutzen, zumal die geplanten Dienste wie FTP und Telnet nur schleppend angenommen wurden. Die Entwickler von E-Mail-Software bemühten sich sehr bewusst und gezielt um einen einheitlichen Standard und die soziale Konstruktion dieser Technik. Was offiziell allenfalls in wenigen militärischen Projekten geschah, wurde aber im Inoffiziellen informell koordiniert vorangetrieben.

- *unanticipated*
  Unerwartet war der große Erfolg von E-Mail. Das rasante Wachstum eines Dienstes, welcher vollkommen außerhalb des Forschungsfokus stand, aber den Hauptteil der Netzlast verursachte, war vor allem für Außenstehende (Politik, Gesellschaft, hohe Militärs) überraschend.
  Vorhersehbar und geradezu „natürlich" erschien vielen, die das

ARPANET-Projekt konkret umsetzten, die Übertragung der beliebten Time-Sharing-Mailsysteme auf das Netz. E-Mail war keine Erfindung des ARPANET, sondern lediglich die Fortschreibung und Ausweitung einer bestehenden Technik.

– *unsupported*
  Da E-Mail nicht offizielles Programm des ARPANET war, konnten keine Forschungsprogramme aufgelegt werden und Gelder in diesen Dienst fließen. Unterstützung bekamen die Programmierer von ihren Einrichtungen lediglich dadurch, dass ihnen die Möglichkeit gegeben wurde, E-Mail-Clients zu entwickeln.
  Von den Vorgesetzten der ARPA (Lukasik, Roberts) wurde der Dienst in der Weise sehr unterstützt, dass sie ihre Mitarbeiter dazu anhielten, E-Mail zu benutzen und selbst viele Vorschläge zu dessen Verbesserung machten. Damit konnte eine positive Dynamik in Gang gesetzt werden und das Kommunikationsmedium die kritische Masse erreichen. Immer mehr Teilnehmer schlossen sich an, was das System jedesmal wertvoller für alle machte.

3 E-Mail als Notiz, Brief oder Gespräch (1975-1980)

Das ARPANET verband nicht nur geografisch weit voneinander entfernte Standorte miteinander, sondern auch heterogene soziale Gruppen wie Militär, Universitäten oder Unternehmen. Die technische Kopplung der Einrichtungen durch das Netz förderte die Zusammenarbeit der Wissenschaftler, was wiederum die Voraussetzung für die Lösung der Kopplungsprobleme war. Um die disparaten technischen Systeme miteinander zu verbinden, musste auch die soziale Interoperationalität hergestellt werden. Dies wurde um so dringlicher, je mehr Netzknoten sich Mitte der 70er Jahre anschlossen. Um die kritische Masse von Teilnehmern zu erreichen, war es von zentraler Bedeutung, die Anschlussfähigkeit des Dienstes an die Arbeitszusammenhänge der Nutzer herzustellen. E-Mail musste auf verschiedenen Plattformen und in unterschiedlichen institutionellen Kontexten mit ihren jeweils gültigen Kommunikationsgewohnheiten funktionieren.

Um die vielfältigen Ansprüche der neuen Akteure mit dem Dienst zu synchronisieren, trat die Diskussion in eine neue Phase ein. Indem sie über den rein technischen Entwicklungskontext hinausging, stellte sie sich der Herausforderung, die zukünftigen Verwendungszusammenhänge zu verstehen bzw. zu konstruieren. Für die unterschiedlichen Möglichkeitsräume, die von außen und von der Entwicklergruppe selbst formuliert wurden, musste ein gemeinsames Medium gefunden werden. Die Aufgabe war, ein Kommunikationssystem zu entwerfen, das eine möglichst große Formenvariabilität erlaubte, ohne dabei unzuverlässig zu werden.

Diese Diskussionen, um die Weiterentwicklung und soziale Anbindung der Mail-Dienste, fanden seit Mitte der 70er Jahre vor allem innerhalb der sogenannten MsgGroup statt. Hier wurden Ideen entwickelt, Software beurteilt und über Nutzerschnittstellen gestritten. Da die RFCs als Kommunikationsmittel relativ langsam waren und sich mit *allen* Fragen des Netzes befassten, signalisierten sie immer öfter das Ende einer Diskussion, also die Schließung im Standard. Die MsgGroup war dagegen themenspezifisch und sehr viel informeller als die mittlerweile etablierten RFCs, so dass sich ein lebendiger Austausch über alle Fragen, die E-Mail betrafen, organisieren konnte.

3.1 E-Mail-Diskussionsgruppen

Die Entwickler von Mail-Systemen fanden sich seit dem 7. Juni 1975 auf Betreiben des IPTO Programm Managers Steve Walker in der MsgGroup (Message Services Group), eine der ersten Mailinglisten, zusammen. Über zehn Jahre, bis zum Juni 1986 bestand die MsgGroup als Diskussionsforum zum Thema E-Mail.[20] Walker beschrieb seine Beweggründe zur Gründung der Gruppe folgendermaßen:

„My reason for seeking to establish a group of people concerned with message processing was (and remains) to develop a sense of what is mandatory, what is nice and what is not desirable in message services. We have had a lot of experience with lots of services and should be able to collect our thoughts on the matter.
My goal at present was not to establish ‚another committee‘ but to see if a dialog can develop over the net. I sense that to some extent this has already hap-

20 Julian Kilker (2002) hatte in seiner Studie über die MsgGroup 329 Mitglieder im Laufe der gut zehn Jahre gezählt, von denen ca. 60 zum harten Kern gehörten. So homogen die Gruppe in ihrem Hintergrund war – Computerwissenschaft –, so heterogen war ihr Arbeitsumfeld und damit auch die Anforderungen an den E-Mail-Dienst. Sie kamen aus allen Teilen der USA (später auch Europa) und arbeiteten in Universitäten, beim Militär oder im kommerziellen Kontext. Umfasste die Liste der Teilnehmer zu Beginn lediglich 19 Mailboxen auf 6 Hosts (MsgGroup #13; 12.6.1975), waren es im April 1979 bereits 133 (MsgGroup #1012; 10.4.1979) und die letzte veröffentliche Liste verzeichnete 191 Mailboxen, unter denen selbst wiederum viele Listen waren (vgl. Kilker 2002: 16).

pened but there are many who have not entered the discussion. There are lots of possible reasons for this and I do not wish to force anyone to participate but I strongly urge anyone with comments (positive or negative) to toss them in.“ (MsgGroup #2; 7.6.1975)

Es wurde der erfolgreiche Versuch, die Entwickler der vielen kleinen und unabhängig voneinander entstandenen Maildienste zusammenzubringen, um sie gemeinsam einen einheitlichen Standard ausarbeiten zu lassen. Damit konnte der Gefahr vieler proprietärer Systeme, die nie oder erst nach großen Reibungsverlusten die kritische Masse eines Kommunikationsnetzes erreicht hätten, entgegengewirkt werden. Die Gruppe wurde zuerst von Dave Farber, einem Wissenschaftler der Universität von Irvine (California) geleitet, der die Mailingliste verwaltete und moderierte. Nach nur wenigen Monaten gab er die Aufgabe an Einar Stefferud weiter, der sie bis zum Schluss mit viel diplomatischem Geschick führte.

Die MsgGroup bildete ein Innovationsnetzwerk, in dem per Mail über Mail diskutiert wurde. Diese Methode wird nach einem Konzept von Douglas Engelbart auch als *Bootstrapping* bezeichnet. Engelbart hatte bei der Entwicklung von grafischen User Interfaces gefordert, dass Designentscheidungen durch den eigenen Gebrauch der Technik durch die Designer fundiert sein müssen. Robert Taylor formulierte später kurz „we use what we build“ (vgl. Bardini 2000). Kleinschrittig entwickelte sich die Software in einer Rückkopplungsschleife von Programmierung und Gebrauch und erlangte so ein Höchstmaß an Flexibilität. Es entstand nicht eine vorher sorgfältig geplante und in ihren Wirkungen projizierte Technik, sondern ein Prozess, der durch Emergenz und Selektion gekennzeichnet war und so ein im hohem Maße gebrauchstaugliches Medium hervorbrachte, das seine Formbildungsfähigkeiten mit jedem Fortschritt neu bewiesen hatte. Eigenschaften, die ausschlaggebend für den großen Erfolg des Dienstes waren.

Die E-Mail-Entwickler konnten in diesem Prozess der technischen Interoperation und sozialen Kollaboration während des Gebrauchs ihre Software diskutieren, kritisieren und vor allem verbessern. Eine stete reflexive Verunsicherung trieb die Entwicklung voran. Sei es im Sinne Giddens als Reflex auf die Erkenntnis von den sozialen Praktiken (vgl. Giddens 1995: 52f.), oder mit Beck (1986: 254) als Reaktion auf die nichtintendierten Folgen der elektronischen Post. Die gemeinsam ausgearbeiteten technischen Spezifikationen wurden immer wieder an lebensweltliche Bezüge (z. B. den Büroalltag) angekoppelt, wodurch man eine zu frühe technische und soziale Schließung vermied. Sie dienten also als Scharnier zwischen der sozialen Makro- (z. B. Bürokommunikation) und der technischen Mikroebene (z. B. die Gestaltung des REPLY-Felds) (vgl. Weyer 2000: 241). Ausserdem hatte die MsgGroup das Glück, dass sich auch zahlreiche Nicht-Programmierer einmischten, reine administrative Anwender, die als Korrektiv ihre Perspektive erfolgreich vertraten.

Neben der MsgGroup bildeten sich noch andere formelle und informelle Gruppen, die sich ebenfalls mit E-Mail befassten. Zwischen diesen Gruppen gab es große personelle Überschneidungen und einen regen Austausch. Die ebenfalls von der IPTO unterstützte CAHCOM (Computer Aided Human Communication), war kleiner und exklusiver als die MsgGroup und eingebunden in ein offizielles Forschungsprogramm der ARPA.[21] Den Vorsitz führte hier ebenfalls Dave Farber. Einige Meetings der CAHCOM sind in RFCs (724 und 733) beschrieben, hatten aber letztlich wenig Einfluss auf den E-Mail Standard.

Eine weitere unmoderierte inoffizielle Mailingliste, deren Mitglieder sich *Header People* nannten und die sich rein technisch orientierte, war seit 1976 am MIT angesiedelt worden. Wie die MsgGroup waren auch die Header People unzufrieden mit dem Standardisierungsprozess der RFCs, der für Außenstehende nicht immer transparent war. Ihr Gründer und Autor der E-Mail-Software COMSAT, Ken Harrenstien, fasste seine Eindrücke folgendermaßen zusammen:

„My sense is most of the decisions were arrived at by a few people in back rooms." (zit. nach Kilker 2002: 50)

Andererseits wurden die Vorgaben der RFCs, die sich auf E-Mail bezogen, nicht immer vollständig umgesetzt. Da das Gros der Implementierungen außerhalb eines offiziellen Programms und ohne Finanzierung stattfand, waren die Druckmittel der ARPA entsprechend gering. Die Abstimmung über die Sinnhaftigkeit einer Funktion fand in der Regel durch dessen Übernahme statt.

„Seems to me there are only two ways that things get implemented:
1) By edict (ala TCP)
2) Somebody does it, and the rest of us decide it's a good idea"
(MsgGroup #1978; 21.4.1983).

Innerhalb der MsgGroup oder der Header People sollte gemeinsam entschieden werden, was „eine gute Idee" war, bevor sich minderwertige

21 Ihre Aufgabe war es, das ARPA Intelligent Terminal Program bei der Entwicklung neuer Methoden der Mensch-zu-Mensch-, wie der Mensch-zu-Maschine-Kommunikation zu unterstützen.

Programme als de-facto Standard durchgesetzt hatten und die Entwicklung nicht mehr umkehrbar war.

„In the computer game there is a distressing tendency for an informal set of operating procedures to become a de facto standard through rapid diffusion. And the wider the diffusion the more difficult even desirable change becomes." (MsgGroup #908; 11.3.1979)

3.2 Der konstruierte Nutzer

Im Sinne Engelbarts Bootstrapping-Philosophie wurden die Vorschläge innerhalb der MsgGroup immer wieder auf ihre Anschlussfähigkeit an die „real-world" diskutiert. Lebensweltliche Vergleiche und Metaphern kristallisierten sich dabei zu Leitbildern aus. Als Moderator der Liste legte Stefferud auf diese Nutzerperspektive Wert.

„The purpose of MsgGroup was, and still is, to explore netmail from a users point of view through discussion of issues among the message system development and application community within the ARPANET.
[...] Although implementation issues have often surfaced, the purpose of MsgGroup has never been to provide a forum for implementation debates or detailed problem chasing in existing systems. On occasion specific problems have been uncovered in MsgGroup discussions, but chasing them down was done though side discussions among directly involved implementors and maintainers." (MsgGroup # 1157; 30. April 1979)

Die MsgGroup verstand sich nicht als technische Diskussionsrunde, sondern vielmehr als eine, die die prinzipiellen Leistungsmerkmale eines elektronischen Nachrichtenverkehrs ausarbeiten wollte. Das Vertreten bestimmter Positionen innerhalb der Gruppe und mithin die Verwendung entsprechender Metaphern, stand dabei in engem Zusammenhang mit dem Selbstverständnis der Diskussionsteilnehmer. Ihre Identitäten spiegelten sich in der Konstruktion potentieller Nutzer- und Nutzungsmodelle wieder. Julian Kilker hat für die MsgGroup drei Haupttypen, die Hacker, die Real und die Naive User, herausgearbeitet (vgl. 2002: 20ff.).

3.2.1 Hacker

Die Bezeichnung Hacker war in den 70er Jahren kein negativer Begriff. Die Programmierer der Mailsysteme bezeichneten sich selbst als Hacker, was bedeutete, dass sie sich als technisch versiert, intellektuell neugierig und kreativ verstanden. Sie grenzten sich damit gegen die technischen Laien, die naiven Nutzer, ab. Damit war aber auch denjenigen, die

E-Mail als Medium für alle White-Collar-Worker betrachteten, bewusst, nicht repräsentativ für das Gros der zukünftigen Nutzer zu sein:

„With respect to standardizing message systems, I claim that essentially all of us have almost exactly the wrong set of experiences and backgrounds to do the job properly. Our tendency is to judge a feature based on our personal preference for it. This is appropriate, to the extent that we are representative of the people who will end up living with the system, and is exactly the wrong thing to do otherwise. Most of us are a) experienced programmers and b) working in a place which is filled with experienced programmers. Ergo, even the ‚non-technical' users have access to a degree of local expertise which is completely unrealistic for the rest of the world." (MsgGroup #1075; 16.05.1979)

Jim Chugh pflichtete ihm bei und mahnte, die Laien immer im Bewusstsein zu behalten.

„If the future of EM systems goes the way of word processing, we will have many many frustrated users whose expectations (built by the sales folks) will never be met.
[...] Regardless of whether our objective is standards, evaluations, or just discussion, maybe the best that we can do is to keep the naive user in mind – to keep looking into the future clerical environments where these systems will be used." (MsgGroup #1077; 17.04.1979)

Solche Ansichten wurden jedoch nicht von allen geteilt. Andere, wie Richard M. Stallman oder Jonathan Postel begriffen E-Mail im Gegenteil als Fachmedium für Computerexperten und verglichen es mit Fachzeitschriften, von denen man auch nicht verlange, allgemein verständlich zu sein.

„There is no danger that the real world will not be catered to if we don't do it. So we need feel no guilt if we ignore it and do what is best for out [sic!] own communities, in which even non-technical users do not behave like real world people." (MsgGroup #1076; 16.04.1979)

„Build a system that even a fool can use, and only a fool will want to use it." (MsgGroup #1081; 17.04.1979)

Die Nutzung zu öffnen, bedeutete gleichzeitig einen Verlust an Exklusivität und weichte letztlich die Grenzen der eigenen Community auf. Computer Know-how diente, damals wie heute, als Mittel der Abgrenzung und Definition der eigenen Gruppe. So war eine paradoxe Situation entstanden. Die MsgGroup, die sich um das Thema E-Mail zusammengefunden hatte, diskutierte mit der Trivialisierung des Dienstes auch ein Stück weit die Aufgabe ihrer eigenen Identität.

„Some are trapped on crummy and hard to use equipment or software designed by people who think all software has to be hard to use because that is the nature of computer work and that only things that are hard to do are worthwhile and valuable." (MsgGroup #1085; 19.04.1979)

Die Frage, ob E-Mail als ein allgemeiner Dienst mit möglichst geringen Voraussetzungen oder als Special-Interest-Medium, dessen Bedienung Fachkenntnisse erforderte, entstehen sollte, führte zu der Diskussion, wie viel einem durchschnittlichen „office worker" zugetraut werden könne. Charles Frankston (MIT) war im Gegensatz zu Crocker zuversichtlich:

„I don't know what sort of office workers Dave Crocker has met in his lifetime, but I think most of the ones I have ever known could learn to use effectively, most any mail system I have seen yet. [...] However, most secretaries I know would simply try their best to memorize the idiocy without blinking an eye. In fact, memorize ludicrous sequences of instructions is something they are trained for. This is not to say that I feel all message systems should have ludicrous commands. The point here is that the programmer probably cares more for a consistent clear command set than most users." (MsgGroup #1084; 18.04.1979)

Einen Kommunikationsdienst ausschließlich für die Computer Community zu entwickeln, dazu war es angesichts der immer weiter wachsenden Akzeptanz des Dienstes bereits zu spät. So konnte es für die Hacker nur noch darum gehen, für jedes Detail die Balance zwischen Gebrauchstauglichkeit und Konstruktionsbedingungen zu finden.

3.2.2 Real User

Die sogenannten *Real User* waren in der Regel Manager und andere im administrativem Bereich Arbeitende, die weniger technisch geschickt waren und manchmal von den Hackern geringschätzig als „luser" (User as Loser) bezeichnet wurden. Aber diese Gruppe verfolgte mit der Nutzung von E-Mail konkrete Zwecke.

„[...] they are goal oriented and will use whatever tool happens to be lying around to get them to their goal. Ideas are just as good (or bad) if captured with a pencil or captured with the jazziest electronic gadgets – it makes no nevermind to them." (MsgGroup #1088; 18.04.1979)

Die Gruppe derer, die mit E-Mail arbeiten wollte bzw. musste, wurde im Gegensatz zu denen, die an besonders avancierten Features oder der Programmierarbeit selbst interessiert waren, immer größer. Sie interessierten sich nicht für die Technik der Programme sondern für Software, die ihre Funktionen unkompliziert zur Verfügung stellte und leicht in den Arbeitsalltag zu integrieren war. Von den Entwicklern der Systeme erforderte das, sich von ihrer technischen Fixierung zu lösen und die Schnittstellen für die Anwender zu trivialisieren. Stefferuds eigentliche Beschäftigung kam genau aus diesem Kontext.

„My work involves the transfer of these technologies into organizations and businesses that will not tolerate a need to think in editor terms to get the work done.“ (MsgGroup #973; 6.4.1979)

Dazu gehörte auch eine intuitive Benennung der Befehle, über die innerhalb der Gruppe leidenschaftlich gestritten wurde. Als BBN einen Konzeptentwurf für ein E-Mail-System namens MAILSYS zur Diskussion stellte, entbrannte ein Streit um die Nomenklatur innerhalb von Mailsoftware (MsgGroup #177; 9.10.1975). Stefferud hatte den Eindruck, dass

„from scanning your MAILSYS choices, that MAILSYS names are chosen with some of the perspective of a TENEX Programmer, thinking about a program in a computer, using lots of special technical terminology.“ (MsgGroup #181; 14.10.1975)

In einem späteren Posting konkretisierte er noch einmal seine Kritik anhand verschiedener Beispiele, wie dem FILTER-Befehl.

„FILTER I don't like at all because it is backwards from the way us non-programmers think about searching for things. We don't think in terms of building a filter and then passing the file through it. We think of ‚going through the file looking for a match.‘ Thus we need a SEARCH MASK, or a MATCH.“ (MsgGroup #186; 20.10.1975)

Als Real User verstand man jedoch nicht nur Manager. E-Mail-Technologie wurde in vielen Beiträgen für die Arbeit von Sekretären konzipiert. Es reichte nicht, nur das Verstehen der geforderten Anschlussleistungen der Nutzer an die Technik durch verständliche Befehle zu gewährleisten. Die Anschlusshandlungen selbst mussten sich in den Büroalltag integrieren lassen. Dazu war zunächst einmal eine Analyse dieser Arbeitsprozesse notwendig.

„Basically, that we first look hard at how we humans perform message processing tasks, without the computer, and then build our cognitive models of computerized message systems. [...]
Let's base our glance on the life of a secretary, both because the secretary will bear the brunt of much of our design choices, and because we all are relatively familiar with this activity. [...]
Call our operative, a secretary, X. When X comes in, in the morning, he (traditionally a neutral pronoun) begins mail processing by seeing what's been placed on the mail stack (or mail box, or ‚in box') on his desk. How does he do this? By ‚surveying unseen messages' (MAILSYS), or by asking for the ‚headers of all not-examined messages' (MSG), or by asking for a ‚summary' (proposed primitive)? Of course not; he simply goes through all unopened mail in his mailbox or mail stack – immediately suggesting the terminology ‚go through' and ‚unopened mail' or ‚unopened letters'. [...] Next, how does X normally go through unopened letters? By picking up and examining each one in turn, looking at the envelope, and deciding to stack it somewhere else on his desk for later processing (or leave it on the mail stack), throw it away immediately on the basis of the envelope (some mail is obviously junk mail), or open it right now and examine it further. During this examination, he may decide, on the basis of the first few lines, what to do with the letter, whether that be to answer it himself – as in the case of an unsatisfiable request –, pass it on to his boss – with some comments attached, possibly –, or again place it elsewhere for later handling." (MsgGroup #277; 10.05.1978)

Dave Crocker befragte daraufhin drei Sekretärinnen in seiner Umgebung, wie sie einen Stapel Briefe bearbeiten und alle beschrieben den selben Prozess („including having the same problems understanding what I wanted from them") (MsgGroup #280; 29.01.1976). Sie lasen die Briefe nicht, sondern überflogen sie nur („I scan it"), um über die weitere Bearbeitung zu entscheiden. Daher schlug Crocker den Begriff SCAN und ein entsprechendes Kommando zum Sichten von Mails vor.

Das Einbeziehen Dritter (Sekretäre) in den Kommunikationsprozess machte weitere Designentscheidungen erforderlich. Der Thread „Helping Secretaries Answer Boss' Mail" in der MsgGroup beschäftigte sich damit, wie das System gestaltet werden sollte, wenn mehrere Menschen am Zustandekommen einer Nachricht beteiligt waren. Crocker schlug vor, dass der Vorgesetzte alle zu beantwortenden Briefe in einer speziellen Mailbox ablegt. Der Sekretär verband sich dann mit dessen Postfach und bearbeitete die Mails. Beantwortete Nachrichten sollten dann automatisch in Kopie an den Vorgesetzten geschickt werden (MsgGroup #54; 24.6.1975).

Tom Ellis (USC) machte darauf aufmerksam, dass das Problem eigentlich in der missverständlichen Interpretation des FROM-Feldes lag und schlug zwei alternative Lösungen vor. Entweder die Differenzierung in ein SENDER- (Sekretär) und ein FROM-Feld (Verantwortlicher) oder der in Briefen übliche Zusatz im FROM Feld „AB for XY“ (MsgGroup #62; 25.6.1975). Crocker, der stets versuchte, die menschliche Fehler technisch zu reduzieren, suchte nach einer automatischen Lösung. Seiner Ansicht nach sollte ein Kommando „SECRETARY ANSWERS-BACK“ in die Programme implementiert werden, das bewirkte, dass das System in das FROM-Feld den Namen des Eigentümers der verbundenen Mailbox eintrug und in das SENDER-Feld den Namen dessen, der sich in das System eingeloggt hatte, also die Mail bearbeitete (MsgGroup #67; 26.6.1975). Diese elegante technische Lösung übernahm Ted Myer (BBN) schließlich für MAILSYS:

„The logic works as follows: SENDER is automatically filled in by Mailsys with the user's logged-in name. This is the authentication stamp. FROM is available to the user and will take any text string.
Our secretaries log in under their own names and connect to our directories in order to process our mail. By convention each secretary inserts the authorizor's name into the FROM field of each outbound message.“ (MsgGroup #70; 27.6.1975)

Allerdings machte diese Vorgehensweise Probleme bei der Beantwortung der Mails. MAILSYS gab, wenn die Zieladressen bei einem REPLY automatisch generiert wurden, den Einträgen im SENDER Vorrang vor denen im FROM-Feld. Das war nicht immer erwünscht. Außerdem war nicht gewährleistet, dass es eine korrekte E-Mailadresse enthielt, da FROM einen einfachen Texteintrag erlaubte.

Man war sich jedoch einig, dass derjenige, der eine Nachricht verantwortete, nicht zwangsläufig der war, der sie abschickte. Also trennte man zukünftig die Felder FROM und SENDER im Mail-Kopf.[22] Wenn man aber davon ausging, dass ein Sekretär die Post seines Vorgesetzten beantwortete, gab es keine Eindeutigkeit mehr bei der Verwendung des von vielen geschätzten REPLY- (oder ANSWER-)Befehls. Wer sollte die Antwort nun erhalten? Um Klarheit zu erhalten, schlug Stefferud ein weiteres Header-Feld PLEASE-REPLY-TO vor (MsgGroup #85; 11.7. 1975).[23] Die RDMAIL Software der Carnegie Mellon Universität

22 Das RFC 680 (T.H.Myer, D.A. Handerson; 30.4.1975) führte diese Trennung erstmalig ein.

23 Erst zwei Jahre später taucht das Feld als REPLY-TO in einem RFC (RFC 724; 12. Mai 1977) auf. Dies ist nicht zu verwechseln mit dem Feld IN-REPLY-TO, das schon länger verwendet wurde und angeben sollte, auf welche vorangegangene E-Mail man sich bezog.

war eines der ersten Programme, die das REPLY-TO Feld, sofern es vorhanden war, bei einer Antwort als neue Adresse einsetzte. Doch damit war immer noch keine Eindeutigkeit geschaffen. Gaines (RAND) wies darauf hin, dass das Problem noch sehr viel schwieriger war:

„The issues concerning automatic replying are more subtle than any of the discussants has noticed. In particular, I sent my first message announcing the forthcoming MH manual
To: msggroup
CC: monroe
Jo Ann Monroe is my secretary! Obviously, I wanted her to get replies to this message to do the bookkeeping of preparing the distribution list. After the first few replies came in with NO CC: in them, I sent my second message out without the CC: field.“ (MsgGroup #1349; 29.10.1979)

Das Problem bekam mit der Verwendung des CC-Felds eine weitere Dimension. Das war vor allem bei Mailinglisten wie der MsgGroup selbst der Fall. Es passierte, dass Teilnehmer ihre Antwort, die eigentlich nur an den Autor der vorangegangenen Mail gedacht war, versehentlich per REPLY an die gesamte Liste schickten.[24] Daraufhin entbrannte eine Debatte, wie Mailsysteme in Bezug auf das CC-Feld bei einem REPLY reagieren sollten. Es ging darum, ob die Angaben des CC-Feldes mit in die Zieladressen des REPLY aufgenommen werden sollen oder nicht. In bester Bootstrapping-Tradition hatte hier die Gruppe ihr eigenes Problem zu lösen. Gains hielt das REPLY-TO-Feld in den meisten Fällen für ausreichend, denn den REPLY-Mechanismus zu sehr auszudehnen, konnte viel unerwünschte Post generieren.

„Let's relate this to traditional communications: the vast majority of telephonic or written messages are between one person and another, even if addressed to an organization – in that case, usually one person is the action officer. The exchange may be presented to someone else after the fact for review or information, at either end, but then it is passed as a file folder, for example. Your boss isn't interested in being bothered by transactions in progress; he wants to know the results – it's your job to take care of the detail. This is true all up the chain of command.

24 Raymond R. Panko hatte am 6. September 1979 sein Verlassen der MsgGroup angekündigt und gleichzeitig angeboten, jedem eine Kopie seines E-Mail-Reports zu schicken, der ihm seine Postadresse mitteilte (MsgGroup #1217; 6. September 1979). Per REPLY-Funktion erhielt die MsgGroup Liste fünf – für alle anderen uninteressante – Mails mit der Bitte um Zusendung des Papiers. Im Oktober 1979 wiederholte sich ein ähnlicher Vorfall.

[...] I recognize the concern, and I do share it, that we mustn't allow systems to force excessive retyping of long addressee lists, for example. The machine should do the work, not the operator. But let's use some strict analysis in deciding what should happen automatically, and what options should be the easier ones. The basic reply should permit explicit CC'ing, but only go to the Reply-To field or the Sender, in that sequence. A reply to a CC field should be optional, but not automatic.“ (MsgGroup #1356; 30.10.1979).

Auch dieser Vorschlag blieb nicht unwidersprochen. Wollte Gains das CC-Feld nur optional berücksichtigen, plädierten diejenigen, die Listen intensiv nutzten, wie Geoff (SRI) dafür, das CC-Feld im Regelfall in die Zieladressen aufzunehmen.

„[...] I think of these electronic messages as office memos, where many people are usually copied on one note. Particularly when you are working in small working groups, or trying to coordinate something that involves more than one person; and it is just this type of electronic message sending that makes up about 80% or more of my use of the message system.“ (MsgGroup #1358; 30.10.1979)

Wie diese Diskussion um die Gestaltung der REPLY-Funktion beispielhaft zeigt, war die Sichtweise der Real User zwar sehr stark in der MsgGroup vertreten, jedoch nicht homogen. Je nach Arbeitskontext änderten sich Anforderungen an die Software und der Standpunkt, von dem aus man E-Mail begriff.

„I find myself again with the often stated question of from whose view point should I look at the system [...]. Many of the MsgGroup correspondence seems to propose that message systems should be viewed from the point of view of the office manager. I also feel, and the word ‚also‘ is currently my problem, that message systems such as those we are speaking of are useful for interactions between non-managers. A circuit designer using a ‚computer-mediated-interaction‘ system [...] will not want to view his interactions from the same viewpoint or in the same language as an office manager or for that matter a university professor who is using the system to do research with colleagues at other remote sites.
So the basic problem with evaluating the terms used in the message system is whose point of view should we take.“ (MsgGroup #180; 14.10.1975)

Die MsgGroup war weder in der Lage noch willens zu entscheiden, von welchem Standpunkt aus E-Mail-Systeme betrachtet werden sollten oder wie ein REPLY mit den CC-Adressen umzugehen hatte. Aber sie benannte Probleme, generierte Mehrheits- und Minderheitsmeinungen und entwickelte Perspektiven. Die Gruppe hielt diese produktive Verunsicherung ständig aufrecht, die die Entwickler immer wieder zwang, ihre Produkte an der konkreten Nutzung zu messen.

3.2.3 Naive User

Eine weitere Projektion war der *Naive User*. Ihn stellte man sich als Neuling oder als unerfahrenen Gelegenheitsnutzer vor und verband damit ebenfalls Sekretäre (MsgGroup #280; 29.1.1976) oder „housewives" (MsgGroup #577; 9.6.1977). Auch diese Gruppe hatte ihre Fürsprecher.

„It is unacceptable to have the attitude that because a user is naive s/he is ‚stupid.' There are a lot of bright people who do not know every in and out of a computer system and don't intend to learn, but at the same time must use it. A computer system typically makes strange demands at odd times to a user, and all too often the ‚consultant' simply says ‚do this' or ‚type that' without any explanation; perhaps because the user did not want an explanation." (MsgGroup #932; 4.4.1979)

Dieser Nutzertyp wurde innerhalb der Diskussionen immer dann bemüht, wenn für besonders leicht bedienbare Systeme plädiert wurde. Für die Hacker diente er dazu, zwischen Userinterface – und mit ihm die Probleme mit den Naiven Usern – und Transportschicht – die so leichter standardisiert werden konnte – zu unterscheiden. Einen wirklichen Kontakt zu dieser Gruppe gab es allerdings kaum. Nur zwei Mal wurde in der MsgGroup darüber berichtet.[25] Dieser blinde Fleck konnte allerdings nicht auf Dauer akzeptiert werden.

„Right now, the user population is skewed to a very un-natural sample; the majority (including me) are people oriented toward data processing. Some actually do it; others manage those who do, and others support or are supported by them. But the future goal is for this to be used by anyone and everyone who works in offices. That means that the use should be designed to fit their needs, not ours." (MsgGroup #1360; 30.10.1979)

3.2.4 Eine gemeinsame Linie

Die unterschiedlichen Perspektiven der Hacker, administrativen Nutzer und unversierten Anwender so weit wie möglich zur Deckung zu bringen, war Stefferuds anliegen.

25 Zum einen Crockers Bericht über die Befragung von drei Sekretärinnen (MsgGroup #280; 29.1.1976), zum anderen in einer Mail von Kevin MacKenzie (MsgGroup #1370; 30.10.1979), der ebenfalls eine kleine Umfrage in seiner Firma gemacht hatte.

„To summarize, the current MsgGroup situation is characterized by a number of separate development groups which are avidly implementing message systems for use in the ARPANET environment, with minimal cross talk between groups. Each group is dedicated to meeting the user interface requirements of some subgroups of the total potential user community.
MsgGroup provides a public forum for intergroup discussions with the level of interaction tending to flow in response to the release of new versions of the implemented systems.“ (MsgGroup #220; 3.12.1975)

Die Evaluation der bestehenden Mailsysteme hatte der Gruppe deutlich gemacht, dass die Bewertung der Software vom Standpunkt abhing, den der Betrachter einnahm (MsgGroup #180; 14.10.1975). Die Suche nach den gemeinsamen Schnittmengen war für Stefferud das zentrale Problem. Um Mailsysteme objektiv bewerten zu können, entwarf er eine Matrix aus sozialen (Nutzeraktivitäten) und technischen (Befehle) Kategorien.

„From the MsgGroup discussions, it would seem that one of our greatest problems is establishment of a common set of perspectives for viewing design goals of our message systems.
The purpose of this matrix is to provide a global perspective in which different aspects of message systems can be evaluated in terms of User Activities and Message System Tools. If successful, this matrix will help to organize our thinking about specific functions to be implemented in message systems.“ (MsgGroup #224; 9.12.1975)

Die Matrix ermöglichte zwar erstmals eine systematische Beschreibung, löste aber nicht das normative Desiderat der Beurteilung. Die Frage nach der Benennung der Mail-Kommandos konnte zum Beispiel damit nicht entschieden werden. Um technoide Begriffe zu vermeiden, wurde daher von Stefferud und später von Ted Myer (BBN) vorgeschlagen, auf eine neutrale Instanz zurückzugreifen, und im Webster´s Dictionary nach allgemein gebräuchlichen Begriffen zu suchen.

„Concerning viewpoint in choosing names, I quite agree that we should go back to ‚plain old English‘. I also suspect that if we find good names for the basic operations, they'll keep most groups happy. It strikes me that to answer or file a message (whatever we choose to call the operations) is pretty much the same whether you're a major, or office manager or a research engineer. It seems to me that it's the extensions to the core operations that will differ from group to group (or, as Dave feels, person to person).“ (MsgGroup #183; 15.10.1975)

Die Idee eines gemeinsamen Kerns brachte Dave Farber auf den Vorschlag, die Systeme modular aufzubauen, um sie so den individuellen Arbeitsprozessen anpassen zu können.

„So the problem as I see it is that we must customize our mail systems to the individual culture. This says to me that the main drive of message system implementors is to create modular customizable systems that can be so tailored. I think that a review of the MSGGROUP correspondence will prove out the relative ideas of what a simple mail system must look like depending on the views of the user.
Bye the way, I think we are indeed exploring a replacement (or at least an alternative) for the US Mail in those activities that require high rates of interaction. As such we are dealing with the foundations of a future (maybe closer than thought or desired) public mail system.“ (MsgGroup #196; 2.11.1975)

Dies bildete sich schließlich als Konsens heraus. Der E-Mail-Standard sollte aus einem Set primitiver, leicht verständlicher Befehle bestehen und darüber hinaus modulare Anpassungen zulassen.

Die Erfahrungen der bestehenden sozialen Rollen innerhalb der institutionellen Kontexte waren auf die Konstruktion der Nutzer übertragen worden. Die Bedürfnisse dieser Identitäten wurden in die Formen des neu zu schaffenden Mediums eingeschrieben: E-Mail als Akte, als Brief oder Memorandum. Dabei wurde keine vollständige Schließung der Technik vollzogen, sondern offene, flexible und erweiterbare Standards gesetzt.

3.3 Metaphern für E-Mail

Der Begriff E-Mail (engl. email) wurde erst Anfang der 90er Jahre geprägt. Im gesamten Mailverkehr der MsgGroup bis 1983 taucht er nicht einmal auf. Auch die RFCs kennen ihn erst seit Anfang 1992. Sattdessen sprach man überwiegend von *message* (message service, message processing etc.).

E-Mail bezeichnet nicht, wie heute oft verwendet, einen Brief in digitaler Form. Der Begriff *mail* bezieht sich auf den Versand von Nachrichten und ist eher mit Post zu übersetzen, im Gegensatz zum *letter*, der den Brief, das Schreiben oder die Urkunde (auch Buchstabe) meint. Der Begriff E-Letter ist jedoch nie verwendet worden, stattdessen verschiedene Formen von mail (netmail, email, mail systems etc.). Der Netzbetreiber Western Union verwendete den Begriff „Electronic Mail“ seit den 60er Jahren und ließ ihn sich bereits 1974 als Handelsmarke registrieren. Mail bezeichnet also in erster Linie den Dienst und macht, da er sich in einer Phase prägte, als es noch vornehmlich um die Lösung der Übertragungsprobleme ging, noch keine inhaltlichen Anspielungen. In den Anfangstagen elektronischer Kommunikation wurde stattdessen ein anderer Begriff sehr häufig verwendet: *message* (Mitteilung, Botschaft, Anliegen). Er deutet, ebenso wie der seltener verwendete Ausdruck *note* (Notiz, Vermerk, Anmerkung) auf Nachrichten hin, die zweckorientiert in einem Arbeitsprozess generiert werden.

Wie jedes neue Medium, ist auch E-Mail zunächst mit traditionellen Medien verglichen worden. Stefferud führte in seiner Beurteilungsmatrix allein in der Kategorie „discussion & correspondence" nicht weniger als elf Metaphern auf.[26] Mit drei zentralen funktionalen Metaphern, die innerhalb der MsgGroup am deutlichsten hervortraten, wurde E-Mail als persönlicher Brief, Memorandum bzw. Notiz oder Diskussion begriffen. Die „alten" Medien dienten im Entwicklungsprozess als Orientierungsmuster und erlaubten es, E-Mail in eine bekannte diskursive Ordnung einzubinden. Mit der Öffnung des Netzes und den ersten unternehmenssoziologischen Studien wurde dann die pragmatische Seite der Metaphern immer präsenter. Jetzt wurden die Nachrichten selbst als Medien thematisiert, die die Nutzer in konkrete sozial definierte Verwendungszusammenhänge stellten. Eine E-Mail war nun der Geschäftsbrief der Sekretärin, das Machtinstrument des Vorgesetzten oder die Partizipationsmöglichkeit des Angestellten. Lenkten in der Frühphase die funktionalen Metaphern das Interesse noch darauf, Ähnlichkeiten mit den traditionellen Medien zu erzeugen, ging es später umgekehrt darum, die Differenzen zu thematisieren. Was veränderte die neue Technik im Vergleich zu ihren Vorgängern, die sie nachbilden wollte?

3.3.1 E-Mail als Notiz und Memorandum

In der Fortführung der Erfahrungen mit den Mailsystemen auf den frühen Time-Sharing-Rechnern verstand man unter *Netmail*, wie der Dienst zu Beginn genannt wurde, zunächst nicht einen persönlichen Brief. Vielmehr handelte es sich um kurze Notizen, wie man sie aus dem Büroalltag kannte. Diese Notizen waren die ersten Vorbilder für die Entwicklung von Mailsoftware.

„[...] office workers communicate most frequently with people who are ‚close' in the organizational sense, i.e., the average individual has far more communication with his or her office mates than with people in other divisions in the

26 messages, memoranda, letters, notes, documents, publications, commitments, directives, transactions, coordination, evaluation (MsgGroup #227; 15.12.1975).

company, still less with people in other companies. It may follow also be true that a person's most intense form of communication is with himself or herself in the form of notes and reminders.“ (MsgGroup #474; 18.3.1977)

Die institutionelle Form von E-Mail zeigte in der Anfangszeit deutlich das Gesicht eines Substituts traditioneller interner Kommunikationsweisen. Mit den Header-Feldern bildete man die üblichen Memoranden mit ihren standardisierten Kopfzeilen nach. Das RFC 821 spricht von „memo header items such as Date, Subject, To, Cc, Form“ (RFC 821:5; J.Postel; August 1982), die allen Entwicklern gut bekannt waren. In das E-Mail Protokoll übernommen, haben diese Angaben bis heute überdauert, inklusive der schon damals anachronistischen Benennungen, wie der „carbon copy“.

Die Privatheit einer Nachricht stand noch nicht im Vordergrund. Bei der Archivierung im NLS des NIC sind im Gegenteil noch deutlich die Library-Visionen der Time-Sharing-Systeme zu erkennen und spielten eine deutlich größere Rolle, als zum Beispiel eine Brief-Metapher. Die Texte sollten für bestimmte Gruppen öffentlich abrufbar sein (z.B. die RFCs), was bei persönlichen Briefen in der Regel nicht erwünscht ist. E-Mail wurde als halböffentlicher Nachrichtenaustausch verstanden.

„The ARPAnet is not, as Jake pointed out, a public resource; it is available to pretty much a selected group of people (high school kids regardless!). We are all engaged in activities relating to, or in support of, official US Government business. ARPAnet mail therefore is more of an ‚interoffice memo‘ sort of thing than a trade journal, not intended for public distribution although not ‚top secret‘ either.“ (MsgGroup #696; 7.5.1978)

Der Wissenschaftsgemeinde diente diese Technik als willkommener Ersatz oder Ergänzung zu gedruckten Journalen. E-Mail war hier noch eng verbunden mit der Idee des Electronic Publishing. Für Licklider und Albert Vezza waren E-Mail-Systeme in ihrem Aufsatz „Applications of Information Networks“ lediglich der Anfang einer weit größeren Entwicklung zum computergestützten Büro:

„Indeed, messages are usually not isolated documents but documents prepared and transmitted in the course of performing complex activities often called ‚tasks‘. Within tasks contexts, messages related to other messages and documents of other kinds, such as forms and reports. It seems likely that we shall see a progressive escalation of the functionality and comprehensiveness of computer systems that deal with messages. If ‚electronic mail‘ refers to an early stage in the progression, ‚electronic message system‘ is appropriate for a later stage and ‚computer-based office system' or some comparable term for the stage of full integration." (Licklider/Vezza 1978:148)

Innerhalb dieser Metapher war E-Mail also eingebunden in Arbeitsprozesse, als Hauspost, die Aktennotizen, Vermerke und Memoranden beförderte, die gesammelt, archiviert und verteilt wurden. Die Mailbox bildete hier den Aktenschrank der bürointernen Kommunikation.

3.3.2 E-Mail als Brief

Es ist bezeichnend, dass die Brief-Metapher für E-Mail nur sehr selten gewählt wurde, obwohl man damit an eine lange Tradition inhaltlich-formaler Regeln hätte anschließen können.[27] Zentrale Merkmale der Geschäftskorrespondenz, wie der Briefkopf mit seiner Gestaltung, der Angabe der Firma des Unternehmens, Funktionsbezeichnungen des Absenders, Bankverbindungen etc. sind nicht in den Standard eingeflossen. E-Mail wurde von seinem Konzept her deutlich informeller entworfen als der Geschäftsbrief.

Daher erscheint es paradox, wenn das Deutsche Institut für Normung e.V. (DIN) beansprucht, den E-Mailverkehr als Geschäftsbriefersatz und ausdrücklich nicht für unternehmensinterne Mitteilungen zu regeln (Grün 2002: 35). Da das Institut jedoch keinen Einfluss auf den E-Mail-Standard hat, konnte es im Wesentlichen nur die Vorgaben der RFCs nachvollziehen. Gestaltungsspielraum bestand lediglich im Textinneren, wo versucht wurde, die Regeln des herkömmlichen Geschäftsbriefes auf E-Mail zu übertragen: Anrede, Zeilenabstände und Abschluss wurden genau festgelegt.

„Der Abschluss wird einer E-Mail in der Regel als elektronischer Textbaustein zugesteuert. Er enthält den Gruß sowie Kommunikations- und Firmenangaben.

27 Bereits im Mittelalter fand die Briefstellerei in den streng reglementierten inhaltlichen und formalen Ordnungen der Klöster statt (vgl. Illich 1991: 92). Die Musterbücher des 15. Jahrhunderts entwickelten eine strenge Fünfteilung des Briefes (in Anlehnung an die antike Redepraxis): Salutatio (Gruß), Captatio benevolentiae bzw. Exordium (Wegbereitung), Narratio (Begehren), Petitio (Bitte), Conclusio (Datum und Tag des Schreibens) (Uka 1994 S.110). Erst mit der Aufklärung im 18. Jahrhundert begann das zunehmend selbstbewusst werdende Bürgertum die starren Regeln aufzulösen und im Privaten zu einem romantischen Briefstil intimer Bekenntnisse zu finden. Richtschnur wurde nun der „gute Geschmack" des „kulturräsonierenden Publikums" (Habermas 1990). Im Gegensatz zur Geschäftskorrespondenz, in der die formalen Regeln tradiert wurden.

Zwingend sollte er auch die E-Mail und/oder Internet-Adresse enthalten." (DIN 5008:2001-15.8)

3.3.3 E-Mails als Gespräch

Mit der REPLY Funktion hatte sich bei der elektronischen Post die kommunikative Rückkopplungsschleife geschlossen. Durch das Wechselspiel von Nachricht und Antwort entstanden Ketten aufeinander bezogener Gedanken. Mit der im Gegensatz zum Brief sehr einfachen Möglichkeit, mehr als eine Empfängeradresse anzugeben, konnten weitere Personen in die Debatte einbezogen werden, so dass Diskussionsgruppen wie die MsgGroup entstehen konnten. Diese *Mailinglisten* diskutierten in den frühen 70er Jahren eine Fülle von Themen. Die ersten populären Diskussionsrunden hießen NETWORK-HACHERS, SF-LOVERS, WINE-TASTERS oder HUMAN-NETS. Aber sollte der amerikanische Steuerzahler ein Forschungsnetz finanzieren, das für die Diskussion der Hobbys seiner Entwickler genutzt wurde? Konflikte blieben daher nicht aus, besonders wenn diese Gruppen das Netz zu sehr beanspruchten.

„ARPA was fairly liberal within those limits, but they did occasionally put their foot down. The ‚mailing list' problem happened with SF-Lovers, about the first [along with HUMAN-NETs] really large-scale mailing list. BUT...unlike HUMAN-NETs, SF-LOVERS could show *NO* legitimate reason for using ‚ARPA bandwidth' and so actually got shut down for a couple of months." (Bernie Cosell zit. nach Hauben 1999)

Es gelang jedoch den Diskutanten nach kurzer Zeit, die Verantwortlichen der ARPA mit dem Argument zu überzeugen, dass SF-LOVERS ein wichtiges Pilotprojekt zur Erforschung der Verwaltung und des Betriebs großer Mailinglisten war. So durfte die Liste als „Forschungsobjekt" bestehen bleiben.

E-Mails und E-Maillisten wurden immer wieder explizit als Diskussionen verstanden. Walker wollte mit der MsgGroup besonders die Entwickler einladen, die bislang noch nicht an der *Diskussion* teilgenommen hatten. Farber nannte die Liste „message discussion group" (MsgGroup #3; 7.6.1975), wie auch Stefferud (MsgGroup #22; 13.6.1975).

Hinter jeder Metapher, die in den Diskussionen der MsgGroup bemüht wurde, stand die Vorstellung von konkreten Verwendungsweisen. Ihre Verschiedenheit erlaubte nur die Festlegung auf den kleinsten gemeinsamen Nenner, der technisch so einfach und allgemein war, dass sich die Vielfalt der anvisierten Formen darin ausbilden konnte. E-Mail wurde als kurze Notiz ebenso wie zur Gruppendiskussion verwendet und manchmal auch als persönlicher Brief. Einige der Metaphern bildeten im Entwicklungsprozess eigene Techniken aus, wie zum Beispiel das Instant Messaging, das technisch anspruchsvoller war, aber auf viele formale Regeln der E-Mail verzichten konnte.

3.4 Kontroversen

Nur wenn es gelang, die unterschiedlichen Blickwinkel auf die Verwendung von E-Mail zu integrieren, konnte die Interoperationalität der vielen technischen Entwicklungen durch einen gemeinsamen Standard erreicht und so eine weitere Expansion des Dienstes ermöglicht werden. Dieser Übergang von der Entwicklungs- zur Durchsetzungsphase war ein schmerzhafter Prozess, der anhand von drei Diskussionssträngen innerhalb der MsgGroup exemplarisch skizziert werden soll.

Zunächst ging es darum, ein Set von *Headern* zu entwickeln, das mit möglichst vielen Vorstellungen vereinbar war und zwischen den Akteuren abgestimmt werden musste. Die *Finger-Kontroverse* machte den Druck deutlich, den die neu hinzugekommenen Akteure auf den Entwurfsprozess ausübten. Je öffentlicher E-Mail als Medium wurde, desto mehr verlor sich die Intimität des kleinen Entwickler-/Nutzerzirkels. Die neue Öffentlichkeit rückte Fragen der Privatheit und der Kontrolle über die eigenen Informationen in den Vordergrund.

Nicht nur neue Nutzergruppen, auch Produzenten kommerzieller Mail-Systeme traten auf den Plan, die nicht das Selbstverständnis der ARPANET-Gemeinde teilten. In diesem Zusammenhang führte eine *Anordnung der DARPA* zu Konflikten, die die Schwierigkeiten des Phasenübergangs und letztlich die beginnende Auflösung der Identität der Gruppe deutlich machten.

3.4.1 Der Streit um die Header

Die Gestaltung der E-Mail-Header war sehr umstritten. Die leidenschaftliche Debatte um Art und Umfang dieser Felder zog sich über Jahre hin. Mit dem RFC 539 (9.7.1973) hatten Crocker und Postel eine entscheidende Wende im Maildienst eingeleitet. „The Mail Protocol should NOT be a subsystem of FTP. The Mail Protocol USES the File Transfer Protocol, the same as RJE uses FTP." (RFC 539: 2)

Indem die Mail-Kommandos nicht mehr fester Bestandteil von FTP sein sollten, sondern dieses nur noch als Transportmedium benutzten, wurde es erforderlich, die Nachrichten, die verschickt wurden, zu strukturieren. Dies geschah, indem jeder Nachricht normierte Textfelder vorangestellt wurden, die von der Mailsoftware automatisch verarbeitet werden konnten. E-Mail unterteilte sich damit in die eigentliche Textnachricht (Body), einen Block mit Metadaten (Header) und die Transportprozeduren für FTP. Da der Header von allen Mailsystemen gelesen werden musste, war es notwendig, diese Daten zu standardisieren.

Einen ersten Vorstoß in diese Richtung versuchte eine Gruppe um Bhushan (MIT) im RFC 561 (Abhay Bhushan, Ken Pogran, Ray Tomlinson, Jim White; 5. September 1973). Die Gruppe schlug einen Header mit drei Pflichtfeldern (Autor, Datum und Subject)[28] vor, die jeweils nur einmal auftreten durften. Zusätzlich konnte er, je nach Mailsystem, durch beliebige zusätzliche Angaben erweitert werden. Diese Felder boten immer wieder Anlass zu heftigen Kontroversen, die deutlich machten, wie stark der technische Standard hier gleichzeitig zur sozialen Norm wurde. Die Angaben im Header generierten soziale Effekte, die nicht immer erwünscht waren.

Für die effektive Verarbeitung der Mails hatte sich zum Beispiel eine Zeitangabe als sehr hilfreich erwiesen. Dies Datum wurde jedoch nicht nur als technische Größe wahrgenommen, denn mit einer E-Mail konnte man auch zeigen, wie spät man noch arbeitete. Die Zeitangabe konnte so zum Statussymbol, oder umgekehrt zum Kontrollinstrument werden (vgl. MsgGroup #1298; 2.10.1979). Auf den Time-Sharing-Systemen wurde dieser Zeitstempel von den lokalen Mainframes geliefert und war somit stets eindeutig. Im APRANET trat jedoch erstmals das Problem verschiedener Zeitzonen auf, das eine absolute Zeitangabe auf Basis der international eingeführten Greenwich Mean Time (GMT) notwendig machte.

Eine der ersten Header-Debatten drehte sich um die Art und Anzahl der Angaben. Wie viel Informationen sollten im Kopf einer Mail übermittelt werden? Nicht wenige plädierten dafür, die Zahl der Felder stark zu beschränken, um kurze E-Mails nicht kopflastig werden zu lassen, besonders vor dem Hintergrund, dass die Anzeige der Mails in den Editoren noch immer sehr unübersichtlich war. Außerdem ließ sich die Sparsamkeit bei der Übertragung auch technisch rechtfertigen. Um anschaulich zu machen, was es bedeutete, zu viele Header-Informationen einzuführen, leitete Brian Reid folgende Mail an die Gruppe weiter:

```
„Date:        7 Apr 1977 1712-EST
From:         Bob Chansler at CMU-10A
Reply-To:     Cheese Coop at CMU-10A
Subject:      Re: Close, but no cigar
To:           BRIAN.REID at CMU-10A
```

28 Das TO-Feld war für den Empfänger nicht interessant. Es war lediglich für den FTP-Transportmechanismus wichtig.

```
CC:           Chansler@CMU-10A
Sender:       BOB.CHANSLER at CMU-10A
Message-ID:   [CMU-10A]  7 Apr 1977 17:12:49 Bob
              Chansler
In-Reply-To: Your message of April 6, 1977
My-Seq-#:     39492094
Yr-Seq-#:     4992488
Class:        A
Subclass:     MCMXLVII
Author:       RC12
Typist:       Fred
Terminal:     TTY88
FE-L#:        44
Reason:       Did Godzilla need a reason?
Valid:        Not before 12 Apr 1977 1321Z
Suspend:      After 19 Apr 1977 0000Z
Spelling-errors-this-message:  0
Spelling-errors-to-date:  23
Weather:      Light rain, fog.
Forecast:     Clearing by morning
Psych-evaluation-of-sender:  slightly unstable
Security-level:Public
Security-sublevel:0
Authority-to-send:general
Authority-to-rcv:general
#-people-in-terminal-room:12
XGP:          UP-cutter not working
Ht/Wt-sender:76/205
Machines:     M&Ms available but almond machine is
              empty
M&Ms-Last-Nickel:17
HDR-chksum:   032114567101
- - - -

Brian,
I do not understand your concern about the size of
              message headers.
              Bob."
```

(MsgGroup #506; 18.4.1977)

Da man sich nicht auf ein gemeinsames Set einigen konnte, wurde eine indirekte Lösung vorgeschlagen. Um die Flut von Feldern auf ein handhabbares Maß zu reduzieren, sollten die Mailprogramme nur wenige Felder wie FROM und TO anzeigen und die Restlichen vor den Nutzern verstecken. So konnte die Software die Felder weiter auswerten, ohne dass sie die Anzeige unübersichtlich werden ließen.

Es dauerte eineinhalb Jahre, bis die TENEX-Gruppe bei BBN um Ted Myer und Austin Henderson unter dem Titel „Message Transmission

Protocol" (RFC 680; April 1975)[29] einen neuen Versuch machte, eine Liste von Standardheadern zu definieren. Das RFC stieß jedoch in Teilen des ARPANET auf Ablehnung, galt es doch als zu TENEX-freundlich. Die Diskussion setzte sich daraufhin zwei weitere Jahre fort, als plötzlich Ken Pogran, John Vittal, Dave Crocker und Austin Henderson überraschend am 12. Mai 1977 einen neuen Mailstandard (RFC 724) verkündeten. Die Empörung innerhalb der MsgGroup war groß. Diesmal betraf die Kritik vor allem die Behauptung im Titel[30], es handle sich um einen *offiziellen* Standard.

„ARPA's Committee on Computer-Aided Human Communication (CAHCOM) wishes to promulgate an official standard for the format of ARPA Network mail headers which will adequately meet the needs of the various message service subsystems on the Network today. [...] We would like to make clear the status of this proposed standard: The CAHCOM Steering Committee has replaced the Message Service Committee as the ARPANET standards-setting organization in the area of message services." (RFC 724: iii)

Die MsgGroup fühlte sich übergangen. Jon Postel machte klar, dass es, gleich auf welcher Ebene, kein Protokoll im ARPANET gab, das jemals von der ARPA als ‚offizieller Standard' postuliert worden wäre und betonte die evolutionäre Entwicklung des Netzes und seiner Standards.

Ausdrücklich bezog sich das CAHCOM-Papier nur auf RFC 561. Das von der MsgGroup unterstützte RFC 680 wurde ignoriert und die Gruppe scharf angegriffen:

„Recognizing that the time had come to make an attempt to standardize the additional header fields that had come into use since RFC 561 was published, ARPA's Message Service Committee chartered a small group in 1975 to develop a revised version of RFC 561 which would define the syntax of these additional message header fields. Several things should be noted about this small group of people: first, they were TENEX-oriented; when the functionality of the message header items they desired was matched by the functionality of an already-existing message header item of the TENEX message subsystems, they adopted the syntax used by the TENEX message subsystems. Second, they based additional header items not already found on TENEX message subsystems on the deliberations of the Message Service Committee. Third, they were not familiar with the procedure for publication of a document as a Network RFC.
The document which this group produced, labelled RFC 680, ‚Message Transmission Protocol', received only limited distribution. Matters were further con-

29 Dieses RFC 680 ist heute leider nicht mehr zugänglich.

30 „Proposed Official Standard for the Format of ARPA Network Messages".

fused because its title was misleading, since it was not a protocol for the transmission of messages between ARPA Network hosts, but rather a standard for the format of messages transmitted via the standard File Transfer Protocol. Some, including the Message Service Committee, believed that RFC 680 became a Network Standard. This was not strictly true, because it never received proper distribution, and it had never been ‚officially blessed' by anyone, to turn it from a request for comments into an accepted official ARPA Network standard document." (RFC 724: 2)

Problematisch an der exklusiven Verteilung des RFC 680 war, dass sie die Idee der offenen Kommunikation unterlief. Die CAHCOM nahm hier eine zwiespältige Rolle ein. Auf der einen Seite verteidigte sie den offenen Austausch und den allen zugänglichen Fluss von Ideen – ein Kernbestandteil der Identität im ARPANET – auf der anderen Seite setzten sie sich genau darüber hinweg, indem sie sich selbst die Standardisierungsautorität zusprach.

Dennoch versuchte der Vorschlag, möglichst wenig vorzuschreiben und viel zu ermöglichen. Vorgeschrieben wurden lediglich zwei „required-headers" (DATE und FROM). Daneben gab es optionale Felder[31] und einen Mechanismus der es erlaubte, frei eigene Felder definieren zu können. Der Kritik folgte eine Überarbeitung als RFC 733 (D. Crocker, J. Vittal, Kenneth T. Pogran, D. Austin Henderson; 21. November 1977).[32]

Erneut entbrannte der Streit im April 1979, ausgelöst durch einen Nutzer des damals bereits älteren ITS-Betriebssystems am MIT. Es gab Proteste, da andere Mail Systeme dessen Header nicht verarbeiten konnten. Vor allem wurde beklagt, dass die ITS-Header auf das SUBJECT-Feld verzichteten, das für eine komfortable Bearbeitung der Mails jedoch unverzichtbar war. Stefferud forderte, für ihn ungewöhnlich deutlich, eine Verbesserung dieser Situation (MsgGroup #942; 4. April 1979).

Das Mailprogramm, das unter dem ITS-Betriebssystem verwendet wurde, hieß COMSAT und war von Ken Harrenstien, dem Begründer der Header People, entwickelt worden. Es konnte die Header unterschiedlich formatieren, abhängig davon, welches System der Empfänger verwendete, bzw. bei lokalen Nutzern, was dieser zu empfangen wünschte. Wurde nun von COMSAT aus eine Nachricht an die E-Mail Liste der MsgGroup

31 TO, CC, BCC, FCC sowie IN-REPLY-TO, Keywords, Message-ID, References, Subject und Comments.

32 Der neue Titel verzichtete jetzt auf das Wort „official" und lautete „Standard for the Format of ARPA Network Text Messages" jedoch angereichert mit folgender Fußnote, die wieder einen offiziellen Charakter unterstrich: „This work was supported by the Defense Advanced Research Projects Agency of the Departement of Defense, under contract Nos.N00014-75-C-0661, MDA903-76-C-0212, and DAHC15-73-C0181."

gesendet, erzeugte das Sendeprogramm proprietäre ITS-Header der Mailingliste.

Harrenstien war bewusst, dass die Inkompatibilitäten der Header mit anderen Systemen problematisch waren. Als Zwischenlösung implementierte er einen Befehl ($VR), der das System zwang, RFC 733-kompatible Angaben zu generieren. Die Nutzer mussten nur daran denken, ihn auch zu verwenden, was nicht immer jedem gelang. Die Aussage eines ITS-Users, es sei zu zeitaufwändig, diesen bekannten Fehler zu beseitigen, machte, so Kilker (2002: 19), das technische Problem der ITS-Header zu einem sozialen Problem. Für Stefferud waren „ITS headers [...] like bad breath out here in the rest of the net.“ (MsgGroup #958; 6. April 1979)

Für ihn selbst bedeuteten die zahlreichen Inkompatibilitäten einen erheblichen Aufwand, denn er musste die Nachrichten der MsgGroup für die Archivierung in eine einheitliche Form bringen. Im Falle der ITS-Header erfand er einfach eine SUBJECT-Zeile, wenn es keine gab.

> „Since I am doing it as a volunteer, and since my time is as limited as everyone else in this forum, I have asked those who cause special difficulties for me to help by not sending problem messages to me.
> Generally, everyone has agreed to cooperate, with one notable exception, and this exception has demanded that I fully explain to his satisfaction why I want what I want. And he refused for a very long time to put subject fields in his messages to MSGGROUP. According to his last message he intends to continue this practice of forgetting them when he is in emotional dump mode, which I regard as simple and deliberate discourteousness at best. And it clearly annoys me.
> For the record, when I receive a subjectless message in MSGGROUP, I invent one of my own choosing, on the assumption that you have left me to do as I please. I will continue the practice of being provocative. If you don't like what I do, the solution is simple and obvious.“ (MsgGroup #980; 7.4.1979)

Es bedurfte weiterer drei Jahre an detaillierten Diskussionen bis sich im August 1982 ein „Standard for the Format of ARPA Network Text Message“ herauskristallisiert hatte, der den Gegebenheiten eines sich ständig ausdehnenden Netzes angepasst war und vor allem weitgehend anerkannt wurde. Formuliert wurde er von Dave Crocker als RFC 822 (13. August 1982). Um Standard und Software möglichst einfach zu halten, wurden alte Funktionen aus dem RFC 733, die sich nicht bewährt hatten, wieder herausgenommen. Erst diese Spezifikation schloss die Debatte ab und hatte fast zwanzig Jahre lang Bestand. Das „Directory of Electronic

Mail" von 1990 bezeichnete es als „[...] the de facto transfer standard of today's mail systems." (Fry/Adams 1990:2)

Tabelle 4: Header-Felder nach RFC 822

Feld	Beschreibung
DATE	Zeitpunkt des Absendens der E-Mail.
FROM	Absender der E-Mail. (Ist es nicht belegt, muss zumindest das SENDER-Feld eine Angabe enthalten)
SUBJECT	Betreff der E-Mail
SENDER	Absender der E-Mail. Das kann z.B. der Sekretär, aber auch ein System oder Prozess sein.
RETURN-PATH	enthält die Adresse und Route zurück zum Absender und wird von der zuletzt sendenden Einheit angefügt.
RECEIVED	Dieses Feld wird ebenfalls von der sendenden Einheit angehängt und hält deren Namen, die Zeit und den Namen der empfangenden Einheit.
REPLY-TO	Adresse, an die eine Antwort geschickt werden soll.
TO	Empfänger
CC	weitere Empfänger
BCC	weitere Empfänger (jedoch verdeckt)
COMMENT	Kommentar
IN-REPLY-TO	Liste vorangegangener E-Mails, auf die Bezug genommen wird.
MESSAGE-ID	ID für diese E-Mail.
X-...	beliebige benutzerdefinierte Felder beginnen jeweils mit einem X-, gefolgt von einem frei definierten Namen.
ENCRYPTION	zeigt an, dass der Inhalt verschlüsselt wurde und das dazu verwendete Verfahren.

3.4.2 Die Finger-Kontroverse

Fast alle an das ARPANET angeschlossenen Großrechner unterstützten ein Programm namens *Finger*, das anzeigte:

- welche Nutzer online waren bzw. wann ein Nutzer das letzte Mal eingewählt war und
- ob ein Nutzer eine Nachricht in seiner Mailbox hatte und wann er sie zum letzten Mal abgefragt hatte, sowie den letzten Absender.

Diese Informationen nutzten einige zur Aufnahme einer quasi-synchronen Kommunikation oder um nachzusehen, ob die eigene Nachricht vom Empfänger bereits gelesen wurde. E-Mail diente hier als Büronotiz und Telefonersatz. Als Arbeitsumgebung war das ARPANET ein Marktplatz, eine Form der Öffentlichkeit, in der schnell in Erfahrung zu bringen war, wer gerade anwesend war.

„I, for one, would like to know when the person last read their mail, since if I intend to send someone mail I certainly don't want to waste my time if they haven't read theirs for a great deal of time." (MsgGroup #795; 23.2.1979)

Andere, wie Bill Wulf (CMU), sahen dagegen in der Zugänglichkeit dieser Informationen aus eigener Erfahrung einen Angriff auf ihre Privatsphäre.

„A major attraction, to me, of netmail is that I read it when I want to – not when the sender wants me to. Last week I chose not to read my mail for 4 days. As soon as it becomes public that I did that, however, there can/will be both external and internal pressure to read it everyday. [...] The point is that simply because we are a friendly community does not give everyone the right to know certain things about me – and only I can determine what the things I want known are." (MsgGroup #794; 23.2.1979)

Um die Privatsphäre zukünftig besser zu schützen, veränderte Ivor Durham von der Carnegie-Mellon University das Programm, indem er zwei Variablen hinzufügte, die der Nutzer selbst setzen konnte. Diese Variablen gaben jedem die Möglichkeit, Informationen über das eigene Login und seine Mails zu unterdrücken. Während einige diese Änderung ausdrücklich begrüßten, brach von anderer Seite ein Sturm der Entrüstung über Durham herein, da er – so der Vorwurf – die Offenheit der „free and open research community" einschränke. Besonders die Tatsache, dass er das Ausblenden der Informationen als Standardeinstellung wählte, provozierte heftige Reaktionen. Innerhalb von acht Tagen Anfang 1979 generierten ca. 18 Autoren mehr als 50 Seiten Debatte allein innerhalb der MsgGroup zu diesem Thema.

Die sehr schroffe Ablehnung dieser Modifikation des Finger Programms wurde mit Argumenten begründet, die großenteils aus der Vorstellung vom ARPANET als einem überschaubaren Netz von Computerwissenschaftlern herrührten. Die radikalsten Verfechter sichtbarer Finger-Daten wie Richard M. Stallman (MIT), vertraten die Positionen einer elitären Gruppe, an deren Öffnung sie nicht interessiert schienen.

„Why SHOULD we try to set an example for the world if that's bad for us? Let the world as a whole do what's right for it, and let our small, homogeneous communities do what's best for a small, homogeneous community.“ (MsgGroup #815; 24.2.1979)

Für Stallman waren Privatsphäre und Institutsrechner unvereinbar. Die Anlagen waren Eigentum der Universitäten und daher konnte man, seiner Ansicht nach, nicht frei darüber verfügen.

„If you want to go on insisting that you have a right to privacy on CMU's computer, first you should demonstrate that you have any rights at all on CMU's computer. It doesn't belong to you. It exists to get research done, and the lab can set any policy at all about privacy. If you don't like it, nobody forces you to work there.“ (MsgGroup #807; 26.2.1979)

Andere wiederum betonten, niemals einen Missbrauch des Finger-Kommandos erlebt zu haben. Ihnen wurde entgegengehalten, dass die Tatsache, dass dies noch nicht geschehen sei, kein Grund sei, tatenlos zu bleiben. Schwerer wogen dagegen die Argumente, die sich um den Verlust der Skaleneffekte des neuen Mediums sorgten:

„In a research environment in which contributions between members of cooperative areas of work can be very productive, limiting the ease of interaction and exchange of information has a very deleterious effect on the output and quality of work.“ (MsgGroup #803; 23.2.1979)

Dieser Verlust ließ sich auch nicht mit dem Vorschlag verhindern, die Finger Informationen nur für diejenigen anzuzeigen, die bereit waren, selbst ihre Informationen zu veröffentlichen. Stuart McLure (SRI) machte daher den Vorschlag, die Standardeinstellung einfach umzukehren.

„That is why I favor the default of openness and force people to take the action to protect themselves in any form they see fit.“ (MsgGroup #803; 23.2.1979)

Das hätte jedoch einen verantwortungsvollen und kenntnisreichen Umgang mit der Software vorausgesetzt, den man aber von vielen Nutzern nicht mehr erwarten konnte. Durham und die Befürworter seiner Änderung hatten erkannt, dass sie ihre Software nicht mehr nur für eine kleine Gemeinde von Computerwissenschaftlern entwickelten. Indem sich E-Mail als Kommunikationsmedium einem immer größeren Kreis öffnete, wurden die Bedürfnisse der neuen Akteure für den weiteren Erfolg des Dienstes immer wichtiger.

„The difficulty is that many systems have historically been used by small local and homogeneous communities. This results in a distorted view of the world. Even the community on the ARPANET has been very closed and friendly [...]. But part of what we are doing is setting examples for the larger community where these privacy issues are more real.“ (MsgGroup #804; 24.2.1979)

Das bedeutete, dass die Frage der Privatsphäre eine immer größere Bedeutung bekam.

„I submit that it is very important that we insist on the same levels of personal privacy in our computer interactions as we would in any other portion of our lives. It is wrong to try to split these two facets apart – in coming years, they will no doubt become more and more inseparable – and not just for us, but for an increasing proportion of the population.“ (MsgGroup #807; 24.2.1979)

Dave Farber (USC) konnte keinen Unterschied mehr zu anderen Arbeitssituationen erkennen.

„Why should people be able to look into my mailbox. They can be arrested for doing so with my physical mailbox. People don't snoop in my desk out of respect for my privacy and my right to do and organize my work in my own way. Most supervisors hesitate to rummage through a person's desk, even in a rush situation. Are computer systems so different that information should be treated with less respect?“ (MsgGroup #796; 23.2.1979)

Das Argument, dass der freie Fluss des wissenschaftlichen Gedankenaustausches behindert werde, wurde zurückgewiesen.

„What you seem to neglect is that openness in research sites is something that can be PRODUCTIVE. People are not at research places to be PARANOID. Paranoia consists in protecting yourself from EVERYONE and allowing nothing of your whereabouts, work, or concerns to be released.“ (MsgGroup #845; 27.2.1979)

denn

„Being in research also means the ability to temporarily get away from peer group pressures and work by youself for a while.“ (MsgGroup #846; 27.2.1979)

Stefferud versuchte, wie immer sehr moderat, in den Streit einzugreifen.

„People either want to work together or they don't. If they don't they won't, with or without open FINGER defaults.“ (MsgGroup #805; 23.2.1979)

Das konnte jedoch nicht verhindern, dass zwei Mitglieder noch während der Debatte aufgrund der heftigen Angriffe gegen sie die Liste verließen.

In diesem Streit wurde exemplarisch der dramatische Abschied vom Entwicklungskontext deutlich. Die Offenheit, die man sich noch im kleinen Kreis erlauben konnte, ging zunehmend verloren. Je öffentlicher der Dienst wurde, desto stärker drängten Fragen der Privatsphäre in den Vordergrund. Das Hinzukommen immer neuer Akteure, der Erfolg des Dienstes also, bedeutete gleichzeitig für die Entwickler die Aufgabe ihrer intimen Entwicklungsumgebung. Während die einen an ihrer Exklusivität festhalten wollten, was in letzter Konsequenz Abschottung bedeutete, versuchten andere, Maßnahmen zu ergreifen, um das Potential des neuen Mediums auszuschöpfen. Nur wenige, wie Rich Zellich (Office-1) erkannten das sehr deutlich.

„I observe that the arguments seem to be split mainly by whether ones orientation is as a member of an academic/research community or the general public (also laughingly referred to as the ‚real world‘).“ (MsgGroup #812; 24.2.1979)

Das Leitbild des Memorandums oder der Büronotiz hatte ausgedient. E-Mail konnte in den 80er Jahren im Entwicklungskontext nur noch mit Metaphern größerer Infrastrukturen verstanden werden.

3.4.3 Die DARPA-Order

Wiederum an einer Softwareänderung entzündete sich eine andere Debatte. Im März 1979 wies die IPTO Managerin Duane Adams die CMU an, ihre RDMAIL Software dahingehend zu verändern, dass Namen im Header nicht mehr durch ein Leerzeichen – was dem Standard RFC 733 entsprach – sondern durch einen Punkt voneinander zu trennen (z.B. „Brian.Reid“ statt „Brian Reid“). Der Hintergrund dieser *DARPA-Order* war, dass HERMES, welches im Auftrag der IPTO von der Firma BBN entwickelt worden war, RDMAIL-Nachrichten mit entsprechenden Headern nicht verarbeiten konnte.

Es war ungewöhnlich, dass die DARPA so direkt in den Entwicklungsprozess eingriff. Entsprechend scharf wurde dies kritisiert. Was viele in der MsgGroup offenbar nicht wussten, war, dass man sich auf einem Treffen von Vertragsnehmern der DARPA im Januar darauf geeinigt hatte, RFC 733 nicht mehr vollständig zu implementieren. Es sollten nur noch Veränderungen vorgenommen werden, die der Erhöhung der Kompatibilität zwischen den Programmen dienten, und das sollte auf dem einfachsten Wege geschehen. Adams kam dabei die Rolle der Schiedsrichterin zu. Die Unkenntnis dieser Vereinbarung mag daran gelegen haben, dass das Protokoll des Treffens erst drei Jahre später als RFC 808 (J. Postel; 1.3.1981) erschien. Die Absprache zog einen Graben zwischen den von der DARPA geförderten und den unabhängigen Projekten.

Als besonders verwerflich wurde angesehen, dass die DARPA darum bat, das Programm in einer nicht standardkonformen Weise zu verändern. RDMAIL erfüllte, was die Namensfelder anging, als einziges die Definitionen des RFC 733. Da sie HERMES nicht verarbeiten konnte, sollte nun auch RDMAIL nach dem Willen der DARPA nichtkonforme Header liefern. Die Entwickler waren wütend.

„What the hell do we develop standards for, if we will be asked not to use them?" (MsgGroup #882; 7.3.1979)

Sie waren stolz auf ihre, oft in schmerzlichen und langwierigen Prozessen entstandenen Einigungen, die sich in den RFCs niedergeschlagen hatten. Sie bildeten den Kern ihrer Gruppenidentität.

„RFC733 was one of the most democratically adopted standards I know of. I don't really care if it has been ‚blessed' by the Arpa bureaucracy or not. Its design at least had widespread input and comment. The standard may not be universally loved, but it has been pointed out before that almost all of the non-Tenex/Tops-20 sites have taken steps toward adhering to it." (MsgGroup #884; 7.3.1979)

Die DARPA-Order erzeugte massive Unsicherheiten, stellte sie doch eine lange betriebene und verlässlich funktionierende Praxis in Frage.

„The mailsystem I use has just been modified to conform to RFC733, and I find it extremely annoying that now that I have conformed to the standard, I get complaints from HERMES users that they can't parse my messages, and HERMES people tell me they are not supposed to fix it." (MsgGroup #883; 7.3.1979)

Während zu Beginn noch der bürokratische Akt der Anordnung Zielscheibe der Angriffe war, wandte sich die Empörung schnell gegen das Unternehmen BBN. BBN weigerte sich, das Problem in HERMES zu lösen, obwohl sie für dessen Entwicklung erhebliche Mittel von der DARPA bekommen hatten. Außerdem betrachteten sie das Programm, anders als die ARPANET Gemeinde, als kommerzielles Produkt und schützten ihren Quellcode.

„If BBN is unwilling to modify HERMES to handle CMU's two-name from field (and support RFC773 totally, without mega dollars flowing forth) at least have BBN make the sources for HERMES available so that gainful hackers like myself and others who enjoy doing things out of the pure interest of network standardization and for the sheer ‚fun of it' can FREELY do so, without haveing to tolerate institutions that refuse to do such things because they are not funded to." (MsgGroup #886; 7.3.1979)

Die MsgGroup lehnte HERMES ab, weil sie keinen Zugriff auf den Code bekamen, ihn also auch nicht verändern konnten. Ihren Ärger entluden die Mitglieder der Gruppe in sarkastischen Kommentaren.

„I'll bet you a dollar that it's copyrighted, protected, trade-secreted, patented, encrypted, and otherwise kept proprietary, to protect its wonderfulness." (MsgGroup #897; 8.3.1979)

In der Debatte wurde der Neid auf die Förderung des Projekts ebenso sichtbar, wie das Gefühl, von der DARPA nicht mehr ernst genommen zu werden.

Die CMU tat dennoch der IPTO den Gefallen und änderte RDMAIL, da es das einzige Mailprogramm war, das im Header standardkonforme Adresslisten mit Leerzeichen generierte. David Lamb (CMU) sah sich gezwungen, die anderen Einrichtungen zu beruhigen und verteidigte sich mit dem Argument, dass es besser sei, die CMU ändere ihre Header, als wenn alle anderen dies in ihren Programmen tun müssten.

„We weren't simply ordered by ARPA to make the change. It was discussed with our local site manager. CMU is the only site on the net which generates recipients with imbedded spaces. From the point of view of anyone managing time or money, it makes more sense to have one site make a change rather than many, especially if the change is as small as this one is (I expect to take a total of about 1/2 hour to make the change). [...] Given the problem, the least expensive way to fix it was to ask the single site to change, rather than the many. [...] I'm willing to fight for conformity when the piece of the standard in question is important to me, but parenthesized comments and blanks in names just aren't significant enough to me to fight for. [...] I don't think that anyone need worry too much that ARPA might be ‚sabotaging' RFC733. The requested change is small." (MsgGroup #887; 7.3.1979)

Weder die Vertreter von BBN in der MsgGroup (Myer, Mooers), noch von der ARPA meldeten sich während der Debatte zu Wort, was erneut für Verstimmung sorgte.

„It also is very interesting of note that BBN has not said a word to header-people or msggroup about any of this. Perhaps we have to fund a reply out of them?" (MsgGroup #899; 8.3.1979)

3.5 Das soziale Protokoll: Netiquette

Der Übergang des E-Mail Dienstes von der Abbildung bürointerner Kommunikation, hin zu einem allgemein genutzten Medium, verschob die Leitbilder. Die Finger-Kontroverse hatte das deutlich gemacht. Die Öffnung bedeutete nicht nur eine technische Neuausrichtung sondern gefährdete auch den „Geist" und das Selbstverständnis, das die Community im Laufe der Zeit entwickelt hatte. Um diesen Geist für die gemeinsame Kommunikation auch dann noch zu bewahren, wenn immer mehr Menschen den Dienst nutzten, mussten die Verhaltensregeln formalisiert und jeder neue Teilnehmer darauf verpflichtet werden.

Der Streit um die ITS-Header hatte zu sogenannten *Flames*, wüsten verbalen Ausfällen innerhalb der Mails geführt. Stefferud, als Moderator der MsgGroup, forderte daher eine Etikette für die gruppeninterne Diskussion. Ganz von einer technischen Sicht geprägt, stellte diese soziale Formatierung für ihn eine weitere Protokollschicht dar.

„I believe that etiquette is a higher order protocol to be called upon here and now. (Yes there are more than 7 levels!)" (MsgGroup #980; 7.4.1979)

Die Definition und Implementierung dieses „Protokolls" war jedoch schwierig, weshalb Jake Finler (SRI) die Gründung einer weiteren Diskussionsgruppe vorschlug, die sich ausschließlich um ethische Aspekte beim Gebrauch von E-Mail kümmern sollte.

„I would like to see a group come up with an 'etiquette of message sending'. I believe this is a 'protocol' issue equal to some of the machine protocol issues discussed in MsgGrp and Header-People. Consequently I would like to invite any who are interested to join me in a new group which I have dubbed METHICS (for message code of ethics). What I would like to see come out of this group is something akin to the ‚10 (or 20) Commandments of Electronic Mail Users'." (MsgGroup #993; 8.4.1979)

Finlers Vorschlag wurde innerhalb der MsgGroup aufgegriffen und diskutiert. Es gab einige Stimmen, die das Themenspektrum auf soziologische oder kommunikationswissenschaftliche Fragestellungen erweitern wollten. Diese Ausweitungen stellten jedoch den Sinn der neuen Gruppe in Frage, da sie bald die selben Themen umfasste, wie die MsgGroup selbst, so dass schließlich auf ihre Einrichtung verzichtet wurde. Die Idee einer Etikette für E-Mail blieb jedoch bestehen und die Notwendigkeit, Verhaltensregeln zu formalisieren, wurde mit dem Wachsen des Dienstes immer dringlicher.

Was bei Stefferud und Finler noch im Kontext der eigenen Diskussionsgruppe angeregt wurde, stand bei Norman Z. Shapiro und Robert H. Anderson in ihrem im Juli 1985 bei der RAND publizierten Aufsatz „Torward an Ethics and Etiquette for Electronic Mail" bereits im Lichte eines öffentlichen Mediums. E-Mail war für sie eine völlig neue Kommunikationstechnik, für die neue Verhaltensweisen eingeübt und soziale Normen eingeführt werden müssten. Die Menschheit habe zwar viele Jahre Erfahrung mit Brief und Telefon gesammelt, die Verhaltensweisen mit diesen Medien ließen sich aber nur teilweise auf E-Mail übertragen.

„The average adult has accumulated hundreds – perhaps thousands – of rules of behavior regarding telephone and written ethics and etiquette, from practical experiences with these tools since those early years. [...] We have tried to indicate that electronic mail is different. Part of what we mean by that is that the old telephone or letter-writing rules of behavior do not automatically transfer over to this medium and work. [...] What we need is a new set of rules [...]" (Shapiro/Anderson 1985)

Shapiro und Anderson entwarfen eine Etikette für das Senden und Empfangen von Mails. Wie viele der frühen Verhaltensgebote, war diese Etikette noch sehr an der Technik orientiert und versuchte, durch adäquates Verhalten technische Mängel auszugleichen. Besonders zwei Phänomene arbeiteten sie heraus:

- Die Häufigkeit von Missinterpretationen aufgrund von fehlenden Sekundärbotschaften (Gestik, Mimik etc.), sowie zu schnelle und emotional geprägte Antworten und
- die Unkontrollierbarkeit der Nachrichten. E-Mail wurde sehr viel informeller genutzt als die Briefpost. Eher dem Gespräch und der kurzen Büronotiz ähnlich, konnte eine E-Mail ausgedruckt eine beschämende Dauerhaftigkeit erlangen oder unerwünscht an Dritte weitergeleitet werden.

Die zahlreichen von ihnen aufgestellten Leitlinien sollten einen effektiven Gebrauch des Mediums ermöglichen und gleichzeitig die sozialen Kosten seines Gebrauchs minimieren.

Der Begriff *Netiquette* (manchmal auch deutsch als „Netikette") ist ein Kunstwort, das sich aus „net" und „etiquette" zusammensetzt und allgemein für Verhaltensregeln im Internet verwendet wird. Eine sogenannte „Ur-Netikette" haben Storrer/Waldenberger (1998) ausfindig gemacht, die Anfang 1992 als Teil der Benutzerordnung der Florida Atlantic University erschien. Diese Benutzerordnung ist seitdem vielfältig ergänzt und überarbeitet worden und findet sich in zahllosen Versionen und Varianten im WWW.

Auch wenn dieser heute gebräuchliche Begriff Netiquette erst Anfang der 90er Jahre das erste Mal in Erscheinung trat, begann die Diskussion um eine Sammlung von Verhaltensregeln, wie gezeigt, sehr viel früher. Storrer/Waldenberger ist aber darin zu folgen, dass die späte Entwicklung der Netiquette während der Boomjahre die Aufgabe hatte, die Funktionsfähigkeit des Internet aufrecht zu erhalten. Die Werte der Community wie „freie Meinungsäußerung, Selbstverantwortung, Aufgeschlossenheit und Gesprächsbereitschaft, kostenloser Austausch von Wissen und Ressourcen und kulturübergreifende Kommunikation" (Storrer/Waldenberger 1998) sollten bewahrt werden. Nicht zu folgen ist ihnen darin, dass erst die private und kommerzielle Nutzung des Internet die Netiquette nötig gemacht hat, während die technikversierten Forscher und Wissenschaftler in den 80er Jahren ihrer nicht bedurften. Vielmehr setzte die Netiquette – wie sie selbst betonen – auf Selbstverantwortung der Community. Dies ist jedoch ein Mechanismus, der für die frühen Jahre des Mediums charakteristisch war und nur in überschaubaren Gruppen funktioniert. Der kommerzielle Gebrauch mit dem Beginn der 90er Jahre erforderte dagegen stärkere Maßnahmen, nämlich rechtlich verbindliche Regelungen, die dann auch entstanden. Die Netiquetten sind nicht demokratisch sondern durch Konsens legitimiert. Daher sind sie auch nicht mit materiellen Sanktionen durchsetzbar. Entsprechend inoffiziell gaben sich die „Netiquette Guidelines" vom Oktober 1995, die als RFC 1855 erschienen.

„In the past, the population of people using the Internet had ‚grown up' with the Internet, were technically minded, and understood the nature of the transport and the protocols. Today, the community of Internet users includes people who are new to the environment. These ‚Newbies' are unfamiliar with the culture and don't need to know about transport and protocols. In order to bring these new users into the Internet culture quickly, this Guide offers a minimum set of behaviors which organizations and individuals may take and adapt for their own use. Individuals should be aware that no matter who supplies their Internet access, be it an Internet Service Provider through a private account, or a student account at a University, or an account through a corporation, that those organizations have regulations about ownership of mail and files, about what is proper to post or send, and how to present yourself. Be sure to check with the local authority for specific guidelines." (RFC1855; S. Hambridge; Oktober 1995)

Auf siebzehn Seiten wurden Verhaltensregeln und Informationen für Neueinsteiger aufgestellt, von denen über drei Seiten speziell E-Mail gewidmet sind.

Die Netiquetten waren ein Zwischenspiel in der Geschichte. Sie stellten den Versuch dar, die Werte der frühen Entwickler-Community in eine Zeit zu retten, die von einem immer weiter wachsenden und heterogener werdenden Nutzerkreis gekennzeichnet war. Ihre Bedeutung für die Fortentwicklung des Dienstes ist mit dem Beginn der kommerziellen Nutzung stark zu Gunsten rechtlicher Regelungen zurückgegangen. Indem E-Mail zu einem breiten gesellschaftlichen Phänomen wurde, musste das soziale Protokoll demokratisch legitimiert, und das hieß juristisch formuliert, werden.

3.6 Reaktionen der Briefpost

Mit dem Boom des E-Mail-Dienstes begann man sich erneut die Frage zu stellen, in wie weit das Postmonopol des United States Postal Service (USPS)[33] auch auf das Verschicken elektronischer Nachrichten anzuwenden sei und man somit eventuell dagegen verstieß. Marvin A. Sirbu Jr. vom MIT kontaktierte daher die amerikanische Postbehörde, deren Antwort vom 23. August 1976 ermutigend ausfiel. Sirbu veröffentlichte das Schreiben in der MsgGroup.

„[...] A letter is a message directed to a specific person or address and recorded in or on a tangible object. Section 310.1(a). A message, while being sent by telephone or electronic communications links, is not regarded as recorded in or on a tangible object. Therefore, while being so transmitted, the message is not considered a letter within the meaning of the Statutes and regulations and the Private Express Statutes and regulations do not apply. [...]“ (MsgGroup #618; 5.12.1977)

Das zeigte die Entscheidung der Postbehörde, E-Mail dem freien Markt zu überlassen, jedoch nicht, dass sie E-Mail gleichgültig gegenüberstand.

Bereits seit Oktober 1960 testete der USPS einen elektronischen Dienst namens „SpeedMail“. Mit diesem FAX-ähnlichen Verfahren konnte ein Dokument von einer Regierungsstelle an eine andere in kürzester Zeit übertragen werden. Die Pläne, das Experiment auf alle First-Class Letter auszudehnen, scheiterten, als die neue Kennedy Administration sich dem Druck der Telefongesellschaften beugte und das Vorhaben als ein unerlaubten Eingriff einer staatlichen Behörde in den Markt bewertete. Zehn Jahre später wurde die Idee noch einmal als „Facsimile Mail Service“ aufgegriffen. Diesmal war der Dienst nicht beschränkt auf behördliche Nachrichten. Auch private Briefe konnten über die, in eini-

33 Private Express Statutes [Title 39, U.S. Code, articles 601-606 and Title 18, U.S. Code, articles 1694 -1699 and 1724]

gen Postämtern aufgestellten FAX-Geräte, verschickt werden. Dieser Service war jedoch noch zu teuer, als das er sich hätte etablieren können.

1972 kam es zu einer Zusammenarbeit des USPS mit Western Union, einem der großen amerikanischen Netzbetreiber. Der gemeinsam entwickelte MAILGRAM Service verband erstmals elektronische Datenübermittlung mit einem physischen Ausdruck, wobei Western Union die Übertragung der Nachrichten und der USPS die Auslieferung der MAILGRAMs übernahm. Unter dem Eindruck des E-Mail-Booms im ARPANET, begannen Ende 1976 innerhalb des USPS ernsthafte Überlegungen über den Einsatz von elektronischer Post. Ein Strategiepapier vom Januar 1977, das auch an den Kongress weitergeleitet wurde, machte deutlich, dass ein „business as usual" der Post auf Dauer zu höheren Kosten und einem schlechteren Service führen würde. Also erwog man eine Zusammenarbeit mit den bereits in der Entwicklung befindlichen Systemen anzustreben. Die Prognose versprach, durch elektronischen Postverkehr ein Drittel der konventionellen Briefpost bzw. die Hälfte der First-Class Letter ersetzen zu können.

Die MsgGroup nahm diese Aktivitäten zwar zur Kenntnis, kommentierte sie jedoch kaum. Niemand empfand diesen Ansatz einer Überlegung Wert oder gar als Konkurrenz.

„According to a reliable source, the director of NASA will meet with Jimmy Carter tomorrow and suggest that NASA develop an electronic mail system for the U.S. Postal Service. No comment." (MsgGroup #465; 18.2.1977)

Anders als die ARPA, beschritt die Post den konventionellen Weg. Eine offene Bootstrapping-Entwicklung konnte es bei einer bewusst initiierten Entwicklung im eingefahrenen organisatorischen Kontext der Postbehörde nicht geben. Die MsgGroup sah, dass eine robuste Vernetzung der Technik zu einem soziotechnischen System am Reißbrett nicht zu planen war, denn „the success or failure of such services depend upon combinations of technical, societal, economic and regulatory factors." (MsgGroup #490; 11.4.1977)

Abbildung 6: Ausdruck eines E-Com Briefes

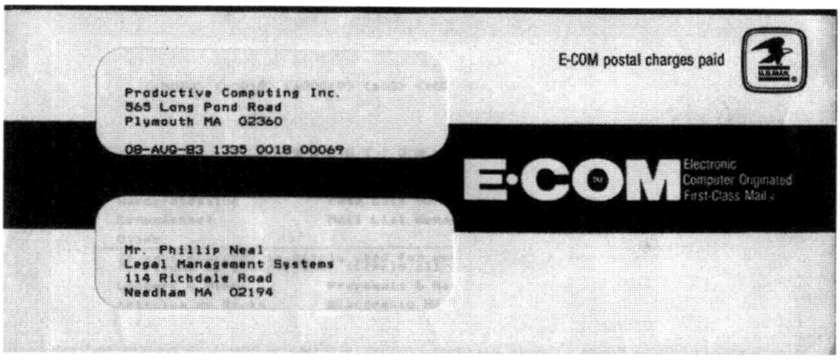

Der erste groß angelegte offizielle Service von USPS und Western Union startete am 4. Januar 1982 unter dem Namen E-COM (Electronic Computer-Originated Mail). E-COM erlaubte, computergenerierte Mails über Telefonverbindungen an fünfundzwanzig Poststellen in den USA zu versenden, die innerhalb von zwei Tagen als First-Class Letter ausgeliefert wurden. Die Zielgruppe des USPS waren Massenversender, die 25 Cent für die erste und 5 Cent für jede Folgeseite zu zahlen bereit waren.

Bereits vier Jahre zuvor war der Dienst vorgeschlagen worden und seine Einführung im Dezember 1978 geplant. Der Start von E-COM musste jedoch wegen mehrjähriger Rechtsstreitigkeiten verschoben werden. Zunächst beschäftigte sich die Aufsichtsbehörde mit Fragen des Briefgeheimnisses und der Speicherung der Nachrichten.

„On July 26 the Postal Rate Commission (2000 L St NW, Washington, DC) issued a notice of inquiry for comments on the privacy issue as it relates to the Postal Service's Electronic Computer Originated Mail Proposal. Under the ECOM proposal messages originating in machine readable form would be transmitted via Western Union to 25 post offices around the country to be printed and delivered with regular mail (much like mailgram only cheaper)
The Postal Rate Commission has asked for comments on both the protection of privacy of messages in transit, and whether copies of messages should be archived for six months as is the current practice for telegrams [...].“ (MsgGroup #1213; 1.8.1979)

Erst im Juni 1981 konnte der USPS einen Vorschlag für die „interface specifications for Electronic Computer-Originated Mail“ veröffentlichen. Nur einen Geschäftstag vor dem geplanten Start verhinderte dann das Justizministerium das Vorhaben. Erst im April 1982 entschied ein Berufungsgericht für den USPS, so dass der Dienst ein Jahr später sieben Millionen Briefe von nur 116 Großkunden verschicken konnte.

Abbildung 7: Der Weg einer E-COM Mail

Die Konkurrenz anderer Mailsysteme (MCI Mail, Easy Link etc.) war Anfang der 80er Jahre bereits deutlich zu spüren. Da E-COM unrentabel arbeitete, forderte die Postal Rate Commission eine Verdopplung des Preises für die erste und eine Verdreifachung für die Folgeseiten. Nur zwei Jahre nach seinem Beginn unternahm man daher Versuche, den Dienst an einen privaten Anbieter zu veräußern. Da sich kein Interessent mit einem akzeptablen Angebot fand, wurde das E-COM-Projekt schließlich am 3. September 1985 wieder eingestellt.

Auch wenn die MsgGroup die Schwächen eines hybriden Verfahrens sofort sah, konnte es jedoch – zumindest auf der Empfängerseite – die Grenze zwischen Menschen mit und ohne Netzzugang überspringen.[34] Noch gab es keine PCs in nennenswertem Ausmaß, die eine rentable durchgehend digitale Übermittlung der Nachrichten für ein Massenpublikum möglich gemacht hätten. Erstaunlich war jedoch die überaus verhaltene Einschätzung der technischen Entwicklung seitens des USPS.

Die normative Kraft des „herrschenden Standes der Technik" führte innerhalb der Postbehörde zu einer Sichtweise, die die elektronische Datenübermittlung lediglich als einen neuen, alternativen Übertragungsweg betrachtete, nicht aber die Rückwirkungen dieser Technik auf die Kommunikation in den Blick bekam. Für den Leiter der Postbehörde, William F. Bolger, war die Verwendung von Telekommunikationstechniken lediglich eine Frage der Kosteneffizienz des Übertragungskanals.

„Just as we did with railroads, the automobiles and highways, and then the airline industry, we intend to adopt telecommunications technology to moving the mail whenever and wherever it is cheaper and more effective than our conventional means." (William F. Bolger zit. nach Stampsjohann)

Ausdrücklich wollte man, auch auf lange Sicht, nicht zu einer „Generation III application" – das hieß eine durchgehend digitale Strecke vom Versender zu Empfänger – übergehen.

34 Ein ähnlicher Service wurde in Finnland und England, dort als Kooperation zwischen Microsoft und der Royal Mail, eingerichtet.

3.7 Vom Standpunkt zum Standard

Die Zeit von 1975 bis 1982 war durch eine Übergangsphase vom Experimentierstadium zur Durchsetzung von E-Mail als produktiv eingesetztem Kommunikationsmedium gekennzeichnet. Das bedeutete zunächst einen erheblichen Koordinierungsaufwand zwischen den zahlreich entstandenen Einzelentwicklungen. Diese Funktion erfüllte die MsgGroup als das erste Forum, dem es gelang, die Entwickler von E-Mail-Software zusammenzubringen. Da die Teilnehmer der Gruppe in verschiedenen Kontexten standen, hatten sie unterschiedliche Visionen vom Gebrauch des neuen Mediums, mal als Notiz, Brief oder Gespräch. Mit diesen Metaphern konnte E-Mail in eine bekannte diskursive Ordnung gestellt und gemeinsam mit anderen Verwendungsszenarien synchronisiert werden. Dieser Aushandlungsprozess wurde von heftigen Kontroversen begleitet. Ob E-Mail ein Special-Interest-Medium oder ein Massenkommunikationsmittel werden sollte, stand anfangs ebenso zur Disposition, wie die Frage nach der Öffentlichkeit der Nachrichten oder die Art und Anzahl der standardisiert weitergegebenen Headerinformationen. In den frühen Tagen war diese Offenheit noch von Vorteil. Sie ermöglichte der MsgGroup, die Entwicklung als Bootstrapping-Prozess zu gestalten, in dem sich neue Implementierungen ständig im Arbeitsalltag der Gruppe beweisen mussten. So konnte ein hinreichend flexibles Medium entstehen, das eine ausreichend große Formenvariabilität in der Verwendung zuließ, um in sehr verschiedenen Kontexten gebrauchstauglich zu sein.

Mit dem Wachsen des Dienstes löste sich die Homogenität des Nutzerkreises langsam auf. Um die soziale Anschlussfähigkeit der neuen Akteure zu gewährleisten, wurde versucht, mit einer Netiquette, einer Sammlung von Verhaltensregeln, den Dienst zu stabilisieren. Mit diesen Strategien konnte E-Mail die kritische Masse erreichen und als Kommunikationsmittel eine positive Dynamik entfalten. Dies setzte letztlich doch die Fixierung eines zuverlässigen Standards voraus, der nach langem Ringen im RFC 822 formuliert werden konnte.

Die konkurrierenden Überlegungen der Postbehörde hatten keinen wesentlichen Einfluss auf die Entwicklung des Dienstes. Zum einen sah der USPS klar, dass ihm nur die Möglichkeit einer Zusammenarbeit mit bestehenden Systemen blieb, zum anderen schätzte er die technische Entwicklung so vorsichtig ein, dass das von ihm entwickelte Hybridsystem die Vorteile des elektronischen Briefverkehrs durch die Kopplung an den physischen Ausdruck wieder verspielte.

Je weiter sich das Netz ausdehnte und je mehr soziale Gruppen am E-Mailverkehr teilnahmen, desto unveränderbarer, aber damit auch verlässlicher, wurde der beschlossene Standard. Schließlich veränderte sich auch der Entwicklungsprozess selbst und wurde in institutionelle Bahnen gelenkt. So konnte die MsgGroup nach der Öffnung des ARPANET zum Internet auch nicht sehr viel länger bestehen bleiben.Die Netzgemeinde wuchs schnell, noch aber verhinderten die Zugangsbeschränkungen des ARPANET eine Ausdehnung auf kommerzielle Akteure und diejenigen Nutzer an den Universitäten, die nicht zur DARPA-Elite gehörten. Erst die Überführung in das Internet 1983 brachte tatsächlich die vollständige Öffnung und erzeugte so eine noch größere Heterogenität des Nutzerkreises.

4 Standard für eine weltweite Infrastruktur: SMTP (1982-1994)

Die Öffnung des ARPANET und seine Verknüpfung mit anderen Netzen war durch ein neues Netzwerkprotokoll möglich gemacht worden. Da dessen Implementierung nur schleppend verlief, setzte die DARPA den Einrichtungen mit dem „NCP/TCP Transition Plan" (RFC 801; November 1981; J. Postel) ein Ultimatum. Die Umstellung musste demnach spätestens am 1. Januar 1982 abgeschlossen sein. Die Umstellung hatte auch auf den Mailservice Auswirkungen. Um das weitere Funktionieren des E-Mail-Dienstes zu gewährleisten, hatten Cerf und Postel bereits ein Jahr zuvor in einem „Mail Transition Plan" (RFC 771; V. Cerf, J. Postel; 1. September 1980) die wichtigsten Bedingungen für die Umstellung benannt:

- Die ARPANET-Mailbox-Namen mussten auch im Internet funktionieren.
- Das automatische Verarbeiten der Header (z.B. beim Generieren von Antworten etc.) war aufwändig und dessen Implementation entsprechend teuer. Daher sollte es vermieden werden, dass die Maileditoren verändert werden mussten.
- Außerdem sollten die Nachrichten zwischen alten NCP- und neuen TCP-Netzen ohne menschlichen Eingriff automatisch weitergeleitet werden.

4.1 Abkehr vom FTP: SMTP

Am 10. Januar 1979 hatte bei BBN ein entscheidendes Treffen all jener Vertragsnehmer der DARPA stattgefunden, die sich mit Mailservices befassten (RFC 808; J. Postel; 1.3.1982; J. Postel). Dave Faber hatte dafür eine Liste aller Mailprogramme „anybody had every heard of" zusammengestellt, denn kaum eines dieser Projekte war ein offizielles Forschungsvorhaben, sondern „just happened“. Die Anzahl und die Verschiedenheit dieser Programme machte deutlich, dass es immer schwieriger wurde, Kompatibilität zwischen ihnen herzustellen. Der Mailverkehr drohte zu kollabieren.

„In general it was felt that the current message service was somewhat out of control with incompatible varations and extensions. There were several instances where a minor change to one mail system led to unexpected problems in another mail system.“ (RFC 808: 4)

Duane Adams (IPTO) mahnte an, sich stärker auf das Design einer gemeinsamen umfassenden Kommunikationsstruktur zu konzentrieren, als auf die Entwicklung proprietärer Mailprogramme und eigener Benutzeroberflächen. Die nutzerorientierten Leitbilder hatten E-Mail weit voran gebracht, steckten nun aber durch die Vielzahl von Entwicklungen auf technischer Ebene in der Krise. Die Ursache für diesen Zustand sah man in den Freiheiten, die das Protokoll erlaubte, sowie in dessen mangelhafter Implementierung. Nur durch einen Umschwung zu einer technisch orientierten Sicht, zur Konzentration auf eine gemeinsame Basis, konnte diese Krise überwunden werden. Also beschloss man, statt fortwährend die alten Programme zu flicken, die Energie in das Design eines völlig neuen „Version 2 Systems“ zu stecken. Das hieß zunächst auch, dass man darauf verzichtete, RFC 733 vollständig umzusetzen.[35] Ganz pragmatisch sollten nur noch dort Änderungen vorgenommen werden, wo auf einfachstem Wege eine Verbesserung der Kompatibilität zu möglichst vielen anderen Systemen erreicht werden konnte. Durch diese Maßnahmen sollte das fortschreitende Mail-Chaos kurzfristig stabilisiert werden.

Die Überlegungen zu einem neuen System schlossen die Trennung von FTP als Transportmechanismus und die Entwicklung eines eigenständigen Übertragungsprotokolls mit ein. Das Problem konnte so auf zwei Instanzen aufgeteilt werden: Der Mail User Agent (MUA) erfüllte die spezifischen Bedürfnisse der Nutzer und der Mail Transfer Agent (MTA) bediente den notwendigen Standard für die Übertragung zwischen den Systemen.

35 In diesem Zusammenhang stand die DARPA-Order und die daraus resultierenden Streitigkeiten (vgl. 3.4.3).

Abbildung 8: SMTP-Schema nach RFC 2821

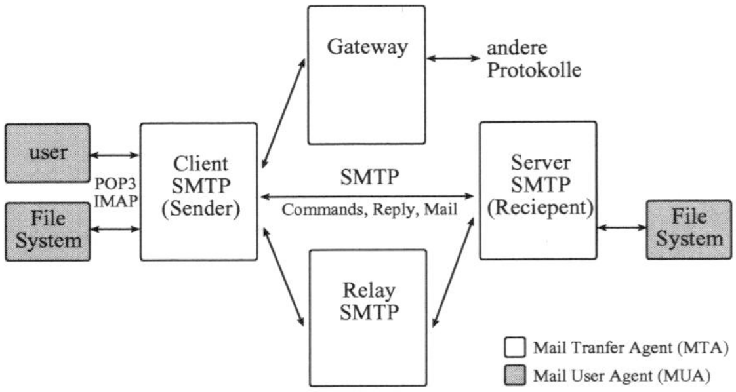

Die Ausarbeitung des neuen Protokolls übernahm Jonathan Postel; zu Beginn zusammen mit Suzanne Sluizer. Ihr erster Entwurf eines „Mail Transfer Protocol" (RFC 772; September 1980) wurde in den folgenden zwei Jahren noch mehrfach überarbeitetet.[36] Bestand hatte schließlich die Version des RFC 821 (J. Postel; August 1982), die das Übertragungssystem als „Simple Mail Transfer Protocol" (SMTP) definierte. Zusammen mit dem von David Crocker definierten „Standard for the Format of ARPA INTERNET Text Messages" (RFC 822; 13.8.1982; vgl. 3.4.1), welcher die Datenstruktur der E-Mails festlegte, blieb dieses Protokollpaar zwanzig Jahre lang gültig und wurde erst wieder im April 2001 aktualisiert.[37]

SMTP kümmerte sich um die Kontaktaufnahme und -abwicklung zwischen dem Sende- und dem Empfangssystem. Das Verschicken der Nachrichten musste nicht mehr, wie bei FTP direkt, sondern konnte auch mittels Zwischeninstanzen (Relays) oder – und das war entscheidend für die Öffnung zu anderen Netzen im Internet – über ein Gateway erfolgen, welches die Übertragung für andere Netzprotokolle aufbereitete (Abb. 8). Auch die Zustellung einer Mail an mehrere Hosts konnte SMTP sehr viel effizienter ausführen als FTP, indem es die Kopien für die einzelnen Postfächer erst im Empfangsknoten des Netzes erzeugte, also die Nachricht nur einmal übertragen musste.

36 RFC 780; Suzanne Sluizer, Jonathan B. Postel; Mai 1981 und RFC 788; Jonathan B. Postel; November 1981

37 Die Aktualisierung von SMTP findet sich in dem Protokollpaar RFC 2821 (J. Klensin ed.; April 2001) für das Transportsystem und für das Format der Nachricht im RFC 2822 (P. Resnick ed.; April 2001).

Abbildung 9: Mail-Schema

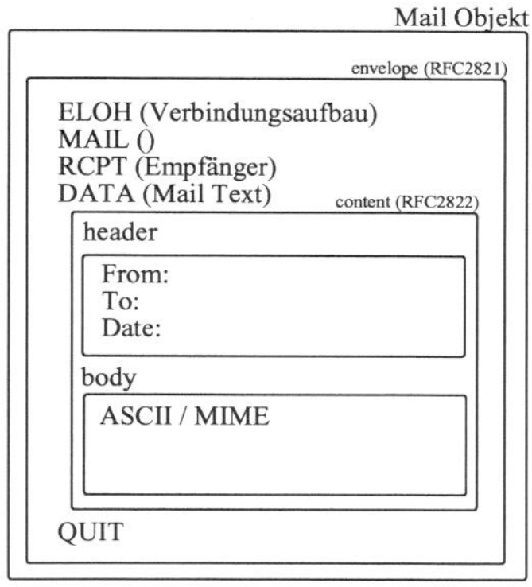

Jedes Mailobjekt besteht nach RFC 821 (bzw. RFC 2821) aus einem sogenannten *Envelope*, in dem die SMTP-Befehle abgesetzt werden. Nach einem Verbindungsaufbau (HELO) wurde die Rücklaufadresse für Fehlermeldungen (MAIL FROM) und die Empfangsadresse (RCPT) übertragen, bevor die Mail selbst (DATA) verschickt wurde. SMTP dient also lediglich dem Transport zwischen Sende- und Empfangseinheiten. Der Inhalt dieses Umschlags, also eigentliche Nachricht, ist davon völlig getrennt. Diesen verarbeiten ausschließlich die Mail-Clients, für die RFC 822 (bzw. 2822) den Aufbau der Headerfelder und die Art der Kodierung des Inhalts bestimmte (Abb. 9).

Die Trennung von Envelope und Message bedeutete jedoch auch, dass die Angaben nicht unbedingt konsistent sein mussten. Der in einer E-Mail erscheinende Absender (FROM) muss nicht unbedingt identisch sein mit dem tatsächlichen Absender (MAIL FROM). SMTP kennt auch kein Verfahren mit dem sich eine Sendeeinheit beim Empfänger authentifizieren kann. Im Gegenteil erlaubt das RFC 821 sogar, um Schleifen von Fehlermeldungen zu vermeiden, den Absenderpfad in MAIL FROM leer zu lassen. Dieses Protokolldesign war Mitte der 80er Jahre effizient, führte aber zehn Jahre später dazu das Spam-Versender genau diese Eigenschaften ausnutzten.

4.2 Adressnormen

4.2.1 Hostnamen

Schon mit der Vernetzung der Time-Sharing-Systeme untereinander ergab sich das Problem, dass nicht mehr nur die Mailbox eines bestimmten Teilnehmers sondern auch die Mainframe, auf der die Mailbox lag, angegeben werden musste. Daher war jedem Rechner im ARPANET eine numerische Netzwerkadresse zugeordnet worden. Sehr bald führten die Einrichtungen zusätzlich symbolische, menschenlesbare Namen ein, die die Adressierung erheblich vereinfachten. Da die erste Verbindung des ARPANET zwischen der Universität in Los Angeles und dem Stanford Research Institute aufgebaut worden war, hatte der Host mit dem Namen „UCLA“ die Adresse 1 und der Host „SRIARC“ die Adresse 2 usw. Um mit anderen Institutionen kommunizieren zu können, führte jede Einrichtung eine Liste, in der den Netzadressen ein Hostname zugeordnet wurde. So konnte eine E-Mail Adresse zum Beispiel lauten:

```
dcrocker@ucla
```

Man stellte sehr schnell fest, dass das Führen der Listen an den Einrichtungen rasch Inkonsistenzen erzeugte. Das stetig wachsende Netz erzwang auf Dauer eine Koordinierung des Adressraums. Den ersten Anstoß, diesen unbefriedigenden Zustand durch ein Standardverzeichnis abzulösen, gab Peggy Karp (MITRE) (RFC 226; 20.9.1971). Ihr Vorschlag stieß generell auf Zustimmung, wurde aber lebhaft diskutiert, da es starke emotionale Beziehungen zu den Namen gab. Eine Vereinheitlichung der Benennungen erforderte Änderungen.[38] Schnell erklärte sich das NIC in dieser Sache für zuständig. Auf einem NWG-Meeting wurde schließlich ein Kompromiss gefunden (RFC 273; R.W. Watson; 18.10. 1971), der Ende 1971 die erste offizielle Liste des NIC (HOSTS.TXT) mit 45 Netzwerkadressen und deren zugeordneten Hostnamen hervorbrachte.[39] Die Einrichtungen kopierten sich diese Informationen zur lokalen Verwendung, modifizierten sie jedoch wieder. Mit dem weiteren Wachsen des ARPANET wurde diese Liste immer länger und der Aufwand, sie aktuell zu halten, auf Dauer nicht mehr vertretbar.

„Now that we finally have an official list of host names, it seems about time to put an end to the absurd situation where each site on the network must maintain a different, generally out-of-date, host list for the use of its own operating system or user programs.
For example, each of the TENEX sites to which I have access (SRI-ARC, BBN-TENEX, USC-ISI, and PARC-MAXC) has a slightly different mapping

38 RFC 239; R.Barden; 23.9.1971, RFC 247; P.M. Karp; 12.10.1971

39 RFC 289; 21. 12.1971; R. W. Watson vorbereitet durch RFC 280; 17.11.1971; R. W. Watson. Eine weitere Liste vom Sommer 1972 (RFC 384; 28. August 1972; J. B. North) verzeichnete bereits siebzig Hosts. Das RFC 597 (N. Neigus, J. Feinler; 12. Dezember 1973) führte 81 Kombinationen auf.

between host names and host addresses: none is complete, and I believe each one differs in some way from the official List." (RFC 606; L. Peter Deutsch; Dezember 1973)

Peter Deutsch schlug daher vor, ein maschinenlesbares Dokument anzubieten, das nicht mehr heruntergeladen, sondern auf das online zugegriffen werden sollte. Neben dem Namen und der Adresse des Host erweiterte er die Datei um Informationen über die von den Rechnern unterstützten Dienste. Dieser Vorschlag wurde vom NIC aufgegriffen (RFC 608; M.D. Kudlick; 10.1.1974) und unter der Federführung von Jake Feinler umgesetzt. Die Datei wurde in periodischen Abständen aktualisiert. So konnte jeder Host eindeutig und konsistent von jedem anderen referenziert werden.

Zwischen 1975 und 1982 hatte sich die Zahl der Rechner im ARPANET verfünffacht. Die Nachteile der zentralen Verwaltung von Hostnamen und -adressen innnn einem so dynamisch wachsenden Netz wurden Anfang der 80er Jahre immer deutlicher. Außerdem verband sich das ARPANET mit anderen Netzen, die auf der Basis eigener Adressräume funktionierten. Das Übermitteln von E-Mails in und von fremden Netzen machte es notwendig, deren Konventionen zu kennen. Das „Directory of Electronic Mail" (Frey/Adams 1990) verzeichnete nicht weniger als 134 unterschiedliche Netze mit ihren jeweils gültigen Adressschemata. Jedes Netz verwendete seine eigenen Trennzeichen zwischen der Mailboxangabe und dem Host. „@" im ARPANET, „!" im UUCP, „:" bei BirkNet etc. Wollte man E-Mails über die TCP/IP Grenze hinaus verschicken, mussten die Nachrichten für jedes Netz separat aufbereitet und versandt werden. Eric Allmans SENDMAIL war das erste Programm, das anhand des Trennzeichens in einer Adresse versuchte, die Mail entsprechend korrekt weiterzuleiten.

Mit dem Internet reichte auch die Angabe von Mailbox und Host nicht mehr aus. Es wurde wichtig, zusätzlich das Netz zu benennen, indem sich ein Rechner befand. In seinen ersten Überlegungen zum TCP-Protokoll (RFC 773; V. Cerf; Oktober 1980) schlug Cerf eine neue Tabelle vor, die eine Umwandlung des Hostnamens (Mailbox@Host) in eine Internet-Zieladresse leisten sollte. Auf dem „Computer Mail Meeting" an der USC am 11. Januar 1982 legte man die Form „mailbox@host.domain" verbindlich fest (RFC 805; 8. Februar 1982; J. Postel). Die hierarchische Ebene der Domain sollte ein Netz bezeichnen, unter dem mehrere Hosts zusammengefasst werden konnten. Festgelegt wurde außerdem das @-Zeichen als Trenner von Mailbox und Host, sowie der Punkt als Trenner von Host und Domain.

4.2.2 Das Domain-Name-System (DNS)

Die Anzahl der angeschlossenen Hosts im Internet verdoppelte sich jährlich. Von 1982 auf 1983 stieg ihre Zahl von 235 auf c.a. 500 an. Dieser Dynamik konnte eine zentral geführte Liste nicht lange standhalten. Das NIC kam wegen ihrer Länge und Aktualisierungsfrequenz an den Rand seiner Leistungsfähigkeit. Daher gab es seit Anfang 1982 Überlegungen, die Liste durch einen eigenständigen Dienst abzulösen (RFC 810; E. Feinler, K. Harrenstien, Zaw-Sing Su, V. White; 1.3.1982). Einen ersten Plan für die Einführung von „domain style names“ legte Postel im RFC 881 (November 1983) vor. Zunächst hatte man sich noch mit der alten Tabelle beholfen und sie lediglich um eine Internetadresse erweitert (DHOST.TXT). Doch dieses Konzept konnte auf Dauer nicht funktionieren, denn mit der Abspaltung des MILNET 1983 war das ARPANET strukturell geöffnet worden. Da sich nun alle Netze frei anschließen konnten, wurde ein flexibler Namensraum unumgänglich.

„In the long run the Internet will become too complex and change too fast to keep a master table of all the hosts. At some point the master table will be reduced to simply the entries for the domain servers for the top level domains. By this time all normal translation of host names into addresses should take place by consulting domain servers.“ (RFC 881:2)

Alle Hosts, zum Beispiel im ARPANET, sollten die Top-Level-Domain (TLD) „.ARPA“ bekommen („mailbox@host.ARPA“).

Zwei unabhängige Domain-Server je Domain waren für die Übersetzung der Namen in die technischen Adressen zuständig und sollten einen ausfallsicheren Betrieb gewährleisten. Die alte, vom NIC bereitgestellte Tabelle in Form der HOSTS.TXT Datei, wurde dazu in eine Datenbank überführt, die durch Programme dynamisch abgefragt werden konnte.

Ein Team um Jonathan Postel (UCLA), Paul Mockapetris (ISI) und Craig Partridge (BBN) arbeitete die Vorschläge zur Reorganisation der Domänennamen aus. Nach einem Jahr konnte Mockapetris das Ergebnis in zwei RFCs (RFC 882; P. Mockapetris; November 1983 und RFC 883; P. Mockapetris; November 1983) als Domain-Name-System (DNS) veröffentlichen. Das erste Dokument beschrieb das Grundprinzip einer Neuordnung der Domainnamen, das zweite eine erste Implementierung. Dabei ging er auch auf die Probleme von E-Mail und die chaotische Situation des Namensraums ein.

„Mail service is a particularly sensitive issue for users of the domain system because of the lack of a consistent system for naming mailboxes and even hosts, and the need to support continued operation of existing services.“ (RFC 883: 52)

Das DNS versuchte, einen konsistenten Namensraum für das gesamte Internet zu schaffen. Es war, wie das Internet selbst, dezentral organisiert und als eigener Dienst ebenfalls unabhängig von dem Mechanismus, von dem es transportiert wurde. Das neue Adresssystem unterstützte E-Mail, indem es erlaubte, den Mailserver einer Organisation anzugeben („agent binding“). Wurde eine E-Mail zum Beispiel an Mailbox@BLAT geschickt und hatte diese Domäne zwei Hosts (BLAT-20 und BLAT-VAX), wurde die Nachricht an den Rechner versandt, für den im DNS-Eintrag ein Maildaemon angegeben war. Für jede Domain war jeweils nur eine solche Angabe zugelassen. Mit dieser eindeutigen Beziehung konnte jeder Mailserver jeden anderen im Internet erreichen.

Abbildung 10: Funktionsweise des DNS nach RFC 883

```
             Local Host                        |  Foreign
                                               |
+---------+               +----------+         |  +--------+
|         | user queries  |          |queries  |  |        |
|  User   |-------------->|          |---------|->|Foreign |
| Program |               | Resolver |         |  |  Name  |
|         |<--------------|          |<--------|--| Server |
|         | user responses|          |responses|  |        |
+---------+               +----------+         |  +--------+
                            |     A            |
            cache additions |     | references |
                            V     |            |
                          +----------+         |
                          | database |         |
                          +----------+         |
```

Die Lösung bestand aus zwei Hauptkomponenten (Abb. 10):

- Datenbanken (Name-Server), die die vollständigen Informationen eines Teils der Adresshierarchie speicherten und die Autorität für diese Zone bildeten. Außerdem waren sie mit anderen Name-Servern verbunden, die auf übergeordnete Bereiche des Baumes oder Nachbarknoten zeigten.
- Die Anfragen der Clients nach einem Host wurden von sogenannten Resolvern bearbeitet, die die entsprechenden Daten auslasen und zum Beispiel die Netzwerkadresse und die unterstützten Protokolle eines Rechners zurückmeldeten.

Abbildung 11: Domainbaum nach RFC 882

```
                              |
        +---------------------+---------------------+
        |                     |                     |
       DDN                  ARPA                  CSNET
        |                     |                     |
  +-----+-----+               |               +-----+-----+
  |     |     |               |               |           |
 JCS  ARMY  NAVY              |              UDEL        UCI
                              |
  +--------+------------------+-----------------+---------+
  |        |                  |                 |         |
 DTI      MIT                ISI               UDEL      NBS
           |                  |
      +----+----+         +---+---+
      |         |         |   |   |
     DMS        AI        A   B   F
```

Bei seinem Entwurf war Mockapetris davon ausgegangen, dass sich das Netz, und damit die Ansprüche an das Adresssystem, weiter ausdehnen würden. Konnte das von der DARPA geplante und betriebene Netz noch mit dezentral geregelten Namenskonventionen auskommen, funktionierte das netzübergreifend nicht mehr. Die ungeregelte Ausdehnung des Internet konnte nur möglich gemacht werden, indem ein streng geregelter hierarchischer Adressraum geschaffen wurde. Abb. 11 zeigt den Baum, den sich Mockapetris im RFC 882 vorstellte.

Indem man nicht jedem Rechner einfach nur einen Namen gab, sondern ihn in eine Adresshierarchie einband, konnte das Problem gleicher Namen gelöst werden, sofern sie nicht unter dem gleichen Knoten lagen. Die Vorgabe dieser hierarchischen Struktur verlief nicht ohne Konflikte. Immerhin war jeder Knoten bzw. dessen DNS-Server die Autorität über alle ihm untergeordneten Zweige. Hier schlug die technische Spezifikation ganz direkt in soziale Kontrolle um:

„The central administrator may have further requirements, and a domain is not registered until the central administrator agrees that all requirements are met. There must be a responsible person associated with each domain to be a contact point for questions about the domain, to verify and update the domain related information, and to resolve any problems (e.g., protocol violations) with hosts in the domain.“ (RFC 822, S.14f.)

Das DNS bildete gleichzeitig ein System verteilter Zuständig- und Verantwortlichkeiten. Es war nicht nur eine technische Spezifikation, sondern formte die Internetgesellschaft durch eine neue Organisationsstruktur. Wichtig war also, eine geeignete Person zu finden, die verantwortlich für den Betrieb und die Registrierung war und als Ansprechperson diente. Für die oberste Ebene übernahm Postel, zusätzlich zu seiner Rolle als Internetarchivar, bis zu seinem Tode 1998 die DNS-Verwaltung.

Die Reihenfolge und die Benennung der Knoten waren umstrittene Themen, was die Implementierung des DNS um ein weiteres Jahr verzögerte. Entgegen Mockapetris ersten Entwurf, der Netzkennungen als Top-Level-Domains vorsah, einigte man sich schließlich auf eine Unterteilung in sieben Organisationstypen[40], die später um die international normierten zweistelligen Ländercodes erweitert wurden.[41] Damit entstand ein inkonsistentes Nebeneinander von nationalen und inhaltlichen Kategorien, was zu Unklarheiten bei multinationalen Institutionen führte. Zum Beispiel aus der Sicht des weltweiten Netzes der Hochenergiephysiker, HEPnet, war es sinnvoll, die Länderkennung dem Netz unterzuordnen. Etwa

`user@nukhefh.nl.hep`

Aus der Sicht der Länderautoritäten musste es natürlich heißen

`user@nukhefh.hep.nl`[42]

Die Ländercodes waren in ISO 3166 festgelegt, eindeutig und begrenzt. Organisationen wie HEP oder Teildisziplinen der Wissenschaften konnte es jedoch unvorhersagbar viele geben, was bei der Verwaltung der Wurzel des Adressbaumes mit einem großen Administrationsaufwand hätte bezahlt werden müssen. Es war günstiger, auf oberster Ebene die Adressen in eine nicht wachsende Zahl von Kategorien aufzuteilen. Ein Vorschlag der UUCP-Netzwerke von 1988, die Adressen streng topologisch, dem Postsystem ähnlich, aufzubauen, wurde nicht berücksichtigt.

`mailbox@organisazion.city-abr.state.us`

Im Februar 1984 veröffentlichte Postel das „Policy Statement on the Implementation of the Domain Style Naming System in the Internet“ (RFC 897; J. Postel; February 1984). Dieses RFC unterschied sich von anderen dadurch, dass es „an official policy statement of the ICCB [Internet Control ans Configuration Board] and the DARPA“ war. Es forderte die Einrichtungen der DARPA ultimativ auf, ab dem 14. März 1984 das DNS zu verwenden und nach dem 2. Mai das alte System nicht mehr zu unterstüt-

40 com (commercial), edu (educational), gov (government), mil (military), net (networking organisations), org (non commercial organisations), int (international organisations)

41 Großbritannien bildet eine Ausnahme, da die Briten darauf bestanden statt .gb .co.uk zu verwenden.

42 Beispiele aus Frey/Adams 1990:13

zen. Am 4. April 1984 ging am NIC der DNS-Server mit den neuen Top-Level-Domains in Betrieb und stellte am 5. September die Unterstützung für die alten Listen nach fünfzehnjährigem Betrieb ein. Dennoch zog sich die Umstellung in Teilen des ARPANET noch zwei weitere Jahre hin.

4.2.3 Adressierung zwischen den Netzen

Das DNS war zwar als Standard für das gesamte Internet entwickelt worden, brauchte jedoch Zeit, bis es sich in allen Teilen durchgesetzt hatte. Einige Netze führten ihre eigenen Adressschemata weiter, so dass die Adressen für den E-Mail-Verkehr noch lange aufwändig beim Überschreiten einer Netzgrenze umgewandelt werden mussten. Das europäische EARN-Netz war 1990 noch nicht umgestellt.

Da die Nachrichten von einem Host zum anderen durchgereicht wurden, bis sie ihr Ziel erreicht hatten, mussten in einigen Systemen die kompletten Pfade angeben werden, über die die Mail verschickt werden sollte. UUCP-basierte Netze, wie das EUnet in Europa oder das USENET in den USA, gaben diese Pfade in der sogenannten „bang"-Notation an. Ein Ausrufezeichen („!") trennte jeden Rechner im Pfad:

```
host1!host2!host3!ziel-host!mailbox
```

So lange noch nicht alle Netze auf die neuen Namenskonventionen umgestellt hatten, wurde auf Mockapetris Vorschlag zurückgegriffen und temporär Pseudo-Top-Level-Domains als Netzkennungen eingerichtet. Das Gateway, das die Schnittstelle zwischen USENET und ARPANET bildete musste diese Adresse entsprechend in

```
mailbox@host3.uucp
```

umsetzen. Das konnte jedoch nur erfolgreich sein, wenn Host3 eine im DNS registrierte Domain war. Im englischen Joint Academic Network (JANET) verwendete man eine umgekehrte Reihenfolge bei der Domainangabe: vom Allgemeinen zum Speziellen.

```
cale@uk.oxbridge.chemestry
```

Das Gateway zwischen britischen und anderen Netzen hatte also die Aufgabe, diese Angabe wieder umzudrehen. Das führte immer dann zu Problemen, wenn der spezielle Teil der Domainangabe wie ein Länderkürzel lautete, zum Beispiel „.cs" für die Tschechoslowakei.

```
miller@uk.ac.bude.cs
```

Die deutschen Adressen erregten dagegen aufgrund ihrer Länge Unmut:

„Is there a message in your mailbox with a very long address running off your screen? This is probably mail from Germany showing the whole name of the host, one or two organizational subdomains, and the organization plus town, as shown in the following example:
anke@laura.irb.informatik.uni-dortmund.de
The Germans are logical and precise in their addressing." (Frey/Adams 1990: 17)

Längenbeschränkungen waren in einigen Netzen ein Problem. Manche BITNET- und EARN-Clients akzeptierten nur je acht Großbuchstaben oder Zahlen für die Angabe des Users bzw. des Hosts. So wurde aus der „postmaster" Mailbox, im EARN eine „postman" Mailbox.

Die Vorgabe eines hierarchischen Baumes konnte also auf sehr unterschiedliche Weise interpretiert werden. Heute folgen der TLD die Organisationen als Domains, die dann wiederum in ihre Einheiten gegliedert werden.

4.2.4 Mailbox-Adressierung

Die Adressspezifikationen für die Mailboxen kristallisierten sich ebenfalls über mehrere RFCs heraus.[43] Auch für sie wurde die Syntax so gestaltet, dass ein Unterschied zwischen technischer und symbolischer Adresse gemacht wurde. Die Mail-Clients konnten so benutzerfreundliche Namen anzeigen und die technischen Adressen prozessieren. Für diese Benutzerfreundlichkeit wurde im Adressierungsschema großer Aufwand betrieben. Zahlreiche Möglichkeiten für Kommentare und Zusätze waren erlaubt:

```
Alfred E. Newman <Newman at BBN-TENEXA>
„George Lovell, Ted Hackle" <Shared-Mailbox at
Office-1>
Wilt (the Stilt) Chamberlain at NBA
```
[44]

In den ersten beiden Fällen wurde der Klartext durch die Maschine ignoriert und nur die Adresse in den spitzen Klammern abgearbeitet. Durch runde Klammern konnten Zusätze eingefügt werden, die ebenfalls nicht

43 RFC 680; T. Myer, A.Henderson; April 1975 / RFC 720; D. Crocker; August 1976 / RFC 724; K. Pogran, J. Vittal, D. Crocker, A.Henderson; 12. Mai 1977

44 Beispiele aus dem RFC 724: 25ff.

prozessiert wurden. Daneben bildeten sich eine Reihe von Konventionen heraus, die das Erraten von Adressen ermöglichten, wie

`Vorname.Nachname@...`

Bereits im RFC 763 (Marshall Abrams; 7 Mai 1980) wurden sogenannte Role-Mailboxes angeregt, die einen Account nicht mehr an den Namen einer Person banden, sondern an eine Funktion wie Webmaster. Durch diese Entkopplung musste die Adresse bei einem Wechsel der Person nicht mehr geändert werden und es war möglich, als Außenstehender an einen Unbekannten in einer bestimmten Funktion zu schreiben.

Ein System zu schaffen, in dem jeder Rechner und jede Mailbox in einem ungeregelt wachsenden Netz weltweit eindeutig adressiert und damit von jedem anderen Rechner aus zu erreichen ist, war eine große Herausforderung. Es war abzusehen, dass die alten Listen, die regelmäßig aktualisiert werden mussten, sobald ein neuer Host ins Netz eingebunden wurde, nicht mehr lange praktikabel sein würden. Konnte das zentral geplante ARPANET noch mit dezentralen Listen funktionieren, erforderte das ungeregelt wuchernde Internet ein streng festgelegtes hierarchisches Adresssystem.

„Im Jahr 1990, als das ARPA-Internet eingestellt wurde, umfasste das Internet etwa 2.000 Netzwerke. Sechs Jahre später stieg diese Zahl auf 94.000. Im gleichen Zeitraum stieg die Anzahl der Hosts von drei auf fast dreizehn Millionen." (Gillies, Cailliau 2002: 49)

Diese Steigerung wäre ohne ein leistungsfähiges Adresssystem nicht möglich gewesen. Mit der Einführung des DNS konnten in den Knoten sehr flexibel neue Adressen oder ganze Netze eingebunden werden, ohne den ganzen Baum aktualisieren zu müssen. Außerdem war die Zuständigkeit für diese neuen Adressen implizit geregelt. Das DNS war also mehr als eine technische Adressspezifikation, es war gleichzeitig auch die soziale Konfiguration von Autoritäten.

4.3 Multimedia Mail

Crocker, Vittal und Pogran erwarteten bei ihren Standardisierungsbemühungen im RFC 733 im November 1977 noch einfachen ASCII-Text in den Nachrichten, sahen jedoch bereits die Möglichkeit einer differenzierten Kodierung.

„Messages are expected to consist of lines of text. No special provisions are made, at this time, for encoding drawings, facsimile, speech, or structured text.“ (RFC 733: 2)

Bald darauf wurden Überlegungen angestellt, wie E-Mail über reine Textinhalte hinaus geöffnet werden könnte. Auf dem Computer Mail Systems Meeting im Januar 1979 stellte Debbie Deutsch die *Multimedia Mail*-Versuche bei BBN vor. Auch Jonathan Postel arbeitete bereits an einem „internet multimedia mail system“ (RFC 808; J. Postel; 1.3.1982). Die Verbreitung von PCs und die allgemeine Entwicklung der Rechnernutzung erhöhte die Anforderungen an den Austausch elektronischer Nachrichten.

„Computer applications are being implemented which interact with users in a variety of media (text, graphics, facsimile, speech). As computer devices become available to process multimedia information it becomes desirable to use computers to exchange multimedia information between programs and users via various mechanisms including computer mail.“ (RFC 767: 1; J.B. Postel; August 1980)

Auf der Basis zahlreicher Diskussionen publizierte Postel einen ersten ausgearbeiteten Entwurf für ein „Structured Format for Transmission of Multi-Media Documents“ (RFC 767; J.B. Postel; August 1980). Als Vorbild diente ihm Douglas Engelbarts NLS, für dessen Dokumente dieser Vorschlag sogar eine eigene Datenstruktur bereitstellte. Das Ziel einer multimedialen Datenrepräsentation war hoch gesteckt, versuchte man doch, nicht nur verschiedene Medientypen abzubilden, sondern auch, chronologische Abhängigkeiten zwischen den Elementen zu definieren.

„One can conceive of graphical information being displayed along with a running commentary, much as seminars use slides. A slide and its description are tied together. The coordination of such a presentation is central to its understanding. This synchronization should be captured within the document structure.“ (RFC 767: 15; J.B. Postel; August 1980)

Ein Dokument sollte also aus Präsentationselementen bestehen, denen eine Zeitbeschreibung (simultaneous, sequential, independent) angefügt werden konnte. Enthielt ein Element mehrere Medientypen, so konnte festgelegt werden, dass zum Beispiel eine Grafik auf einem Bildschirm und die dazugehörige Erklärung über Lautsprecher ausgegeben wurde.[45] Als Medientypen waren Text, Voice, Facsimile und Graphics vorgesehen, die jeweils in Format und Version näher beschrieben werden mussten.

Auch Vinton Cerf machte sich Ende 1980 Gedanken über ein „internet-based, multimedia electronic message system“, hielt aber die Zeit noch nicht reif für dessen Einführung.

„DARPA is beginning a new phase of research into automatic electronic message handling systems. Ultimately, it is intended that electronic messages incorporate multiple media such as text, facsimile, compressed digitized voice, graphics and so on. Success in this new research will require substantial progress in developing multimode user interfaces to computer-based services (voice input/output, graphics, tablet/light pen, facsimile input/output, video/bit mapped displays, ...).“ (RFC 773; V.Cerf; Oktober 1980)

Stattdessen empfahl er, erst einmal Erfahrungen mit herkömmlicher Text-Mail über das neue Protokoll (TCP) zu sammeln.

Im Juli 1984 traf man sich erstmals bei BBN, um ausschließlich über Multimedia Mail zu diskutieren. BBN hatte bereits ein experimentelles System namens *Diamond* implementiert, das verschiedene Medientypen übermitteln und darstellen konnte. Auch das Stanford Research Institute demonstrierte auf dem Treffen ein System. Man kam überein, dass das vorrangige Ziel der Entwicklung die elektronische Nachbildung der Dokumente aus der „hardcopy world“ sei. Also wurde die Zeitsteuerung zu Gunsten einer flexibleren Beschreibung der Präsentationsintentionen des Autors aufgegeben und zwei neue Formate (Form und Animated Graphics) eingeführt. Die Liste der Datentypen konnte jedoch bei der Dynamik der Entwicklungen des Interactive Computing nie vollständig sein. Also wurde ein Verfahren gefunden, auch unbekannte Medientypen zu akzeptieren und ggf. durch Platzhalter darzustellen. Um die Systeme unter realen Bedingungen testen zu können, einigte man sich auf Implementationen an fünf Einrichtungen (ISI, BBN, SRI, DARPA, Linkabit) und rief eine eigene Diskussionsgruppe (MMM-People@USC-ISIF.ARPA) für Multimedia Mail Systeme ins Leben (RFC 910; H. Forsdick; August 1984).

Die RFCs 821 und 822 hatten sich als „Stand der Technik“ etabliert und wurden allgemein akzeptiert. Die breite Basis ihrer Implementation

45 Erst mit der Synchronized Multimedia Integration Language (SMILE) gelang es 1998, den ersten offenen Standard, der Zeitsteuerung von Multimediaobjekten realisierte, zu etablieren.

erzeugte bereits eine gewisse Trägheit und Resistenz gegenüber Veränderungen. Es war nicht mehr durchsetzbar, einen vollkommen neuen Mailstandard auszuarbeiten. Stattdessen erweiterte man die rigide Beschränkung auf 7-Bit-ASCII, die der RFC 822 vorschrieb, durch ein neues Verfahren, das lediglich den Textbody betraf.

Die einzelnen Elemente einer Multimedia-Mail wurden zwischen zwei Marken eingekapselt (RFC 934; M. Rose, E. Stefferud; Januar 1985). Ein zweiteiliges Content-Type-Feld teilte dem Mail-Client mit, um welche Datenstruktur es sich bei einem Element handelte, damit das Programm dessen Inhalt korrekt interpretieren und darstellen konnte (RFC 1049; M. Sibru; März 1988). Die Medientyperkennung und -darstellung sollte automatisch, ohne Eingriff des Nutzers erfolgen. Dafür war eine zentrale Standardisierung dieser Medientypen erforderlich, die der Internet Assigned Numbers Authority (IANA) übertragen wurde.

Nach diesen Vorarbeiten wurden die „Multipurpose Internet Mail Extensions“ (MIME) schließlich als RFC 1341 (N. Borenstein, N. Freed; Juni 1992) standardisiert.[46] Die MIME Version 1.0 erweiterte die Möglichkeiten des Textbody in folgender Hinsicht:

- Eine E-Mail konnte mehrere Objekte verschiedenen Typs enthalten (Binärdateien in beliebiger Länge).
- Es konnten jetzt auch andere Zeichensätze als 7-Bit-ASCII verwendet werden (z.B. auch Umlaute und andere Sonderzeichen).
- Es wurde möglich, formatierten Text mit unterschiedlichen Schriftfonts zu verwenden (Rich Text Format).
- Ferner konnten auch nicht-standardisierte Medientypen eingebunden werden, indem man dem neuen Typ ein „x-“ voranstellte.

Dazu wurden zwei neue Felder im Header der E-Mail eingerichtet:

- MIME-Version,
  die Versionsnummer des verwendeten MIME-Standards und
- Content-Type,
  das die Art der Daten spezifizierte.[47]

Die Einführung von MIME bedeutete für den E-Mail Standard eine wichtige, zukunftssichernde Modernisierung. Ohne die Spezifikationen

46 Eine spätere Überarbeitung erfolgte im RFC 1521; N. Borenstein, N. Freed; September 1993, RFC 1522; K. Moore; September 1993

47 Das konnten sein: Text (Plain oder Richtext), Image, Audio, Video, Application, Multipart (wobei sogenannte Boundaries gesetzt wurden, um die verschiedenen Teile, die jeweils wieder mit einem eigenen Content-Type ausgezeichnet wurden, voneinander abzugrenzen) und Message (zur Einkapselung einer vollständigen RFC 822 Mail z.B. für Weiterleitungen etc.).

der RFC 822 anzutasten, gelang es, den Inhalt von E-Mails aus der Beschränkung auf die 128 Zeichen des ASCII-Codes zu befreien und zahlreiche Medientypen per Mail übertragbar zu machen. Auch zurückgewiesene Mails konnten jetzt inklusive ihres Headers und ohne dadurch die empfangenden Mail-Clients zu irritieren, per Multipart in eine neue Mail eingebunden werden. Große Binärdateien konnten bei Größenbeschränkungen in mehrere E-Mails fragmentiert und nicht zuletzt Bilder sowie formatierter Text mit allen Sonderzeichen eingebunden werden.

4.4 Exkurs: USENET News

Eines der wichtigsten Netze für den Austausch von Nachrichten neben dem ARPANET war das USENET. 1979 an der Duke University und der University of North Carolina von den Studenten Tom Truscott und Jim Ellis ins Leben gerufen, basierte es auf dem derzeit sehr populären UNIX-Betriebssystem. Über das im UNIX eingebaute Kommunikationsprotokoll UUCP (Unix-To-Unix-Copy Protocol), entwickelten die Studenten ein hierarchisches System aus öffentlichen Diskussionsgruppen, das über Modems und Telefonleitungen Nachrichten übertrug. Ein paar einfache Skripte bewegten die UNIX-Rechner dazu, sich gegenseitig anzurufen und die Nachrichtenbestände („News") untereinander abzugleichen.

„A goal of USENET has been to give every UNIX system the opportunity to join and benefit from a computer network (a poor man's ARPANET, if you will)..." (Hauben Ch.1:6)

Mit dem USENET verschafften sich diejenigen Teilhabe an der vernetzten Kommunikation, die nicht an den renommierten Einrichtungen der DARPA arbeiteten.

„One of the students, Stephen Daniel, who wrote the C program for A News, explains why the term ‚poor man's ARPANET' was used.
He wrote, ‚I don't remember when the phrase was coined, but to me it expressed exactly what was going on. We (or at least I) had little idea of what was really going on on the Arpanet, but we knew we were excluded. Even if we had been allowed to join, there was no way of coming up with the money. It was commonly accepted at the time that to join the Arpanet took political connections and $100,000. I don't know if that assumption was true, but we were so far from having either connections or $$ that we didn't even try. The ‚Poor man's Arpanet' was our way of joining the CS community (Computer Science - ed), and we made a deliberate attempt to extend it to other not-well-endowed members of the community." (Hauben Ch.1:7)

Die USENET-News waren allen zugänglich, die UNIX-Systeme benutzten. Das eingebaute Kommunikationsprotokoll UUCP ermöglichte ohne viel Entwicklungsarbeit den Aufbau dieses Netzes parallel zum großen Forschungsnetz der DARPA.

Das USENET expandierte zunächst nur langsam. Als jedoch die UCB, einer der Knoten des ARPANET, begann, auch am USENET teilzunehmen, wurden – zunächst noch inoffiziell – Verbindungen zwischen den beiden Netzen geschaltet. Der Austausch funktionierte erst einmal nur in eine Richtung. Die E-Mail Kommunikation in das ARPANET erforderte noch einiges an Know-how (siehe 4.2.3). Die Mailinglisten der „Arpanauten“ dagegen ergossen sich in das USENET. Stephen Daniel berichtet weiter:

„It was initially very hard to contribute to those lists, and when you did you were more likely to get a response to your return address than to the content of your letter. It definitely felt second class to be in read-only mode on human-nets and sf-lovers.“ (zit. nach Hauben Ch.1: 8)

Mit dem Anwachsen der Zahl der Verbindungen zwischen beiden Netzen stieg auch die Zahl der USENET Sites. 1979 zählte das Netz drei Einrichtungen und generierte durchschnittlich zwei Nachrichten am Tag. Bereits Mitte der 80er Jahre übersprang es die Marke von 1000 USENET Servern. 1988 waren es 11.000 Server, die über 4MB Daten täglich erzeugten (Hauben Ch.1: 11).

Das ARPANET hatte gezeigt, dass die Vernetzung von Rechnern nicht nur technisch eine interessante Sache war, sondern tatsächlich die Kommunikation und damit die Zusammenarbeit von Wissenschaftlern förderte. Dem USENET war es gelungen, diese Idee technisch für breite Kreise zu realisieren. Die Vernetzung eröffnete Möglichkeiten, an denen zu partizipieren auch eine politische Frage war. Das hatte Licklider bereits 1968 erkannt:

„For the society, […] the impact will be good or bad depending mainly on the question: Will ‚to be on line‘ be a privilege or a right? If only a favored segment of the population gets a chance to enjoy the advantage of ‚intelligence amplification,‘ the network may exaggerate the discontinuity in the spectrum of intellectual opportunity.“ (Licklider 1968: 40)

Nicht zuletzt aufgrund der bescheideneren Ressourcen, entwickelte das USENET im Umgang mit den Nachrichten ein anderes Paradigma als das ARPANET. Es organisierte sich um die News und nicht um Mailboxen herum. Eine Ursache mag dafür gewesen sein, dass die USENET-

User, anders als die previlegierten Nutzer des ARPANETS, keine eigenen Zugänge und mithin persönliche Adressen hatten. Der Empfänger kontrollierte, welchen Diskussionsstrang (Thread) er empfangen wollte. Für die Mailinglisten des ARPANET existierte ein zentraler Verteiler (Listserver), der kontrollierte, wer welche Nachrichten empfing. Die Entscheidung, ob er an der Liste teilnehmen wollte, wurde vom Nutzer einmal getroffen, indem er sich bei der Liste anmeldete. Mailinglisten funktionieren dann als Push-Dienste. Anders ist im USENET der Prozess der Diskussion, der gesamte Strang der Beiträge, immer verfügbar. Der Nutzer kann hier jedesmal neu entscheiden, welchen Beitrag er laden möchte. Die News bilden also einen Pull-Dienst und haben generell einen öffentlichen Charakter.

Die USENET-News entwickelten sich zu einem gewaltigen „Schwarzen Brett" mit tausenden von einsehbaren Diskussionssträngen und schufen so einen neuen öffentlichen Raum, in dem man stöbern und Gleichgesinnte finden konnte. Im Gegensatz zu E-Mail-Listen, die durch ihre geregelte Zugehörigkeit immer eine eindeutig umgrenzte Gruppe bilden, kann sich in die Diskussionen der News jeder jederzeit einmischen.

4.5 Die Modernisierung des E-Mail Dienstes

Die 80er Jahre waren geprägt von der Verknüpfung der überall entstehenden Netze zum Internet und damit einer zunehmenden Globalisierung der E-Mail-Infrastruktur. Die Anzahl der angeschlossenen Rechner schoss von 235 (1982) auf über 3,8 Millionen Hosts 1994 in die Höhe (Salus 1995: 218ff.). Dieses Wachstum zeichnete sich bereits vor dem World Wide Web (WWW) ab, wurde später jedoch von ihm wesentlich mitgetragen. E-Mail blieb dabei der populärste Dienst. Das gelang jedoch nur, weil er grundlegend modernisiert und den Erfordernissen des Internet und einer Welt, die zunehmend von PCs geprägt war, angepasst wurde.

Als technische Grundlage war es nötig geworden, einen eigenen Übertragungsstandard für E-Mail zu entwickeln, um sich von den Beschränkungen des FTP-Protokolls lösen zu können. Mit SMTP wurde ein Standard entwickelt, der hervorragend in der Zeit seiner Formulierung funktionierte, solange das Netz nicht kommerziell genutzt wurde. Denn die Entscheidungen die für SMTP getroffen wurden, legten auch den Grundstein für die heutigen Probleme mit Spam- und Phishing-Mails.

Die zweite Modernisierung betraf den Adressraum. Das Internet erforderte ein Adressschema, das jeden Rechner in jedem Netz weltweit eindeutig identifizieren konnte. Die einfachen Listen aus der Frühzeit des ARPANET, die jede Institution individuell pflegte, waren bei Millionen von Hosts nicht mehr praktikabel. Stattdessen schuf man mit dem Domain-Name-System einen hierarchisch gestaffelten Baum, dessen Wurzel eine festgelegte Zahl von Top-Level-Domains hatte. Darunter konnten sich beliebig viele weitere Knoten (Domains und Subdomains) anhängen, solange sie eindeutig unterscheidbar waren. Das löste nicht nur das Problem des Adressraums für ein unvorhersagbar wachsendes Netz sondern implementierte gleichzeitig eine Struktur von Verantwortlichkeiten für die jeweiligen Zweige.

Schließlich konnte auch der Inhalt der E-Mails nicht länger auf das kleine Set von Zeichen beschränkt bleiben, das 7-Bit-ASCII festlegte. E-Mail nach dem RFC 822 war bereits zu verbreitet, als dass eine erneute Revision des Standards hätte durchgesetzt werden können. So wurde mit MIME ein Verfahren etabliert, das als Erweiterung des Inhalts erlaubte, multimediale Inhalte zu transportieren. Gleichzeitig war MIME so definiert, dass es auch zukünftig neue Medientypen integrieren konnte. Damit war E-Mail fast zu einem universalen Übertragungsmedium geworden.

Parallel dazu entwickelten sich die USENET-News als „Netz des kleinen Mannes". Anders als E-Mail entstand hier ein Medium für die öffentliche Diskussion, ein Paradigma, das heute in den zahlreichen Foren des WWW weiterlebt.

5 E-Mail als Kulturtechnik der Kommunikation (seit 1994)

In den 90er Jahren wurde E-Mail zu einem selbstverständlichen Kommunikationsmittel, das in vielen Bereichen die Erfahrung von Arbeit prägte. Seine Technik war durch SMTP und seine Integration in den Büroalltag durch seine Formenvariabilität weitgehend entproblematisiert. Jetzt kam der gesellschaftlichen Einbettung von E-Mail eine zentrale Bedeutung zu. Die Abwehr von Spam-Mails oder die revisionssichere Archivierung von Geschäftskorrespondenz stehen seit Mitte der 90er Jahre auf der Agenda. Die Relationierung des E-Mail-Dienstes mit den Rechts- und Wertordnungen sind die aktuellen Herausforderungen. Um sich als Kulturtechnik weiter zu stabilisieren, muss die Expansion und Verfilzung des Netzes weiter voranschreiten.

Die ersten soziologischen Forschungen über E-Mail entstanden in dem Moment, als der Dienst für Privatunternehmen interessant wurde. Daher untersuchte das Gros der Literatur den Zusammenhang zwischen E-Mail und betrieblicher Organisation. Mit der Veränderung der Kommunikationsformen beschäftigen sich Studien zur internen Unternehmenskommunikation.[48] In diesen frühen Arbeiten ging es darum, das Phänomen E-Mail zunächst erst einmal zu beschreiben und dessen Eigenschaften zu analysieren (Uhlig 1977). Dies geschah vorwiegend unter dem Gesichtspunkt der *Ausweitung* der betriebsinternen Kommunikation und den Veränderungen von Arbeitszeiten und -orten (Leduc 1979, Johansen/DeGrasse 1979, Stegbauer 1990). Dazu gehörten auch Thesen von einem Abbau der Hierarchien durch E-Mail, von einer Egalisierung oder Demokratisierung der Kommunikation, die noch Ende der 90er Jahre vertreten wurden (Rodgers/Allbritton 1997). Die 80er Jahre waren dann geprägt von der Frage nach der Motivation, E-Mail im Unternehmen einzusetzen und den Gründen, Situationen und Bedingungen, unter denen es genutzt wurde (Rice/Case 1983, Steinfeld 1986b, Trevino/Lengel/Daft 1987, Schmitz/Fulk 1991). Durch die zunehmende Erfahrung mit dem Dienst wuchs schließlich das Bewusstsein für die nicht intendierten Folgen der neuen Technik und die Veränderungen der kommunikativen Beziehungen in den Unternehmen (Sproull/Kiesler 1991, Wiest 1994, Clases 1994, Scholl/Pelz/Rade 1996, Plum 1996, Holland 1998, Frey 1999). So vollzog auch die Theorie die Ausweitung des Netzes. Die Untersuchungen mussten sich zunehmend auf den soziotechnischen Kontext der Kommunikation richten, um E-Mail adäquat verstehen zu können.

Die Medienwissenschaften in Deutschland konzentrierten sich, anders als in den USA, lange Zeit ausschließlich auf Massenkommunikationsmittel wie Presse, Kino oder Fernsehen. Das späte Interesse an den digitalen Kommunikationsformen wie E-Mail begann hier erst Mitte der 90er Jahre (Wetzstein 1995, Weinreich 1997, Michell 1997, Puls 2000, Stegbauer 2001). Historische Perspektiven wurden noch später aufgegriffen. Während sich die literaturwissenschaftlich orientierte Medienwissenschaft mit den Veränderungen des Schreibstils, mit Emoticons oder dem Wandel der Liebesbriefe im Netz (Höflich/Gerhardt 2003) befasst, werden die sich abzeichnenden Krisenphänomene des Dienstes wie Spam, Phishing oder „E-Mail Overload“ noch fast ausschließlich innerhalb der Computerwissenschaft diskutiert.

5.1 E-Mail im Arbeits- und Lebenskontext

5.1.1 E-Mail als Akte

Aus der Sicht der Unternehmenssoziologie steht E-Mail als Medium der Informationsgesellschaft in der Tradition der tayloristischen Anstrengun-

48 Eine ausführliche Übersicht dazu bietet Wiest 1994: 20-39 bzw. Holland 1998: 56ff.

gen des letzten Jahrhunderts, die mit einer Automatisierung, zumindest aber Mechanisierung weiter Teile der Tätigkeiten, eine Steigerung der Produktion und gleichzeitig eine Entlastung der Arbeit mit sich gebracht hatten. Grundlage dafür waren die im gleichen Maße wichtiger und umfangreicher gewordenen administrativen und planerischen Tätigkeiten.

„Mit dem ständigen Wachstum des Informationsflusses bekommt die schnelle und effektive Übermittlung und Weiterverarbeitung von Informationen eine immer größere Bedeutung. In den modernen, komplexen, sich technisch und soziokulturell rasch verändernden Gesellschaften ist schnelle und umfangreiche Kommunikation und Informationsverarbeitung möglich und zugleich notwendig für ihr Funktionieren." (Scholl/Pelz/Rade 1996: 28)

In der Folge waren neue Organisationsmodelle in Unternehmen[49] von einem Umdenken, weg von hierarchischen Kontrollstrukturen eines taylorschen Scientific Management, hin zu Konsens und Selbstkontrolle geprägt. Der Druck auf die „Wissensarbeiter" zu schneller und effektiver Entscheidungsfindung führte nicht selten zu einer unkritischen Übernahme der neuen Informationstechniken. Allzu voreilig erhoffte man sich für die Büroarbeit eine zur Rationalisierung in der Produktion analoge Entwicklung. Den E-Mail-Pionieren war es jedoch um eine Ausweitung der Kommunikation und die Unterstützung des Wissenschaftsbetriebs gegangen. Mit dem kommerziellen Gebrauch des Dienstes traten dagegen deutlich Rationalisierungshoffungen in den Vordergrund.[50] Während jedoch mittels Automatisierungstechnik der Mensch die Maschine *bedient*, ihr also Folge zu leisten hat, sind die Medien, die die Büroarbeit unterstützen, Möglichkeitstechniken, deren Einsatz und Ausgestaltung (Formenbildung) zum großen Teil in den Händen der Nutzer liegt (Boyne 1996: 296). Das gilt besonders auch für E-Mail. In den streng formalisierten Arbeitsabläufen des Produktionsbereichs kann der Gebrauch der neuen Techniken verpflichtend gemacht, im Büro dagegen als Möglichkeitstechnik nur empfohlen werden.

Daneben bestand der Glaube, E-Mail sei weitgehend kostenlos, besonders wenn PCs und ein Netzwerk bereits vorhanden waren. Die Software

49 So zum Beispiel die Unternehmenskulturdebatte der 80er oder das „Lean-Management" der 90er Jahre.

50 Dass der Rationalitätsaspekt manchmal von einem Mythos der Modernität durch die Einführung von EDV-Verfahren überlagert wurde und zu erheblichen Fehlinvestitionen geführt hat, haben Faust/Bahnmüller (1996) am Beispiel der Einführung von Computersystemen in deutschen Arbeitsämtern gezeigt.

war billig zu kaufen und sollte vom Produktionsgewinn rasch wieder eingespielt werden. Bei der traditionellen Post erinnerte jede Briefmarke an die Kosten; Lieferungen ins Ausland oder eine beschleunigte Zustellung sind nur gegen Aufpreis zu haben. Besonders bei Massendrucksachen wird trotz Sondertarifen nicht nur das Beförderungsentgeld sehr hoch sondern auch der Umgang mit dem physischen Material aufwändig. Das Absenden einer E-Mail – unabhängig von der Entfernung und der Anzahl der Empfänger – ist dagegen kaum direkten Kosten zuzuordnen und die Geschwindigkeit der Übertragung gegenüber der Briefpost konkurrenzlos.

Kommunikationssysteme haben jedoch die Eigenschaft, wachsen zu müssen. Das führte schnell zu der Notwendigkeit, neue Server einzurichten, auf denen die Mails gespeichert wurden, größere Bandbreiten zur Verfügung zu stellen und Personal zur Wartung und Administration zu beschäftigen. Die Arbeitskosten überstiegen dabei schnell die technischen. Die Kosten des E-Mail-Dienstes verstecken sich nach Boyne also in der Zeit, mit der sie langsam erst entstehen. Auch das ist den Möglichkeitsstrukturen des Mediums zuzuschreiben, denn der Aufwand wächst mit der Erfahrung und Bereitschaft der Nutzer, seine Optionen intensiv wahrzunehmen.

> „The first Email system that is set up is virtually self-maintaining, but as it grows, it begins to require full-time management, with a consequent growth of support staff." (Boyne 1996: 298)

Eine differenzierte Analyse dieser Möglichkeitstechnik liefert Christian Stegbauers (1995) Modell der sozialen Intergration von Kommunikationsmedien. Er beschreibt E-Mail zwischen den Dimensionen von Initiations-, Aushandlungs- und Ratifizierungsmedium.

Als *Initiationsmedium* ist E-Mail in der Lage, Kommunikation zu begünstigen, zu beschleunigen und neue Kommunikation zu generieren, wobei es die Briefkommunikation nur zu geringen Teilen ersetzt. In einer Untersuchung von Plum (1997: 7) hatte der Einsatz von E-Mail die Briefpost nur zu 6% verdrängt, während in 65% der Fälle ein neues Kommunikationsereignis eintrat, das ohne E-Mail nicht stattgefunden hätte. Während die traditionelle Briefpost kaum bedroht ist, liegt das größte Substitutionspotential bei der firmeninternen Kommunikation (Hauspost). Es hat sich gezeigt, dass E-Mail im kommerziellen Umfeld in weitaus schnellerem Tempo gewachsen ist, als außerhalb von Unternehmen. Dabei hat es nicht nur die Arbeit in den Büros verändert, sondern auch Heimarbeit in manchen Berufen erst möglich gemacht. Es erlaubt größere Mobilität, indem Mitarbeiter auch auf Reisen mit ihrem

Unternehmen in Verbindung bleiben können. Das bedeutet jedoch nicht unbedingt, dass die Kommunikation dadurch qualitativ verbessert wird oder zu einer Erhöhung der Produktivität führt.

Um mit E-Mail erfolgreich Kommunikation initiieren zu können, müssen Anschlussleistungen auf beiden Seiten erbracht werden. Es muss nicht nur die Adresse des anderen bekannt, sondern auch sichergestellt sein, dass dieser seine Mailbox abfragt. Das ist nicht immer der Fall. Manche elektronischen Postfächer werden nur einmal in der Woche oder seltener geleert. Durch eine Kombination mit anderen Medien muss dann zeitintensiv ermittelt werden, ob und wann das Gegenüber E-Mail nutzt. Dadurch heben sich die Vorteile des Mediums wieder auf: Die Geschwindigkeit unterschreitet die der Brief- bzw. Hauspost und die Ermittlung der Rahmenbedingungen macht den Kommunikationsprozess ineffizient.

E-Mail verlangt also nach einer kulturellen Einbettung und erwartbaren Verhaltensweisen. Bei der Briefkommunikation hat sich eine unscharfe, aber in der Regel verlässliche Verhaltensnorm eingestellt, wann Post aus dem Briefkasten entnommen und gelesen wird. Ähnliches muss sich für die elektronische Kommunikation erst noch bilden. Innerhalb von Unternehmen und Universitäten etablieren sich bereits solche unausgesprochenen Normen. Diese sind jedoch weitgehend gruppenspezifisch und führen aufgrund ihrer Verschiedenheit zu Unsicherheiten bei der Kommunikation über deren Grenzen hinweg. Während Mitte der 90er Jahre viele Firmen auf E-Mail Anfragen noch gar nicht reagierten, werden heute bereits von manchen Unternehmen Reaktionsgarantien für Kundenkontakte gegeben.

Im privaten Sektor ist das Verhalten noch sehr heterogen und unterscheidet sich erheblich zwischen verschiedenen sozialen Gruppen. Dabei machen sich die – im Vergleich zu den Unternehmen – sehr viel heterogeneren Voraussetzungen, wie Medienkompetenz, PC- und Netzzugang bemerkbar. Angesichts der zunehmenden Organisation westlicher Ökonomien um diese Techniken elektronischer Kommunikation (E-Commerce, E-Learning, E-Government etc.), wird der Druck auf die Bevölkerung zur Teilnahme weiter stark steigen.[51] Damit öffnet sich eine Schere, die unter dem Stichpunkt *Digital Divide* diskutiert wird. Der Graben verläuft dabei nicht in erster Linie zwischen den reichen Industrienationen und der „Dritten Welt" sondern innerhalb der Gesellschaften. E-Mail stabilisiert sowohl die Gruppen mit als auch die ohne Zugang, unabhängig von ihrem Ort auf dem Globus. Sproull und Kieslers These von der Verstär-

51 Jeremy Rifkin (2002) hat diese Frage des Zugangs zum zentralen Thema der zukünftigen Ökonomie erklärt. Die Folge der Entmaterialisierung bzw. Virtualisierung gesellschaftlicher Prozesse führt, seiner These nach, zu einem Verschwinden des Eigentums.

kung der sozialen Unterschiede („deviation amplification") durch Kommunikationsmedien ist auch global gültig.

In einer zweiten Dimension nach Stegbauer kann E-Mail als *Aushandlungsmedium* begriffen werden. Moderne Produktionsformen verlangen schnelle und flexible Kommunikationsstrukturen. Gepaart mit neuen Organisationsformen konsensuellen Arbeitens, werden klassische Hierarchien und mit ihnen der „Dienstweg" aufgeweicht. Für die dabei erforderlichen Aushandlungsprozesse stellt E-Mail ein ideales Medium dar.

Stegbauer sieht drei Haupteigenschaften von E-Mail: Als asynchrones Medium eignet es sich zur Kommunikation bei auseinanderfallenden Arbeitszeiten. Daneben ist es schnell und basiert auf geschriebenem Text. Sein Vorteil liegt in seinem besonderen Verhältnis zur Raum-Zeit-Koordination der Kommunikation. Mitchell (1997) hat dies innerhalb seiner „Ökonomie der Präsenz" beschrieben, indem er die Kosten dieser Koordinationsleistungen untersuchte und zeigen konnte, dass die richtige Medienwahl einen ökonomischen Vorteil bedeuten kann.

Tabelle 5: Einteilung der Medien

	synchron	**asynchron**
Präsenz	Gespräch von Angesicht zu Angesicht	Notiz auf dem Schreibtisch
Telepräsenz	Telefongespräch	E-Mail

nach Michell (1997: 20)

Mitchell ging der Frage nach, wie wir zwischen alternativen Kommunikationsmedien auswählen. Er kam zu dem Schluss, dass Kommunikationsvorgänge oft in Kombinationen verschiedener Medien ablaufen und die Wahl jeweils anhand sehr vieler Faktoren, wie dem Ort und den Umständen (konfligierende Ansprüche an die Anwesenheit), getroffen wird. E-Mail bietet dabei den Vorteil, weder eine Raum- noch eine Zeitkoordination der Teilnehmer zu benötigen. Die sozialen Anforderungen werden hier in die Ebene der Technik verlagert.

Ein Mailserver ist rund um die Uhr bereit, Nachrichten entgegenzunehmen und entlastet von der Gleichzeitigkeit der Kommunikationspartner. Die Koordinationsleistung wird in eine dauerhafte technische Präsenz (durch Speicherung) ausgelagert.

Ebenso verhält es sich mit der Raumkoordination. Die Ortsunabhängigkeit der Kommunikation wird durch einen fixen virtuellen Ort, die

Mailbox, eine eindeutige Adresse und die Übertragungstechnik ermöglicht.

Tabelle 6: Raum-Zeit-Koordination

	synchron	**asynchron**
Präsenz	benötigt Orts- und Zeitkoordination	benötigt Speichertechnik und Ortskoordination
Telepräsenz	benötigt Übertragungstechnik und Zeitkoordination	benötigt Speicher- und Übertragungstechnik

Trotz der schnellen Übertragung bekommt der Adressat, anders als bei synchronen Techniken wie dem Telefon, Zeit zu antworten. Das kann die Kommunikation eher verlangsamen als beschleunigen. Aus Sicht des Aushandlungsprozesses sind synchron präsente Teilnehmer, ist die Kommunikation erst einmal initiiert, am effektivsten. Vorteile bietet E-Mail aber, wenn im Aushandlungsprozess die Aussagen sorgfältig abgewogen werden müssen und so auf Zeit und Schriftlichkeit nicht zu verzichten ist.

Als formalisierter Geschäftsbrief, als Schriftspur bürokratischer oder kommerzieller Handlungen, kommt E-Mail heute eine immer größere Bedeutung zu. Gleichzeitig steht es in seiner elektronischen Form dem klassischen Verwaltungshandeln entgegen. Viele E-Mails werden ausgedruckt, um wieder als gewohnte Akte (Präsenz) angelegt werden zu können und als *Ratifizierungsmedium* Geschichte zu schreiben, also Sinn zu produzieren.

„Obgleich der durch Akten repräsentierte Ausschnitt sozialer Wirklichkeit eher klein ist, stellt er doch, sowohl das organisatorische Gedächtnis, wie auch die offizielle Wirklichkeit dar." (Stegbauer 1995: 3)

Bereits Max Weber hatte die Akte als Rückgrat jeder bürokratischer Organisation entworfen.

„Es gilt das Prinzip der A k t e n m ä ß i g k e i t der Verwaltung, auch da, wo mündliche Erörterung tatsächlich Regel oder geradezu Vorschrift ist: mindestens die Vorerörterungen und Anträge und die abschließenden Entscheidungen, Verfügungen und Anordnungen aller Art sind s c h r i f t l i c h fixiert. Akten u n d kontinuierlicher Betrieb durch B e a m t e zusammen ergeben: das B u r e a u, als d e n Kernpunkt jedes modernen Verbandshandelns." (Weber 1980: 126; Hervorhebungen im Original)

Dieses Bürokratiemodell von mündlicher Aushandlung und schriftlicher Fixierung durch Dokumente (Akten) wird durch E-Mail brüchig. Das neue Medium verändert „die traditionelle Ordnung zwischen Aushandlungs- und Ratifizierungsmedien in Organisationen", da es sich „weder eindeutig als Aushandlungs- noch als Ratifizierungsmedium ausmachen" (Stegbauer 1995: 6) lässt. E-Mail – elektronische Dokumente überhaupt – stellen die einmalige, vollständige und ortsgebundene Akte in Frage. Da sich die rechtlichen Aufbewahrungs- und Nachweispflichten jedoch nicht geändert haben, sind neue Konzepte der Integration von E-Mail in die Verwaltungen erforderlich.

5.1.2 Automatisierung des Textprozesses

Die Büroarbeit konnte nicht ebenso einfach automatisiert werden, wie die repetitiven Tätigkeiten der Produktion. Es waren jedoch Techniken denkbar, die diese Arbeit unterstützten. Jeanette Hofmann (1996: 161) hat darauf hingewiesen, dass auch die Textverarbeitung zunächst ein Instrument der Unternehmensorganisation war, verstanden als „Rationalisierung von Korrespondenzaufgaben mittels eines Unternehmens bzw. einer Verwaltung durch Mechanisierung, Automatisierung und somit Zentralisierung der Schreibfunktion" (Runge zit. nach Hofmann 1996: 161).

Es war also nur folgerichtig, dass aus den frühen Texteditoren der Programmierer wie dem „expensive Typewriter", erst Textautomaten für die standardisierten Korrespondenzaufgaben von Typistinnen, dann Textverarbeitungsprogramme und schließlich, mit der E-Mail, Briefprozessoren geworden sind. An diese Automatisierung der Brief*produktion*, wie sie durch die Textverarbeitungsprogramme in Form von Textbausteinen und Serienbriefen unterstützt wurde, knüpfte moderne E-Mail Software an. Die Werbewirtschaft generiert so heute täglich Millionen von Spam-Mails – euphemistisch Direct-Mail genannt – aus automatisch erzeugten Adresslisten (siehe 5.2).

Mit dem E-Mail-Header waren genau definierte Felder eingerichtet worden, die automatisch von der Software verarbeitet werden konnten. Mit der zunehmenden Integration und Verflechtung von E-Mails in Unternehmens- bzw. Organisationsprozessen wurde eine Automatisierung der *Auswertung* oder gar eine maschinelle Beantwortung der Nachrichten selbst wünschenswert. Die Inhalte der Mails sind jedoch, bis auf den Zeichensatz, völlig ungeregelt. Der Textinhalt ist semantisch konnotiert, weitgehend unstrukturiert und daher nur schwer algorithmisch zu prozessieren. Eine vollständige Verarbeitung wird stets an der prinzipiellen Unfähigkeit des Computers, Sinn zu verstehen, scheitern.

Dennoch wird versucht, durch den Einsatz von statistischen und heuristischen Verfahren begründete Vermutungen über den Inhalt einer Nachricht automatisch zu erstellen, um sie dann bestimmten Geschäftsvorgängen zuzuordnen, Spam auszusondern oder anderwertig weiterzuverarbeiten. Eine andere Strategie ist es, wo immer möglich, auf E-Mail-Formulare auf Webseiten auszuweichen, deren Inhalt dann gut strukturiert an das Unternehmen übermittelt wird und verarbeitet werden kann.

Doch auch ohne ein „automatisiertes Verstehen" des Inhalts hat die Digitalisierung der Dokumente einen großen Reiz für Unternehmen. Informationen können in digitaler Form ohne Qualitätsverlust leicht transportiert, gespeichert, vervielfältigt, integriert, durchsucht und indiziert werden und das zu sehr viel geringeren Kosten, als dies bei physischen Briefen der Fall wäre. Um diesen Mehrwert möglichst allumfassend abschöpfen zu können, werden heute Verfahren entwickelt, die in Umkehrung der E-COM-Technik Papierdokumente (z.B. Geschäfts- und Behördenkorrespondenz) massenhaft ins Digitale überführen. Mit den Milzbrand-Anschlägen im Herbst 2001 in den USA bekam diese „Virtualisierung" der Post unerwartet noch einen weiteren (Sicherheits-)Aspekt (CZ 7.1.2002).

Die ökonomische Verwendung hat den Prozess der Automatisierung vorangetrieben und zog weitere gesellschaftliche Verflechtungen nach sich. E-Mail-Speicher sind heute zu modernen Aktenschränken geworden, die im Umfeld von Bürokratien rechtliche Relevanz erlangen. Neue gesetzliche Regelungen waren die Folge. In den USA gab es bereits erste Gerichtsurteile mit hohen Geldstrafen gegen Firmen, die Mails nicht aufbewahrt haben (CZ 8.11.2004). Helfen soll dabei ein Information Lifecycle Management (ILM), das E-Mails in einen geregelten Workflow im Unternehmen einbindet. Die Mail wird im Original archiviert und ist danach nur mit einer speziellen Berechtigung zugänglich. Eine Archivierung erst nach der Zustellung ist für die Firmen wegen möglicher Veränderungen zu unsicher. Der deutsche Gesetzgeber schreibt im Handels- und Steuerrecht für alle relevanten Inhalte diese rechtssichere (revisionssichere) Archivierung vor. Jeder Kaufmann hat die Pflicht zur geordneten Aufbewahrung von geschäftlichen Unterlagen (§257 Abs.1 HGB). Das gilt auch für „empfangene und versandte Handelsbriefe“[52], wobei sicherzustellen ist, dass die Übereinstimmung mit dem Original und die jederzeitige Verfügbarkeit und Lesbarkeit gewährleistet ist (Speichert 2005: 17).

Doch nicht jede eingehende E-Mail ist auch archivierungswürdig. Vor der Speicherung durchläuft die Nachricht daher eine Viren- und Spam-Prüfung. Durch inhalts- und regelbasierte Klassifizierungsmethoden, die Header, Nachrichtentext und Anhang auswerten und nach Schlüsselworten und Wortkombinationen durchsuchen, wird versucht, schädliche oder irrelevante Mails auszufiltern. Darauf wird die Nachricht indiziert, um mit Kunden- und Produktionsdatenbanken verknüpft werden zu können, und erst dann dem Empfänger als Kopie zugestellt. Abgehenden Korrespondenzen werden einheitliche Absendersignaturen, Fristenbelehrungen oder Haftungsausschüsse anfügt.

Die Archivierung und Filterung des Mailverkehrs vor der Zustellung berührt wiederum andere Rechtsnormen und verlangt nach Richtlinien und Vereinbarungen zum Datenschutz innerhalb der Organisationen. Wenn ein Arbeitgeber seinen Mitarbeitern die private E-Mail-Nutzung erlaubt, tritt er nach deutschem Recht gegenüber seinen Arbeitnehmern als Dienstanbieter auf. In dem Fall unterliegen die E-Mails dem Fernmeldegeheimnis, denn namensbezogene Nachrichten dürfen nicht ohne Zustimmung des Adressaten archiviert oder gelöscht werden.[53] Das vorsätzliche Filtern und Löschen von Spam ist davon betroffen, da die subjektive Entscheidung, was Spam ist und was als interessantes Verkaufsangebot gewertet wird, nur der Empfänger selbst treffen kann (C’t 4/2005: 178).[54] Unternehmen müssen sich daher mit entsprechenden Betriebsvereinbarungen absichern. Das gilt auch für den Fall, dass eine Firma privaten E-Mail-Verkehr grundsätzlich verbietet, denn ein Angestell-

52 Bei Handelsbriefen, zu denen auch die E-Mail-Korrespondenz gehört, besteht eine Aufbewahrungspflicht von mindestens 6 Jahren. Die Lesbarkeit der Nachrichten über diesen Zeitraum sicherzustellen, stellt angesichts des dynamischen Wandels im Soft- und Hardwarebereich hohe Anforderungen an die Archivierung.

53 Anfang Januar 2004 entschied der erste Strafsenat des Oberlandesgerichts Karlsruhe, dass das gezielte Ausfiltern von E-Mails ohne Kenntnis und Zustimmung des Betroffenen als Verletzung des Fernmeldegeheimnisses nach §206 des StGB strafbar sein kann (OLG Karsruhe Az1 Ws 152/04). Auch nach dem US-amerikanischen Electronic Communication Privacy Act von 1986 sind E-Mails auf ähnliche Weise geschützt.

54 Virenverseuchte E-Mails bilden eine Ausnahme. Diese können gelöscht werden, um den reibungslosen Betrieb des Dienstes und der technischen Anlagen nicht zu gefährden. Ein Einverständnis des Empfängers kann hier vorausgesetzt werden.

ter könnte ohne eigenes Verschulden private Post von Dritten an seine Firmenadresse bekommen.

Auf der anderen Seite besteht ein Sicherheitsinteresse der Unternehmen und der Mitarbeiter, dass ihre Post nicht mitgelesen, verändert oder verfälscht wird. Die beim Brief materiell wirkende Garantie der Privatheit durch den Umschlag, ist im Virtuellen nicht mehr gegeben. Geheimdiensten, Konkurrenten oder einfach der Unternehmensleitung ist es leicht möglich, die ungeschützten E-Mails mitzulesen.

Da Computer am Arbeitsplatz in der Regel Betriebseigentum sind, gibt es oftmals einen Interessenkonflikt zwischen Arbeitgebern, die den E-Mailverkehr als ausschließlich geschäftlich betrachten und Arbeitnehmern, die das Postgeheimnis gewahrt wissen wollen. Nach einem Bericht der C't (9. 6. 2005) geben 40% der US-Unternehmen mit mindestens 20.000 Mitarbeitern an, die E-Mails ihrer Angestellten mitzulesen. 32% planten dies. Als Grund wird angeführt, dass man kontrollieren müsse, ob die Mails nicht beleidigend oder geschäftsschädigend sind, da das Unternehmen sonst haftbar gemacht werden könnte. Außerdem soll verhindert werden, dass vertrauliche Informationen an die Konkurrenz weitergegeben werden.[55] In Deutschland ist eine solche Kontrolle aufgrund des Fernmeldegeheimnisses bislang nicht erlaubt.

Die E-Mail-Überwachung im internationalen Maßstab ist dagegen das Feld der Geheimdienste. Nicht erst mit der Computertechnik gehört es zur geheimdienstlichen Aufklärung, Kommunikationswege aller Art abzuhören und auszuwerten. Das 1988 unter dem Namen Echelon bekannt gewordene globale Netz von Abhör- und Auswertungsstationen verarbeitet neben dem Telefon- auch den E-Mail-Verkehr des Internet.

„Ausgehend von einem Wort, einem Satzteil oder einer Wortkombination identifizieren sie die Nachrichten mit den gewünschten Wörtern oder Satzteilen. Ihre Aufgabe, die heute große Ausmaße angenommen hat, ist es, die Schlüsselwörter oder Satzteile, die für die Geheimdienstbehörden von Interesse sind, mit dem riesigen Volumen internationaler Kommunikation zusammenzubringen, sie zu extrahieren und sie zu den Bedarfsträgern weiterzuleiten. Während der 80er Jahre entwickelte die NSA den schnellen Datenfinder-Mikroprozessor - der nur für diesen Zweck entworfen wurde. Später wurde er mit der Behauptung kommerziell vermarktet, dass er ‚weltweit die umfangreichsten zeichenbe-

55 Besorgt wird dieses Verhalten von Organisationen wie der American Civil Liberties Union (ACLU) beobachtet, die eine Informationspflicht über die Techniken, einen Zugang der Angestellten zu den Ergebnissen und eine Beschränkung der Überwachungen ausschließlich auf Nachrichten die im Arbeitszusammenhang stehen, fordert.

zogenen Vergleichsfunktionen eines Textgewinnungssystems‘ habe.“ (Campbell 2000)

Dabei gehört das Verarbeiten der schriftlichen Kommunikation, im Vergleich zur wesentlich aufwändigeren Sprachanalyse bei Telefongesprächen, zu den Routineaufgaben. Dass diese Aktivitäten keinesfalls nur zur Abwehr von Terroranschlägen dienen – wobei das System und seine organisatorische Einbindung vor dem 11. September 2001 mit furchtbaren Konsequenzen versagte – sondern auch der „ökonomische Aufklärung“, ist in den USA und Großbritannien ein offenes Geheimnis.

„Die US-Regierung unter Präsident Clinton richtete unter einer politischen Richtlinie von 1993, die umgangssprachlich unter dem Motto ‚das Spielfeld einebnen‘ bekannt wurde, neue Handels- und Wirtschaftskomitees ein. Die NSA und die CIA sollten für US-Geschäfte bei ausländischen Vertragsverhandlungen unterstützend tätig sein. In Großbritannien gab das GCHQ-Ermächtigungsgesetz von 1994 öffentlich als einen seiner Zwecke an, ‚das ökonomische Wohlergehen des Vereinigten Königreichs in Beziehung zu Aktionen oder Absichten von Personen außerhalb der britischen Inseln‘ zu fördern.“ (Campbell 2000)

Die Intimität des eigenen Arbeitsplatzes verdeckt die Tatsache, dass E-Mails offen wie Postkarten sind und unterwegs mit wenig technischem Know-how mitgelesen werden können. Hier offenbaren sich die Schwachstellen von SMTP, wie das Fehlen einer Verschlüsselung – bereits von Paul Baran als grundlegende Netzeigenschaft vorgeschlagen – und der Verzicht auf eine Authentifizierung der sendenden Server. Auf diesen Punkt hatte Dave Crocker bereits Mitte 1975 hingewiesen (MsgGroup #67). Auch dies sind Belege dafür, dass der E-Mail-Dienst in eine neue Phase eingetreten ist. Im überschaubaren Kreis Gleichgesinnter verhinderten enge soziale Beziehungen einen Missbrauch. Mit zunehmender Ausdehnung und gesellschaftlicher Verflechtung wurden rechtliche Regelungen und zusätzliche technische Vorrichtungen notwendig. Angesichts der Menge der Implementationen, kann die technische Basis, das SMTP-Protokoll, nicht einfach ausgetauscht werden. Die frühen Designentscheidungen, die unter ganz anderen Umständen vertretbar und vernünftig erschienen, werden jetzt problematisch. Der E-Mail-Dienst befindet sich heute im klassischen Dilemma einer etablierten – also verlässlichen weil weitgehend unveränderbaren – Technik und dem Problem, nicht mehr auf die zeitgemäßen Anforderungen adäquat reagieren zu können. Für die Technikgeneseforschung ist es an einem Punkt angekommen, in dem die Wahrscheinlichkeit einer Ablösung, bzw. Ausdifferenzierung des Dienstes durch konkurrierende Verfahren stark gestiegen ist. Noch sind diese nicht in Sicht, aber 59% der Firmen in Deutschland würden ein anderes System als E-Mail vorziehen, sobald es verfügbar wäre (Internetworld 9.2004 und CZ 20.9.2004).

5.1.3 Umgang mit E-Mail

Mit dem technischen „Umschlag“ (Envelope) einer E-Mail kommt der Nutzer praktisch nicht in Berührung. Ihm entsprechen die MAIL- bzw. SMTP-Befehle, die von den Mailservern generiert und interpretiert werden. Die E-Mail Software öffnet das Kuvert automatisch mit dem Abruf vom Mailserver.

Die Headerdaten, die als Block der eigentlichen Nachricht voran gestellt sind, substituieren die im Geschäftsverkehr üblichen Briefköpfe nur bedingt. Der Briefkopf, der ehemals aufwändig gestaltet wurde und als Ausweis den Hauses galt, wird zur Unterschrift im Wortsinne degradiert und als *Signature*, ohne weiteres Zutun jeder Mail angehängt. Bei schmaler Bandbreite und anfänglich ohne ein Verfahren zur Übermittlung von Bildern, war dies bei der Formulierung des Standards ein praktikabler Kompromiss zwischen technischer Machbarkeit und Nutzungsanforderungen. Nur sehr zögerlich setzten Unternehmen heute um, was mit der Einführung von MIME möglich geworden ist: die Anpassung von E-Mail an das Corporate Design, analog zur Papierform.

Von der gewohnten Angabe des Ortes und des Datums (z.B. „Lüneburg, den 7.12.2005“), ist nur ein Datumsfeld übrig geblieben. Die Ortsangabe findet sich lediglich als Teil der Absenderdomain, die den Ort der Mailbox bezeichnet. Wirkungsstätte und Ortsangabe der Nachricht haben keine Beziehung mehr zueinander. Ein Wechsel des Wohnortes verändert die Adresse der Mailbox nicht. Die Mailbox – wie auch Blogs, Chatrooms und andere virtuelle Räume – sind für viele ein virtuelles Zuhause geworden. In großen „Mietshäusern“ wie T-Online, GMX oder Web.de spiegeln sich Statusunterschiede zu den virtuell Bessergestellten, die auf ihr „Eigenheim“, auf eine eigene Domain (z.B. *nachname*.de) verweisen können.

Während die Headerangaben aus der Strukturierungsverantwortung des Verfassers herausgenommen sind, bleibt der Text selbst unstrukturiert. Dessen Grundlage ist das Word Processing, von dem die E-Mail nicht nur das endlose Blatt erbte, sondern auch die Möglichkeit, Textblöcke wiederzuverwenden (cut and paste). Die REPLY-Funktion beruht auf diesem Textrecycling. Die ursprüngliche Nachricht, auf die man sich bezieht, wird automatisch in die Antwort eingebunden. So entstehen Werke aus Schichten. Sedimente alter Kommunikation lagern sich unter oder über dem neuen Text ab (Stefik 1996: 111). Sie bilden eine Ge*schichte*, produzieren damit Sinn und beeinflussen so unsere Sicht der Dinge.

„Email should be examined as a cultural influence on the individual in the world of work, an influence which in turn helps to define reality itself for a sizeable section of the population.“ (Boyne 1996: 296)

Antworten mit Bezug auf Originalzitate, bilden Redundanzen, die für die Anschlussfähigkeit von Kommunikation wichtig sind. Die Missverständnisse, die bei der klassischen Post entstehen können, wenn dieser Faden reisst, beschrieb Woody Allen anhand der beiden Briefschachspieler Gossage und Vardebedian.

„Gossage,
habe heute morgen Ihren Brief mit Ihrem fünfundvierzigsten Zug erhalten (Ihr Springer schlägt meine Dame??), außerdem Ihre weitschweifigen Erklärungen, die Unterbrechung unserer Korrespondenz Mitte September betreffend. Wir wollen sehen, ob ich Sie richtig verstehe. Ihr Springer, den ich Ihnen schon vor Wochen genommen habe, soll sich nun also auf Grund eines vor dreiundzwanzig Zügen verlorengegangenen Briefes auf E fünf befinden. Ich habe nicht bemerkt, daß sich ein derartiges Unglück ereignet hätte, und erinnere mich deutlich Ihres zweiundzwanzigsten Zuges, in dem Sie, meine ich, Ihren Turm nach D drei zogen, wo er bei einem Ihrer Gambits, das tragisch fehlschlug, hingemetzelt wurde.“ (Allen 1980: 67f.)

Der Kommunikationsstrang war hier unterbrochen und gestaltete den weiteren Briefwechsel schwierig. Wäre diese schöne Verwirrung noch möglich, wenn die Antwortfunktion von E-Mail verwendet worden wäre? Wohl kaum würde der Springer von Vardebedian, der bereits seit Wochen neben der Kaffeetasse von Gossage steht, auf dem Brett dessen Dame schlagen.

E-Mail ist dagegen in der Lage, einen Raum für Informationen zu bilden, indem es den Diskussionsfaden durch eine laufende Aufzeichnung unterstützt. Wichtig ist, dass diese Kontinuität nicht mehr unbedingt vom Autor durch Zitate und Interpretationen erzeugt werden muss, sondern dass sie im technischen Prozess des automatischen Einbindens des Originals eingebettet ist.

Boyne (1996) hat darauf hingewiesen, dass beim Umgang mit E-Mail zwischen dem Empfangen und dem Senden große Unterschiede bestehen. Das Senden von Nachrichten wird von der Technik gut unterstützt. Die Antwortfunktion, das Verschicken an Gruppen oder das Verwenden von Anhängen macht die Arbeit sehr effektiv. Beim Empfangen ist die Situation anders. In der Regel erhält ein Nutzer mehr Mails als er verschickt. Die Hauptarbeit liegt also beim Lesen und Bearbeiten der Nachrichten. Whittaker/Sidner (1996) haben den Posteingang von zwanzig Mailboxen über 34 Stunden untersucht und Interviews mit ihren Eigentümern geführt.[56] Angesichts überlaufender Mailboxen ist für sie der E-Mail Dienst heute nicht mehr adäquat zu den aktuellen Anforderungen. Sie sehen also Anzeichen, dass E-Mail auch auf der Ebene der Verwendungsweisen in eine Krise geraten ist. Das Inbox-Paradigma vieler Mail Clients, nach dem es nur ungelesene oder archivierte Nachrichten gibt, reicht für die komplexen Arbeitsprozesse, in die E-Mail heute eingebunden ist, nicht mehr aus. Die Autoren haben drei Funktionen klassifiziert, die eine Mailbox heute übernehmen muss:

- *Task Management*
  Laufende Vorgänge werden vor allem visuell verfolgt, indem Unerledigtes in der Inbox zur Erinnerung liegen gelassen wird. Das gilt für Nachrichten, die entweder eine Aktion verlangen oder aber später erst noch gelesen werden müssen, weil sie zum Beispiel sehr lang sind. Nachrichten mit ungeklärtem Status, bleiben in der Inbox, weil sie eventuell wichtig werden könnten, genauso wie laufende Korrespondenz. Die Versuchspersonen berichteten, dass alle Experimente mit „To-Do-Verzeichnissen" zu arbeiten, aufgrund der fehlenden Sichtbarkeit gescheitert waren. Archivierte oder „weggeordnete" Nachrichten waren aus den Augen und damit oft auch aus dem Sinn.

- *Personal Archiving*
  Die zweite Funktion bezieht sich auf das Speichern und Organisieren der Informationen in Verzeichnissen zur späteren Weiterverwendung. Die Archivierung von Mails ist jedoch keine einfache Tätigkeit, da sie konsistent einer Ordnung folgen muss. Erfolgreiches Filing ist abhängig von der Antizipation des zukünftigen Suchverhaltens. Die Ordnerstruktur muss stets gegenwärtig sein, was in der Praxis nicht immer einfach ist. Oft entstehen daher „failed folders", Ordner in denen sich nur ein oder zwei Dokumente befinden, weil parallel Verzeichnisse unter Synonymen angelegt wurden. Auf der anderen Seite lösen Ordner, in die zu viel einsortiert wurde, nicht mehr das Problem der Unübersichtlichkeit, wie auch zu viele Verzeichnisse das Proben lediglich auf die nächst höhere Dateiebene verlagern.

56 Untersucht wurden Nutzer der NotesMail Software, der E-Mail-Komponente von LotusNotes.

– *Asynchronous Communication*
  Die letzte Funktion der Mailboxen ist die der asynchronen Interaktion mit anderen, bei der parallele Ketten von Kommunikationen entstehen. Hier fehlt es in den E-Mail-Clients vor allem an Möglichkeiten der Kontextualisierung mit der Nachrichtenhistorie und anderen Dokumenten.

Besonders das Task Management führt – ganz unabhängig vom Spam-Aufkommen – zu einem Überlaufen der Inboxen, dem kaum ein E-Mail-Client wirkungsvoll entgegenarbeitet. Whittaker/Sidner nennen dies *Email Overload.* Sie konnten in ihrer Studie drei Cluster generieren, die den Umgang der Nutzer mit ihren Mailboxen abbilden, wobei keine signifikanten Unterschiede zwischen den Statusgruppen (einfache Angestellte, Manager etc.) zu beobachten waren.

Die erste Gruppe beschrieben sie als *Nonfilers*, die sich durch eine sehr volle Inbox und eine sehr geringe Verwendung von Archivordnern auszeichneten. Daher war über die Hälfte der angezeigten Informationen älter als drei Monate. Mails gerieten wegen der beschränkten Fenstergröße außerhalb des sichtbaren Bereichs und wurden vergessen. Um E-Mail überhaupt weiter nutzen zu können, mussten die Nachrichten von den Nonfilers in größeren Abständen komplett gelöscht werden.

Frequent Filers pflegen dagegen täglich ihre Mailbox, archivieren oder löschen ihre Mails regelmäßig und haben daher eine relativ leere Inbox. Das tun sie, indem sie sehr erfolgreich Ordner benutzen. Diese Strategie ist gut geeignet für das Task Management, aber nur durchführbar bei kleineren E-Mail-Mengen.

Die dritte Gruppe der *Spring Filers* räumt ein bis drei Mal im Monat die Inbox auf. Ihre Ordnerorganisation ist am wenigsten erfolgreich, da wegen der langen Intervalle zwischen dem Sortieren die Ordnerkategorien nicht im Gedächtnis bleiben und es dadurch relativ häufig zu inkonsistenten Strukturen kommt. Diese Variante ist nicht nur ineffektiv, sie führt auch zu Unzufriedenheit der Nutzer.

Neben der juristischen und unternehmensorganisatorischen Einbettung des Dienstes sind also ebenso praktische Verhaltensweisen zu entwickeln, um mit dem E-Mail Overload umzugehen. Je weniger softwareseitig die Kontextualisierung der E-Mails untereinander und mit anderen Arbeitsprozessen unterstützt wird, desto stärker muss mit eigenen Strategien zur semantischen Bündelung und Archivierung der Unübersichtlichkeit entgegengewirkt werden.

Neben der Kontextualisierung mit dem Schriftuniversum findet eine Einordnung in das soziale Beziehungsgeflecht statt. Sehr früh ist der Umstand beobachtet worden, dass E-Mails dem Empfänger nur wenig soziale Kontextinformationen über den Absender (Alter, Hautfarbe, Kleidung, Tonfall, Mimik, Gestik etc.) liefern. Dies wurde für die Beschimpfungen (Flames) und Missverständnisse, die im Zusammenhang mit E-Mail immer wieder beobachtet wurden, verantwortlich gemacht. Außerdem verführe die Einfachheit des Mediums dazu, noch in der Emotionsphase zu antworten, was gepaart mit der Schriftform und der Archivierbarkeit der Nachrichten, eine besondere Brisanz bekommen kann (vgl. Stegbauer 1995: 136). Da von den fehlenden sozialen Merkmalen keine strukturierende Wirkung ausgehen kann, stellten diverse Studien die These auf, dass computervermittelte Kommunikation durch annähernde Gleichheit gekennzeichnet sei und damit Statushandeln hinter Sachargumenten zurücktrete.

„Durch die computergestützte, elektronische Kommunikation wird die Abhängigkeit von persönlichen Bindungen überwunden. Während dieses Übergangs tritt an die persönliche Beziehung eine Art Loyalitätsbeziehung, die sich auf nichts weiter stützt als ein gemeinsames Handlungsziel.“ (Frey 1999: 6)

Die These passte in die kollaborativen und konsensuellen Organisationsmodelle der 80er und 90er Jahre. Sproull/Kiesler (1991) haben diese Effekte genauer untersucht. Ihrer These nach haben besonders Kommunikationstechniken die Eigenschaft, durch relativ kleine Veränderungen bestehende Unterschiede zu verstärken („deviation amplifying changes“). Daraus entstehen wiederum Bewegungen, die den Charakter des gesamten Unternehmens verändern können. Mit neuen Kommunikationstechniken werden ja nicht nur die gewohnten Handlungen besser oder effizienter vollzogen, sondern auch neue Handlungen geprägt. Sie verändern, wer mit wem spricht und so auch, wer wen kennt. Das heißt, sie verschieben Aufmerksamkeitspotentiale und Zeitanteile und verändern das, was als wichtig empfunden wird. Dadurch wandeln sich auch die sozialen Muster und Rollen im Unternehmen.

„‚Doing new things‘ is nor simply a matter of adding new activities to an unchanging base, like hanging ever more exotic ornaments on a Christmas tree. Doing new things leads to thinking in new ways and thereby to fundamental changes in how people work and impact.“ (Sproull/Kiesler 1991: 35)

Nicht nur weil die Betreffzeile (Subject) oft nichts sagend ist, bevorzugen die meisten E-Mail-Nutzer den Absender als Filterkriterium, um zu entscheiden, ob sie eine Mail lesen oder nicht. Bei dieser Wahl spielen soziale, politische oder hierarchische Momente oft eine größere Rolle als inhaltliche. E-Mail ist ein Medium, das stark für die Pflege sozialer Beziehungen genutzt wird. So bilden sich Gruppen, die per Mail diskutieren, oftmals nicht um Arbeitsschwerpunkte herum, sondern um private Interessen wie Fernsehserien oder Sport. Die These kontextlosen E-Mail-Verkehrs, der sich nur auf Sachargumente stützt, ist nicht haltbar. Immer ist der Nutzer bereits in einen sozialen und kulturellen Kontext eingebunden, in dem auch der Umgang mit fremden Menschen nie willkürlich und zum Beispiel durch Grußformeln wie „Sehr geehrte Damen und Herren" geregelt ist.

Für Boyne (1996) wiederum sind die persönlichen Beziehungen aus der Perspektive der Unternehmensleitungen ein Hinweis darauf, dass E-Mail für das Firmeninteresse ein ineffizientes Medium ist und das heißt, dass E-Mail nicht produktionssteigernd sondern im Gegenteil -verringernd wirkt. Zur Differenzierung ist hier die von Welz (1988) in einem Aufsatz beschriebene „doppelte Wirklichkeit" in Unternehmen hilfreich, in der er zwei objektive Strukturen analysiert hat.

> „Während im Management theoretisch und aufgrund von Arbeitsablaufplanungen eine Struktur entsteht, existiert eine selbstgeschaffene, neben allen offiziösen Planungen, die sich der Einsicht durch die Unternehmensleitungen weitgehend entzieht. Meistens wird dieser selbstgeschaffene und mithin kaum kontrollierbare Freiraum für die Selbstorganisation individuell am besten ertragbarer und effizienter Arbeitsstrukturen genutzt." (Stegbauer 1995: 39)

Boyne blendet diese Ebene des E-Mail Dienstes, die eine Art Teeküche oder Marktplatz informeller Informationen und Absprachen darstellt, aus. Für den Ablauf in einem Betrieb und die Motivation der Mitarbeiter ist diese Funktion jedoch ebenso wichtig wie eine effiziente Kommunikation im Arbeitszusammenhang. E-Mail ist in der verdeckten Wirklichkeit der sozialen Beziehungen ebenso von Bedeutung wie beim offiziellen Austausch sachlicher Informationen.

In Unternehmen werden auf vielerlei Ebenen Koalitionen geschlossen. Die Basis für diese Koalitionen ist die Herausbildung von sozialen Beziehungen, die sich auch auf Medien stützen. Um in diesen mikropolitischen Spielen erfolgreich zu sein, gilt es, sich an bestimmte Regeln zu halten, zum Beispiel die Absprache von Positionen vor einem Meeting. Fehler und Versäumnisse werden direkt auf gleicher Hierarchieebene bereinigt und ausgeräumt, ohne Kenntnis des Vorgesetzten und somit ohne Sanktionen. E-Mails sind bei der Bildung dieser Koalitionen ein wichtiges Instrument. Die These, E-Mail schaffe partizipative und kollaborative Strukturen und durchdringe Hierarchien, ist ebenfalls nicht haltbar. Owens/Neale (2003) haben in ihren Untersuchungen zu E-Mail und Status zwar festgestellt, dass E-Mail einen besseren Zugang zu statushöheren Personen ermöglicht, aber wie egalitär das Medium verwendet werden kann, hängt davon ab, auf welche Art und Weise das Statusmanagement innerhalb des Unternehmens funktioniert. Der Gebrauch dieser Optionen hängt also wiederum vom Kontext ab, nicht vom Medium.

Die Wahl, zu welcher Kommunikationsform in einer bestimmten Situation gegriffen wird, entscheidet sich anhand von vielen verschiedenen Faktoren (Rice/Case 1983, Steinfield 1986b, Trevino/Lengel/Daft 1987). Neben den inhaltlichen Gründen (Ausdruck von Emotionen, vertrauliche Mitteilung, Standardisierungsgrad der Aufgabe) und situationsbedingten Gründen (perzipierte Medieneigenschaften, räumliche Distanz überwinden, erforderliche Nutzungskompetenz) bestehen symbolische Gründe (Autorität vermitteln, Anteilnahme bekunden, Vertrauen bilden).

Die Medien selbst sind wie ihre Nutzer in ein Umfeld eingebunden. Stegbauer hat mit seinem Modell der „sozialen Integration der Kommunikationsmedien" darauf hingewiesen, dass Medien in Kombinationen eingesetzt werden. Eine Kopplung mit E-Mail ist dabei recht häufig.

„Die ‚soziale Integration von Kommunikationsmedien' hat zweierlei Ursprünge. Zum einen werden Schwächen eines einzelnen Mediums durch die sinnhafte Kombination zweier oder mehrerer Medien ausgeglichen; zum anderen werden Kontextinformationen ausgetauscht, die sowohl sachliche, wie auch soziale Bezüge beinhalten." (Stegbauer 1995: 10)

Welche Kombinationen von Medien in einem spezifischen Kommunikationszusammenhang für den Akteur und die Gruppe sinnvoll sind, welche Grußformeln und welche Verteiler akzeptiert werden, ohne Sanktionen fürchten zu müssen, werden auf der Basis des jeweils gültigen organisationsspezifischen Kontextes bei jeder Technik erneut ausgehandelt (Stegbauer 1995: 58).

„Die Art und Weise der Nutzung wie auch die Akzeptanz der Technik durch die Nutzer [...] wird weniger durch die Merkmale der Technik selbst als vielmehr durch den organisatorischen Kontext der Nutzung beeinflußt: durch den Ablauf der Implementierung, durch organisationstypische Kommunikationsmuster und kommunikative Regelungen, durch die Interaktion mit relevanten Anderen (Kollegen, Vorgesetzte, Mitarbeiter) sowie durch strukturelle Rahmenbedingungen des Technikeinsatzes (wie beispielsweise Anzahl und Zugänglichkeit der Geräte, räumliche Gegebenheiten etc.)." (Wiest 1994: 5)

Die frühe naive Einführung von E-Mail in Unternehmen war geprägt von der Hoffnung, auf eine Rationalisierung der Büroarbeit. Neben seinem Erbe von den Textprozessoren (endloses Blatt, Textbausteine, Rechtschreibkorrektur etc.) hatte der Dienst weitere Vorteile gegenüber traditioneller Post (strukturierte Header, einfaches Verschicken an große Verteiler, Geschwindigkeit, weiterverarbeitbar etc.). Als asynchrones Medium erfüllt es die Anforderungen an eine moderne Raum-Zeit-Ökonomie. Diese Vorteile bewegen einige Unternehmen dazu, auch ihre Briefpost in eine digitalisierte Form zu überführen. E-Mail wirkt so auch auf die herkömmlichen Medien zurück.

In dem Maße, in dem E-Mails in Geschäftsprozessen eingesetzt wurden, bekamen sie als Rechnung, Beleg oder Akte juristische Bedeutung, was zu neuen Verpflichtungen, wie zum Beispiel einer revisionssicheren Archivierung führte. Diese konnten jedoch nur durch erheblichen Aufwand erfüllt werden, denn das betagte Protokoll SMTP unterstützte nicht die Anforderungen, die heute die juristische und kulturelle Einbettung stellt. Weder eine Absenderauthentifizierung, noch eine Eingangsbestätigung oder eine Garantie auf die Integrität der Nachricht (Verschlüsselung) sind implementiert und lassen sich aufgrund des Momentums der Technik auch nicht einfach nachrüsten.

Daneben müssen persönliche Strategien entwickelt werden, um trotz der Fülle an Nachrichten nicht den Überblick zu verlieren und die Kommunikationsform in die eigene Lebenswelt einzubinden. Die Verwendung von E-Mail ist dabei nie kontextlos, sondern findet immer in einem bereits vorhandenen sozialen und kulturellen Rahmen statt, in dem sie in Kombination mit anderen Medien eingesetzt wird. E-Mail eignet sich zwar besonders gut in kooperativen Strukturen, ist aber abhängig vom gegebenen Kontext. Deshalb sind Thesen, die dem Medium pauschal eine egalitäre oder partizipative Wirkung unterstellen, nicht haltbar. Ob es die zweite Wirklichkeit der Unternehmen, die der persönlichen Beziehungen und selbstgeschaffenen Strukturen, die für das Funktionieren eines Betriebes von großer Bedeutung sind fördert, oder die offizielle Firmenpolitik, hängt von der Unternehmenskultur ab, ist also kein onthologisches Attribut der Technik.

5.2 Nachrichten im Überfluss: Junk, Spam, Phishing

5.2.1 Spam im ARPANET

Unerwünschte E-Mails sind kein neues Phänomen. Sie haben die gesamte Entwicklung des Dienstes begleitet (vgl. 1.1). Mittlerweile haben Werbesendungen per E-Mail jedoch ein solches Ausmaß angenommen, dass sie die effiziente Nutzung des Mediums beeinträchtigen. Im Gegensatz zu Postwurfsendungen trägt hier der Empfänger den größten Teil der Kosten. Um gegen diese unfreiwillige Kostenübernahme vorgehen zu können, muss jedoch der Verursacher erst zweifelsfrei ermittelt werden.

Aber wie kann der Empfänger einer E-Mail sicher sein, dass der im FROM-Feld genannte Autor korrekt ist?

Bereits Anfang der 70er Jahre wurden die Möglichkeiten einer Authentifizierung des Absenders diskutiert (z.B. RFC 555 und 644). Die Time-Sharing-Systeme erforderten vom Nutzer stets ein Login, so dass lediglich die Authentifizierung der Mailserver untereinander zu regeln war. Die wenigen, in der überschaubaren Community installierten Server und das Bestreben den Standard möglichst einfach zu halten, führten jedoch dazu, dass eine Lösung dieses Problems nicht weiter verfolgt wurde. Außerdem waren es im ARPANET, anders als heute, vorwiegend Mails, die durch technische Fehlfunktionen verursacht wurden, die manchmal die Mailboxen überfluteten. Dieses „junk mail problem" beklagte Jonathan Postel im November 1975 in einem kurzen RFC.

„In the ARPA Network Host/IMP interface protocol there is no mechanism for the Host to selectively refuse messages." (RFC 706; J. Postel; 8.11.1975)

Der empfangende Rechner sollte in der Lage sein, Nachrichten, noch bevor sie weiterverarbeitet wurden, abzulehnen. Diese Funktion wurde mit dem SMTP-Protokoll sieben Jahre später auch tatsächlich implementiert und leistet heute für Spam-Filter wertvolle Dienste. Da die Absender aufgrund der sozialen Struktur leicht zu ermitteln waren und die Mailserver im Laufe der Zeit immer zuverlässiger funktionierten, bestand zunächst jedoch kein zwingender Handlungsbedarf für die Etablierung eines technisch anspruchsvollen Authentifizierungsmechanismusses.

Sehr viel schwieriger waren die unerwünschten Nachrichten zu verhindern, die bewusst und technisch korrekt verschickt wurden, wie Bürowitze oder Kettenbriefe (Junk-Mail). Auch war es in den Anfangstagen von E-Mail ein beliebtes Vorgehen, mangels Kenntnis des richtigen Ansprechpartners, Anfragen sehr breit zu streuen, in der Hoffnung, eine kompetente Person werde schon antworten. Diese Praktiken wurden in der Regel schnell als störend sozial geächtet und konnten so weitgehend unterdrückt werden.

Mit der Ausweitung des ARPANET zum Internet und dem Aufkommen vernetzter PCs änderte sich die Situation. Was sich in überschaubaren organisationellen Kontexten noch selbstorganisierend oder per Direktive justierte, funktioniert im dezentralen öffentlichen Internet nicht mehr.

Mit der Kommerzialisierung des Internet überschwemmten immer mehr Werbebotschaften, so genannter *Spam*, die Mailboxen der Nutzer. Eine der ersten Massenmails stammte von dem DEC Marketing-Mitarbeiter Gary Thuerk, der sich 1978 entschied, eine Werbesendung an alle

Teilnehmer im ARPANET, die an der Westküste angesiedelt waren, zu schicken.[57] Damals existierte ein gedrucktes E-Mail-Verzeichnis, welches er als Grundlage für den Verteiler verwenden konnte. Die Mail kündigte die neuen DEC-20 Computer Modelle an und wurde vom Account seines Kollegen Carl Gartley aus verschickt. Der Tops-20 Mail-Client, den sie benutzten, war jedoch nur in der Lage maximal 320 Adressen im TO-Feld zu verarbeiten, so dass die übrigen Adressen in den Body der Mail überliefen. Als sie merkten, dass einige potentielle Kunden ihr Angebot deshalb nicht bekommen hatten, sendeten sie es an die übrigen Empfänger erneut (Templeton o.J.). Das ARPANET hatte zu dieser Zeit jedoch eine offizielle „acceptable use policy", die den Netzverkehr ausdrücklich auf die Forschungsaktivitäten der DARPA einschränkte. Die DCA, als Betreiber des Netzes, beschwerte sich in scharfen Worten bei DEC und richtete sich darüber hinaus an die APRANET-Teilnehmer, was ausreichte, um für längere Zeit solche Vorfälle zu unterbinden.

„On 2 May 78 Digital Equipment Corporation (DEC) sent out an Arpanet message advertising their new computer systems. This was a flagrant violation of the use of Arpanet as the network is to be used for official U.S. government business only. Appropriate action is being taken to preclude its occurrence again.
In enforcement of this policy DCA is dependent on the Arpanet sponsors, and host and tip liaisons. It is imperative you inform your users and contractors who are provided arpanet access the meaning of this policy.
Thank you for your cooperation.
Major Raymond Czahor
Chief, Arpanet Management
Branch, DCA" (in: MsgGroup #694)

Die Reaktionen innerhalb der MsgGroup (#691 ff.) auf die DEC-Mail fielen dagegen unterschiedlich aus. Die Ablehnung von Werbung im ARPANET war keineswegs einstimmig. Einige hatten nichts gegen Werbung per E-Mail, andere lehnten sie lediglich wegen der Bedenken ab, dass die Firmen, die Zugang zum ARPANET hatten, dadurch einen unfairen Wettbewerbsvorteil nutzen konnten.

Die erste Spam-Mail, die nach Templeton auch als solche bezeichnet wurde, erschien sehr viel später am 31. März 1993. Richard Depew testete die Betaversion einer Software für Mailinglisten namens ARMM und

57 Diese Mail wurde zur Information auch an die MsgGroup weitergeleitet und ist dort nachzulesen (MsgGroup #699; 10.5.1978).

verschickte dabei versehentlich zweihundert Nachrichten an die Gruppe news.admin.policy im USENET.

Der Begriff Spam wurde aus den Multi User Dungeons (MUD) übertragen, wo er in den späten 80er Jahren kursierte. Mit *Spamming* wurden in den MUDs Dinge bezeichnet wie:

- Einen Computer mit zu viel Daten zu fluten bis er zusammenbricht;
- „spam the database“ bedeutete, ein Programm zu haben, das automatisiert eine große Menge von Objekten erzeugt, im Gegensatz zum Eintragen der Daten per Hand oder
- eine Chat Session mit Daten aus einem Programm zu fluten oder einfach ein Textfile einzufügen, anstatt es mit der Hand zu tippen (Templeton o.J.).

So war die erste so bezeichnete Spam keine Werbebotschaft, sondern ein Versehen. Der Begriff hat sich jedoch für alle Formen „unverlangt zugesandter Massen-E-Mails“ eingebürgert.[58]

Das Wort *Spam* stammt aus einem Sketch der britischen Comedygruppe Monty Python‘s Flying Circus von 1970. In diesem Sketch möchte ein Kunde ein Gericht ohne SPAM (ein Fleischgericht der Firma Hormel Foods) bestellen, woraufhin ihm die Kellnerin immer wieder die Speisekarte mit SPAM-Gerichten vorliest. Eine Gruppe Vikinger singt im Hintergrund: „Spam, spam, spam, spam, spam, spam, spam, spam, lovely spam! Wonderful spam!“ und unterbindet so jede sinnvolle Konversation. Das Wort prägte sich als etwas ein, das sich störend ständig wiederholt und die Kommunikation zum Erliegen bringt. Seitdem sorgt sich die Firma Hormel um ihren eingetragen Markennamen, schlägt aber zur Güte vor, ihr Dosenfleisch groß („SPAM“) und unerwünschte E-Mails klein („Spam“) zu schreiben (vgl. http://www.spam.com/ci/ci_in.htm).

Einige Autoren verwenden den Begriff Spam ausschließlich für unerwünschte Postings in Newsgroups (USENET) und grenzen ihn gegenüber UBE (Unsolicited Bulk E-Mail) und UCE (Unsolicited Commercial E-Mail) ab. Da die Wortbedeutung von Spam jedoch nicht speziell auf das USENET verweist und sich der Begriff für unerwünschte E-Mails allgemein durchgesetzt hat, wird er hier entsprechend verwendet.

58 Dies ist auch die Definition, die das Bundesamt für Sicherheit in der Informationstechnik verwendet (BSI 2005: 13). Die OECD verlangt in ihrer Definition der Primäreigenschaften von Spam zusätzlich, dass die Mail gewerblicher Natur ist (Sester/Mutschler 2006:15f.).

5.2.2 Destabilisierung durch Spam und Phishing

Am 18. Januar 1994 löste die Nachricht „Global Alert for All: Jesus is Coming Soon" Empörung aus, da sie an jede existierende Newsgroup, egal welchen thematischen Inhalts, geschickt worden war. Vier Monate später versuchte der erste Serienspammer Serdar Argic (alias Zumabot, Ahmed Cosar oder Hassan B. Mutlu), dessen Identität nie eindeutig geklärt werden konnte, den Völkermord an den Armeniern während des ersten Weltkrieges zu rechtfertigen. Dabei erzeugte er in nur zwei Wochen sieben Megabyte Maildaten (Schneider 2001).

Es dauerte nicht lange, bis diese Form des Mailversendens als interessantes kommerzielles Marketinginstrument erneut entdeckt wurde. So machte sich die Rechtsanwaltskanzlei Carter&Siegel dadurch bekannt, dass sie als eine der ersten Massenmails für kommerzielle Zwecke benutzten. Sie verschickten am 5. März 1994 eine Mail an 6000 USENET Newsgroups, in der sie ihre Hilfe bei der US Green Card-Lotterie anboten.

Spam ist ein Beispiel für die Rückwirkung von Technik auf seine gesellschaftliche Einbettung, denn das SMTP-Protokoll begünstigt das Spam-Phänomen. Das sehr einfache und kostengünstige Versenden von Nachrichten an große Mailinglisten war gewünscht und wurde als großer Vorteil gegenüber der Briefpost propagiert. Sichere Authentifizierungsmethoden wurden zu Gunsten der Einfachheit des Standards nicht berücksichtigt, da die Probleme zunächst lediglich bei fehlerhaft funktionierenden Mailservern auftauchten. Je größer jedoch der Kreis der Nutzer und je loser die sozialen Beziehungen zwischen ihnen wurden, desto öfter wurde die Technik nicht mehr nur zu einer gezielten Ansprache einzelner bzw. von Interessengruppen verwendet, sondern als Broadcast-Medium, das wahllos möglichst viele Mailboxen belieferte. Die Werbebranche entdeckte spätestens Anfang 2004, dass sich ihr hier ein nahezu ideales Marketingmedium entwickelt hatte. Der Erfolg des Dienstes machte ihn auch für diejenigen wertvoll, die ihn für kriminelle oder einfach nur störende E- Mails verwenden wollten.

Seit der Jahrtausendwende wuchs das Aufkommen an Werbemails explosionsartig und begann E-Mail als Kommunikationsmittel zu schwächen. An der Spitze stehen Angebote von Luxusartikeln wie Rolex-Uhren (ca. 20%), Pharmazeutika (ca. 20-40%), Potenz- und Diätmittel (ca. 20%) sowie Finanzdienstleitungen (ca. 10-19%).[59] Betrug der Spamanteil 2001 noch geschätzte 8% des gesamten E-Mail Aufkommens, waren

59 Zahlen vom Oktober und November 2005 (Commtouch, Davis 2005, 2005b).

es 2002 36% und 2004 bereits 80% (MessageLabs). 2005 ging der Anteil leicht auf ca. 70% zurück.[60] Jüngste Meldungen sprechen für Europa von einer fallenden Rate von 70% auf 50%, während sie in den USA stabil bleibe und der Anteil in Asien stark wachse (CZ 26.9.2005). AOL hat 2003 eine halbe Milliarde Spam identifiziert und gelöscht. Das waren pro Mitglied 15.000 Spam-Mails bzw. ca. 70-80% des gesamten Mail Aufkommens (C't 2/2004: 30). Mitte 2004 filterte das Unternehmen bereits 2,4 Millionen Spam-Nachrichten am Tag. Microsoft meldet ebenfalls, dass 83% aller E-Mails seines Dienstes Hotmail an einem typischen Tag Spam seien (Microsoft 2004: 3).

Etwas an Dramatik verlieren die Zahlen, wenn das Transfervolumen betrachtet wird. Obwohl 2004 80% aller E-Mails als Spam kategorisiert wurden, verbrauchten sie nur 21% der Bandbreite. Die Ursache dafür ist, dass Spam durchschnittlich nur 2,8 kB groß ist, reguläre E-Mails dagegen ca. 41 kB (CZ 48/2004 Quelle: Verisign). Spam Mails werden jedoch zukünftig immer häufiger die HTML-Fähigkeiten der E-Mail-Clients ausnutzen oder Bilder einbinden, da sich hier für den Spammer zahlreiche neue Möglichkeiten ergeben, Spamfilter zu umgehen. Das könnte in Zukunft ein drastisches Ansteigen der Datenmenge des Spam bedeuten.

Auch wenn das Löschen einer einzelnen E-Mail relativ leicht ist, entstehen allein durch die Menge des Spam erhebliche Kosten. Diese Kosten müssen vom Empfänger (Firmen, Behörden, Privatleute etc.) getragen werden:

- Größerer Datenverkehr erfordert mehr Personal, schnellere Verbindungen, größere Rechenleistung und Speicherkapazitäten.
- Filtersoftware muss lizenziert, installiert und administriert werden.
- Es entstehen Personalkosten bei den einzelnen Anwendern für das Lesen und Aussortieren der Spammails, für Schulungen, sowie für das Einrichten und Trainieren von Filtern.
- Provider begrenzen die Größe der Postfächer, so dass E-Mails eventuell gar nicht zugestellt werden können, weil die Mailbox bereits voll ist. Durch verloren gegangene Informationen können dann Kosten entstehen. Andernfalls muss der Kunde einen Aufpreis für ein größeres Postfach zahlen.

60 Dabei gibt es signifikante Unterschiede zwischen privaten Mailboxen (ca. 80%) und Firmenmailboxen (ca. 60%) sowie zwischen verschiedenen Ländern. In den USA ist die Rate deutlich höher (November 2005: 76%) als in anderen Ländern wie Russland (63-66%) oder Deutschland (46-48%; Davis 2005b).

- Indirekte Kosten entstehen, wenn der E-Mail-Dienst aus diesen Gründen als Kommunikationsmittel gemieden wird, oder ein Imageschaden entsteht, wenn die eigenen Rechner als Spamserver missbraucht wurden.

Nach einer Studie von Nucleus Research (2003) unter 76 amerikanischen Unternehmen entstanden durchschnittlich 874 US-$ Mehrkosten pro Mitarbeiter und Jahr. Das entsprach einer Produktivitätseinbuße von 1,4% unter der Annahme, dass jeder Mitarbeiter 6,5 Minuten am Tag auf das Lesen und Löschen von Spam-Mails verwendet. Für 2004 ermittelte das Institut sogar eine Verdopplung der Zahlen (1934 US-$, 3,1%; CIO 14.6.2004). Für das Jahr 2003 wurde ein weltweiter Schaden von ca. 13 Milliarden Euro geschätzt (www.heise.de/newsticker/meldung/33417/ 2.3.2006).

Die Schwierigkeiten, Spam zu unterbinden, liegen, wie bereits erwähnt, vor allem im SMTP-Protokoll begründet. Zu keinem Zeitpunkt während des Kommunikationsaufbaus (Envelope) zwischen sendendem und empfangendem Server wird die Echtheit des Absenders überprüft. Da die Adressen des Envelope von denen im Header unabhängig sind, ist es einfach, die sichtbare Absenderadresse zu manipulieren. Das Problem von Spam liegt also im Mailsystem selbst begründet. Es ist nicht in der Lage, das Fälschen der Angaben zu verhindern. Das Protokoll verlangt nur zwei Parameter für das Versenden einer Mail. Das ist die Adresse des Empfängers und die IP-Adresse des Absenders, da sonst eine TCP/IP-Verbindung nicht zu Stande käme. Letztere wird zusammen mit einem Zeitstempel vom empfangenden Mailserver in eine RECEIVED-Zeile im Header geschrieben. Es steht jedoch dem Spammer frei, beliebig viele weitere RECEIVED-Zeilen hinzuzufügen, was in der Praxis auch häufig passiert (vgl. BSI 2005). Diese IP-Adresse des sendenden Servers ist das einzig verlässliche Datum und daher das zentrale Problem der Spammer. Um sie zu verschleiern haben sie eine ganze Reihe von Methoden entwickelt.

Es gibt kaum noch Mailserver, die das Versenden von E-Mail ohne eine Authentifizierung des Clients (Open Relay) zulassen. Die Konfiguration der Mailserver als Open Relays wurde in den Anfangsjahren bewusst gewählt, um bei Störungen jederzeit auf eine Alternative ausweichen zu können. Das bot jedoch auch beste Bedingungen für das Versenden von Spam-Mails.

Heute kommen 70-80% des Spam von Privatrechnern, die durch Computerviren infiziert wurden und unbemerkt von ihren Besitzern Massenmails versenden. Sogenannte Spam-Trojaner entern einen PC oft durch Anhänge in E-Mails, die unbedarft geöffnet werden. Sie installieren dabei auf den Rechnern einen offenen Mailserver und ermöglichen dem Spammer so, seine Werbemails zu verschicken. Allein im November 2005 wurden vierzig neue Virusvarianten im Zusammenhang mit E-Mail entdeckt. *Botnetze* bestehen aus tausenden solcher infizierter Rechner, derer sich die Spammer im Fernzugriff bedienen können. Der Vorteil für sie ist, dass die Mails dabei von sehr vielen verschiedenen IP-Adressen versendet werden und so nur schwer auszufiltern sind. Da Privatrechner in der Regel jedoch keine Mailserver betreiben, werden deren IP-Adressen oft auf die Schwarzen Listen der Empfangsserver gesetzt. Daher sind Spammer dazu übergegangen, auf die Mailserver zuzugreifen, die die großen Internet Provider ihren Kunden zur Verfügung stellen. Diese Variante ist bereits für 15% des Spam verantwortlich (CZ 14. 2. 2005).[61] Es wird geschätzt, dass weltweit ca. zweihundert professionell arbeitende Spammer 90% des Spam verursachen (www.spamhaus.org/ 31.1.2006).

Spamming ist für den Verursacher sehr günstig. Für ca. 100 US-$ sind bereits mehrere Millionen Mailadressen zu bekommen. Daneben ist das Durchforsten von WWW-Seiten und Newsgroups nach E-Mailadressen (*Harvesting*) ein gängiges Verfahren, für das bereits kommerzielle Software angeboten wird. Daneben werden Adressen auch „erraten", indem automatisiert Wörterbücher oder Namenslisten durchgegangen (*Dictionary Attacks*) oder einfach Buchstabenkombinationen ausprobiert werden (*Brute Force Attacks*).

Neben der Anzahl, ist für die Spammer die Qualität der Adressen wichtig. Um herauszufinden, ob eine Adresse überhaupt benutzt wird, werden diverse Gewinnspiele initiiert oder Gutscheine verteilt. Auch durch HTML-Mails, die externe Bilder, StyleSheets oder unsichtbare Elemente (*web bugs*) eingebunden haben, kann registriert werden, ob eine Mail geöffnet wurde oder nicht. Opt-Out-Formulare in Spam Mails, die dem Nutzer versprechen, keine weiteren Werbemails zugeschickt zu bekommen, wenn er das Formular bestätigt, haben in der Regel genau die gegenteilige Funktion, eben die Aktualität der Adresse zu bestätigen. Die Allianz, die die Spammer bereits bei den Botnetzen mit kriminellen Hackern eingegangen sind, ist auch verantwortlich für das Auslesen von Adressbuchdateien auf Privatrechnern. Bei diesen Daten kann der Spammer davon ausgehen, dass deren Einträge eine sehr hohe Qualität besitzen.

61 Die beliebtesten Domains, von denen aus Spammer aktiv sind, sind yahoo.com, hotmail.com, msn.com, aol.com und gmail.com (Davis 2005, 2005b).

Eine Studie des Bundesamtes für Sicherheit in der Informationstechnik (BSI 2005) geht davon aus, dass nur 1% der Spam-Mails wahrgenommen wird, wovon wiederum nur 1% zu einem Geschäft des Werbers führt. Bei einem Umsatz von 50 € pro Auftrag, sind das bei einer Million Adressen, 5000 € Einnahmen, denen ca. 100 € Ausgaben für die Adressliste gegenüber stehen. Das Geschäft für die Spammer ist also lohnend, während das BSI in diesem Beispiel über 153.000 € Schaden beim Empfänger errechnet.

Neben den unerwünschten Werbemails hat sich seit 2004 verstärkt eine neue Qualität des Betrugs per E-Mail ausgebreitet. Das als *Phishing*[62] bezeichnete Fälschen vertrauenswürdiger Seiten, Inhalte und Adressen hat das Ziel, den Empfänger zur Angabe vertrauenswürdiger Daten, wie Zugangskennungen zu Konten, PIN- und TAN-Nummern zu bewegen. Phishing ist also eine Kombination aus *Social Engineering,* indem das Vertrauen in bestimmte Seiten missbraucht wird, und *Technical Subterfuge,* mit der erreicht wird, dass ein Nutzer nicht die Originalseiten, zum Beispiel einer Bank, sondern, durch die Manipulation von DNS-Einträgen (Pharming), die Seiten des kriminellen Phishers aufruft.

Die Citybank musste im Mai 2004 nicht weniger als 370 solcher Phishing-Attacken abwehren. Ähnlich erging es der US-Bank, Paypal, eBay, Amazon, AOL und vielen anderen großen Unternehmen. Im Oktober 2005 bezogen sich jedoch 80% der 15820 von der Anti-Phishing Work Group (APWG) registrierten Angriffe auf nur sechs Unternehmen (APWG 2005).

Spam-Mails stören den Arbeitsablauf, da sie aussortiert und gelöscht werden müssen. Geht der Nutzer auf das Werbeangebot ein, ist dies seine eigene bewusste Entscheidung. Phishing-Mails dagegen versuchen, den Nutzer durch die Vorspiegelung falscher Tatsachen zu ungewollten Handlungen zu verleiten, indem das Vertrauen in bestimmte Institutionen ausgenutzt wird. Sind die Kosten, die bei Spam-Mails für den Empfänger entstehen, für den Spammer noch Kollateralschäden, so geht es ihm beim Phishing darum, dem Nutzer einen möglichst großen Schaden zum eigenen Vorteil zuzufügen.

Um sich und ihre Kunden zu schützen, sah sich die NORD/LB gezwungen, folgenden Disclaimer zu verwenden:

62 Phishing ist ein Kunstwort aus Password und Fishing, also das Fischen nach persönlichen Zugangsdaten. Der Begriff wurde von Hackern geprägt, die Mitte der 90er Jahre AOL-Zugänge stahlen.

Abbildung 12: Phishing-Mails

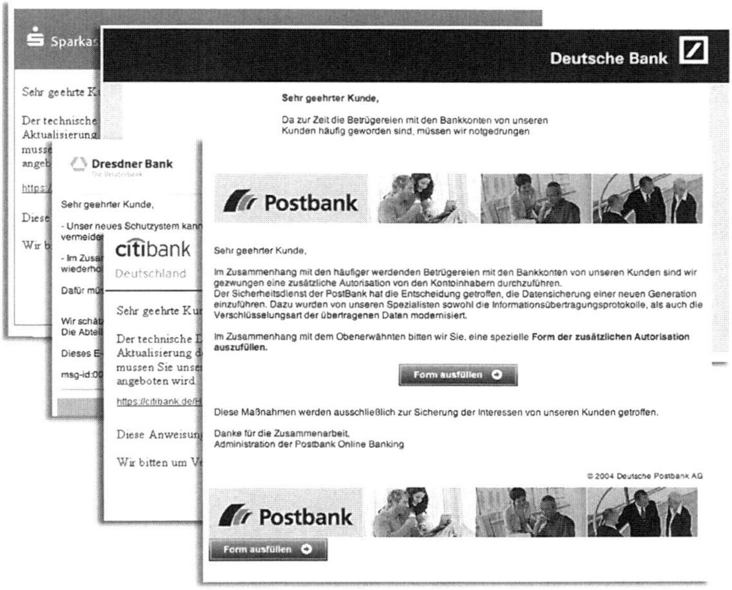

Eine Auswahl von Phishing-Mails, die 2005 auf das Ergaunern der Daten von Kunden deutscher Kreditinstitute abzielten.

„Vorsorglich moechten wir Sie darauf hinweisen, dass der Empfang von Mails aus technischen oder betrieblichen Gruenden gestoert sein kann. Dies gilt selbst dann, wenn Sie diese automatisch erzeugte E-Mail stoerungsfrei lesen koennen. Wegen des nicht kontrollierbaren Transportweges einer E-Mail ist auch nicht sichergestellt, dass ihr Inhalt nur berechtigten Personen bekannt wird. Bitte senden Sie Briefe, Mitteilungen oder sonstige Erklaerungen, deren Inhalt vertraulich ist oder die rechtliche Wirkung entfalten sollen, nicht per E-Mail, sondern auf herkoemmlichem Wege. Die NORD/LB behaelt sich vor, falls nicht im Einzelfall etwas anderes ausdruecklich vereinbart ist, E-Mails keine rechtliche Wirkung beizumessen, sofern diese nicht gegen unberechtigte (Ver-)Faelschung gesichert sind.“ (zit. nach C't 19/2004: 32f.)

Sind die Unternehmen auf der einen Seite durch den Gesetzgeber verpflichtet, eine gerichtsverwertbare Aufbewahrung ihrer E-Mails zu organisieren, hat E-Mail auf der anderen Seite bereits so viel Vertrauen verloren, dass eintreffende Mails pauschal als nicht verbindlich erklärt werden. Der E-Boom sorgt für immer mehr und immer wichtigere elektronische Nachrichten, bei einem immer unzuverlässiger werdenden Dienst. Viele halten eine partielle Korrektur des mittlerweile betagten SMTP, dessen Kern 1982 formuliert wurde, nicht mehr für sinnvoll. Damit werde das System nur komplexer, undurchschaubarer und fehleranfälliger. Es gibt Stimmen, die fordern, stattdessen über eine völlig neue Technik nachzudenken (C't 21/2004: 10). Die Lösung des Spam-Problems oder zumindest seine Eindämmung auf ein erträgliches und finanzierbares Maß, wird entscheidend für die Zukunft des Dienstes sein.

5.2.3 Maßnahmen gegen Spam

Mit den Maßnahmen, die gegen Spam ergriffen wurden, ist eine Spirale gegenseitiger Aufrüstung in Gang gekommen. Jedes Verfahren zum automatischen Ausfiltern der unerwünschten Post wird von Seiten der Spammer mit einer Modifikation ihrer Vorgehensweise beantwortet, um nicht in den Filtern hängen zu bleiben. Dies gilt auch für die Quantität.

„Die Anwender von E-Mail sind derzeit die Leidtragenden in einem sich selbst verstärkenden Prozess: Mit der Ausbreitung von Mailfiltern wächst für die Spamversender die Notwendigkeit, den Ausstoß unerwünschter E-Mails zu erhöhen, damit die gewünschte Zahl von Aussendungen bis zu den Empfängern durchdringt. Damit sehen sich wiederum mehr Anwender gezwungen, Filtersysteme einzusetzen, da sie sonst das Medium angesichts des stark wachsenden Spam-Anteils gar nicht mehr nutzen können. So gut technische Lösungen funktionieren mögen, die Spirale kommt erst dann zu einem Ende, wenn nicht die Auswirkung (Spam im Posteingang), sondern die Ursache (das Versenden von Spam) behoben ist.“ (BSI 2005: 18)

Grob lassen sich zwei Ansätze von Anti-Spam-Maßnahmen unterscheiden.[63] Der erste versucht möglichst frühzeitig, also bereits vor der Entgegennahme einer E-Mail durch den empfangenden Server, Spam auszusortieren. Das hat den großen Vorteil, dass dadurch teure Ressourcen (Speicherplatz, CPU-Last, Bandbreite) geschont werden. Nachteilig ist dagegen, dass vor der Entgegennahme der E-Mail viele sehr effektive Testverfahren noch nicht eingesetzt werden können. Zu diesem Ansatz gehören neben der Filterung von IP-Adressen die Techniken zur Absenderauthentifizierung. Da die Ermittlung des Absenders die Voraussetzung für eine straf- und zivilrechtliche Verfolgung der Verursacher ist, hofft man so, das Spam-Problem grundsätzlich lösen zu können. Bei einem Spam-Anteil von fast 80% würde ein Erfolg dieser Verfahren erhebliche kostenrelevante Entlastungen für die Unternehmen bedeuten.

Parallel dazu wird eine zweite Strategie verfolgt, die nach dem Empfang der Mails ansetzt. Hier sortieren Filter anhand des Inhalts die uner-

63 Eine ausführliche Darstellung findet sich in BSI 2005.

wünschte Post aus. Derzeit stellt dies den effektivsten Weg dar, Spam in den Mailboxen zu reduzieren.[64]

Tabelle 7: Die wichtigsten Maßnahmen gegen Spam

vor Annahme vom Server	**nach Annahme vom Server**
IP-Filterung	heuristische Filter
Absenderauthentifizierung	statistische Filter (Bayes)
Graylisting	Prüfsummenverfahren
Frequenzanalyse	

Da die IP-Adresse des sendenden Servers das für den Spammer einzige nicht fälschbare Datum ist, lohnt es sich, für dieses Kriterium Filter zu entwickeln. Der Vorteil ist, dass die E-Mails bereits vor ihrer kompletten Übertragung, also während des SMTP-Verbindungsaufbaus, abgelehnt werden. Dabei wird die IP-Adresse mit einer *Blacklist* abgeglichen, in der einzelne Adressen oder ganze Adressbereiche verzeichnet sind, die blockiert werden sollen. Fast alle Provider führen heute solche Listen, die per Hand erstellt oder automatisch generiert werden. Um zu verhindern, dass wichtige Kunden, wenn sie versehentlich durch einen automatischen Prozess in die Blacklist eingetragen wurden, für einige Zeit vom Mailverkehr ausgeschlossen werden, muss eine *Whitelist* wiederum sicherstellen, dass E-Mails von diesen Adressen auf jeden Fall angenommen werden.

IP-Blacklists können zum Beispiel durch eine Frequenzanalyse der eingehenden Verbindungen automatisiert gewonnen werden. Viele E-Mails, die an unbekannte Empfängeradressen versandt werden sollen, sind ebenso ein sicherer Hinweis auf Spam, wie inhaltlich identische E-Mails, die aus ganz verschiedenen Netzen kommen. Für diese Analysen, ist jedoch eine gewisse Grundlast auf dem Server notwendig, weshalb sie für kleine Provider wenig geeignet sind. Deshalb werden Blacklists auch auf zentralen Servern, zur Abfrage durch andere Provider, bereit gestellt.

Bei der IP-Filterung können auch Akkreditierungs- und Reputationssysteme wertvolle Dienste leisten. *Accreditation Systems* werden von Organisationen gepflegt, die die Vertrauenswürdigkeit der Absender (bzw. IP-Adressen) beglaubigen und somit Kandidaten für die Whitelist zertifizieren. Die Frage des Vertrauens verschiebt sich damit auf die Akkreditie-

64 Verfahren, die E-Mails bereits vor dem Versand, also im sendenden Server filtern, wurden hier nicht berücksichtigt, da sie sich nicht wesentlich von den beschriebenen Methoden unterscheiden.

rungsorganisation, die, um ihre Glaubwürdigkeit zu sichern, mit den Mailversendern Verträge schließt, Garantiesummen einfordert und Sanktionen bei Missbrauch verhängt. Auch diese Systeme sind nur für finanzkräftige Massenversender geeignet, nicht jedoch für kleinere Unternehmen und Privatleute.

Eine Positivliste seriöser Direktvermarkter (Certified Senders Alliance) erstellte die Anti Spam Task Force (ASTF), ein Gemeinschaftsprojekt des Internet Branchenverbands eco und dem Deutschen Direktvermarkter Verband (DDV) auf dem 2. Deutschen Anti-Spam Kongress im September 2004. Die Voraussetzung für die Aufnahme in das Verzeichnis ist die Verpflichtung, stets korrekte Absenderangaben zu machen und in jeder Werbemail die Möglichkeit zu bieten, weitere Zustellungen ablehnen zu können. Eine Zusendung nur nach ausdrücklicher Bestätigung durch den Kunden („Double Opt-In") wurde empfohlen (C't 21/2004: 48).

Reputation Systems arbeiten ähnlich, nur dass sie aufgrund von Erfahrungen mit den Absendern die Seriosität einschätzten und dann wiederum in zentralen oder verteilten Datenbanken vorhalten. Diese Systeme erstellen ihre Listen nicht durch Beitritt oder Anmeldung der Versender, sondern, ähnlich wie im Kreditwesen, aus Daten, die aus dem Verhalten des Absenders in der Vergangenheit generiert wurden und mit denen dann auf seine Seriosität geschlossen wird.

Auch das besondere Verhalten von Spamservern kann sich ein E-Mail-System als Entscheidungskriterium zu Nutze machen. Der empfangende Mailserver hat nicht nur die Option, eine Mail endgültig anzunehmen oder zurückzuweisen, er kann eingehende Nachrichten bei Spamverdacht auch nur temporär ablehnen. Bei diesem als *Graylisting* bezeichneten Verfahren, werden von einer eingehenden Nachricht drei Daten gespeichert: IP-Adresse, die E-Mailadressen des Absenders und des Empfängers. Danach wird ein „Temporary Failure" an den Versender zurückgeschickt. Ist der Server des Absenders richtig eingestellt, wird er nach einer gewissen Zeit versuchen, die Nachricht erneut abzusetzen. Da Spamserver in der Regel sehr schnell möglichst viele Mails versenden wollen, werden sie nicht versuchen, eine abgelehnte Nachricht ein zweites Mal zu verschicken. Beim zweiten Zustellungsversuch eines seriösen Versenders dagegen, ist die Kombination der Daten dann aus der Graylist bekannt und die Mail kann umgehend angenommen werden. Problematisch an dieser Methode ist nicht nur, dass sie einfach durch die Spammer zu umgehen ist, sondern auch, dass durch die Fehlermeldungen und den mehrfachen Verbindungsaufbau viel kollateraler Spam erzeugt wird.

Meng Weng Wong, Chef des US-amerikanischen Mail-Providers Pobox, entwickelte das erste Verfahren zur Authentifizierung sendender Mailserver per DNS-Eintrag, namens Sender Policy Framework (*SPF*).[65] Das DNS stellt für jede Domain einen sogenannten TXT-Record zur Verfügung, der für eine freie Verwendung vorgesehen ist. Hier hinein schreibt SPF-Informationen, die Auskunft geben, ob eine Domain Mails verschicken darf. Der Mail-Server des Empfängers prüft dann anhand dieser DNS-Einträge, ob die Angaben des Absenders mit der IP-Adresse des verwendeten Servers übereinstimmen und ob er legitimiert ist, Mails zu versenden (Reverse-Lookup). Dazu verwendet SPF die Absender-Adresse im Envelope (Abb. 13).

Abbildung 13: DNS gestützte Verfahren zur Absenderauthentifizierung

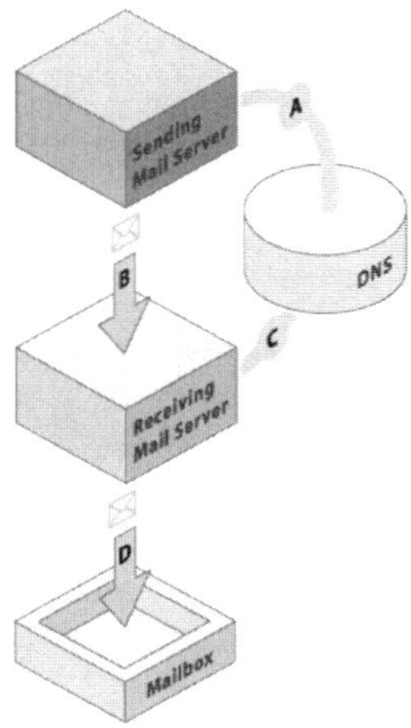

SPF hatte zunächst gute Chancen, etwas modifiziert, von der IEFT als Standard angenommen zu werden. Neben einer Open-Source-Version, die seit Januar 2004 verfügbar war, setzten von den großen E-Mail-Providern AOL und GMX bereits sehr früh auf dieses Verfahren.

Im Februar 2004 erklärte Bill Gates (Microsoft) überraschend, einen eigenen Gegenentwurf bei der IEFT einzureichen. Dieser Entwurf namens *Caller-ID* funktionierte im Prinzip genauso wie SPF, mit dem Unterschied, dass die DNS Einträge XML-kodiert und in einer eigenen Subdomain namens _ep (für E-Mail Policy), die für jede Domain zusätzlich eingerichtet werden musste, liegen sollte. Der Vorschlag wurde von den großen Mailprovidern kritisiert, weil bei mehreren Millionen E-Mails pro Tag die Interpretation der XML-Einträge eine nicht unerhebliche Serverlast verursachen würde.

Nach heftigen Protesten gab Microsoft schließlich seinen Alleingang auf und einigte sich mit den SPF-Entwicklern auf ein Verfahren zur Mailauthentifizierung, das *Sender ID* getauft wurde. Die Analyse auf der SMTP-Ebene stammte dabei von SPF, von Microsoft die Auswertung der Header-Felder. Sender ID verwendet im Gegensatz zu SPF statt der Envelope Adresse eine sogenannten Purported Responsible Address (PRA) aus dem Header. Dabei wird versucht, je nach Belegung der Einträge in

65 Ursprünglich „Sender Permitted Form".

RESENT, SENDER und FROM die wahrscheinlich korrekte Adresse des Absenders herauszufiltern, um sie mit dem DNS abzugleichen.

Erneut provozierte Microsoft Unmut, als die Firma begann, ihren Teil von Sender-ID, den PRA-Algorithmus zu patentieren. Das machte das Verfahren für die Verwendung in Open-Source-Projekten wertlos. Zwar darf jeder lizenzfrei Einträge im DNS vornehmen, wer jedoch die XML-Angaben interpretiert, das Verfahren also nutzt, muss Inhaber einer Lizenz sein. Microsoft erhob auf seine Technik zwar keine Gebühren, aber Patentansprüche (CZ 20. 9. 2004). Damit lag das Unternehmen durchaus innerhalb der Regeln der IEFT. Solange die Lizenzen kostenlos sind, lässt das Gremium auch für Kernprotokolle patentierte Technologie zu. Die Open-Source-Gemeinde, von der viel Know-how in das Projekt geflossen war, reagierte heftig. Neben anderen kündigten die Apache Software Foundation und die Entwickler um Debian-Linux an, ihre Produkte vorerst nicht mit Sender-ID auszuliefern. Mitte 2005 erklärte Microsoft, Sender-ID im eigenen Hause und in seinem Mail-Dienst Hotmail einzuführen. Post von konkurrierenden Diensten, die eine andere Technik verwenden, sollten dann automatisch eine Spam-Markierung bekommen (CZ 4. 7. 2005).

Die Reverse-Lookup-Verfahren haben mit zwei Problemen zu kämpfen. Zum einen mit veränderten Adressen bei weitergeleiteten Mails, zum anderen damit, dass Spammer die Sendeerlaubnis ihrer Server selbst im DNS eintragen können. Werden Nachrichten durch andere Server weitergeleitet (z.B. bei Mailinglisten), erscheint nicht mehr der ursprünglichen Server sondern das Relay als Absender.

Auch die Befürchtung, dass die Technik deshalb nicht greife, weil es für Spammer ein Leichtes ist, „Wegwerfdomains" nebst SPF Eintrag im DNS einzurichten, ist berechtigt. 2005 war zu beobachten, dass Spammer die wichtigsten Anwender der Verfahren SPF und Sender-ID waren (CZ 25. 7. 2005; C't 11/2005: 189). Eine Untersuchung von MX Logic hat bei einer Überprüfung von 18 Millionen E-Mails festgestellt, dass von den 9%, die von einer Domain kamen, die bereits einen SPF-Eintrag hatte, 84% Spam waren. Sender ID findet derzeit kaum Akzeptanz mit nur 0,14% am Mailaufkommen, aber auch hier lag der Spamanteil bei 80%.

Ein dritter Vorschlag unter dem Namen *DomainKeys*, der ebenfalls bei der IEFT zur Standardisierung eingereicht wurde und auf einem Public-Private-Key Verfahren aufbaut, stammt ursprünglich von Yahoo! (http://antispam.yahoo.com/domainkeys/ 2.3.2006). Wie die anderen Verfahren arbeiten auch die DomainKeys vom Nutzer unbemerkt. Der sendende Server versieht mit einem privaten kryptografischen Schlüssel den Header (FROM- und SENDER-Feld) mit einer Signatur. Der öffentliche

Schlüssel wird im DNS hinterlegt, dem dadurch die Funktion einer Certificate Authority zuwächst. Auf der Empfängerseite wird beim Eintreffen einer Mail die Signatur mit dem öffentlichen Schlüssel überprüft, der zur in der FROM-Zeile eingetragenen Absenderadresse gehört. DomainKeys verschlüsseln also nicht etwa die Nachricht selbst, sondern garantieren lediglich die Echtheit der Absenderdomain. Sie sind das Server-To-Server-Pendant zu User-To-User-Techniken wie S/MIME oder PGP, die die Nachrichten selbst signieren und verschlüsseln.

Spam und Phishing können damit jedoch auch nur in Zusammenhang mit Blacklists eingedämmt werden, denn auch Spammer könnten sich natürlich die Schlüsselpaare erstellen. Der große Vorteil der DomainKeys ist, dass dieses Verfahren kein Problem mit weitergeleiteten Mails hat. Allerdings ist der Rechenaufwand für die kryptografischen Verfahren sehr hoch, was vor allem wieder bei den großen Mailprovidern hohe Kosten verursachen würde.

Wegen des fortschreitenden Vertrauensverlustes bei ihren Kunden schlossen sich im Juli 2004 AOL, Microsoft und Yahoo! zur *Anti Spam Technical Alliance* (ASTA) zusammen, um Ratschläge für Internet- und Mail-Dienstleister zu erarbeiten. Die Harmonie endete jedoch bei der Ausarbeitung konkreter technischer Standards.

Auf Seiten der Internetorganisationen richtete die IEFT im Frühjahr 2004 die Arbeitsgruppe *MARID* (MTA Authorization Records in DNS) ein, die die vorgeschlagenen Reverse-Lookup-Verfahren prüfen sollte. Die Verabschiedung einer Empfehlung zögerte sich heraus, als die Gruppe Microsofts Vorstoß ihre Zustimmung verweigerte und dem Unternehmen eine Frist setzte, um seine Lizenzansprüche zu konkretisieren. Die IEFT favorisierte ursprünglich SPF, konnte sich aber letztlich nicht auf eine gemeinsame Empfehlung einigen, so dass Ende September die MARID-Arbeitsgruppe ihre Arbeit einstellte, ohne einen Vorschlag für einen Standard vorzulegen (C't 21/2004: 48; CZ 27. 9. 2004). In der Praxis ist SPF, wenn auch auf niedrigem Niveau, führend, während Sender-ID kaum eine Rolle spielt. Viele Provider warten noch immer ab.

Anfang 2005 etablierte die IEFT unter der Leitung des IBM-Entwicklers und Spam-Experten Nathaniel Borenstein, eine zweite Arbeitsgruppe namens *MASS* (Message Authentification Signature Standards), die die Vorschläge auf Basis von Public-Private-Key-Techniken (wie die DomainKeys) prüfen und eventuell standardisieren soll. DomainKeys sind bereits bei Yahoo! und GMail (Google Mail) im Einsatz. Umstritten sind noch das geeignete Format der Signatur und wie mit der Masse der Mails umgegangen werden soll, die (noch) nicht signiert sind. Per Whitelisting könnten zwar schnell die Server der großen Provider privilegiert werden. Datenschützer befürchten, dass dadurch eine Konzentration der E-Mail-Systeme entstehen könnte, die dann leichter kontrollier- und manipulierbar wären als die Vielzahl der heute bestehenden Systeme (C't 18/2004: 56).

Nach großen Erwartungen in diese neuen Techniken und regen Diskussionen im Jahre 2004 trat im Jahr darauf die Ernüchterung ein. Es war den großen Providern und Softwareherstellern nicht gelungen, sich auf ein gemeinsames Vorgehen zu einigen, so dass sich viele konkurrierende Methoden entwickelten. Auch die Bemühungen der IEFT, ein bestimmtes Verfahren zu empfehlen, waren gescheitert.

5.2.4 Inhaltsfilter

Die derzeit am erfolgreichsten eingesetzte Technik ist das Filtern der E-Mails *nach* der Annahme durch den Mailserver. Diese Filterung kann zentral auf dem Mailserver oder dezentral durch die Mail-Clients der Anwender erfolgen. In der Regel werden beide Verfahren kombiniert eingesetzt. Die zentrale Filterung ist ökonomisch, da sie wertvolle Arbeitszeit der Mitarbeiter spart und den Anwender nur noch mit einem Rest des Spam belastet, der nicht ausgefiltert werden konnte. Andererseits bedeutet sie jedoch für große Mailprovider und Unternehmen mit hohem Mailaufkommen einen erheblichen Aufwand an Ressourcen.

Im Wesentlichen kommen dabei drei Verfahren zur Anwendung. Heuristische und statistische Filter versuchen, den Inhalt einer E-Mail zu klassifizieren, Prüfsummenverfahren dagegen vergleichen die gesamte Nachricht mit bekanntem Spam.

Heuristische Verfahren prüfen die Nachricht nach festen Regeln und Mustern wie Wörter, Sätze, Satzteile oder URLs etc. Je mehr Übereinstimmungen gefunden werden, desto größer ist die Wahrscheinlichkeit, dass es sich um Spam handelt. Auffällig sind zum Beispiel viele Wörter in Großbuchstaben oder die Aufforderung, eine bestimmte Website zu besuchen. Die in der Mail angegebene Webseite, für die der Spammer wirbt, ist eine sehr gute Quelle für die Erstellung von Filterregeln.

Einige dieser Filter beschränken sich nicht nur auf den Body der Nachricht, sondern besitzen zusätzliche Regeln für die Header-Felder. Selten führt nur ein einzelner Test zu einer sicheren Diagnose. Vielmehr müssen die Nachrichten zahlreiche Prüfungen absolvieren. Mit der Anzahl der Regeln steigt jedoch der Zeit- und Rechenaufwand für jede eingehende Nachricht. Das Ergebnis ist eine prozentuale Angabe der Spamwahrscheinlichkeit (*Scoring*). Einige E-Mail-Systeme überlassen es dann dem Nutzer, anhand des Scorings die Grenze festzulegen, ab der ihm eine Nachricht nicht mehr zugestellt werden soll.

Statistische Verfahren (Bayes-Verfahren) kennen dagegen keine festen Regeln und sind daher für Spammer schwerer auszuhebeln. Bayes-Filter beschränken sich überwiegend auf den Inhalt der Nachricht, stellen aber keine Zusammenhänge innerhalb des E-Mail-Textes her, sondern bilden lediglich Statistiken über einzelne Wörter. Diese Filter sind flexibel und lernen automatisch, indem man ihnen Spam und Nicht-Spam (auch *Ham* genannt) vorlegt. Sie benötigen also eine Trainingsphase. Bei laufendem Training sind sie sehr effektiv und daher oft im Mail-Client des Nutzers integriert. Während die Regeln für das heuristische Verfahren zentral administriert werden können, brauchen statistische Filter, besonders zu Beginn, den intensiven Eingriff des Nutzers. Der Vorteil liegt hier jedoch in der individuellen Beurteilung, was als Spam und was als Ham gewertet werden soll.

Bei diesen Verfahren ist eine ständige „Aufrüstung“ beider Seiten besonders gut zu beobachten. Spammer versuchen durch die Verfremdung oder absichtliche Falsch-Schreibung von Worten („V.I.A.G.R.A“, „V1 @gra“), die Filter zu umgehen. Daher entfernen die Algorithmen heute zunächst alle Satzzeichen und manche Sonderzeichen bevor sie einen Volltextvergleich durchführen. Nonsenstexte, mit denen Spammails oft abschließen, sollen den Filtern Inhalte mit Information vortäuschen. Auch die Web-Fähigkeit der E-Mail-Clients ermöglicht den Spammern zahlreiche Tricks. So zerreißen HTML-Kommentare den Text („Vi<!--Kommentar-->ag<!--Kommentar-->ra“) oder ein JavaScript lässt ihn erst nach der Interpretation für den Leser erscheinen. Das erfordert auf Seiten des Filtersystems ebenfalls die Interpretation von HTML bzw. JavaScript. Zwar bindet dies wieder zusätzliche Rechenleistung, hat aber den Vorteil, dass wenn diese Tricks einmal durch das System als solche erkannt wurden, sind sie ein sicherer Hinweis darauf, dass es sich um Spam handelt.

Wenn Prüfsummenverfahren zum Einsatz kommen, wird (nach einer Normalisierung) aus jeder Mail eine eindeutige Kennzahl berechnet und in einer Datenbank abgelegt. Diese Prüfsumme wird vorher mit allen anderen in der Datenbank enthaltenen Eintragungen abgeglichen. Wenn viele E-Mails gleichen Inhalts, also gleicher Prüfsumme, verschickt werden oder wenn gleiche E-Mails von vielen verschiedenen Servern ankommen, kann das ein Hinweis auf Spam sein. Da sich Spam häufig leicht verändert, wird mit „unscharfen Prüfsummen“ operiert, deren

Schwellenwert eingestellt werden kann. Das Problem dieser Methode ist, zwischen Spam und legitimen Newslettern unterscheiden zu müssen.

Ob IP- oder Inhaltsfilter, alle Methoden basieren auf Vermutungen über Spam, die aufgrund von Erfahrungen aufgestellt wurden. Je größer die Datenbasis ist, auf der die Listen oder Regeln aufgestellt werden, desto zuverlässiger können die Filter arbeiten. Daher werden vielfach Spamfallen (Honeypots) installiert. Das sind Mailadressen, die auf Webseiten veröffentlicht werden und nur dazu dienen, Spammer anzulocken. Da diese Mailboxen keine andere Funktion haben, werden sie nur von unerwünschter Post erreicht und bilden so eine gute Grundlage für Blacklists, sowie zum Trainieren von statistischen Filtern und Füllen von Prüfsummendatenbanken.

Anti-Spam-Technologien sind nicht nur für die Filter- und Hardwarehersteller zu einem Milliardenmarkt geworden. Microsoft hat durch hohe Schadensersatzzahlungen aus 107 Verfahren in den USA bislang 838 Millionen US-Dollar erwirtschaftet (CZ 19.9.2005). Ein Gericht sprach einem Provider mit 5000 Kunden wegen Beeinträchtigung seiner Geschäftstätigkeit durch Spam eine Entschädigung von rund 1 Milliarde US-Dollar zu. Er hatte 2001 gegen 300 Spammer geklagt, da sein Server im Jahr zuvor 10 Millionen Spammails pro Tag verarbeiten musste. Der Bundesstaat Iowa ermöglicht es per Gesetz, 10 US-Dollar je zugesandter E-Mail an Schadensersatz zu fordern (Heise News 19.12.204). Vor diesem Hintergrund wird Teilen der Softwareindustrie vorgeworfen, kein ehrliches Interesse an der Bekämpfung von Spam zu haben (CZ 23.1.2006: 1).

5.2.5 Rechtliche Regelungen

Längst hat Spam auch seinen juristischen Niederschlag gefunden. Um die Regelungslücke in Bezug auf Spam zu schließen, unterzeichnete George W. Bush Ende 2003 den CANSPAM-Act (Controlling the Assault of Non-Solicited Pornography and Marketing Act). Das Gesetz definiert illegales Verhalten auch speziell auf E-Mail bezogen:

- Es verbietet gefälschte Header-Informationen.
- Es verbietet irreführende Betreffzeilen.
- Es verlangt eine Opt-Out-Möglichkeit in jeder Werbemail.
- Es verlangt, dass jede Werbemail mit dem Kürzel „adv“ (advertisement) in der Betreffzeile als Anzeige gekennzeichnet ist.
- Jede Werbemail muss darüber hinaus eine gültige physikalische Postanschrift des Absenders enthalten.

Anders als in den USA, wo der Nutzer seine Ablehnung, E-Mails zu erhalten, gegenüber dem Werber bekunden muss (Opt-Out), konnte das europäische Parlament trotz erheblicher Lobby-Arbeit (z.B. des Deutschen Multimediaverbandes) eine Opt-In-Regelung durchsetzen, wie sie im §1 des Artikel 13 der Datenschutzrichtlinie (2002/58/EC) festgehalten wurde:

„(1) Die Verwendung von automatischen Anrufsystemen ohne menschlichen Eingriff (automatische Anrufmaschinen), Faxgeräten oder elektronischer Post für die Zwecke der Direktwerbung darf nur bei vorheriger Einwilligung der Teilnehmer gestattet werden."

Diese Richtlinie ist seit Ende 2003 in Kraft. Die Beweislast für die Zustimmung trägt der Versender.

Nach einem ersten Verfahren vom LG Traunstein im Dezember 1997 (MMR 1998: 53) und einem Urteil des LG Berlin im Folgejahr (MMR 1998: 48) entwickelte sich in Deutschland eine relativ einheitliche Rechtsprechung, die Spam als Verstoß gegen das Wettbewerbsrecht ansah und später auch vom BGH bestätigt wurde (NJW 2004: 1655; BSI 2005: 38ff.). Im Juli 2004 wurde die Vorgabe der EU im Rahmen der Reform des Gesetzes gegen den unlauteren Wettbewerb (UWG) in deutsches Recht umgesetzt. Der neu eingefügte §7 UWG reglementiert nunmehr eindeutig die bestimmten Formen der Direktwerbung, darunter auch das E-Mail-Marketing.

„§ 7 Unzumutbare Belästigungen
(1) Unlauter im Sinne von § 3 handelt, wer einen Marktteilnehmer in unzumutbarer Weise belästigt.
(2) Eine unzumutbare Belästigung ist insbesondere anzunehmen
– bei einer Werbung, obwohl erkennbar ist, dass der Empfänger diese Werbung nicht wünscht;
[...]
– bei einer Werbung unter Verwendung von automatischen Anrufmaschinen, Faxgeräten oder elektronischer Post, ohne dass eine Einwilligung der Adressaten vorliegt;
– bei einer Werbung mit Nachrichten, bei der die Identität des Absenders, in dessen Auftrag die Nachricht übermittelt wird, verschleiert oder verheimlicht wird oder bei der keine gültige Adresse vorhanden ist, an die der Empfänger eine Aufforderung zur Einstellung solcher Nachrichten richten kann, ohne dass hierfür andere als die Übermittlungskosten nach den Basistarifen entstehen.
(3) Abweichend von Absatz 2 Nr. 3 ist eine unzumutbare Belästigung bei einer Werbung unter Verwendung elektronischer Post nicht anzunehmen, wenn
– ein Unternehmer im Zusammenhang mit dem Verkauf einer Ware oder Dienstleistung von dem Kunden dessen elektronische Postadresse erhalten hat,

– der Unternehmer die Adresse zur Direktwerbung für eigene ähnliche Waren oder Dienstleistungen verwendet,
– der Kunde der Verwendung nicht widersprochen hat und
– der Kunde bei Erhebung der Adresse und bei jeder Verwendung klar und deutlich darauf hingewiesen wird, dass er der Verwendung jederzeit widersprechen kann.“ (§7 UWG)

Vor dem Verschicken von Werbemails ist es also in Deutschland notwendig, die ausdrückliche Einwilligung (Opt-In) des Empfängers einzuholen. Das massenhafte Versenden von E-Mails selbst ist also nicht verboten, aber die Verwendung der Technik für Werbung auf Kosten des Empfängers ohne dessen Einwilligung.

„Die von Spam betroffenen Verbraucher und Unternehmen können allerdings aus der Regelung im UWG kein eigenes Klagerecht gegen die Versender unerwünschter Werbung herleiten. Klagebefugt auf Basis des Wettbewerbsrechts ist nur der direkte Mitbewerber des Spam-Versenders sowie Verbraucher- und Wettbewerbsverbände oder die Handelskammern, nicht dagegen die unmittelbar von der Spam-Sendung Betroffenen. Diese müssten sich, sofern sie auf Basis des UWG gegen den Werbeversender vorgehen wollen, zunächst an einen der Verbände wenden und diesen um Unterstützung bitten.“ (BSI 2005: 42)

In Deutschland versuchen der Internet-Branchenverband eco, die Wettbewerbszentrale und die Verbraucherzentralen, Spam vermehrt durch Klagen zu verfolgen, während sich die staatlichen Behörden, anders als zum Beispiel in den Niederlanden, noch sehr zurück halten.

„Rechtliche Maßnahmen haben verhindert, dass die massenhafte Versendung von E-Mail unabhängig von der Einwilligung des Empfängers zu einem gängigen Mittel der Werbung auch reputierter Firmen geworden ist. Letzteres hätte vermutlich dazu geführt, dass E-Mail mangels Effizienz als Form des Kommunikation wieder an Bedeutung verloren hätte. Dass E-Mail als Kommunikationsform wichtig geblieben ist, ist nicht zuletzt rechtlichen Maßnahmen zu verdanken.“ (Sester, Mutschler 2006: 15)

5.2.6 Technisches Protokoll und kulturelle Basis

Von Beginn an gab es während der Entwicklung des E-Mail-Dienstes unerwünschte Post. Zunächst durch technische Fehler, seltener durch eine bewusste Streuung von Nachrichten verursacht. Die erforderlichen Login-Prozeduren der Time-Sharing-Systeme machten einen Missbrauch leicht rückverfolgbar. In der überschaubaren Community konnten Sanktionen schnell greifen und unerwünschte Praktiken sozial geächtet werden.

Vor diesem Hintergrund konnte das SMTP-Protokoll bewusst sehr einfach gestaltet werden. Das vereinfachte den Institutionen die Implementierung des Dienstes und förderte damit seine Durchsetzung. In dieser Umgebung war SMTP ein hervorragend funktionierendes Mittel, das in zahllosen Diskussionen genau auf die Bedürfnisse der Nutzer abgestimmt worden war.

Mit der globalen Ausdehnung des Netzes lösten sich die sozialen Bezüge auf. Mit dieser Auflösung verlor das technische Protokoll seine Basis. Seit Mitte der 90er Jahre ist der Anteil an Werbemails stetig gestiegen und verursacht bei den Empfängern erhebliche Kosten, ohne dass dies technisch zu verhindern wäre. Die so sehr gewünschte Durchsetzung des Dienstes als allgemeines Kommunikationsmittel schlägt durch die Emergenz von Spam und – noch schlimmer – von Phishing negativ zurück.

Diese sozialen Verschiebungen erforderten eine Verknüpfung von E-Mail mit juristischen Regelungen. Dass diese Regelungen nur wenig Erfolg hatten, weil sie nur innerhalb der nationalen Grenzen durchgesetzt werden können, ist kein E-Mail spezifisches Problem. Trotz CANSPAM-Act kommen nach wie vor 70% des Spam aus den USA. Mit Filtersystemen wird auf der technischen Seite versucht, den Schaden einzudämmen, was zu einer Spirale gegenseitiger Aufrüstung mit den Spammern geführt hat. Es ist sogar die absurde Situation entstanden, dass Spammer die Hauptnutzer von Anti-Spam Verfahren wurden (SPF).

Unterdessen erodiert das Vertrauen in die Anwendung von E-Mail immer mehr. Da das alte Protokoll aufgrund seiner unzähligen Implementierungen und technischen Einbettungen so träge geworden ist, dass es kaum noch verändert werden kann, wird bereits vorgeschlagen, es durch einen völlig neuen Dienst zu ersetzen.

E-Mail als Kulturhybrid

Die Entwicklung des Computers als Kommunikationsmittel und die Ausformung des E-Mail-Dienstes lässt sich anhand von charakteristischen Ereignissen und Verschiebungen in den Programmen der Aktanten periodisieren. In dem hier beschrieben Zeitraum ließ sich die Entstehung des soziotechnischen Kerns und dessen Umsetzung anhand mehrerer Ausweitungen beschreiben.

Obwohl es bereits große Kommunikationsinfrastruktursysteme gab, entwickelte sich die computergestützte Kommunikation weitgehend getrennt davon, was ihr ermöglichte, außerhalb des herrschenden Standes der Technik, eine völlig neue Grundlage für die Übertragung von Nachrichten zu schaffen. Diese Ausweitungen betrafen verschiedene Dimensionen:

- *Räumlich* dehnte sich die computergestützte Kommunikation zusammen mit der Vernetzung der Rechner von den Time-Sharing-Systemen über das ARPANET bis hin zum globalen Internet aus.
- *Sozial* bedeutete das einen zunehmend heterogener werdenden Teilnehmerkreis, dessen Akteure integriert werden mussten. Durch die Relationierung immer neuer Nutzer mit der Technik gewann der Dienst eine ständig wachsende gesellschaftliche Bedeutung. Als Bestandteil des Arbeits- und Alltagslebens der Menschen erforderte er eine stärkere
- *kulturelle* Einbettung (juristisch, organisatorisch, ökonomisch, symbolisch etc.). Diese Veränderungen verlangten stets auch neue innovative
- *technische* Konzepte.

Diese Ausweitungen bedeuteten nicht nur ein Expandieren des Netzes unter Hinzunahme neuer Elemente (User, technische Normen, gesetzliche Regelungen etc.) sondern auch eine quantitative und qualitative Intensivierung der Beziehungen. Zum Beispiel wurde die soziale Integration des Users im Batch-Betrieb und im Rechenzentrum durch die Time-Sharing-Technik in die Maschine verlagert, konnte so entproblematisiert werden und stand schließlich mit dem Internet vollständig außer Frage. Das Konzept eines Internet ohne User, also ausschließlich für Computerexperten und Rechneroperateure, ist heute nicht mehr denkbar. Die diskursiven, sozialen und technischen Elemente haben sich so stark und eng verwoben, dass sie ohne große Auswirkungen auf viele andere Knoten nicht verändert werden können. Es ist ein dicht aufeinander bezogenes Geflecht, ein soziotechnisches System, ohne einen einzelnen identifizierbaren System-Builder entstanden. Stattdessen wirkten unzählige Akteure, die den Dienst technisch entwickelt, sozial eingebunden und symbolisch kontextualisiert haben, am Verweben des Netzes mit, indem sie Störungen immer wieder produktiv verarbeiteten.

In den späten 50er Jahren widmeten sich die amerikanischen Militärs der Computertechnik, um – besonders in der Luftraumüberwachung – die stark zunehmenden Datenmengen zu sammeln, zu verarbeiten und auswerten zu können. Computertechnik und Militär gingen eine für beide Seiten fruchtbare Verbindung ein. Die Wissenschaftler gewannen so erhebliche Mittel aus der militärischen Forschungsförderung und starke Fürsprecher bei der Entwicklung neuer Verfahren jenseits der analogen Telefontechnik. Im Gegenzug versprachen sie die Kommunikationsprobleme der Armee zu lösen. Bald waren beide aufeinander angewiesen. Unter dem Dach der ARPA entstand und vernetzte sich so eine zunehmend selbstbewusste Computerwissenschaft.

Nach dem Ende des Zweiten Weltkriegs kam es durch die hohen Kosten und die mangelnde Auslastung der Anlagen zu einem Legitimationsproblem. Die Ausweitung des Nutzerkreises – sowohl an den staatlich geförderten Einrichtungen als auch durch erste kommerzielle Produkte – sollte Abhilfe schaffen. Unter Zuhilfenahme neuer Organisationsformen (Rechenzentrum und Batch-Betrieb) versuchte man reine Anwender (User) als neue Aktanten in den Betrieb einzubinden. Diese Integrationsanstrengungen erwiesen sich in der Praxis als äußerst unbefriedigend. Erst die Verbindung dieser Konzepte mit dem Betriebssystem der Mainframe als Time-Sharing-Systeme konnte einen komfortablen Zugriff der Nutzer auf die Maschine, und damit eine stabile Beziehung herstellen. Der entscheidende Effekt der sternförmigen Vernetzung der Terminals mit der Zentraleinheit war jedoch weniger die bessere Auslastung der Geräte als vielmehr die Tatsache, dass hier Menschen miteinander verbunden wurden. Erstmals begann man, nicht mehr nur mit dem Rechner in einen Dialog zu treten, sondern *in* diesem neuen Medium miteinander zu kommunizieren.

Das großtechnische Scheitern des Time-Sharing-Projekts SAGE, das in seinem Aufbau und seinen Verbindungen die militärische Hierarchie (Master-Slave-Beziehung) nachbildete, führte zu einer Revision des Konzepts in ein Client-Server-Modell. Aus der Befehlszentrale im Zentrum des Netzes wurde durch die Umkehrung der Wirkungsrichtung, eine zentrale, für alle zugängliche Bibliothek. Der Erfolg dieser Umdeutung evozierte überschäumende Visionen in Bezug auf die Vernetzung von Computeranlagen als öffentliche Ressource. Hier entstanden erstmals die Leitbilder des heutigen Internet und gaben den weiteren Entwicklungen eine Richtung.

Als sich die Rechenanlagen an den einzelnen Forschungseinrichtungen auf bestimmte Aufgaben spezialisierten, kehrte jedoch das Legitimationsproblem in anderer Form wieder. Um einen effektiven Ressourcenaustausch und -auslastung herzustellen, wurden nun ganze Time-Sharing-Systeme miteinander gekoppelt. Dies gelang durch den Einbezug einer neuen Technik, dem Packet-Switching. Das ARPANET-Projekt weitete die Idee vernetzter Terminals auf die Verknüpfung unterschiedlicher Mainframes aus, indem die großen Rechenanlagen der Universitäten miteinander vernetzt wurden. Was bereits vorher innerhalb der Time-Sharing-Systeme zu beobachten war, geschieht nun auch innerhalb des größeren Netzes. Während die Protokolle für den Ressourcenaustausch nur schleppend angenommen wurden, nutzten die so verbundenen Computerwissenschaftler das ARPANET um so lebhafter für ihre Kommunikation. Durch diese Zusammenarbeit zwischen den verschiedenen Forschungseinrichtungen der USA entstand eine eng vernetzte Szene von Wissenschaftlern (NWG), die über ihr eigenes Medium (FRCs) die Entwicklungen – auch der elektronischen Kommunikation – vorantrieben.

Mit der Aufgabe der Kontrolle der ARPA über das Netz und seinem exponentiellen Wachstum, verlor diese Entwicklergruppe ihre Identität. Staatliche und kommerzielle Akteure mussten eingebunden werden und erlangten einen immer größeren Einfluss.

Bereits innerhalb der Mainframes der Time-Sharing-Systeme bildeten sich verschiedene Paradigmen der Kommunikation per Computer heraus. Sowohl die gemeinsame Nutzung von Dateien in einer Public Domain, als auch die Rechtefreigabe für einzelne Dokumente im privaten Verzeichnis waren möglich. Sowohl der Fernzugriff als auch die Fernkopie wurden ausprobiert. Unter der Maßgabe des Resource-Sharing konnten diese Paradigmen jedoch nur als Mensch-Maschine-Interaktion (FTP, Telnet) umgesetzt werden. Interpersonale Kommunikation über das Netz war zwar immer wieder Bestandteil der APRANET-Visionen, konnte jedoch wegen seiner scheinbar technischen Anspruchslosigkeit nicht die erheblichen Mittel rechtfertigen, die zum Aufbau eines Computernetzes benötigt wurden.

Die als natürlich empfundene Übertragung der Time-Sharing-Mail-Kommandos auf das ARPANET erforderte zunächst einmal zwei technische Festlegungen: Eine Lösung für ein gemeinsames Übertragungsprotokoll und eine weitere, für ein einheitliches Adresssystem. Tomlinson festigte mit seinen frühen Experimenten das Paradigma, Mail als Fernkopie zu gestalten, weshalb sich FTP als Übertragungsmechanismus anbot. Die Diskussionen um die Ausgestaltung des Mail-Subsystems im FTP-Protokoll verschoben sich rasch von technischen Fragestellungen hin zu Fragen der Einbettung und des konkreten Gebrauchs des Dienstes. Technische Standards konnten nur auf der Grundlage antizipierter Verwendungsszenarien formuliert werden. Bestimmend war dabei ein Bild von E-Mail als eine halböffentliche Form der Kommunikation, deren Nachrichten archiviert und der Entwicklergruppe zugänglich gemacht werden sollten.

Ein offizielles Projekt der ARPA, deren Aufgabe die Förderung von Hochtechnologie war, konnte E-Mail nicht sein. Seine praktische Nützlichkeit führte jedoch auch bei den Verantwortlichen des ARPANET zu seinem regen Gebrauch und vielen Verbesserungsvorschlägen. So entstand – zunächst unkoordiniert – an vielen Standorten Mailsoftware, die immer besser den Bedürfnissen der Nutzer angepasst wurde. Die Auflösung des Mailbox-Files in einzelne Dateien und vor allem das Verschmelzen der Programme für das Senden und Empfangen, das die Rückkopplungsschleife der Kommunikation schloss und erst den ANSWER-Befehl möglich gemacht hatte, löste in den Folgejahren, begleitet von einem starken Anwachsen der Knoten im ARPANET, einen regelrechten Boom aus. Immer mehr Menschen benutzten die elektronische Kommunikation, wodurch das Netz wiederum jedesmal attraktiver wurde. Es setzte sich eine positive Spirale in Gang, die dazu führte, dass E-Mail Ende der 70er Jahre auch von den Offiziellen der ARPA nicht mehr übersehen werden konnte. Das Verständnis vom Netz als Datentransporteur zwischen Rechnern verschob sich zum Netz als zwischenmenschlichem Kommunikationsmittel.

Mit dem E-Mail-Boom war ein Wildwuchs von Mailsoftwareentwicklungen entstanden, die dringend im Sinne des neuen Mediums koordiniert werden mussten. Die ARPA initiierte daraufhin die MsgGroup, eine Mailingliste, in der über alle Belange von E-Mail diskutiert werden konnte. Dieses Forum besaß keine formalen Hierarchien. Autoritäten ergaben sich lediglich aus dem Arbeitshintergrund und der Qualität der Äußerungen der Teilnehmer. Indem so mittels E-Mail über E-Mail diskutiert wurde (Bootstrapping), konnten die Entwicklungen ständig mit konkreten Arbeitssituationen rückgekoppelt werden. Da sich immer mehr Nicht-Programmierer an den Debatten beteiligten und ihre Positionen nachdrücklich vertraten, wurde eine zu schnelle Schließung nach den Bedürfnissen der Computerexperten verhindert.

Die Zeit Ende der 70er Jahre war von heftigen Diskussionen innerhalb der MsgGroup über die Ausgestaltung des Dienstes (Special-Interest-Medium oder Massenmedium) und die geforderten Anschlussleistungen (Benennung der Befehle, REPLY-Funktion etc.) geprägt. Diese Diskussionen wurden von den Entwicklern vor dem Hintergrund ihrer jeweils eigenen Arbeitszusammenhänge und Metaphern geführt, die in langwierigen Aushandlungsprozessen synchronisiert werden mussten. Die sehr verschiedenen Vorstellungen, was der E-Mail-Dienst sein solle, hielt eine ständige produktive Verunsicherung aufrecht. Dadurch konnte der Dienst langsam eine Gestalt annehmen, die ein Höchstmaß an Formenvariabilität erlaubte.

Konkurrierende Überlegungen des USPS blieben ohne Einfluss, war die Post doch zu stark den Paradigmen ihrer analogen Verbindungstechnik verhaftet.

In den 80er Jahren zeigten die Debatten deutliche Anzeichen eines Phasenübergangs. Die E-Mail-Entwicklung verabschiedete sich vom überschaubaren Entwicklungskontext. Mit zunehmender Popularisierung wurden zuverlässige technische Standards erforderlich und waren Fragen der Privatheit zu berücksichtigen, wie die Finger-Debatte gezeigt hatte. E-Mail sollte nicht mehr halböffentlich sein, sondern, in Analogie zur Briefpost, das Fernmeldegeheimnis wahren. Kennzeichen dieses Übergangs waren unter anderem die Netiquetten, mit denen versucht wurde, einen Teil des Selbstverständnisses, das sich innerhalb der frühen E-Mail- und ARPANET-Community ausgebildet hatte, auf die neuen Nutzergruppen zu übertragen. Diese soziale Formatierung war sowohl in technischer (persönliche Accounts) als auch in sozialer Hinsicht (Flames) als direkte Rückwirkung des Netzwachstums notwendig geworden.

Mit der Abspaltung des militärischen Teils vom ARPANET und der Ausweitung zum Internet, begann sich das Netz in den 80er Jahren vollständig von seinem Entwicklungskontext zu lösen und sich zu internationalisieren. Die Anzahl der angeschlossenen Teilnehmer entwickelte sich in den folgenden Jahren nahezu exponentiell. Das verlangte auch vom E-Mail-Dienst eine Modernisierung in drei Bereichen:

- Mit der Ausformulierung eines eigenständigen stabilen Protokolls (SMTP), löste er sich von FTP ab und konnte so den neuen Anforderungen besser gerecht werden.
- Für die nun globale Kommunikation in einem ungeregelt wachsenden Netz war die Strukturierung der Kontakte durch ein internettaugliches, streng hierarchisches Adressschema (DNS) von besonderer Bedeutung.
- Nicht zuletzt passten sich auch die Mailinhalte durch MIME der modernen Computernutzung an.

Parallel dazu entwickelten sich die USENET-News als das „ARPANET des kleinen Mannes“. Während sich E-Mail fortan auf die Übermittlung persönlicher Nachrichten konzentrierte, verfolgte das USENET, das nicht vor dem Hintergrund von Systembefehlen und Büronotizen, sondern aus dem Wunsch an Teilhabe an der öffentliche Diskussion entstanden war, weiter das Paradigma eines öffentlichen schwarzen Bretts.

Für die flächendeckende Popularisierung des Dienstes war nun die Grundlage geschaffen worden, so dass er schließlich in den 90er Jahren auch in das ökonomische Netz integriert werden konnte. Unter diesem Blickwinkel enstanden auch die ersten wissenschaftlichen Untersuchungen im Rahmen der Unternehmenssoziologie. Dabei wurden zunächst die beobachteten Phänomene in den Betrieben ausschließlich auf die Eigenschaften des Dienstes zurückgeführt. Dagegen sind kaum Untersuchungen zu finden, die die Eigenschaften des Dienstes als Symptome seiner Entwicklungsgeschichte begriffen, also als Tat-Sachen erscheinen lassen. Zu Beginn war E-Mail sehr schnell und naiv in Unternehmen in der Hoffnung auf eine Rationalisierung der Büroarbeit, zunehmender Partizipation, flacher Hierarchien und kollaborativer Zusammenarbeit im Sinne der neuen Unternehmensphilosophien eingeführt worden. Dabei erwies sich das Medium durch seinen besonderen Charakter als Kommunikationsmittel sehr viel unkontrollierbarer als andere Investitionen in der Produktion. Die scheinbar kostenlose Technik verlangte mit der Zeit einen immer größeren Ressourceneinsatz. Soziale Strukturen ließen sich, entgegen der Hoffnungen durch seine Einführung, nicht einfach steuern, sondern unterstützten private Beziehungen und die inoffizielle Kommunikation ebenso gut wie die Arbeitszusammenhänge. E-Mail weitete die kommunikativen Beziehungen aus und verstärkte damit andere, in der Unternehmenskultur liegende Faktoren. Ein signifikantes Substitutionspotential konnte allenfalls in seiner Konkurrenz zur Hauspost festgestellt werden, gegenüber der es schneller und kostengünstiger ist.

Die Vorteile von E-Mail liegen in seinem Umgang mit dem Problem der Raum-Zeit-Koordination der Kommunikation. Indem es die Präsenz in Übertragungs- und die Synchronisation in Speichertechnik auslagert, erlaubt es einen effektiven Umgang im Austausch von Nachrichten. Eingebunden in das klassische Verwaltungshandeln ergeben sich daraus jedoch Schwierigkeiten. Zwar erfüllt E-Mail die Webersche Bedingung der Schriftlichkeit, wirft aber gleichzeitig durch seine elektronische Form Probleme in Bezug auf die geschlossene und vollständige Akte auf. Die Integration in bürokratische und kommerzielle Prozesse erforderte daher eine weitere Verknüpfung mit dem juristischen System. Fernmeldegeheimnis, revisionssichere Aufbewahrung und ein sicherer Umgang mit E-Mail wurden, soweit die nationale Gesetzgebung reichte, vor Spionage, Spam und Phishing juristisch abgesichert.

Immer mehr Unternehmen und öffentliche Institutionen erwarten heute von ihrer Kundschaft die Existenz einer E-Mail Adresse. E-Mail ist nicht mehr ein avantgardistisches Kommunikationsmittel für Technikenthusiasten, sondern in vielen Bereichen der Gesellschaft eine Frage der Partizipationsmöglichkeit. Neben der Notwendigkeit, einen technischen Zugang zum E-Mail-Dienst zu haben, werden dem Nutzer, ähnlich den traditionellen Medien Telefon und Briefpost, soziale und kulturelle Medienkompetenz abverlangt. Wie das Abnehmen des Telefons, wenn es klingelt oder das tägliche Entleeren des Briefkastens müssen sich auch hier Anschlusshandlungen etablieren, die den Umgang mit dem Medium hinreichend verlässlich regeln. Ebenso müssen sich persönliche Strategien herausbilden, mit übervollen Mailboxen und Spam umzugehen. Eine solche allgemeine „E-Mail-Kultur“ ist derzeit noch im Entstehen.

Spam war zunächst vor allem ein technisches Problem, das mit der Perfektionierung der Software leicht behoben werden konnte. Korrekt verschickte Spammails waren dagegen soziale Probleme, die aber in den Anfangstagen noch effektiv sanktioniert werden konnten. Nach Auflösung der sozialen Bezüge und der immer weiteren anonymen Ausdehnung des Netzes, konnte dies nur noch durch eine Kopplung mit dem juristischen Netz versucht werden.

Mit der Kommerzialisierung des Netzes entdeckte die Werbewirtschaft die große Effizienz von Massenmails, deren Anteil daraufhin bis auf 80% des gesamten E-Mail-Aufkommens stieg. Die persönlichen Nachrichten, drohen im Spam-Rauschen unterzugehen. Daneben verursacht Spam erhebliche Kosten auf Seiten der Empfänger. Da das SMTP-Protokoll eine schnelle technische Lösung des Problems nicht zulässt, wird stattdessen versucht, mittels aufwändiger und ressourcenverschlingender Verfahren die unerwünschte Post auszufiltern. Dabei liefern sich die Anti-Spam-Maßnahmen mit den Spammern ein Wettrennen gegenseitiger Aufrüstung. Die rechtlichen nationalen Regelungen bleiben angesichts des globalen Internet wirkungslos. E-Mail hat dadurch viel an Vertrauen verloren. Einige Firmen geben an, sie würden gerne ihr Kommunikationssystem wechseln. Dass sie das nicht einfach tun, zeigt nicht nur, dass es derzeit keine Alternative gibt, sondern auch, wie fest E-Mail bereits in die Gesellschaft integriert ist.

Die Entwicklung und gegenwärtige Situation des E-Mail Dienstes hat gezeigt, dass sich Technik nicht nur unter ganz bestimmten kulturellen Rahmenbedingungen entwickelt und dadurch konfiguriert wird, sondern auch, dass sie dieses Umfeld benötigt, um funktionieren zu können. Die Verschiebungen, die sich mit der Ausweitung des Netzes (vom ARPANET zum Internet) einstellten, entzogen dem technischen Standard (SMTP) seinen Boden. Das Protokoll war bewusst zu Lasten von Sicherheitsaspekten simpel gestaltet worden, um eine einfache Implementierung zu ermöglichen. Die Prioritäten der Anfangsphase haben sich heute umgekehrt. Heute haben Sicherheitsaspekte ein weit aus größeres Gewicht, als die Komplexität der Software.

Dass der Dienst heute anachronistisch ist, zeigen allein schon die Produktivitätseinbußen, die durch die Spam-Filterung entstehen. Die Krise zeigt sich in einer

- *fehlenden Authentifizierung*, mit der Spam, Phishing und die damit entstehenden Kosten vermieden und eine bürokratische Verbindlichkeit erreicht werden könnte, einer
- *fehlenden protokollbasierten Verschlüsselung*, die den Schutz des Fernmeldegeheimnisses und vor allem von Firmengeheimnissen ermöglichen würde, einer
- *mangelhaften Software*, die die Arbeit mit E-Mail nur unzureichend unterstützt, sowie einer
- *noch nicht ausgebildeten E-Mail-Kultur*, die die hinreichenden Anschlusshandlungen, zum Beispiel für E-Gouvernment, zur Verfügung stellt.

Eine radikale Neuausrichtung des Protokolls ist aufgrund seiner massenhaften Implementierung nicht möglich. Daher ist es wahrscheinlicher, dass ein neuer, zeitgemäßer Dienst außerhalb des aktuellen E-Mail-Kosmos entsteht. Diese Alternative müsste, um Erfolg zu haben,

- die aktuellen Anforderungen an einen solchen Dienst erfüllen (Verschlüsselung, Authentifizierung, Integration in Verwaltungsprozesse etc.),

- auch *zukünftige Anforderungen* soweit möglich antizipieren, wie das Unified Messaging, das weitere Verflechtungen mit neuen Emergenzen hervorbringen wird,
- *abwärtskompatibel* zu SMTP sein, um direkt an die breite Basis von Kommunikationen anschließen zu können,
- *nicht-proprietär* sein, um eine Zersplitterung des Dienstes in viele konkurrierende Systeme zu vermeiden (kritische Masse) und
- in einem *Bootstrapping*-Prozess entwickelt werden, um einen wirklich bedarfsgerechten Dienst entstehen zu lassen.

Es ist eine ähnliche Ausdifferenzierung wie bei den Strukturbeschreibungssprachen für Webseiten (HTML und XML) denkbar. SMTP hätte dann weiter Bestand als gemeine „E-Mail für Jedermann“ und ein neuer, kompatibler Dienst könnte die Bedürfnisse von Industrie und staatlicher Bürokratie bedienen. Eine solche Alternative ist bislang nicht in Sicht, vermutlich auch, weil sie wenig attraktiv ist. Denn ein Dienst dieser Art ist nur als Open-Source-Entwicklung denkbar. Die großen Softwarefirmen verdienen jedoch sehr gut an aufwändigen Filter- und Firewall-Programmen, oder – wie das Beispiel Microsoft gezeigt hat – an Klagen gegen Spammer. Der Ausweg aus der E-Mail-Krise ist kein technisches Problem. Vielmehr werden starke Fürsprecher gesucht, die – ähnlich der ARPA – den Einfluss, die finanziellen Mittel und die Freiheit haben, einen solchen Dienst entstehen zu lassen, ohne in die naiven Entwicklungsmuster der vielen gescheiterten IT-Großprojekte zu verfallen.

Abbildung 1: Synopse

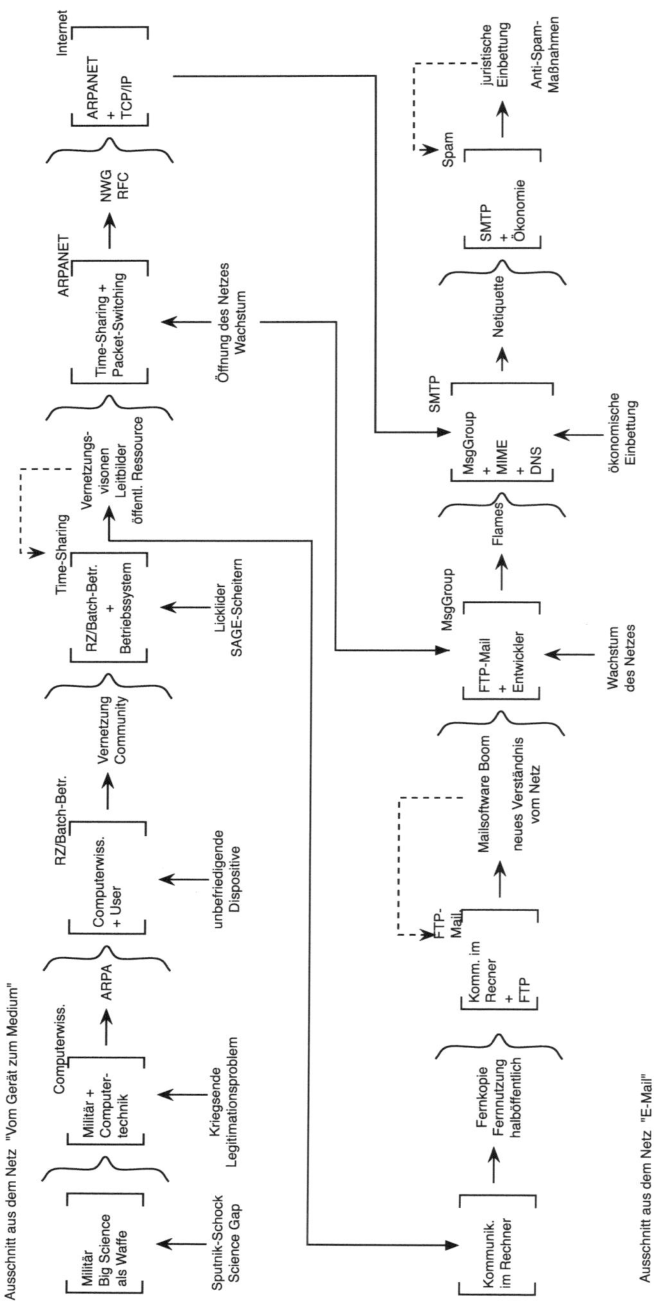

Dank

Die vorliegende Untersuchung wurde Ende 2006 als Dissertation an der Leuphana Universität Lüneburg eingereicht. Den Weg dorthin haben viele mit wertvoller Hilfe unterstützt.

Danken möchte ich dem Betreuer der Dissertation Herrn Prof. Dr. Günter Burkart für seine umsichtige Beratung sowie den Gutachtern Prof. Dr. Werner Rammert, besonders für seine konstruktiven Fragen und die Unterstützung bei der Publikation und Prof. Dr. Andreas Möller für die freundliche Bereitschaft zur Begutachtung dieses nicht disziplinären Themas. Auch nicht vergessen möchte ich die anregenden Disskusionen im Doktorantenseminar von Prof. Dr. Matthias von Saldern, die die Anfänge dieser Gedanken begleitet haben.

Die Arbeit hätte nicht entstehen können ohne die kollegiale Atmosphäre im Rechen- und Medienzentrum der Leuphana Universität Lüneburg und die geduldige Unterstützung von Dr. Martin Warnke, der den Anstoß zu diesem Thema gab. Auch die freundschaftlichen Streitgespräche mit Timo Leder waren stets Quell konstruktiver Verunsicherung.

Die viel zu seltenen aber immer nachhaltigen Gespräche mit Bernhard Bachem haben der Arbeit ebenfalls wichtige Impulse gegeben.

Nicht zuletzt schulde ich Dr. Nicole Gronemeyer, Yvonne Mattern und Larissa Loose für ihre präzise Kritik und genaue Korrektur großen Dank.

Abbildungsnachweis

Sozialtheorie und Technikgenese

Netz • Technik • Geschichte

Vom Gerät zum Medium

E-Mail

E-Mail als Kulturhybrid

Literatur

Die Literatur wurde in folgender Form zitiert: (Nachname Jahr: Seite). Die Angabe von Quellen aus dem Internet konnte in der Regel nur ohne Seitenangaben geschehen. Wenn möglich wurde auf Abschnitte hingewiesen, um die Auffindbarkeit zu vereinfachen, wie (Baran 1964: V-I) oder (Hauben, Behind 1999).

Soweit nicht anders angegeben wurden die RFC-Protokolle von der „Request for Comments (RFC) Editor Homepage" unter http://www.rfc-editor.org/ (2.3.2006) herangezogen. Die Zitation der RFCs wurde in folgendem Format vorgenommen: (RFC Nr.; Jahr; Verfasser). Um eine bessere Lesbarkeit zu erreichen, verkürzt sich die Zitation, soweit die Angaben bereits im Text eingebunden sind.

Die Postings der MsgGroup waren unter der WWW-Adresse des Bostoner Museum of Science http://ftp.std.com/obi/Networking/archives/msggroup/ (11.3.2003) verfügbar. Leider sind sie heute nicht mehr frei zugänglich.

Zitate aus den RFCs und den Mails der MsgGroup wurden nur bei sinnentstellenden Rechtschreib- und Satzfehlern korrigiert, sonst im Original belassen.

Angaben wie (vgl. Annals 1018, Luebbert 1981: 69) beziehen sich auf die *Annals of History of Computing* (IEEE). Ferner wurden Quellen aus der *Computer Zeitung* (Konradin Verlag) mit dem Kürzel CZ ausgezeichnet, die Angabe *C't* bezieht sich auf die gleichnamige Zeitschrift des Heise Verlages.

Abbate, Janet: „Inventing the Internet“ [MIT Press] Cambridge 1999

Allen, Woody: „Wie du dir so ich mir“ [Rowohlt] Reinbek 1980

Anderson, Robert H./Shapiro, Norman Z./Bikson, Tora K./Kantar, Phyllis H.: „The Design of the MH Mail System“ [RAND] Santa Monica 1989

Anti-Phishing Work Group (APWG) (Hg.): „Phishing Activity Trends Report“ [http://www.antiphishing.org (27.12.2005)] Internet 2005

Asdonk, Jupp/Tolksdorf, Guido: „Orientierungsraster der Technikgenese am Beispiel der Produktionstechnik“, in: Tschiedel, Robert (Hg.): „Die technische Konstruktion der gesellschaftlichen Wirklichkeit. Gestaltungsperspektiven der Techniksoziologie“ [Profil] München 1990, S. 107-119

Asdonk, Jupp/Bredeweg, U./Kowol, Uli: „Technikgenese im Kontext von Hersteller-Anwender-Beziehungen“, in: Tschiedel, Robert (Hg.): „Die technische Konstruktion der gesellschaftlichen Wirklichkeit. Gestaltungsperspektiven der Techniksoziologie“ [Profil] München 1990, S. 121-136

Babbage, Charles: „An den Präsidenten der Royal Society, Sir Humphry Davy, über die Anwendung von Maschinen zum Zwecke der Berechnung und der Drucklegung mathematischer Tafeln“, in: Dotzler, Bernhard (Hg.): „Babbages Rechen-Automate“ [Springer] Wien 1996, S. 94-101

Bammé, Arno/Feuerstein, Günter/Genth, Renate/Holling, Eggert/Kahle, Renate/Kempin, Peter: „Maschinen-Menschen Mensch-Maschinen. Grundrisse einer sozialen Beziehung“ [Rowohlt] Reinbek 1983

Bammé, Arno/Berger, Wilhelm/Kotzmann, Ernst: „Auf dem Wege zu einer Soziologie der Technik. Techniktheorie als Gesellschaftstheorie“, in: Hochgerner, Josef/Bammé, Arno: „Technisierte Kultur. Beiträge zur Soziologie der Technik“ [VWGÖ] Wien 1989, S. 29-41

Barabási, Albert-László: „Linked. How Everything Is Connected to Everything Else and What It Means for Business, Science, and Everyday Life“ [Plume] NewYork 2003

Baraldi, Claudio/Corsi, Giancarlo/Esposito, Elena: „GLU. Glossar zu Niklas Luhmanns Theorie sozialer Systeme“ [Suhrkamp] Frankfurt a. M. 1999

Baran, Paul: „On Distributed Communications“ [http://www.rand.org/publications/RM/baran.list.html (7.7.2004)] Santa Monica 1964

Bardini, Thierry: „Bootstrapping. Doulas Engelbart, Coevolution, and the Origins of Personal Computing“ [Stanford University Press] Stanford 2000

Beardsley, Tod: „Evolution of Phishing Attacks“ [http://www.antiphishing.org (27.12.2005)] Internet 2005

Beck, Stefan: „Umgang mit Technik. Kulturelle Praktiken und kulturwissenschaftliche Forschungskonzepte“ [Akademie Verlag] Berlin 1997

Beck, Ulrich: „Risikogesellschaft“ [Suhrkamp] Frankfurt a. M. 1986

Bennahum, David S.: „The Hot New Medium Is … Email“, in: „Wired“ 6.04 - April 1998 [http://www.wirHg.com/wired/6.04/es_lists_pr.html (19.3.2002)] Internet 1998

Berners-Lee, Tim: „Der Web-Report. Der Schöpfer des World Wide Web über das grenzenlose Potential des Internets“ [ECON] München 1999

Biervert, Bernd/Monse, Kurt (Hg.): „Wandel durch Technik? Institution, Organisation, Alltag" [Westdeutscher Verlag] Opladen 1990

Bijker, Wiebe E./Hughes, Thomas P./Pinch, Trevor (Hg.): „The Social Construction of Technological Systems. New Directions in the Sociology and History of Technology" [MIT Press] Cambridge/Mass. 1987

Black, Edwin: „IBM und der Holocaust. Die Verstrickung des Weltkonzerns in die Verbrechen der Nazis" [Propyläen] München 2001

Bleich, Holger: „Säuberungsmaßnahmen. Absender-Authentifizierung zum Schutz vor Spam und Betrug", in: „C't" 19/2004, [Heise] Hannover 2004, S. 134-137

Bolz, Norbert/Kittler, Friedrich A./Tholen, Christoph (Hg.): „Computer als Medium" [Wilhelm Fink] München 1994

Bourdieu, Pierre: „Entwurf einer Theorie der Praxis auf der ethnologischen Grundlage der kabylischen Gesellschaft" [Suhrkamp] Frankfurt a. M. 1979

Bourdieu, Pierre: „Die feinen Unterschiede" [Suhrkamp] Frankfurt a. M. 1991

Boyne, C.W.: „Electronic Mail, IT Productivity and Workplace Culture", in: Gill, Karamjit S. (Hg.): „Information Society. New Media, Ethics and Postmodernism" [Springer] London 1996, S. 295-303

Braudel, Fernand: „Das Mittelmeer und die mediterrane Welt in der Epoche Philipps II" Bd.1 [Suhrkamp] Frankfurt a. M. 1990

Braun, Hans-Joachim/Kaiser, Walter: „Energiewirtschaft Automatisierung Information seit 1914" Propyläen Technikgeschichte Bd.5 [Propyläen] Berlin 1992

Braun, Ingo/Joerges, Bernward (Hg.): „Technik ohne Grenzen" [Suhrkamp] Frankfurt a. M. 1994

Bresemann, Hans-Joachim/Zimdars, Jürgen/Skalski, Detlef: „Wie finde ich Normen, Patente, Reports. Ein Wegweiser zu technisch-naturwissenschaftlicher Spezialliteratur" [Berlin] Berlin 1995

BSI (Hg.): „Antispam - Strategien. Unerwünschte E-Mails erkennen und abwehren" [BSI] Bonn 2005

Burkhard, Hans-Dieter/Rammert, Werner: „Integration kooperationsfähiger Agenten in komplexen Organisationen. Möglichkeiten und Grenzen der Gestaltung hybrider offener Systeme" TUTS-WP-1-2000 [TU Berlin] Berlin 2000

Bush, Vannevar: „Science: The Endless Frontier" [United States Government Printing Office]Washington 1945

Campbell, Duncan: „Inside Echelon. Zur Geschichte, Technik und Funktion des unter dem Namen Echelon bekannten globalen Abhör- und Filtersystems" Telepolis [http://www.telepolis.de/r4/artikel/6/6928/1.html (26.11. 2005)] Internet 24.7.2000

Campbell-Kelly, Martin/Aspray, William: „Computer. A History of the Information Machine" [Basic Books] 1996

Canzler, Weert/Helmers, Sabine/Hoffmann, Ute: „Die Datenautobahn – Sinn und Unsinn einer populären Metapher", in: Dierkes, Meinolf: „Technikgenese. Befunde aus einem Forschungsprogramm“ [Sigma] Berlin 1997, S. 167-192

Castells, Manuel: „Das Informationszeitalter I. Der Aufstieg der Netzwerkgesellschaft“ [UTB] Opladen 2004

Ceruzzi, Paul E.: „Eine kleine Geschichte der EDV“ [mitp-Verlag] Bonn 2003

Chung, Karen S.: „Sum: The @ symbol“ [http://www.linguistlist.org/issues/7/7-968.html (17.3.2003)] Internet 1996

Corbató, Fernando J.: „On Building Systems that Will Fail“, in: ACM: „Communications of the ACM“ 34/9, NewYork 1991, S. 72-81

Coy, Wolfgang: „Aus der Vorgeschichte des Mediums Computer“, in: Bolz, Norbert/Kittler, Friedrich A./Tholen, Christoph (Hg.): „Computer als Medium“ [Wilhelm Fink] München 1994, S. 19-37

Coy, Wolfgang: „Automat – Werkzeug – Medium“, in: Bode, Arndt u.a. (Hg.): „Informatik-Spektrum“ Bd. 18, [Springer] Berlin 1995, S. 31-38

Cramer, Florian: „Für eine Textwissenschaft des Digitalen“, in: „Germanistentag, Erlangen 2001“

Damerow, Peter/Englund, Robert K./Nissen, Hans J.: „Die Entstehung der Schrift“, in: „Spektrum der Wissenschaft“ Februar 1988, S. 74-85

DARPA: „ARPA-DARPA: The History of the Name“ [http://www.arpa.mil/body/arpa_darpa.html (25.02.2002)], Internet o.J.

David, E.E./Fano, Robert M.: „Some Thoughts About the Social Implications of Accessible Computing“, in: AFIPS: „Procedures Fall Joint Computer Conference“ Vol. 27 1965, zitiert nach: IEEE: „Annals of the History of Computing“ Vol.14 No. 2 1992, S. 36-41

Davies, Donald W.: „Remote on-line Data Processing and its Communication Needs“ 1965

Davies, Donald W.: „Proposal for the Development of a National Communication Service for on-line Data Processing“ 1965b

Davies, Donald W.: „Proposal for a Digital Communication Network“ [NPL] 1966

Davies, Donald W./Barlett, K.A./Scantlebury, R.A./Wilkinson, P.T.: „A Digital Communication Network for Computers Giving Rapid Response at Remote Terminals“, in: ACM: „ACM Symposium on Operating System Principles“ NewYork 1967

Davies, Donald W.: „A Historical Study of the Beginnings of Packet Switching“, in: British Computer Society: „The Computer Journal“ Vol.44 No.3 London 2001, S. 152-162

Davis, Gary: „Commtouch Reports October Spam Trends: Spam Accounts for 74% of Global Traffic, 86% of US Corporate Email“, in: „Commtouch News“ 10.11.05 [http://www.commtouch.com//Site/News_Events/pr_content.asp?news_id=493&cat_id=1 (12.12.2005)] Mountain View 2005

Davis, Gary: „November Virus/Spam Statistics: Most New Viruses Were Part of Multi-wave Attacks“, in: „Commtouch News“ 8.12.2005 [http://www.commtouch.com//Site/News_Events/

pr_content.asp?news_id=514&cat_id=1 (12.12.2005)] Mountain View 2005b

Sola Pool, Ithiel de: „Technologies Without Boundaries. The Telecommunications in a Global Age“ [Harvard Univerity Press] Cambridge 1990

Degele, Nina: „Einführung in die Techniksoziologie“ [UTB] München 2002

Deleuze, Gilles/Guattari, Félix: „Anti-Ödipus. Kapitalismus und Schizophrenie“ [Suhrkamp] Frankfurt a. M. 1974

DeSanctis, Gerardine/Jackson, Brad M./Poole, Marshall Scott/Dickson, Gary W.: „Integrating Electronic Communication at Texaco“, in: Davenport Sypher, Beverly (Hg.): „Case Studies in Organizational Communication 2. Perspectives on Contemporary Work Live“ [Guilford Press] NewYork 1997, S. 277-296

Dierkes, Meinolf: „Technikgenese: Einflußfaktoren der Technisierung jenseits traditioneller Technikfolgenforschung“, in: Biervert, Bernd/Monse, Kurt (Hg.): „Wandel durch Technik? Institution, Organisation, Alltag“ Opladen 1990, S. 311-331

Dierkes, Meinolf/Hoffmann, Ute/Marz, Lutz: „Leitbild und Technik. Zur Entstehung und Steuerung technischer Innovationen“ [Sigma] Berlin 1992

Dierkes, Meinolf (Hg.): „Technikgenese. Befunde aus einem Forschungsprogramm“ Berlin 1997

Dierkes, Meinolf/Knie, Andreas: „Technikgeneseforschung in der Warteschleife? Eine Einleitung“, in: Dierkes, Meinolf: „Technikgenese. Befunde aus einem Forschungsprogramm“ [Sigma] Berlin 1997, S. 7-13

Deutsches Institut für Normung e.V.: „Schreib- und Gestaltungsregeln für die Textverarbeitung“ Sonderdruck von DIN 5008 [Beuth] Berlin 2001

Durkheim, Emile: „Die Regeln der soziologischen Methode“ Hg. und eingeleitet von König, René [Luchterhand] Neuwied, 1976

Eckert, Michael/Schubert, Helmut: „Kristalle, Elektronen, Transistoren. Von der Gelehrtenstube zur Industrialisierung“ [Rowohlt] Reinbek 1986

Erb, Ulrike/Herrmann, Thomas: „Denk- und Kommunikationsstrukturen“, in: Friedrich, Jürgen (Hg.): „Informatik und Gesellschaft“ Heidelberg 1995, S. 173-183

Esposito, Elena: „Der Computer als Medium und Maschine“, in: „Zeitschrift für Soziologie“ Jg. 22 Heft 5, [F. Enke] Stuttgart 1993, S. 338-354

Esser, Josef: „Erklärungskraft und Erklärungsgrenzen des akteursbezogenen Institutionalismus bei Standardisierungsprozessen. Kommentar zum Vortrag von Susanne Schmidt“, in: Esser, Josef/Fleischmann, Gerd/Heimer, Thomas (Hg.): „Soziale Schließung im Prozeß der Technologieentwicklung. Leitbild, Paradigma, Standard“ [Campus] Frankfurt a. M. 1998, S. 176-181

Esser, Josef/Fleischmann, Gerd/Heimer, Thomas (Hg.): „Soziale Schließung im Prozeß der Technologieentwicklung. Leitbild, Paradigma, Standard“ [Campus] Frankfurt a. M. 1998

Everett, Robert R./Zraket, C.A./Benington, Herbert D.: „SAGE. A Data-Processing System for Air Defense“, in: American Federation of Information

Processing Societies (AFIPS): „Conference Proceedings. EJCC“ Dez. 1957, S. 148-155 zitiert nach: IEEE: „Annals of the History of Computing“ Vol.5 No.4 1983, S. 330-339

Fano, Robert M./Corbató, F.J.: „Das Time-Sharing-Verfahren (‚Teilnehmersysteme‘)“, in: Steibuch, Karl: „Information, Computer und künstliche Intelligenz“ [Umschau] Frankfurt a. M. 1967, S. 83-100

Fano, Robert M.: „The Computer Utility and the Community“, in: IEEE: „Int'l Convention Record“ Part 12 1967, S. 30-34, zitiert nach: IEEE: „Annals of the History of Computing“ Vol.14 No. 2 1992

Faßler, Manfred: „Abfall – Moderne – Gegenwart. Beiträge zum evolutionären Eigenrecht der Gegenwart“ [Focus] Gießen 1991

Faßler, Manfred/Halbach, Wulf (Hg.): „Inszenierungen von Information. Motive elektronischer Ordnung“ [Focus] Gießen 1992a

Faßler, Manfred: „Abschied von der Vollständigkeit. Technologiefolgenabschätzung im Dilemma“, in: „Technik, Öffentlichkeit und Verantwortung“ Wissensverarbeitung und Gesellschaft Bd. 3 [Universitätsverlag] Ulm 1992b, S. 33-62

Faßler, Manfred: „Cyber-Moderne. Medienevolution, globale Netzwerke und die Künste der Kommunikation“ [Springer] Wien 1999

Faust, Michael/Bahnmüller, Reinhard: „Der Computer als rationalisierter Mythos. Vom Nutzen institutioneller Organisationstheorie für die Analyse industrieller Rationalisierung“, in: „Soziale Welt“ Jg. 47, [Schwartz] Göttingen 1996, S. 129-148

Fischer, Eric: „Re: System Development Corporation's Q-32 TSS“ [Posting in der CYHIST; CYHIST@MAILSTORM.STJOHNS:EDU (21.9.1999)] Internet 1999

Fischer, Peter (Hg.): „Technikphilosophie. Von der Antike bis zur Gegenwart“ [Reclam] Leipzig 1996

Flamm, Kenneth: „Targeting the Computer. Gouvernment Support and International Competition“ [Bookings Institution] Washington 1987

Fleischmann, Gerd: „Stabilität und Wandel von Technologien: Paradigma, Leitbild, Standard“, in: Esser, Josef/Fleischmann, Gerd/Heimer, Thomas (Hg.): „Soziale Schließung im Prozeß der Technologieentwicklung. Leitbild, Paradigma, Standard“ [Campus] Frankfurt a. M. 1998, S. 10-35

Foerster, Heinz v.: „Wissen und Gewissen - Versuch einer Brücke“ [Suhrkamp] Frankfurt a. M. 1993

Foucault, Michel: „Nietzsche, die Genealogie, die Historie“, in: Defert, Daniel/ Weald, François: „Michel Foucault. Schriften in vier Bänden“ Bd. II 1970-1975, [Suhrkamp] Frankfurt a. M. 2002, S. 166-191

Frenkel, Karen A.: „An Interview with Fernando José Corbató“, in: ACM: „Communications of the ACM“ Vol.34 No.9, NewYork 1991, S. 83-90

Frey, Donnalyn/Adams, Rick: „!%@:: A Directory of Electronic Mail. Addressing and Networks“ [O'Reilly] Sebastopol 1990

Frey, Hartmut: „E-Mail: Revolution im Unternehmen. Wie sich Motivation, Kommunikation und Innovationsgeist der Mitarbeiter wandeln. Studie im

Auftrag des Bundesforschungsministeriums mit einer Befragung von 50 Unternehmen“ [Luchterhand] Neuwied 1999

Freyermuth, Gundolf S.: „Revolution im Rückspiegel“, in: Heise: „C’t“ 5/ 2001, [Heise] Hannover 2001, S. 254-249

Fritz, Wolfgang/Kerner, Martin/Kim, Chai K./Mundorf, Norbert: „Die Vermittlung interkultureller Kompetenz durch die internationale E-Mail-Debatte“ [TU Braunschweig] Braunschweig 1999

Gabel, H. Landis: „Produktstandardisierung als Wettbewerbsstrategie“ [McGraw-Hill] London 1993

Gabriel, Norbert: „Kulturwissenschaften und Neue Medien. Wissensvermittlung im digitalen Zeitalter“ [Wissenschaftliche Buchgesellschaft] Darmstadt 1997

Ganzhorn, Karl/Walter, Wolfgang: „Die geschichtliche Entwicklung der Datenverarbeitung“ [IBM Deutschland] Stuttgart 1975

Genschel, Philipp: „Standards in der Informationstechnik. Institutioneller Wandel in der internationalen Standardisierung“ [Campus] Frankfurt a. M. 1995

Giddens, Anthony: „Die Konstruktion der Gesellschaft. Grundzüge einer Theorie der Strukturierung“ [Campus] Frankfurt a. M. 1992

Giddens, Anthony: „Konsequenzen der Moderne“ [Suhrkamp] 1995

Giesecke, Michael: „Der Buchdruck in der frühen Neuzeit. Eine historische Fallstudie über die Durchsetzung neuer Informations- und Kommunikationstechniken“ [Suhrkamp] Frankfurt a. M. 1998

Gillies, James/Cailliau, Robert: „Die Wiege des Web. Die spannende Geschichte des WWW“ [dpunkt] Heidelberg 2002

Glatzer, Wolfgang: „Von der ‚Innovation der Produkte‘ zur ‚Modernisierung der Lebensstile‘. Kommentar zum Vortrag von Leslie Haddon“, in: Esser, Josef/Fleischmann, Gerd/Heimer, Thomas (Hg.): „Soziale Schließung im Prozeß der Technologieentwicklung. Leitbild, Paradigma, Standard“ [Campus] Frankfurt a. M. 1998, S. 71-78

Goldberg, Adele (Hg.): „A History of Personal Workstations“ [Addison-Wesley] NewYork 1988

Granovetter, Mark: „The Strength of Weak Ties: A Network Theory Revisited“, in: „Sociological Theory“ Vol. 1,1983, S. 201-223

Greenberger, Martin (Hg.): „Management and the Computer of the Future“ [MIT Press] NewYork 1962

Greenberger, Martin (Hg.): „Computers, Communications and the Public Interest“ [Johns Hopkins Press] London 1971

Grün, Karl: „Der Geschäftsbrief. Gestaltung von Schriftstücken nach DIN 5008, DIN 5009, DIN 676 u.a“ [Beuth] Berlin 2002

Grunwald, Armin: „Technik für die Gesellschaft von morgen. Möglichkeiten und Grenzen gesellschaftlicher Technikgestaltung“ [Campus] Frankfurt a. M. 2000

Güntsch, Fritz-Rudolf: „Konrad Zuse und das Konzept des Universalrechners“ [Springer] 2004

Habermas, Jürgen: „Technik und Wissenschaft als 'Ideologie'" [Suhrkamp] Frankfurt a. M. 1969

Habermas, Jürgen: „Strukturwandel der Öffentlichkeit" [Suhrkamp] Frankfurt a. M. 1990

Hafner, Katie/Matthew, Lyon: „ARPA Kadabra. Die Geschichte des Internet" [dpunkt] Heidelberg 1997

Hagen, Wolfgang: „Der Stil der Sourcen. Anmerkungen zur Theorie und Geschichte der Programmiersprachen", in: Warnke, Martin/Coy, Wolfgang/ Tholen, Georg Christoph (Hg.): „HyperKult. Geschichte, Theorie und Kontext digitaler Medien" [Stroemfeld/Nexus] Basel 1997, S. 33-68

Hardy, Ian R.: „The Evolution of ARPANET email" [http://www.ifla.org/documents/internet/hari1.txt (18.02.2002)] Berkeley 1996

Hauben, Ronda/Hauben, Michael: „Netizens: On the History and Impact of Usenet and the Internet" [ftp://wuarchive.wustl.edu/doc/misc/acn/netbook (18.02.2002)] Internet 1999

Hauben, Ronda: „Über die Entstehung des Internet und die Rolle der Regierung" [http://www.telepolis.de/deutsch/inhalt/co/5409/1.html (30.10.02)] Internet 1999b

Heart, Frank/McKenzie, Alex/McQuillan, John/Walden, David: „Completion Report. A History of the ARPANET. The First Decade" [BBN] Washington, 4. Januar 1978 (April 1981)

Heidegger, Martin: „Die Technik und die Kehre" [Neske] Pfullingen 1962

Heidegger, Martin: „Überlieferte Sprache und technische Sprache" [Erker] St. Gallen 1989

Heintz, Bettina: „Die Herrschaft der Regel. Zur Grundlagengeschichte des Computers" [Campus] Frankfurt 1993

Hellige, Hans Dieter: „Militärische Einflüsse auf Leitbilder, Lösungsmuster und Entwicklungseinrichtungen der Computerkommunikation" artec-Paper Nr. 15, [Universität Bremen] Bremen 1992

Hellige, Hans Dieter: „Actors, Visions and Developments in the History of Computer Communications" artec-Paper Nr. 20 E, [Universität Bremen] Bremen 1993

Hellige, Hans Dieter (Hg.): „Technikbilder auf dem Prüfstand. Leitbild-Assessment aus Sicht der Informatik- und Computergeschichte" [Sigma] Berlin 1996

Hellige, Hans Dieter: „Technikleitbilder als Analyse-, Bewertungs- und Steuerungsinstrumente: Eine Bestandsaufnahme aus informatik- und computerhistorischer Sicht", in: ders. (Hg.): „Technikbilder auf dem Prüfstand. Leitbild-Assessment aus Sicht der Informatik- und Computergeschichte", [Sigma] Berlin 1996a, S. 15-35

Hellige, Hans Dieter: „Leitbilder im Time-Sharing-Lebenszyklus: Vom ‚Multi-Access' zur ‚Interactive Online-Community'", in: ders.: „Technikbilder auf dem Prüfstand" [Sigma] Berlin 1996, S. 205-234

Hess, Gerhard: „Kampf um den Standard! Erfolgreiche und gescheiterte Standardisierungsprozesse – Fallstudien aus der Praxis“ [Schäffer-Poeschel] Stuttgart 1993

Höflich, Joachim R./Gebhardt, Julian (Hg.): „Vermittlungskulturen im Wandel: Brief, E-Mail, SMS“ [Lang] Frankfurt a. M. 2003

Hofmann, Jeanette: „Vorstellungen und Bilder in der Technikerzeugung – Eine Episode aus der Biographie des schreibenden Computers“, in: Hellige, Hans Dieter: „Technikleitbilder auf dem Prüfstand“ [Sigma] Berlin 1996, S. 161-184

Holland, Gabriele: „Electronic Mail in der Arbeitswelt. Die Implementierung, soziale Aneignung und Nutzung eines neuen interaktiven Mediums in organisatorischen Kontexten“ [Peter Lang Verlag] Frankfurt a. M. 1998

Hughes, Thomas P.: „Edison and electric light“, in: MacKenzie, Donals/Wajcman, Judy (Hg.): „The Social Shaping of Technology. How the refrigerator got his hum“ [Open University Press] Milton Keynes 1985, S. 39-52

Hughes, Thomas P.: „Networks of Power“ Baltimore 1983

Hughes, Thomas P.: „The Evolution of Lage Technological Systems“, in: Bijker, W.E./Hughes, T.P./Pinch, T.J. (Hg.): „The Social Construction of Technological Systems“ [MIT Press] Cambridge 1987, S. 51-82

Hughes, Thomas P.: „Die Erfindung Amerikas. Der technologische Aufstieg der USA seit 1870“ [Beck] München 1991

Illich, Ivan: „Im Weinberg des Textes. Als das Schriftbild der Moderne entstand“ [Luchterhand] Frankfurt a. M. 1991

Japp, Klaus P.: „Die Technik der Gesellschaft? Ein systemtheoretischer Beitrag“, in: Rammert, Werner: „Technik und Sozialtheorie“ [Campus] Frankfurt a. M. 1998, S. 225-244

Joerges, Bernward: „Soziologie und Maschinerie. Vorschläge zu einer ‚realistischen‘ Techniksoziologie“, in: Weingart, Peter (Hg.): „Technik als sozialer Prozeß“ [Suhrkamp] Frankfurt a. M. 1989, S. 44-89

Joerges, Bernward (Hg.): „Technik im Alltag“ [Suhrkamp] Frankfurt a. M. 1988

Joerges, Bernward: „Technik – Körper der Gesellschaft. Arbeiten zur Techniksoziologie“ [Suhrkamp] Frankfurt a. M. 1996

Joerges, Bernward: „Prosopopoietische Systeme“ [Suhrkamp] Frankfurt a. M. 1996b

Jokisch, Rodrigo (Hg.): „Techniksoziologie“ [Suhrkamp] Frankfurt a. M. 1982

Jung, Sara: „Evolution of Electronic Mail“ [www.sit.wisc.edu/~sajung/ (13.01.2004)] Internet, o. J.

Kemeny, John G.: „Large Time-Sharing Networks“, in: Greenberger, Martin (Hg.): „Computers, Communications, and the Public Interest“ [Johns Hopkins Press] Baltimore 1971, S. 1-15

Kiesler, Sara (Hg.): „Culture of the Internet“ [Lawrence Erlbaum Associates] Mahwah 1997

Kilker, Julian: „Social and Technical Interoperability, the Construction of Users, and ‚Arrested Closure‘: A Case Study of Networked Electronic Mail

Development", in: The Charles Babbage Institute for the History of Information Technology: „Iterations. An Interdisciplinary Journal of Software History" Minneapolis 2002

Kinkartz, Stefan: „Die Entstehung des ARPANET und Seiner Protokolle" [RWTH Aachen] Aachen 1998

Kita, Chigusa Ishikawa: „J. C. R. Licklider's Vision for the IPTO", in: IEEE: „Annals of the History of Computing" No.3 2003, S. 62-77

Kittler, Friedrich A.: „Aufschreibsysteme 1800-1900" [Wilhelm Fink] München 1995

Klischewski, Ralf: „Systeme versus Akteure: Leitbildzyklen in der Computervernetzung", in: Hellige, Hans Dieter (Hg.): „Technikbilder auf dem Prüfstand" [Sigma] Berlin 1996, S. 187-203

Knie, Andreas: „Was leistet Technikgenese-Forschung? Der ‚herrschende Stand der Technik' als unsichtbarer ‚Käfig' im Entstehungsprozeß neuer technischer Artefakte", in: Tschiedel, Robert (Hg.): „Die technische Konstruktion der gesellschaftlichen Wirklichkeit. Gestaltungsperspektiven der Techniksoziologie" [Profil] München 1990, S. 91-105

Knie, Andreas: „Das Konservative des technischen Fortschritts" [WZB] Berlin 1980

Knie, Andreas: „Gemachte Technik. Zur Bedeutung von ‚Fahnenträgern', ‚Promotoren' und ‚Definitionsmacht' in der Technikgenese", in: „Technik und Gesellschaft" Jahrbuch 1994 [Campus] Frankfurt a. M. 1994, S. 41-66

Knorr Cetina, Karin: „Wissenskulturen. Ein Vergleich naturwissenschaftlicher Wissensformen" [Suhrkamp] Frankfurt a. M. 2002

König, Katharina: „Soziale Netzwerkanalyse der Stadtaktiven. Ein Netzwerk für Toleranz und Demokratie im Chemnitzer Stadtteil Limbacher Straße/ Leipziger Straße" [http://archiv.tu-chemnitz.de/pub/2002/0095/ (27.02. 2004)] Chemnitz 2002

Koselleck, Reinhart: „Zeitschichten. Studien zur Historik" [Suhrkamp] Frankfurt a. M. 2003

Kossel, Axel: „Das E-Mail Fiasko. Dem veralteten System droht der Kollaps", in: „C't" 19/2004, [Heise] Hannover 2004, S. 132-133

Kowol, Uli/Krohn, Wolfgang: „Innovationsnetzwerke. Ein Modell der Technikgenese", in: „Technik und Gesellschaft." Jahrbuch 8, [Campus] Frankfurt a. M. 1995, S. 77-105

Kowol, Uli: „Innovationsnetzwerke. Technikentwicklung zwischen Nutzungsvisionen und Verwendungspraxis" [Deutscher Universitäts Verlag] Wiesbaden 1998

Krohn, Wolfgang: „Die Verschiedenheit der Technik und die Einheit der Techniksoziologie", in: Weingart, Peter (Hg.): „Technik als sozialer Prozeß" [Suhrkamp] Frankfurt a. M. 1989, S. 15-43

Kühnert, Hanno: „Woher kommt der Klammeraffe?" [http://home.t-online.de/home/Hanno_Kuehnert/klaffe.htm (18.3.2003)] Internet 2002

Latour, Bruno: „Der Berliner Schlüssel. Erkundungen eines Liebhabers der Wissenschaften" [Akademie Verlag] Berlin 1996

Latour, Bruno: „Über technische Vermittlung. Philosophie, Soziologie, Genealogie", in: Rammer, Werner (Hg.): „Technik und Sozialtheorie" [Campus] Frankfurt a. M. 1998, S. 29-81

Latour, Bruno: „Wir sind nie modern gewesen. Versuch einer symmetrischen Anthropologie" [Fischer] Frankfurt a. M. 1998a

Latour, Bruno: „Das Parlament der Dinge. Für eine politische Ökologie" [Suhrkamp] Frankfurt a. M. 2001

Vissing Laursen, Jesper: „The Internet: Past, Present and Future – Internet & WWW History" [http://www.vissing.dk/inthist.html (18.3.2003)] Internet 1997

Lee, John A.N.: „Claims to the Term ‚Time-Sharing'", in: IEEE: „Annals of the History of Computing" Vol.14 No.1 1992, S. 16-17

Lee, John A.N./Rosin, Robert: „The Project MAC Interviews", in: IEEE: „Annals of the History of Computing" Vol.14 No.2 1992b, S. 14-35

Leib, Volker/Werle, Raymund: „Wissenschaftsnetze in Europa und den USA – Die Rolle staatlicher Akteure bei ihrer Bereitstellung", in: Werle, Raymund/Lang, Christa: „Modell Internet? Entwicklungsperspektiven neuer Kommunikationsnetze" München 1997, S. 157-185

Lévy, Pierre: „Die Erfindung des Computers", in: Serres, Michel (Hg.): „Elemente einer Geschichte der Wissenschaften" [Suhrkamp] Frankfurt a. M. 1994, S. 905-944

Licklider, Joseph C.R.: „Man-Computer Symbiosis" 1960, in: „IRE Transactions on Human Factors in Electronics" Bd.1 März 1960, S. 4-11

Licklider, Joseph C.R.: „MEMORANDUM FOR: Members and Affiliates of the Intergalactic Computer Network" [ARPA] Washington 1963

Licklider, Joseph C.R.: „Libraries of the Future" [MIT Press] Cambridge/Mass. 1965

Licklider, Joseph C.R./Taylor, Robert W.: „The Computer as a Communication Device", in: Digital Systems Research Center: „In Memoriam: J.C.R. Licklider 1915-1990" Palo Alto 1990, S. 21-40

Licklider, Joseph C.R./Vezza, Albert: „Applications of Information Networks", in: Greif, Irene (Hg.): „Computer-Supported cooperative Work: A Book of Readings" [Morgan Kaufmann Publishers] San Mateo 1988, S. 143-183

Licklider, Joseph C.R.: „Some Reflections on Early History", in: Goldberg, Adele (Hg.): „A History of Personal Workstations" Reading/Mass. 1988, S. 115-130

Linde, Hans: „Sachdominanz in Sozialstrukturen" [Mohr] Tübingen 1972

Lindner, Rudolf/Wohak, Bertram/Zeltwanger, Holger: „Planen, Entscheiden, Herrschen. Vom Rechnen zur elektronischen Datenverarbeitung" [Rowohlt] Reinbek 1984

Lippert, Martin/Roock, Stefan/Wolf, Henning: „Software entwickeln mit eXtreme Programming. Erfahrungen aus der Praxis" [dpunkt] Heidelberg 2002

Lischka, Gerhard Johann/Weibel, Peter: „Polylog. Für eine interaktive Kunst“, in: Bechtloff, Dieter: „Kunstforum International. Im Netz der Systeme“ Bd. 103, [Kunstforum] Köln 1989, S. 65-86

Löfgren, Orvar: „Consuming Interests“, in: „Culture & History“ [Akademisk Forlag] Kopenhagen 1990, S. 7-36

Luebbert, William F.: „Commemoration of 1940 Remote Computing Demonstration by Stibitz“, in: IEEE: „Annals of the History of Computing“ Vol. 3 No.1 1981, S. 68-70

Luhmann, Niklas: „Soziale Systeme. Grundriß einer allgemeinen Theorie“ [Suhrkamp] Frankfurt a. M. 1987

Luhmann, Niklas: „Die Gesellschaft der Gesellschaft“ Bd. 1 [Suhrkamp] Frankfurt a. M. 1998

Mackenzie, Charles E.: „Coded Character Sets, History and Development“ [Addison-Wesley] Reading/Mass. 1980

MacKenzie, Donald/Wajcman, Judy (Hg.): „The Social Shaping of Technology“ [Open University Press] Buckingham 1999

Mai, Manfred: „Soziologische Fragen der technischen Normung“, in: „Sozialwissenschaften und Breufspraxis“ Heft 2 1988, S. 115-127

Marcuse, Herbert: „Der eindimensionale Mensch. Studien zur Ideologie der fortgeschrittenen Industriegesellschaft“ [Luchterhand] Berlin 1967

Marx, Karl: „Das Kapital. Kritik der Politischen Ökonomie“ 1. Bd. Berlin 1980

Mayntz, Renate/Hughes, Thomas P. (Hg.): „The Development of Large Technical Systems“ [Campus] Frankfurt a. M. 1988

McCarthy, John: „A Time-sharing Operator Program for our Projected IBM 709“, in: IEEE: „Annals of the History of Computing“ Vol.14 No.1 1992, S. 20-23

McCarthy, John: „Time-Sharing Computer Systems“, in: Greenberger, Martin (Hg.): „Management and the Computer of the Future“ [MIT Press] NewYork 1962, S. 220-248

McCarthy, John: „Information“, in: Steinbuch, Karl: „Information, Computer und künstliche Intelligenz“ [Umschau] Frankfurt a. M. 1967, S. 13-27

McCarthy, John: „Reminiscences on the History of Time Sharing“, in: IEEE: „Annals of the History of Computing“ Vol.14 No.1 1992, S. 19-24

McLuhan, Marshall: „Die magischen Kanäle. Understanding Media“ [Verlag der Kunst] Dresden 1994

Microsoft: „Caller ID for E-Mail. The Next Step to Deterring Spam“ [http://www.microsoft.com/mscorp/twc/privacy/spam_callerID.mspx (9.5.2005)] Internet 2004

Microsoft: „Sender ID Framework Overview. Verification System Aims to Reduce Spam and Increase Safety Online“ [http://www.microsoft.com/mscorp/safety/technologies/senderid/overview.mspx (9.5.2005)] Internet 2005

Mitchell, William J.: „Die neue Ökonomie der Präsenz“, in: Münker, Stefan/ Roesler, Alexander (Hg.): „Mythos Internet“ [Suhrkamp] Frankfurt a. M. 1997, S. 15-33

Müller-Lutz, Heinz.-L. (Hg.): „Das automatisierte Büro“ [Gabler] Wiesbaden 1965

Mumford, Lewis: „Mythos der Maschine. Kultur, Technik und Macht“ [Fischer] Frankfurt a. M. 1970

Musch, Jochen: „Die Geschichte des Netzes: ein historischer Abriß“, in: Batinic, B.: „Internet für Psychologen“ [Hoerefe] Göttingen 1997

Myer, T.H./Dodds, D.W.: „Notes on the Development of Message Technology“, in: Lawrence Berkeley Laboratories: „Berkeley Workshop on Distributed Data Management and Computer Networks“ [Lawrence Berkeley Laboratories] Berkeley 1976

Nickerson, Raymond S.: „Using Computers. Human Factors in Information Systems“ [MIT Press] Cambridge/Mass. 1986

Norberg, Arthur L.: „Changing Computing: The Computing Community and DARPA“, in: IEEE: „Annals of the History of Computing“ Vol.18 No.2 1996, S. 41-53

Nucleus Research: „Spam: The Silent ROI Killer“ Research Note D59 [www.nucleusresearch.com/research/d59.pdf (12.12.2005)] Internet 2003

O'Neill, Judy E.: „The Role of ARPA in the Development of the ARPANET 1961-1972“, in: IEEE: „Annals of the History of Computing“ Vol.17 No.4 1995, S. 76-81

Owens, David A./Neale, Margaret A.: „Der Mythos vom egalitären Medium: E-Mail und Status“, in: Höflich, J.R./Gebhardt, J. (Hg.): „Vermittlungskulturen imWandel“ [Peter Lang Verlag] Frankfurt a. M. 2003, S. 173-197

Pfaffenberger, Bryan: „Technological Dramas“, in: Sage Publications: „Science, Technology & Human Values: Journal of the Society for Social Study“ Vol.17 No.3 1992, S. 282-312

Pflüger, Jörg: „Hören, Sehen, Staunen. Zur Ideengeschichte der Interaktivität“ [http://waste.informatik.hu-berlin.de/mtg/mtg4/pflueger.html (15.01.2003)] Internet 1999

Pflüger, Jörg: „Konversation, Manipulation, Delegation: Zur Ideengeschichte der Interaktivität“, in: Hellige, Hans Dieter (Hg.): „Geschichten der Informatik. Visionen, Paradigmen, Leitmotive“ [Springer] Berlin 2004, S. 367-408

Pflüger, Jörg: „Writing, Building, Growing: Leitvorstellungen der Programmiergeschichte“, in: Hellige, Hans Dieter (Hg.): „Geschichten der Informatik. Visionen, Paradigmen, Leitmotive“ [Springer] Berlin 2004b, S. 275-319

Plattner, B./Lanz, G./Lubich, H./Müller, M./Walter, T.: „Datenkommunikation und elektronische Post. X.400: Die Normen und Ihre Anwendung“ [Addison-Wesley] Bonn 1990

Plum, Monika: „Der Wandel in der Unternehmenskommunikation – Substitution traditioneller Briefpost durch elektronische Medien“ [WIK] Bad Honnef 1996

Puls, Stephan: „Umfang, Formen und Funktionen des Mediums E-Mail als Leserfeedback am Beispiel einer Fachzeitschrift“ [Universität Lüneburg] 2000

Quarterman, John S.: „The Matrix. Computer networks and conferencing systems worldwide“ [Digital Press] Maynard 1990

Quinion, Michael: „Where It's At. Names for a common symbol“ [http://www.worldwidewords.org/articles/whereat.html (24.07.2004)] Internet 2002

Radio Brandenburg (ARD): „Woher kommt das @-Zeichen? Interview mit dem Typographen Wolfgang Beinert“ [http://www.beinert.net/presse/pressespiegel/orb/interview.html (3. 3. 2003)] Internet 2001

Raeithel, Gert: „Geschichte der nordamerikanischen Kultur in drei Bänden - Vom New Deal bis zur Gegenwart 1930-1988“ 3.Bd. [Quadriga] Berlin 1989

Rammert, Werner/Bechmann, Gotthard/Nowotny, Helga/Vahrenkamp, Richard (Hg.): „Technik und Gesellschaft“ Jahrbuch 2 [Campus] Frankfurt a. M. 1983

Rammert, Werner/Bechmann, Gotthard (Hg.): „Technik und Gesellschaft“ Jahrbuch 5: Computer, Medien, Gesellschaft [Campus] Frankfurt a. M. 1989

Rammert, Werner: „Technisierung und Medien in Sozialsystemen – Annäherungen an eine soziologische Theorie der Technik“, in: Weingart, Peter (Hg.): „Technik als sozialer Prozeß“ [Suhrkamp] Frankfurt a. M. 1989a, S. 128-173

Rammert, Werner: „Plädoyer für eine Technikgeneseforschung. Von den Folgen der Technik zur sozialen Dynamik technischer Entwicklungen“, in: Biervert, Bernd/Monse, Kurt (Hg.): „Wandel durch Technik? Institution, Organisation, Alltag“ Opladen 1990, S. 333-350

Rammert, Werner: „Technik aus soziologischer Perspektive. Forschungsstand – Theorieansätze – Fallbeispiele. Ein Überblick“ [Westdeutscher Verlag] Opladen 1993

Rammert, Werner/Bechmann, Gotthard (Hg.): „Technik und Gesellschaft“ Jahrbuch 7: Konstruktion und Evolution von Technik [Campus] Frankfurt a. M. 1994

Rammert, Werner/Bechmann, Gotthard (Hg.): „Technik und Gesellschaft“ Jahrbuch 9: Innovation - Prozesse, Produkte, Politik [Campus] Frankfurt a. M. 1997

Rammert, Werner (Hg.): „Technik und Sozialtheorie“ [Campus] Frankfurt a. M. 1998

Rammert, Werner: „Die Form der Technik und die Differenz der Medien“, in: ders.: „Technik und Sozialtheorie“ [Campus] Frankfurt a. M. 1998, S. 293-326

Rammert, Werner: „Technik aus soziologischer Perspektive 2. Kultur – Innovation – Virtualität“ [Westdeutscher Verlag] Wiesbaden 2000

Rammert, Werner/Schulz-Schaeffer, Ingo (Hg.): „Können Maschinen handeln? Soziologische Beiträge zum Verhältnis von Mensch und Technik“ [Campus] Frankfurt a. M. 2002

Rifkin, Jeremy: „Access. Das Verschwinden des Eigentums“ [Fischer] Frankfurt a. M. 2002

Roberts, Lawrence G.: „Multiple Computer Networks and Intercomputer Communication“ [http://www.packet.cc/files/multi-net-inter-comm.html (5. 1. 2005)] 1967

Roberts, Lawrence G./Wessler, Barry D.: „Computer network development to achieve resource sharing“ [http://www.packet.cc/files/comp-net-dev.html (27.07.2004)] Washington 1970

Roberts, Lawrence G.: „The ARPANET and Computer Networks“, in: Goldberg, Adele (Hg.): „A History of Personal Workstations“ Reading/Mass. 1988, S. 143-171

Robinson, Phillip: „Delivering Electronic Mail. Everything You Need to Know About E-Mail“ [M&T Publishing] San Mateo 1992

Rodgers, Everett M./Allbritton, Marcel M.: „The Public Electronic Network. Interactive Communication and Interpersonal Distance“, in: Beverly Davenport Sypher (Hg.): „Case Studies in Organizational Communication 2. Perspectives on Contemporary Work Live“ [Guilford Press] NewYork 1997, S. 249-261

Ropohl, Günter: „Eine Modelltheorie soziotechnischer Systeme“, in: „Technik und Gesellschaft“ [Campus] Frankfurt am Main 1995, S. 185-210

Ropohl, Günter (Hg.): „Erträge der interdisziplinären Technikforschung. Eine Bilanz nach 20 Jahren“ [Schmidt] Berlin 2001

Rosin, Robert/Lee, John A.N.: „The CTSS Interviews“, in: IEEE: „Annals of the History of Computing“ Vol.14 No.1 1992, S. 33-51

Rost, Martin: „Anmerkungen zu einer Soziologie des Internet“, in: Gräf, Lorenz/Krajewski, Markus (Hg.): „Soziologie des Internet. Handeln im elektronischen Web-Werk“ [Campus] Frankfurt a. M. 1997, S. 14-38

Sachs, Wolfgang: „Satellitenblick. Die Ikone vom blauen Planeten und ihre Folgen für die Wissenschaft“, in: Braun, Ingo/Joerges, Bernward (Hgg.): „Technik ohne Grenzen“ [Suhrkamp] Frankfurt a. M. 1994, S. 305-346

Salus, Peter H.: „Casting the net. From ARPANET to INTERNET and beyond...“ [Addison-Wesley] Reading/Mass. 1995a

Salus, Peter H.: „Mail: The application that hadn't been thought of“, in: „Matrix News“ 5(2) [http://www.mids.org/pay/mn/502/mail.html (10.3.0303)] Internet 1995b

Salus, Peter H.: „The Vogue of History“, in: „Matrix News“ 6 (7), [http://www.mids.org/pay/mn/607/hafner.html (10.03.2003)] Internet 1996

Salus, Peter H.: „CTSS Mail“, in: „Matrix News“ 8 (4) [http://www.mids.org/pay/mu/804/ctss.html (8.6.2004)] Internet 1998a

Salus, Peter H.: „More about MAIL“ [http://www.mids.org/mn/811/MAIL.html (7.3.2003)] Internet 1998b

Schelhowe, Heidi: „Das Medium aus der Maschine. Zur Metamorphose des Computers“ [Campus] Frankfurt a. M. 1997

Schelhowe, Heidi: „Produktionsmaschine oder Kommunikationsmedium? Carl Adam Petri und sein Vorschlag für eine einheitliche Theorie der Computertechnologie“, in: Hellige, Hans Dieter (Hg.): „Geschichten der Informatik. Visionen, Paradigmen, Leitmotive“ [Springer] Berlin 2004, S. 323-338

Schinzel, Britta (Hg.): „Schnittstellen. Zum Verhältnis von Informatik und Gesellschaft“ [Vieweg] Braunschweig 1996

Schinzel, Britta: „Technikfolgen- und Technikgeneseforschung für die Informatik“, in: dies. (Hg.): „Schnittstellen. Zum Verhältnis von Informatik und Gesellschaft“ Braunschweig 1996a, S. 77-93

Schinzel, Britta/Parpart, Nadja: „Die aktuelle Lage der Technology-Assessment-Forschung zur Informatik: Eine Einführung“, in: Schinzel, Britta (Hg.): „Schnittstellen. Zum Verhältnis von Informatik und Gesellschaft“ Braunschweig 1996b, S. 51-56

Schmidt, Susanne K.: „International Standardization Processes in Telecommunications as Examples for Closure“, in: Esser, Josef/Fleischmann, Gerd/Heimer, Thomas (Hg.): „Soziale Schließung im Prozeß der Technologieentwicklung. Leitbild, Paradigma, Standard“ [Campus] Frankfurt a. M. 1998, S. 157-175

Schmidt, Susanne K./Werle, Raymund: „Koordination und Evolution. Technische Standards im Prozeß der Entwicklung technischer Systeme“, in: Rammert, Werner/Bechmann, Gotthard (Hg.): „Technik und Gesellschaft“ Jahrbuch 7, [Campus] Frankfurt a. M. 1994, S. 95-126

Schneider, Florian: „Werde reich, glücklich und satt!!!“, in: Heise: „Telepolis“ [http://www.telepolis.de/r4/artikel/9/9110/1.html (13.12.05)] Hannover 19.7.2001

Scholl, Wolfgang/Pelz, Jan/Rade, Jörg: „Computervermittelte Kommunikation in der Wissenschaft“ [Waxmann] Münster 1996

Schröter, Jens: „Das Netz und die virtuelle Realität. Zur Selbstprogrammierung der Gesellschaft durch die universale Maschine“ [Transcript] Bielefeld 2004

Schulz-Schaeffer, Ingo: „Sozialtheorie der Technik“ [Campus] Frankfurt a. M. 2000

Schulz-Schaeffer, Ingo: „Akteur-Netzwerk-Theorie“, in: Weyer, Johannes: „Soziale Netzwerke“ [Oldenbourg] München 2000b, S. 187-209

Schweizer, Thomas: „Muster sozialer Ordnung. Netzwerkanalyse als Fundament der Sozialethnologie“ [Reimer] Berlin 1996

Seeßlen, Georg: „Kino des Utopischen – Geschichte und Mythologie des Science-Fiction-Films“ [Rowohlt] Reinbek 1980

Serres, Michel: „Das Kommunikationsnetz: Penelope“, in: ders.: „Hermes I. Kommunikation“ [Merve] Berlin 1991, S. 9-23

Sester, Peter/Mutschler, Sibylle: „Neue Kooperationen und rechtliche Entwicklungen im Kampf gegen Spam“, in: GI: „Informatik Spektrum“ Bd. 29 Nr. 1 [Springer] Frankfurt a. M. 2006, S. 14-22

Shapiro, Norman Z./Anderson, Robert H.: „Torward an Ethics and Etiquette for Electronic Mail“ [http://www.rand.org/publications/R/R3283/print.html (4. 10.2004)] Internet 1985

Siefkes, Dirk: „Die Rolle von Gruppenprozessen in der Informatikgeschichte“, in: Siefkes, Dirk/Eulenhöfer, Perter/Stach, Heike/Städtler, Klaus (Hg.): „Sozialgeschichte der Informatik. Kulturelle Praktiken und Orientierungen“ [Deutscher Universitäts Verlag] Wiesbaden 1998, S. 85-104

Siefkes, Dirk/Eulenhöfer, Perter/Stach, Heike/Städtler/Klaus (Hg.): „Sozialgeschichte der Informatik. Kulturelle Praktiken und Orientierungen“ [Deutscher UniversitätsVerlag] Wiesbaden 1998

Sipior, Janice C./Ward, Bruke T./Bonner, P. Gregory: „Should Spam Be On The Menu?“, in: ACM: „Communications of the ACM“ Vol.47 No.6, [ACM] NewYork 2004, S. 59-63

Smithsonian National Museum of American History: „Computer Oral History Collection 1969-1973,1977“ Tape #2, 30.8.1967

Speichert, Horst: „Juristische Informationen für IT Administratoren, IT Verantwortliche, Personal- und Datenschutzbeauftragte“ [www. websense.de (28.12.2005)] Köln 2005

Sproull, Lee/Kiesler, Sara: „Connections. New Ways of Working in the Networked Organisations“ [MIT Press] Cambridge/Mass. 1991

Spykerman, Mike: „Is email monitoring legal?“ [www.policypatrol.com/docs/email-monitoring-article.pdf (5.12.2005)] Internet 2002

Stefik, Mark: „Internet Dreams. Archetyles, Myths, and Metaphors“ [MIT Press] London 1996

Stegbauer, Christian: „Telekommunikation im Verborgenen – Private Mailboxen in der Bundesrepublik Deutschland“, in: Rammert, Werner (Hg.): „Computerwelten – Alltagswelten. Wie verändert der Computer die soziale Wirklichkeit?“ [Westdeutscher Verlag] Opladen 1990, S. 174-187

Stegbauer, Christian: „Electronic Mail und Organisation: Partizipation, Mikropolitik und soziale Integration der Kommunikationsmedien“ [Verlag Otto Schwartz] Göttingen 1995

Stegbauer, Christian: „Grenzen virtueller Gemeinschaft“ [Westdeutscher Verlag] Göttingen 2001

Steinbuch, Karl (Hg.): „Information, Computer und künstliche Intelligenz“ [Umschau] Frankfurt a. M. 1967

Stephan, Achim: „Theorien der Emergenz“ [http://www.information-philosophie.de/philosophie/emergenz.html (27.06.2004)] Internet 2000

Stewart, William: „Email History“ [http://www.livinginternet.com/e/ei.htm (6.7.2005)] Internet 2005

Storrer, Angelika/Waldenberger, Sandra: „Zwischen Grice und Knigge: Die Netiketten im Internet“, in: Hielscher, M. et al.: „Medium Sprache“ [Lang] Frankfurt a. M. 1998, S. 63-77

Stückemann, Thomas: „Technikentwicklung als reflexiver Modernisierungsprozeß“ [Diss.] Dresden 2000

Tapscott, Don: „Die digitale Revolution. Verheißungen einer vernetzten Welt – die Folgen für Wirtschaft, Management und Gesellschaft“ [Gabler] Wiesbaden 1996

Templeton, Brad: „Origin of the term ‚spam‘ to mean net abuse“ [www.Templetons.com/brad/spamterm.html (9.5.2005)] Internet, o.J.

Thurau, Carsten H.: „SAGE“ [http://www.palandun.de/sage_1.html (17.07.2001)] Internet 1997

Topf, Jochen: „Ausgesiebt. Wie E-Mail Provider gegen Spam vorgehen“, in: Heise: „C’t“ 11/2005, [Heise] Hannover 2005, S. 188-191

Troitzsch, Ulrich/Wohlauf, Gabriele (Hg.): „Technik-Geschichte. Historische Beiträge und neuere Ansätze“ [Suhrkamp] Frankfurt a. M. 1980

Turing, Alan M.: „Can a Machine Think?“, in: „The World of Mathematics“ No. 4 1956, S. 2099 - 2123

Turoff, Murray/Hiltz, Star Roxanne: „Meeting through your Computer“ 1977, in: IEEE: „IEEE Spektrum“ 1977, S. 58-64

Uka, Walter: „Brief“ , in: Faulstich, Werner: „Grundwissen Medien“ [W. Fink] Paderborn 1994, S. 110-128

Valley, George E.: „How the SAGE-Development Began“, in: IEEE: „Annals of the History of Computing“ Vol. 7 No.3 1985, S. 196-226

Van Vleck, Tom: „The IBM 7094 and CTSS“ [http://www.multicians.org/thvv/7094.html (10.03.2003)] Internet 1997

Van Vleck, Tom: „The History of Electronic Mail“ [http://www.multicians.org/thvv/mail-history.html (8.6.2004)] Internet 2003

Wägenbaur, Thomas: „Emergenz. Der Sprung von der Evolutions- in die Kommunikationstheorie und Ästhetik“ [http://parapluie.de/archiv/sprung/emergenz/ (17.02.2005)] Internet 2004

Warnke, Martin/Coy, Wolfgang/Tholen, Georg Christoph (Hg.): „HyperKult. Geschichte, Theorie und Kontext digitaler Medien“ [Stroemfeld/Nexus] Basel 1997

Warnke, Martin: „Der Zeitpfeil im Digitalen. Synthese, Mimesis, Emergenz“ [Alcatel SEL Stiftung] Stuttgart 2004

Weber, Max: „Wirtschaft und Gesellschaft. Grundriss der verstehenden Soziologie“ [Mohr] Tübingen, 1980

Weber, Max: „Gesammelte Aufsätze zur Wissenschaftslehre“ [UTB] Tübingen 1988

Weber, Max: „Soziologische Grundbegriffe“, in: ders.: „Gesammelte Aufsätze zur Wissenschaftslehre“ [UTB] Tübingen 1988a, S. 541-581

Weber, Max: „Über einige Kategorien der verstehenden Soziologie“, in: ders.: „Gesammelte Aufsätze zur Wissenschaftslehre“ [UTB] Tübingen 1988b, S. 427-474

Weber, Stefan: „Medien – Systeme – Netze. Elemente einer Theorie der Cybernetzwerke“ [transcript] Bielefeld 2001

Weingart, Peter: „Differenzierung der Technik oder Entdifferenzierung der Kultur“, in: Joerges, Bernward (Hg.): „Technik im Alltag“ [Suhrkamp] Frankfurt a. M. 1988, S. 145-164

Weingart, Peter (Hg.): „Technik als sozialer Prozeß“ [Suhrkamp] Frankfurt a. M. 1989

Weingart, Peter: „‚Großtechnische Systeme‘ – ein Paradigma der Verknüpfung von Technikentwicklung und sozialem Wandel?“, in: ders. (Hg.): „Technik als Sozialer Prozeß“ [Suhrkamp] Frankfurt a. M. 1989, S. 174-196

Weingarten, Rüdiger: „Sprachnormen, Verrechtlichung und die Mediatisierung von Kommunikation“, in: Matejovski, Dirk/Kittler, Friedrich (Hg.): „Literatur im Informationszeitalter“ Frankfurt a. M. 1996, S. 15-36

Weinreich, Frank: „Moderne Agoren: Nutzungsweisen und Perspektiven von Mailboxsystemen“ [DVU] Wiesbaden 1997

Weltz, Friedrich: „Die doppelte Wirklichkeit der Unternehmen und ihre Konsequenzen für die Industriesoziologie“, in: „Soziale Welt“ Jg. 39, [Schwartz] Göttingen 1988, S. 97-103

Weyer, Johannes: „Vernetzte Innovationen – innovative Netzwerke. Airbus, Personal Computer, Transrapid“, in: Rammert, Werner u.a.: „Technik und Gesellschaft“ Jahrbuch 9, [Campus] Frankfurt a. M. 1997, S. 125-152

Weyer, Johannes/Kirchner, Ulrich/Riedl, Lars/Schmidt, Johannes F. K.: „Technik, die Gesellschaft schafft. Soziale Netzwerke als Ort der Technikgenese“ [Sigma] Berlin 1997a

Weyer, Johannes u.a. (Hg.): „Soziale Netzwerke. Konzepte und Methoden der sozialwissenschaftlichen Netzwerkforschung“ [Oldenbourg] München 2000

Whittaker, Steve/Sidner, Candace: „EMAIL OVERLOAD: Exploring Personal Information Management of Email“, in: Kiesler, Sara (Hg.): „Culture of the Internet“ [LEA] Mahwah 1996, S. 277-295

Wiest, Georg: „Computergestützte Kommunikation am Arbeitsplatz. Die Aneignung neuer Kommunikationstechniken in Organisationen am Beispiel von Electronic Mail“ [Schuch] Augsburg 1994

Wingert, Bernd/Riehm, Ulrich: „Computer als Werkzeug. Anmerkungen zu einem verbreiteten Mißverständnis“ [Campus] Frankfurt a. M. 1985

Winkler, Hartmut: „Die prekäre Rolle der Technik“, in: Telepolis 12.12.1997 [Telepolis] Internet 1997

Winner, Langdon: „Do artifacts have Politics?“, in: MacKenzie, Donals/Wajcman, Judy (Hg.): „The Social Shaping of Technology. How the refrigerator got his hum“ [Open University Press] Milton Keynes 1985, S. 26-38

Winner, Langdon: „The Wale and the Reactor“ 1985

Winner, Langdon: „Mythinformation in the High-tech Era“, in: Forester, Tom (Hg.): „Computers in the Human Context. Information Technology, Productivity and People“ [MIT Press] Cambridge/Mass. 1989, S. 82 - 96

Winston, Brian: „Media Technology and Society. A History: From the Telegraph to the Internet“ [Routledge] London 1998

Wöhe, Günter/Döring, Ulrich: „Einführung in die Allgemeine Betriebswirtschaftslehre“ [Vahlen] München 2002

Wölker, Thomas: „Entstehung und Entwicklung des Deutschen Normenausschusses 1917 bis 1925“ [Beuth] Berlin 1992

Wood, Paul: „A spammer in the works. Everything you need to know about protecting yourself and your business from the rising tide of unsolicited ‚spam‘ email“ [MessageLabs] NewYork 2005

Yahoo!: „DomainKeys: Proving and Protecting Email Sender Identety“ [http://antispam.yahoo.com/domainkeys (9.5.2005)] Internet 2005